■北京奇太总裁陈永祁博士（左一）与 T. T. Soong 教授

■北京奇太总裁陈永祁博士（左一）与泰勒公司前任总裁 Douglas P. Taylor

北京奇太总裁陈永祁博士（左一）与纽约州立大学布法罗分校 M. C. Constantinou 教授

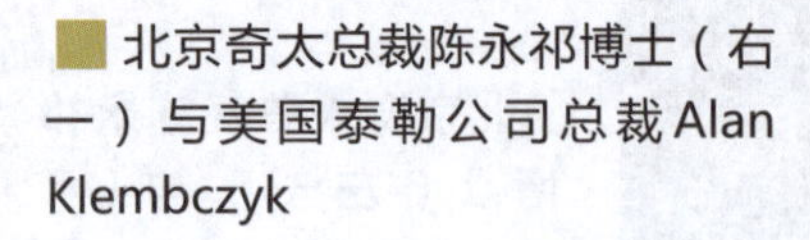

北京奇太总裁陈永祁博士（右一）与美国泰勒公司总裁 Alan Klembczyk

中国检测机构专家在美国泰勒公司参观出厂阻尼器的检验测试

纽约公园大道 432 号 位于纽约曼哈顿的超高住宅项目，高 427 m，共 96 层，建成后将是美国第三、纽约第二高的建筑，也是西半球最高的住宅建筑。它采用 11000 kN 的调谐质量阻尼器（TMD）提高风荷载作用下的居住舒适度，使用 16 个改进型高功率阻尼器控制质量块运动。

弗里蒙特街 181 号 旧金山市场区南部的 54 层、244 m 高的世界级高档商住两用摩天大楼。它是以在建的中央车站为中心的建筑群中的一个，与中央车站直接相连。环绕建筑的外立面动感十足！阻尼器使用巨型支撑连接，每个巨型支撑上有 4 套阻尼器，每个立面有 2 个巨型支撑，共定制 32 个金属密封阻尼器，控制地震和风作用下结构的振动。

印尼雅加达 Green-bay Pluit 新区 该项目包含多个购物中心及公寓建筑。采用泰勒公司 400 套液体黏滞阻尼器吸收地震能量，从而在地震发生时，减少或消除地震对建筑物的威胁。所选用的阻尼器为 3500 kN 和 4000 kN 两种。

纽约西 55 街 250 号 世界上第二个应用阻尼伸臂桁架的建筑，高 184 m。与其他方案相比，可节省近 1000 t 钢材，降低初始建设成本，减少维护费用，并且不必损失塔楼顶部昂贵的空间。

采用 7 个高效且寿命较长的金属密封阻尼器作为抗风系统的主要装置，取代部分支撑。阻尼伸臂桁架使结构强度优化和加速度优化可以分开进行，为高层结构的抗风提供全新的思路。

北京银泰中心 北京 CBD 标志性建筑之一，中央主楼高 249.9 m，共 63 层，为超高层钢结构。主塔楼采用 73 个黏滞阻尼器，改善风荷载下的舒适度，提高结构的抗震性能。

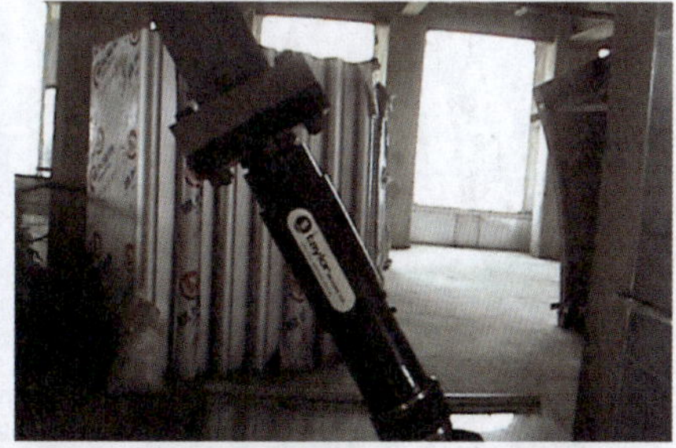

北京盘古大观广场 毗邻奥运场馆鸟巢的 40 层、192.5 m 高的超高层钢建筑。为满足规范对抗风、抗震的要求，采用 108 个液体黏滞阻尼器耗能减震方案，不仅大大增强结构整体抗震能力，提高安全储备，而且其经济性能优越。

武汉保利文化广场 221 m 高钢结构写字楼，采用 62 个黏滞阻尼器，改善风荷载下的舒适度，提高结构的抗震性能。

天津国际贸易中心 256 m 高钢结构，共 60 层。国内首次在高层钢结构建筑中采用套索形式连接阻尼器，在结构加强层上共安装 12 套液体黏滞阻尼器，使结构满足抗风要求，同时增强抗震能力。

注：以上彩插中所描述的项目楼层高度、层数数据均来源于计算模型。

建筑结构液体黏滞阻尼器的设计与应用

[美]陈永祁　马良喆　彭　程　编著

中国铁道出版社

2018年·北京

北京市版权局著作权合同登记　图字 01-2018-2684 号

图书在版编目(CIP)数据

建筑结构液体黏滞阻尼器的设计与应用/(美)陈永祁，马良喆，彭程编著. —北京：中国铁道出版社，2018.10
ISBN 978-7-113-24448-4

Ⅰ.①建… Ⅱ.①陈… ②马… ③彭… Ⅲ.①建筑结构-粘性阻尼-阻尼器-结构设计 Ⅳ.①TU318

中国版本图书馆 CIP 数据核字(2018)第 092086 号

书　　名：建筑结构液体黏滞阻尼器的设计与应用
作　　者：[美]陈永祁　马良喆　彭　程

策　　划：陈小刚
责任编辑：张　瑜　　　　**编辑部电话：**010-51873017
封面设计：郑春鹏
责任校对：胡明锋
责任印制：高春晓

出版发行：中国铁道出版社(100054，北京市西城区右安门西街 8 号)
网　　址：http://www.tdpress.com
印　　刷：北京柏力行彩印有限公司
版　　次：2018 年 10 月第 1 版　2018 年 10 月第 1 次印刷
开　　本：787 mm×1 092 mm　1/16　印张：21　字数：504 千
书　　号：ISBN 978-7-113-24448-4
定　　价：86.00 元

作者简介

陈永祁,男,美国国籍。1966 年毕业于北京工业大学土木建筑系结构专业,1968 年~1978 年先后就职于第一机械工业部陕西三线工厂以及纺织工业部设计院,从事设计、施工工作八年,担任设计工程师两年。1978 年进入中国建筑科学研究院研究生院学习,1981 年毕业并获得硕士学位后开始在建研院抗震所工作。1986 年在美国纽约州立大学布法罗分校土木建筑系攻读博士学位。1989 年~1993 年在美国设计核电站公司先后担任工程师、高级工程师。1991 年创办美国蓝湖国际公司,1998 年任美国 Taylor 公司中国代理、高级工程师,2005 年创办北京奇太振控科技发展有限公司。自 1998 年以来,完成了北京银泰中心、北京盘古大观、天津国贸中心等 21 个建筑阻尼器工程;南京长江三桥、苏通长江大桥、西堠门跨海大桥、云南龙江特大桥等 41 个桥梁阻尼器工程,并获得四项相关专利。截至目前,已出版专著三册——《桥梁工程液体黏滞阻尼器设计与施工》、《结构保护系统的应用与发展》、《桥梁地震保护系统》,发表土木工程领域的论文 60 余篇。

马良喆,男,1973 年生于吉林长春,1996 年毕业于吉林建筑工程学院土木工程系土木工程专业,2001 年进入哈尔滨工业大学土木工程学院攻读硕士学位,从事结构耗能减震方面的研究工作。2005 年前,先后就职于北京市建筑工程研究院检测所和中国电子工程设计院,分别从事建筑材料检测、结构构件桩基检测以及工业建筑结构设计等工作。2005 年进入北京奇太振控科技发展有限公司,负责耗能减震技术的应用开发,陆续参与了多项高层建筑、大跨桥梁结构的抗震抗风计算分析及现场工作。截至目前,在土木工程领域发表论文 20 余篇。

彭程,男,1987 年生于北京,主要从事结构消能减震分析与研究。2010 年获北京工业大学建筑工程学院工学学士学位,2011 年加入北京奇太振控,从事消能减震工作,以超高层结构应用液体黏滞阻尼器的抗震抗风分析为主,兼以超高层、大跨结构、人行桥结构的调谐减震。参与计算项目数十例,包括重庆来福士广场等大量地标性建筑。2014 年在北京工业大学继续攻读硕士学位,师从高向宇教授。截至目前,在土木工程领域发表论文 10 余篇。

致 谢

首先,我要感谢中国建筑科学研究院工程抗震研究所及美国纽约州立大学布法罗分校的导师,尤其是 T. T. Soong、M. C. Constantinou 两位教授。美国的 M. C. Constantinou 教授作为世界"结构抗震保护系统"的重要开创者之一,他从20世纪80年代末开始构思、研究试验,再到工程试用、编制相关设计规范,在这个领域里发挥了重要作用。我很荣幸,能成为他们的学生,经常得到他们的教诲,听到他们对土木工程各种问题的看法。为了完成此书,他们的著作和论文为本书提供了重要参考。

其次,我对入选了美国宇航局名人堂的泰勒公司前任总裁 Douglas P. Taylor 给予的帮助也是感激不尽。当我从"Taylor"路走向 Taylor 工厂,为北京火车站找寻加固所需的阻尼器时,绝不会想到这个不起眼的工厂竟然孕育着许多我们结构工程师所渴望了解的知识,也不会想到这个工厂总裁竟然不仅对阻尼器产品有着深入的体会和了解,而且对结构工程领域有着许多极具参考价值的看法。泰勒先生时常向我讲述他的理论、经验和体会,也正因此,我们很多对产品的认识及工程经验,也大都源于他大量的优秀论文。当然,我们在此也需要对泰勒公司的总裁 Alan Klembczyk,以及 John Metzger、Bob Schneider、Craig Winters 等表示感谢。

再次,我要感谢帮助液体黏滞阻尼器进入中国的中国建筑科学研究院抗震所原副所长韦承基,以及与我们联合培养学生并做研究课题的北京工业大学赵均教授、燕山大学郑久建教授、美国阿拉斯加大学退休的刘荷教授,本书的成稿离不开他们的帮助和支持。

本书的部分章节由北京奇太振控科技发展有限公司的薛恒丽、陈夏楠、崔禹成及曾和我们共事的曹铁柱先生共同完成。本书在编写过程中,薛恒丽承担了大量的书稿整理和校对工作。因此,对他们的努力付出一并表示感谢。

本书总结了我们对液体黏滞阻尼器在结构工程设计和应用上的一些体会,希望能给大家带来帮助。我们更希望本书有助于推动和促进我国工程应用阻尼器的发展,并对世界阻尼器的理论和实际的发展做出贡献。

陈永祁

Preface

Recent damaging earthquakes and other natural disasters have provided powerful reminders of how vulnerable we all are to the forces of nature. Consequently, one of the principal current challenges in structural engineering concerns the development of innovative concepts to better protect structures along with their occupants and contents from damaging effects of destructive environmental forces.

In recent years, many innovative concepts of structural protection have been advanced, one of which is passive energy dissipation (PED). The basic role of PED devices, when incorporated into a structure, is to absorb or consume a portion of the input energy, thereby reducing energy dissipation demand on primary structural members, thus minimizing possible structural damage.

In this book, the author, Dr. Chen Yongqi, presents several case studies using PED devices in retrofitting existing structures in China and USA. The principal devices used in these studies are viscous fluid dampers (VFD) and tuned mass dampers (TMD). These case studies provide both theoretical basis and effective application of this relatively new technology to seismic strengthening of existing structures. This book thus offers invaluable information regarding the application of these devices to existing buildings and bridges.

Tsu T. Soong
SUNY Distinguished Professor emeritus
State University of New York at Buffalo
June, 2018

Preface

前　言

提到结构保护系统，很多结构工程界的工程师已经不陌生。液体黏滞阻尼器、屈曲约束支撑及隔震支座等系统已经在结构应用上得到广泛发展，其他如金属屈服阻尼器、摩擦阻尼器、阻尼墙等设备在我国也大量涌现并得到应用。

从1999年北京火车站在抗震加固中安置了32个液体黏滞阻尼器开始到现在，我们已经为北京银泰中心、北京盘古大观、广州大学体育场、上海东航机库、武汉保利大厦、天津国贸等20多个建筑工程进行过减震设计，并安置了世界先进的Taylor公司液体黏滞阻尼器，以增加这些超高层或大跨度建筑的耗能能力。近20年来，对这些建筑的抗风、抗震分析，以及阻尼器的生产、测试、安装和验收，都为我们提供了宝贵的经验，这些项目中有的已经成为我国建筑结构上阻尼器应用的标志性工程。我们在中国铁道出版社帮助下出版了介绍液体黏滞阻尼器在桥梁上应用的《桥梁工程液体黏滞阻尼器设计与施工（配盘）》一书，翻译了美国康斯坦丁诺（MICHAEL. C. Constantinou）教授的专著《桥梁地震保护系统》，2015年针对我国减隔震耗能系统的发展和存在的问题，我们又撰写了《结构保护系统的应用与发展》一书作进一步讨论。作为兄弟篇，本书是想总结液体黏滞阻尼器在建筑工程上的应用与发展。

我们所完成的建筑项目，多数都属于一些超高、超限的超高层结构及大跨度空间结构，几乎每个工程都经过我们的充分分析与计算而完成，最终通过设置阻尼器巧妙地提高了结构性能并实现了设计意图。本书希望和大家交流的内容很多，其中针对在结构设计计算和阻尼器应用上所遇到的问题，介绍了我们做过的工作和发表的论文中的观点，包括针对特殊结构应用阻尼器方面的优化设计及经济分析、新式阻尼器安置方法、加强层上设置阻尼器的效果、TMD系统和直接安置阻尼器的效果对比、阻尼器简化计算方法和数值积分结果的对比、结构上的能量耗散及阻尼比的计算、对规范剪重比的控制标准等问题。在书中，我们也尽可能地摘录了一些国际上液体黏滞阻尼器工程的理论讨论和优秀工程案例。

关于阻尼器在结构工程上的运用，其中一部分是如何设计使其满足相应功能要求，即消能减震的设计阶段；另外一部分则是如何将设计成果进行具体实施，即消能减震的实施阶段，这部分内容涵盖了阻尼器的生产、测试以及安装、验收等多个环节，是整个项目成败的关键，也是目前我国亟待改善之处。

我国在建筑工程上飞速发展，大量新建建筑及需要加固的建筑给我们提出了越来越多的阻尼器应用需求，我国很多自主品牌的阻尼器正是在此背景下产生的。在未经严格检查管理的情况下，很多产品的基本理念和核心技术在很大程度上仍需改进，一些产品的质量和水平也有待提高。在我国已经发展使用二十多年的阻尼器理论和大量的实用产品中，仍然存在以下不足和问题：

(1)有的知名大学的教授不花心思研究减隔震产品的原理和技术,简单地抄袭国外的论文和专利,把可以正确发展的理论引上歧途,申报了很多并未真正理解的"抄袭专利",更可怕的是把错误和偏向带到实际的工程中。

(2)国际上早已被否定的一些减震技术被我国某些知名学者未加发展地搬过来,在不能解决其致命缺点的前提下在国内工程中使用并报奖。

(3)近十年来,我国已经安置了多套检测阻尼器的动力测试设备,但长期以来不能严格地检测减隔震产品。新安置的检测设备可能很好,但使用和操作的人员有的并不负责,也不去研究所必须经过的检测和控制质量,像美国土木工程学会 20 世纪 90 年代组织的 HITEC 第三方联合预检测在我国连一次类似的活动都安排不起来,真正遵循并实施到位的工程极其罕见。

(4)我国有不少"新发展减震技术",例如金属阻尼器的抗小震及抗风技术,阻尼墙的减震技术。在我国发展应用的文章有之,但关于产品的严格检测和对比其使用效果的文章几乎没有。与此形成鲜明反差的是,美国大学加州伯克利分校对液体黏滞阻尼器、BRB 及阻尼墙三者的优缺点、测试和检测办法、产品的体积、减震效果进行了大量试验和对比分析,并通过对比判定其发展方向,从而引导工程界能够正确运用这些产品。

(5)我国某减震设备厂家(南京某公司)在一次国内的联合测试中,由于参与测试的阻尼器完全破坏而在其后不久破产,但该公司的阻尼器产品在参与此次测试之前,在国内 37 个工程项目上已经安置了。我国还有大量类似的工程案例,这些已经知道安置了不合格的阻尼器的工程未经处理。

阻尼产品未经严格检测就放到结构上使用,又没有经过安置后的检测,会给我国实际工程的抗震、抗风带来难于估量的大问题,不能达到这些核心技术的阻尼器是不能在长期工作中保证设计要求的。随着减震产品在建筑结构上的应用越来越广泛,国家层面已经认识到这些问题的严重性了,如建设部最近发布了《建设工程抗震管理条例》(征求意见稿),对阻尼器等减震产品提出了严格的要求和管理。我们盼望能尽快执行这些条例,彻底改变我国在这个领域中的乱象和问题。为了结构的安全着想,我们迫切希望国内相关部门能够加强使用前公开测试和几年后的定期检测这一要求。

在提高管理水平的同时,同样重要的是生产厂家能够理解并攻下阻尼器的以下三个核心技术方面:

第一,为了使阻尼器能在地震发生时快速启动,在各种环境下都能按设计的本构关系耐久、严格的工作,并能在长期使用时检查阻尼器的内压及工作状态,对黏滞阻尼器预加高压是十分必要的,当然,采用这种高压动密封设计更需要很高的加工精度,才能在长期使用中保证不漏油。

第二,阻尼器本构关系的同一性。阻尼器应能在不同工作频率和速度、不同的温度环境下,均能够保持设计的本构关系。其核心技术是美国 Taylor 公司 20 世纪 80 年代发明出来的内部活塞头,这种高科技产品也就需要阻尼器厂家在产品出厂前提供包括各种不同环境下完整统一的测试报告。

第三，阻尼器长期使用的耐久性。《建筑消能减震技术规程》(JGJ 297—2013)第 8.7.2 条明确指出："黏滞消能器和黏弹性消能器在正常使用情况下一般 10 年或二次装修时应进行目测检查，在达到设计使用年限时应进行抽样检验。消能部件在遭遇地震、强风、火灾等灾害后应进行抽样检验。"这也是我们一直想要提倡的保证抗震质量的目标，这比使用阻尼器时在线健康监测更有实际意义。

20 年来结构减震技术飞速发展，很多工程案例是早期写的文章，有待改进和提高。鉴于笔者的精力和水平有限，本书内容遗漏和不足之处在所难免，还望不吝指正。

陈永祁

2018 年 4 月

目　录

第1篇　综　述

第2篇　阻尼器的设计与分析

第3篇　阻尼器的应用与检测

第4篇　问题探讨

第1篇 综　述

第1章 概 述

1.1 阻尼器应用概述

结构的消能减震以及基础隔震技术是近30年来结构工程抗震抗风最出色的成熟成果。在美国,能量耗散系统愈来愈多地用于为新建和改建建筑以及桥梁工程提供更强的地震保护,使用的硬件包括钢屈服装置、摩擦装置、黏弹性固体装置,以及迄今为止最主要的液体黏滞装置。应用阻尼器减震的新技术,主要指在结构中设置消能装置,通过消能设备本身提供的附加阻尼,以消耗地震时输入上部结构的地震能量,达到设防预期和增加抗震能力储备的要求。

阻尼是允许结构在受到地震、风、爆炸或其他类型的瞬时振动以及振动干扰时获得最优性能的许多不同方法之一。常规的方法规定结构必须通过强度、弹性和可变形性相结合来在结构内部衰减或耗散瞬时输入影响。通过加液体黏滞阻尼器,瞬间的能量输入不是通过结构自身而是由附加阻尼器耗损的。

液体阻尼技术通过在1990年~1993年期间广泛的测试被确认可用于抗震。军事应用的长期历史证明了此技术的可靠性。附加测试显示,液体阻尼器也可以很好地改进结构在风作用下的性能。

带有液体阻尼器的结构性能测试表明,在性能上巨大的获益能够在相对低的成本上实现。消能减震技术已经广泛得到工程界的肯定。在美国首先发展起来的这项技术,经过计算机和振动台模型分析试验、美国土木工程学会组织的大型联合测试、各种规范的编写和试用,到几百个各种结构形式的大量应用,到2005年美国土木工程学会相关规范的正式出炉(ASCE 7—2005),已经完全证明只要严格地执行这些规范的要求,应用这种办法来设计结构,它完全可以是一种可靠、安全并符合结构工程应用的减震方式。其性价比较高、对结构抗震能力有很大帮助并且几乎没有什么副作用。例如,美国Taylor公司截止到2006年已经完成了近200个大型桥梁、高层结构、大跨空间结构等世界上的重要工程。

1.1.1 智利地震带来的思考

2010年2月27日,智利圣地亚哥附近遭遇了8.8级的超大地震。大量的现代钢筋混凝土剪力墙大厦、框剪结构的住宅抵抗住了这一超级地震,没有倒塌。尽管80万人被迫搬迁,却只有486人死亡、79人失踪。这是现代化建筑抗震理论的成功证明。但遗憾的是,这些钢筋混凝土建筑在发挥延性的同时,梁柱大批屈服破坏,剪力墙在保证结构不倒的同时却留下了大批难以修复的裂缝,如图1-1~图1-3所示。

人们从这次地震中总结经验教训并反思和考虑未来,除了开始关注过去不太重视的附属结构的破坏和影响外,也更多思考怎么能使建筑结构做到更加完美。

图 1-1　难以修复的建筑

图 1-2　难以修复的附属结构

图 1-3　难以修复的剪力墙

1.1.2　国内外超高层建筑黏滞阻尼器的应用

2008 年 6 月美国国家结构工程师协会理事会(National Council of Structural Engineers Associations,NCSEA)《Structure》杂志发表了一篇文章——《黏滞阻尼器日趋成熟——高层建筑中获得经济性的新方法》(Viscous Dampers Come of Age——A New Method for Achieving Economy in Tall Buildings),该文章摘要原文及翻译如下:

It is often found that the design of tall buildings is governed by the need to limit the wind induced structural vibrations to an acceptable level. This leaves the designer with the option of either increasing the amount of steel or concrete in the building's lateral system to add stiffness, or of adding a complex and expensive damping system in order to ensure the comfort of building occupants. Various damping systems have been employed on tall buildings throughout the US and overseas, and have proved to be economic for buildings above a certain height, particularly in windier climates. A new type of damping system employing viscous dampers is currently being designed for tall buildings in Europe, Asia and the Americas, that achieves higher levels of damping than other damping systems, and reduces the design wind loads that these buildings are designed for. This scheme offers a new way to improve efficiency in tall buildings.

“经常发现,高层建筑的设计取决于将风引起的结构振动限制在一个可接受的水平。这使得设计师要么选择增加建筑内钢筋或混凝土的横向支撑系统,以增加刚度;要么添加一个复杂而昂贵的阻尼系统,以确保住户的舒适度。各种阻尼系统曾在美国和海外高层建筑上使用,并已被证明其对于超过一定高度的,尤其是在多风气候地区的建筑具有经济性。一种采用黏滞阻尼器的新型阻尼系统目前被用于欧洲、亚洲和美洲的高层建筑,其比其他阻尼系统更能达到较高的阻尼水平,并能减小这些建筑的设计风荷载。这一方案为高层建筑提供了一种新的方式来提高减震效果。"

世界范围内阻尼器在工程上,特别是在建筑结构上的应用印证了这一点。

在我国,高层建筑有了跨时代的发展,随着国际潮流一起进入了阻尼器应用的新时代。重大的变化是,现在业主也在一定程度上认可黏滞阻尼器的抗震抗风作用及其经济效果。

在阻尼器的发展过程中,有两件事情最令人振奋:

一是,安装了98个Taylor公司液体黏滞阻尼器的墨西哥市长大楼,在2003年7.6级破坏性地震中安然屹立,而该地震造成13 600栋建筑不同程度的损坏,其中2 700栋建筑倒塌或严重破坏。这座57层225 m高的南美最高建筑也就成了结构工作者实现"人定胜天"抗震工程的一个榜样。

二是,2005年百年不遇的卡特里娜飓风对安置了68个Taylor公司悬索阻尼器的Cochrane大桥的塔和悬索没有造成任何破坏。

在这两个毁灭性的自然灾害中,阻尼器发挥了作用,也经受住了考验,有力地说明了阻尼器这一结构保护系统在工程结构防护中的重要作用。

特别值得提出的是,近十年来,美国Taylor公司的液体黏滞阻尼器在结构工程领域的应用取得了飞速发展,其优秀的产品性能得到了抗震工程界的广泛赞誉。到目前为止,美国Taylor公司已经在全球范围内承接了690多个结构工程,提供了26 000多个结构阻尼器。使用大型阻尼器的建筑工程500多个,其中高层和超高层建筑工程30多个,桥梁工程160多个,基础隔震工程20多个。其增长速度很快,2002年以来每年都有20~30个新工程安置Taylor公司的阻尼器。以2005年为例,Taylor公司液体黏滞阻尼器完成工程统计见表1-1。

表1-1 2005年Taylor公司液体黏滞阻尼器完成工程统计

工 程 项 目	数 目
体育场馆	10
高层建筑	11
电站,核电站	2
机场塔楼,交通中心,警察局,军事工程	11
住宅建筑,旅馆	16
办公楼,博物馆	41
重要建筑(计算机房,通信大楼,医院)	22
其他(工厂,水库)	12
桥梁,高架路	45

其完成的工程中还包括一些世界著名建筑:世界第二高的马来西亚双塔;2004年希腊奥林匹克和平和友谊体育场馆;多伦多、土耳其等机场控制塔;我国北京火车站、北京银泰中心。

阻尼器在我国建筑行业的发展也已经有了一个可喜的开端。2005年,北京银泰中心安置了73套世界最先进的Taylor公司液压黏滞阻尼器;在著名的郑州国际会展中心,大跨度空间结构上使用了36套TMD(Tuned Mass Damper,调谐质量阻尼器)系统来减少二楼舞厅中跳舞的人群对楼板和建筑的扰动。与桥梁工程相比较,建筑结构更复杂,推广使用减震阻尼器的困难更大。但越来越多的设计工作者开始考虑和应用消能减震措施,我国的有关设计规范和相应规程也正在走向完善。尽管还有很多问题,但从目前的势头来看,阻尼器应用必将迎来另一个发展的高潮。

1.2 阻尼器的设计目标和理念

很多人会有疑问,传统建筑已经有上百年的抗风抗震历史,为什么还要考虑使用结构保护系统?特别是为什么要在建筑上使用阻尼器?从大的概念上看,这是因为:

第一,为地震工程、抗风工程几大动力难题寻找更好的解决办法;

第二,科学不断发展,开辟了解决结构工程问题的新思路;

第三,减少结构受力体系的价格;

第四,阻尼器的潜力很大,可以抵抗预想不到的动力荷载;

第五,可以使结构最大限度地保持在弹性范围内工作。

在北京火车站抗震加固工程中,曾对抗震剪力墙和阻尼器两个方案做了对比,结果见表1-2。

表1-2 阻尼器和抗震剪力墙的对比

抗震剪力墙	阻尼器
刚度增加,结构周期变短,加大地震力	结构性质不变或基本不变
对结构其他部分反应有影响	对结构其他部分反应基本无影响
给建筑上带来的困难大	建筑上容易处理
重量大,加大了基础和结构负担	重量小
一旦破坏,难以修复	容易修复和更换
只能抵抗水平振动	可以减少多方向地震反应
费用高	费用低

人们对于在一个固定的"死结构"上安置一个"可动机构"去减少振动荷载也许有几分介意,但运动是绝对的,特别是结构从建设的第一天起就要准备承受地震、风振等振动荷载的冲击。对这样的"活动"荷载,用一个更适用它的"可动的机构"去抗衡和准备,可能更有效、更节省。如果了解汽车这种常用交通工具的减振器的作用,就应该不难接受使用阻尼器消能的理念了。

我国现行抗震设计规范中已经有了关于消能减震的有关规定。结合国内外有关阻尼器应用发展情况和实际工程应用的体会,下面谈一下在建筑上使用阻尼器的目标和理念。简单地说,安置阻尼器可以有以下目的:

1. 增加抗震、抗风能力

原设计可能已经满足所有规范规定的抗震抗风要求,加上液体黏滞阻尼器在振动过程中起到耗能和增加结构阻尼的作用,从而降低结构反应的基底剪力,减少整个结构的受力,也就可以大大提高结构的抗震能力。同时,只要阻尼器安装得合适,设置到不同的需要方向,还可以预防和减少原设计没有考虑或考虑不足的振动受力。

对特别重要的结构,在高发地震区,花钱不多,设置这一第二防线是很值得的;对于非严重地震区,也可以用阻尼器达到抗风和增加抗震能力的目的。

2. 用阻尼器防范罕遇大地震或大风

按"小震不坏大震不倒"的原则,可以用常规的设计办法使设计满足多遇地震的抗震要求。对于罕遇的大地震,可能显得不足、不理想或不经济。用结构的被动保护系统,特别是用阻尼器来解决罕遇大地震的问题,不仅对新建结构建议采用这一设计理念,对原设计未设防抗震或设防不足的结构加固工程也很适合。

这一理念会带来经济实用和可靠的结果,合理的设计可以为工程节省费用,且国外抗震先进国家大都采用这一理念。在所有可能发生地震的地区,主要想提出和推广的便是这一设计理念。

国外有的工程,在结构的小震设计中也充分利用了阻尼器的优越性,可以用加阻尼器后的修正反应谱值作结构的设计。

3. 减少附属结构、设备、仪器仪表等第二系统的振动

在破坏性地震震害分析中,结构内部附属结构、设备、仪器仪表等第二系统的振动和破坏越来越引起人们的注意。从经济上看,这些内部系统的价值可能远远超过结构本身。增加结构保护系统出于保护这一附属系统就不奇怪了。应该说,采用阻尼器系统减少医院、计算机房、交通及航空等重要控制中心内部附属设备的振动是非常必要的。

4. 解决常规办法难以解决的问题

在结构设计中有时遇到高地震烈度、土质情况恶劣的地区,单纯地加大梁柱的尺寸会引起结构刚度增加,结构的自振周期减小,其结果可能引起更大的地震力。结构设计若落入这一恶性循环中,有时用常规的办法难以解决。而著名的墨西哥市长大楼工程就提供了一个摆脱这一恶性循环的榜样。

结构抗震如果使用液体黏滞阻尼器,由于其本身没有刚度,也就不会改变结构的频率,且阻尼器增加了结构的阻尼比,起到耗能的作用,比较容易解决这一困难问题。

在高烈度地震区,设计变得很困难的情况下,建议加入液体黏滞阻尼器重新作一下分析,可能会取得预想不到的好结果。

5. 结构上的其他需要

除了提高结构主体的的抗震抗风能力外,阻尼器还能在很多其他方面的抗震上对结构有所帮助,具体汇总如下:

(1)大跨空间钢结构、体育场馆,特别是开启式屋顶运动中的减震;

(2)超高层钢结构建筑抗风的 TMD 系统;

(3)减少楼板和大型屋盖垂直振动的 TMD 系统;

(4)配合基础隔震的建筑,加大阻尼,减少位移;

(5)设备基础减震;

(6)特别重要的建筑——核电站、机场控制室;

(7)结构复杂、难以计算的建筑;

(8)加固工程中,空间受限时,最好的选择;

(9)军事工程,抗爆工程。

当然,阻尼器还是个新生事物,其应用和理念都还在发展,并具有广阔的发展空间。

1.3 不同阻尼器的选择

1.3.1 液体黏滞阻尼器

常用的阻尼器,未加说明时都是指液体黏滞阻尼器,如图 1-4 所示。其基本原理是:当活塞随着结构的运动而运动时,活塞头向一端运动,内设的硅油受到挤压,对活塞产生反向黏滞力。同时,硅油从活塞头上的小孔向活塞头的另一端流去,使活塞的受力逐步减少。其基本关系式如下:

$$F = Cv^{\alpha} \tag{1-1}$$

式中,F 为阻尼力;C 为阻尼系数;α 为速度指数,常取 0.2~1.0。

黏滞阻尼器一般安装在发生相对位移较大的构件之间,在缓慢施加的静态荷载(如温度等)作用下可自由变形,在快速作用的动态荷载(如地震、脉动风等)作用下产生阻尼力并耗散能量。理论公式得到的阻尼器位移和阻尼力的滞回曲线如图 1-5 所示。

图 1-4 液体黏滞阻尼器

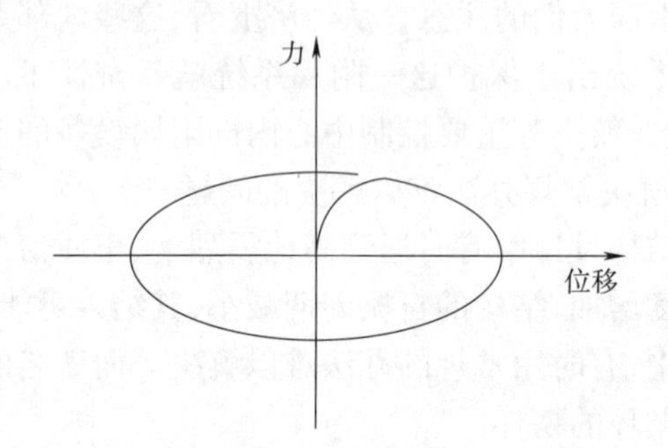

图 1-5 液体黏滞阻尼器的理论滞回曲线

1.3.2 带刚度的液体黏滞阻尼器

在实际工程中,有时需要阻尼器同时具有速度型耗能和位移型刚性弹簧的双重作用,这就是人们常说的带刚度的液体黏滞阻尼器。Taylor 公司为实现这一目的,其设计和制造的这种新型阻尼器如图 1-6 所示。带刚度的液体黏滞阻尼器外表跟一般的液体黏滞阻尼器一样,只不过稍微长一些,长度最大可达 30 cm。这种阻尼器的液压缸分成阻尼器和液体弹簧两部分。阻尼器部分是完全相同于传统的液体黏滞阻尼器,而弹簧部分是一个双向作用的液体弹簧。在缸中运动的是串在一根轴上的两个活塞,这两个活塞各在一部分油缸内工作。阻尼器部分活塞往复运动产生阻尼,另一个活塞引起液体弹簧的弹簧力。这种阻尼器可以按要求设计弹簧刚度,但其最大弹簧力应小于最大阻尼力的一半。该装置的计算公式为

$$F = K_{\mathrm{eff}} \cdot u + C\,\dot{u}^{\alpha} \tag{1-2}$$

式中,K_{eff}为液体弹簧等效刚度;C 为阻尼器的阻尼系数;u 为活塞杆的位移;$\dot{u}$ 为活塞杆的速度;α 为速度指数。

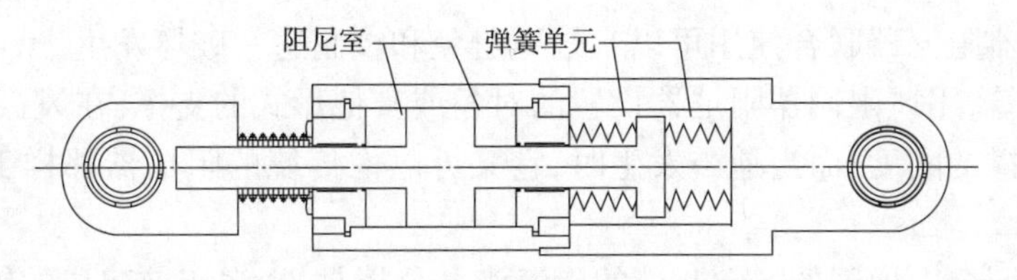

图1-6 带刚度的液体黏滞阻尼器

带刚度的液体黏滞阻尼器的本构关系可以用阻尼器部分加上弹簧部分来反映。公式(1-2)可以直接输入 SAP 2000 或 ETABS 等计算机程序中进行分析计算。在安置中,该装置可以设置成对角支撑形式,也可以设置成传统的人字形形式。当然,它也能配合基础隔震的柔性支座或滑动支座使用。将传统的黏滞阻尼器转变成带刚度的液体黏滞阻尼器,由于另加了刚度,对结构在风荷载下限制位移能够起到良好的作用。在希腊 2004 年奥运会的主赛馆,和平与友谊体育场上就成功地应用了这种阻尼器。

1.3.3 风限制器阻尼器

在传统液体黏滞阻尼器上加一个简单的机械元件,防止阻尼器受到较低水平的风力和其他荷载可能带来的阻尼器两端运动,就可以构成这种风限制器阻尼器,如图 1-7 所示。这种阻尼器可以应用到桥梁和高层建筑上,抵抗风荷载引起的结构振动。一般来说,阻尼器可能受到的最大风力和其他力总是小于最大地震力的 25%。在阻尼器的外表面加一个可以滑动的金属卡环,该环与阻尼器外筒的摩擦力可以调节到最大地震力的 25%。在阻尼器连接两端受风振作用时,风限制装置摩擦力阻止了阻尼器两端滑动,相当于有了一个受力开关或限制器。而当阻尼器工作的结构受到较大地震荷载的作用,阻尼器两端的受力大于设定的开关最大力时,也就是超过风限制装置的最大静摩擦力时,摩擦环脱开,两端发生相对运动,阻尼器开始起到耗能作用,该结构像普通阻尼器一样工作,减震和耗能。这时,摩擦装置给阻尼器带来模型上的变化可由速度和力的变化曲线(图 1-8)看出。该限制装置的摩擦力大小在应用时可以做一定范围的调整。这种风动限制器设计安装方便,在一般安置黏滞阻尼器的位置上都可以安置,方便推广。

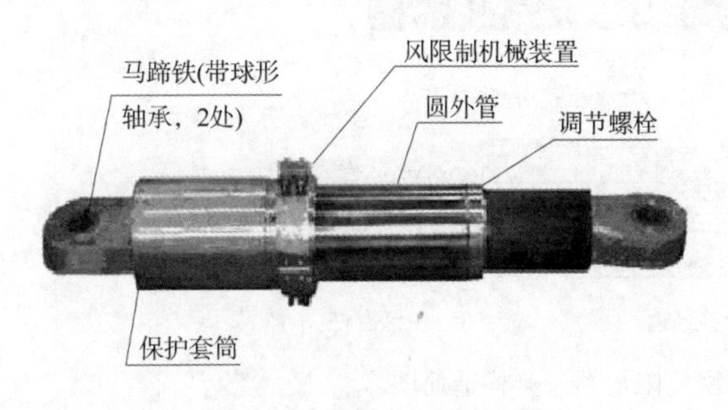

图1-7 风限制器阻尼器

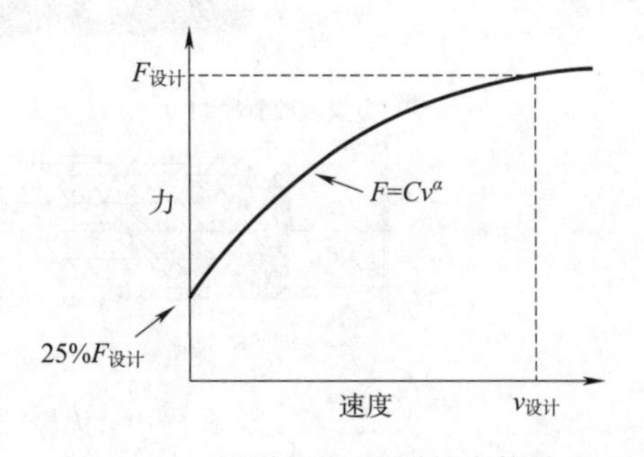

图1-8 风限制器阻尼器的本构关系

当然这种阻尼器也可以用来配合基础隔震系统来限制结构位移,在阻止风荷载带来位移的同时,还能够保持阻尼器在地震作用下的耗能作用。当然,可能并不以此为直接设计目的。由连廊连接的两个以上塔型复合结构,很容易因为塔的运动不同使连廊在连接处发生破坏。

隔震垫和风限制器阻尼器联合使用可以有效地避免和控制这一破坏发生。

对于柔性建筑,用风限制器阻尼器设置的对角或其他形式的支撑,在风振时能像刚性连杆一样提供一定支撑的刚度;而当地震发生时,它又可以像传统的阻尼器那样工作,起到耗能的作用。

坐落在美国旧金山地区的San Jose的南海湾办公楼是30多年前建成的钢筋混凝土塔楼,塔楼之间用悬挂式钢框架连接。这个钢连接部分很容易产生楼板的振动,特别是在风荷载下引起很大的振动问题。过去只是简单地安装了一些钢杆阻止风动,这种简单的钢杆有很多缺欠,当地震发生时,它还会破坏,不能重复使用。Saiful-Bouquet设计并采用了风限制器阻尼器,得到了理想的解决方案,风限制器设计承受10%~15%的最大地震力,有效地阻止了风对这个钢框架的影响。而超过限制力的最大力时阻尼器发生作用,更好地保护了结构。该装置可以重复使用,从目前的运行状况来看十分成功。

1.3.4 无摩擦金属密封阻尼器

阻尼器在抗风等需要持续工作的环境下,会要求阻尼器的内摩擦更低,可以采用无摩擦金属密封阻尼器(Frictionless Hermetic Damper),如图1-9所示。无摩擦金属密封阻尼器区别于其他普通抗震阻尼器的特性表现在阻尼器相对运动过程中几乎没有摩擦力产生。由于金属波纹管密封件的采用,金属密封阻尼器可以提供更大的功率,产生的热量随时消散,可以承受更高的内部温度而不破坏,阻尼器的耐久性、稳定性大幅提高。目前,金属密封阻尼器在TMD、阻尼伸臂系统和巨型支撑系统中都有应用,可以用于振动幅度很大、频率较高的外界环境下。如伦敦千禧桥、芝加哥凯悦酒店TMD系统、纽约西55大街250号都应用了这种阻尼器。

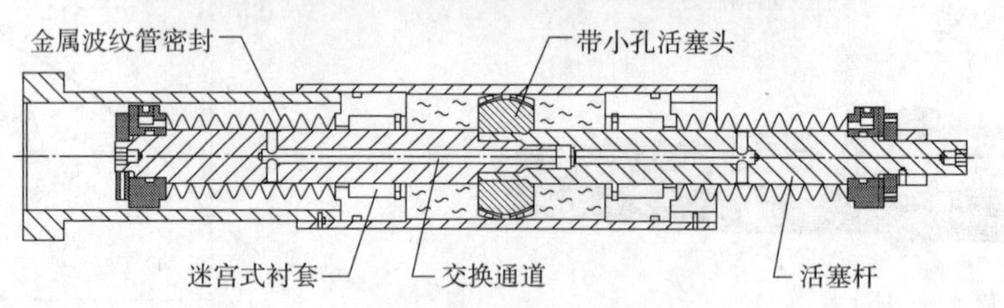

图1-9　无摩擦金属密封阻尼器及其构造简图

Taylor公司引用宇航工程里的技术,其发明的金属密封阻尼器对高层建筑做出了重大贡献,在抗风工程中广泛引用。到目前为止,世界上只有个别公司可以生产这种高性能、无摩擦、金属密封的阻尼器。虽然性能优势明显,但价格过高,尚需改进。

1.3.5　带特殊泄压阀的新型阻尼器

为了能够同时对日常的风荷载以及偶然的地震荷载都起到较好的减震作用，在液体黏滞阻尼器活塞内部设置一个具有特殊功能的泄压阀，在特殊泄压阀的耦联作用下，把锁定装置的性能和黏滞阻尼器的性能同时整合到该新型阻尼器中，根据特殊泄压阀的关闭，在不同荷载的作用下对结构起到相应的减震效果。旧金山弗里蒙特街181号使用的便是此种阻尼器。

泄压阀打开之前所表现出来的性质和锁定装置一样，主要用于抗风；地震发生后，当阀门所产生的压力超过泄压阀打开之前阻尼器的最大锁定力时，特殊泄压阀打开，该阻尼器表现出黏滞阻尼器的功能；当地震荷载作用后，特殊泄压阀关闭，该阻尼器又恢复到初始安装时阻尼器具有的状态。

带特殊泄压阀的新型阻尼器内部构造及本构关系图如图1－10所示。

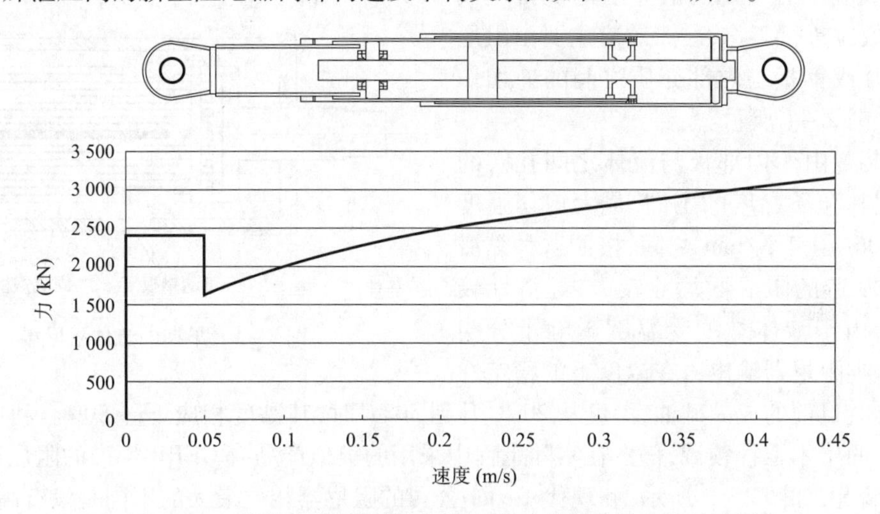

图1－10　带特殊泄压阀的新型阻尼器内部构造及本构关系图

1.3.6　改进型高功率阻尼器

为了降低产品造价并获得与金属密封阻尼器相近的效果，Taylor公司发明了另一种理念的抗风阻尼器，如图1－11所示。这种阻尼器在缸体内外的结构都采取了一系列的加速散热、增大耗能能力的改变，使其在一定程度上可以满足抗风工程、TMD工程的需要。

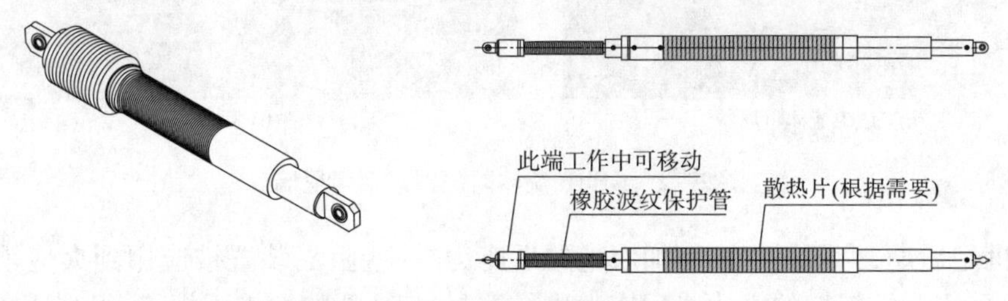

图1－11　改进型高功率阻尼器

迪拜TMD屋顶工程中就使用了108个此种阻尼器，能很好地在抗风工程中发挥作用。Taylor公司发明的这种新型阻尼器，使阻尼器的寿命提高30%以上。

第 2 章　液体黏滞阻尼器简介

2.1　液体阻尼器的发展历史

液体阻尼器的发展可以追溯到20世纪初。为了满足大型武器装备发展的需求，液体阻尼器以及其他工程设备得以迅速设计制造并成功获得实践应用。早期的液体阻尼设备一般通过黏滞效应进行工作，黏滞效应主要由阻尼器内部叶片或钢板与内部介质之间的剪切作用产生，如图 2 – 1 所示。

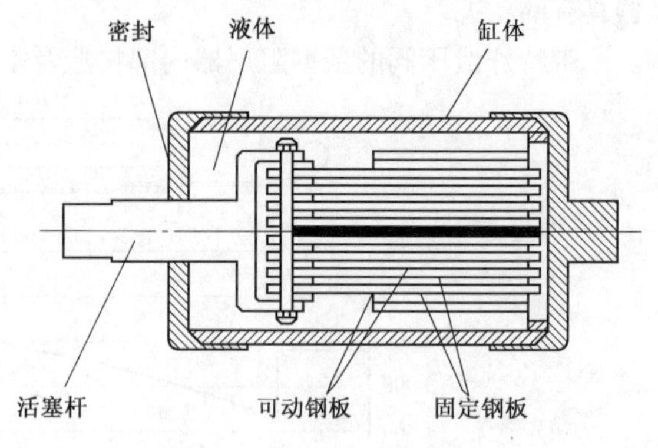

图 2 – 1　早期的流体阻尼器

这类装置由于内部板与流体之间孔穴的存在，根据其介质黏度的不同，最大剪切强度通常在 0.06 ~ 0.1 N/mm^2之间，按照这种黏滞效应原理制造的阻尼器尺寸较大、经济性较差。此外，由于液体黏度受温度影响十分明显，造成这类阻尼器输出力在温度下的稳定性较差。例如：目前的成品硅油，温度从 20 ℃升到 50 ℃时，其黏度相应下降 50%。利用上述原理，在当今的土木工程领域，仍然在实际工程中采用的类似产品有 GERB 生产的阻尼锅以及日本的阻尼墙等，如图 2 – 2 所示，和现代 Taylor 公司的阻尼器相比最大的不同是没有高内压。

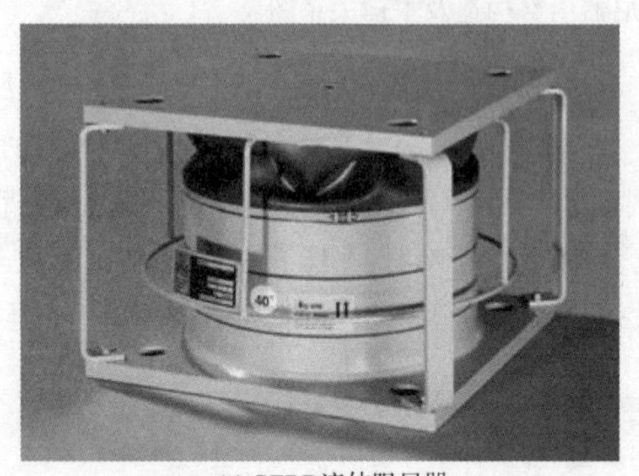

(a) GERB流体阻尼器

(b) 阻尼墙

图 2 – 2　GERB 流体阻尼器以及阻尼墙

在 19 世纪后期，为了耗损大型加农炮的后座力，一些阻尼装置被应用到火炮领域。早期的火炮通常采用非常粗糙的方式对后座力进行控制，其耗能特性极不规律，很难适应装备的快速发展。只有那些可靠的、功能完备的阻尼装置，才能适应高功率的快速连续发射。经过深入的试验研究，法国军队在他们的 75 mm、M1897 型大炮中采用了一种独特的流体阻尼装置。这种流体阻尼器设计采用惰性流体，强迫油液以高速（高于 200 m/s）通过小孔，从而产生高阻尼力。装置的输出力不会因内部油液的黏度以及温度而产生显著变化。这种阻尼器可以稳定地耗损大炮发射所产生的后座力,在发射结束后提供恢复力将大炮恢复到初始位置。而且这类阻尼器的输出力可以通过设计而被精确控制,能够批量生产。在1900年~1945年期间,这项技术和产品在许多国家的军事方面得到广泛应用,但鉴于保密性,这项技术在当时并未向外界公布。其特点如下:

一是,双向输出阻尼,通过采用偏压阀在拉、压双向获得不同输出力;

二是,连续变化输出,采用连续变化锥形销小孔;

三是,自适应阻尼,如:根据武器倾斜角度,阻尼力相应进行变化,采用扇形齿轮驱动旋转通过油腔截面的锥形销,控制流液流量。

在第二次世界大战中,随着雷达以及其他电子设备的出现,这些技术被用于减小这些设备对外界振动冲击的影响。在冷战期间,巡航导弹成为重要的军事手段,流体阻尼器被用于保护导弹以抵御一些传统武器以及核武器所产生的冲击波。在武器爆轰附近地面的瞬时冲击速度能达到3~12 m/s,幅值可达2 000 mm,加速度能达到1 000g。对一些大型结构而言,为了消减所受到的瞬时冲击,需要非常高的阻尼力,流体阻尼器成为解决这些问题的最佳方式。

1. 液体阻尼器发展里程碑事件

在液体阻尼器的研制过程中,具有里程碑意义的事件有:

(1)1897年,高性能液压阻尼器最早由法国军方研制,并成功获得应用。

(2)1925年,应用在汽车上的第一个滚动吸振器(如图2-3所示),由布法罗的Houdaille液压公司Ralph Peo研制。

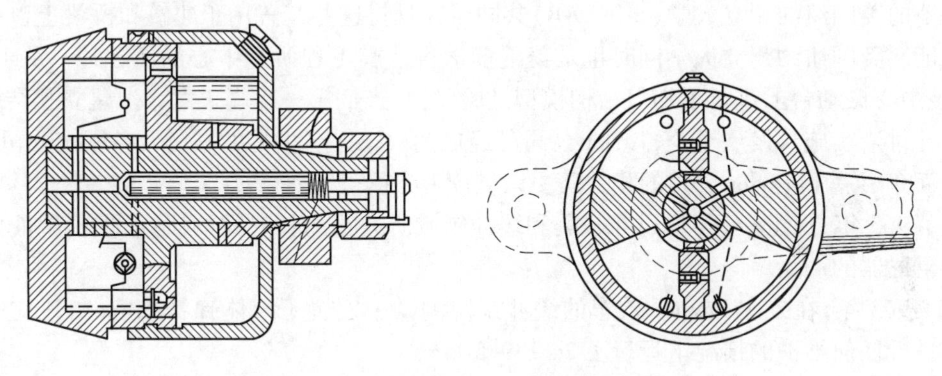

图2-3 1925年R. Peo的滚动吸振器

(3)1935年,英国George Dowty研制出第一台液体弹簧阻尼器,由于价格过高未能批量生产。

(4)1949年,Delco采用具有安全阀的双腔阻尼器控制汽车振动。活塞杆上部固定以利于采用重力辅助粗糙的橡胶密封。

(5)1952年,Wales-Strippit公司的P Taylor制造出第一个液体弹簧阻尼器,应用于印刷设备上。在1955年P Taylor成立了Taylor Devices公司。

(6)1956年,首次在结构中采用液压阻尼器,采用Taylor Devices公司的液体弹簧阻尼器应用到chance-vought F8型飞机上。

(7)1970年,Taylor Devices公司液体阻尼系统申请专利,可提供具有液压线性阻尼器,如

图 2－4 所示。

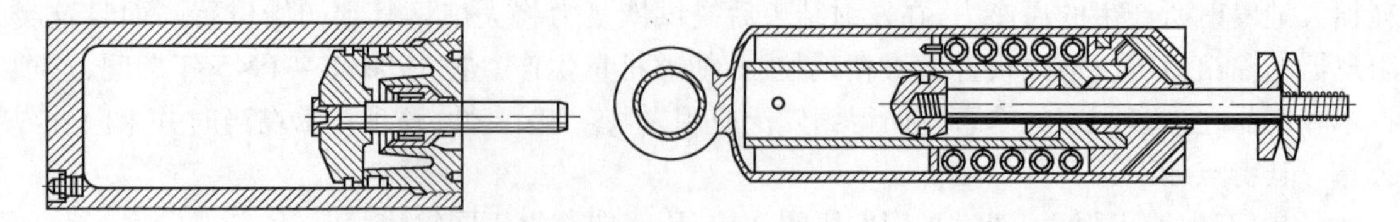

图 2－4　1970 年 Taylor 公司的流体阻尼器

（8）1985 年，Taylor Devices 公司研制出具有金属柔性密封的高压无摩擦阻尼器，应用于航天设施，如图 2－5 所示。

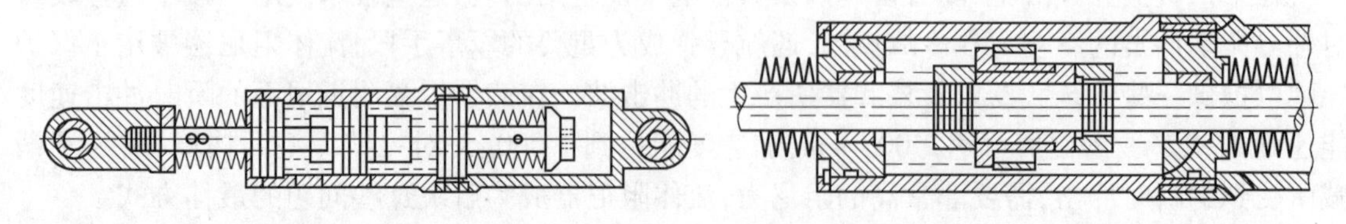

图 2－5　1980 年 Taylor 公司的无摩擦阻尼器

2. Taylor 公司的相关介绍

随着 20 世纪 80 年代末冷战的结束，许多用于防卫设施的技术可以出售用于民用。Taylor 公司 Taylor Devices 从 1955 年开始作为供应商向美国政府出售阻尼器和缓冲器装置，并与位于布法罗的美国纽约州立大学（SUNYAB）共同研究且将这些装置用于建筑和桥梁上以提高其抗震性能。美国纽约州立大学同时也是美国多学科地震工程研究中心的所在地。从 1991 年开始，该中心振动台上进行了缩尺结构模型试验，这是人们第一次真正意义上建立了结构保护的概念并付诸实施。发展至今，Taylor 公司已经成为一家闻名世界的减震设备系统公司。

下面介绍一下 Taylor 公司的相关历史以供读者参阅。

（1）1963 年，Taylor 公司通过在减震和缓冲领域所进行的长时间的研究，推出了液体弹簧和液体阻尼器的产品。

（2）1963 年，在二次 Pontiac 汽车的缓冲系统测试中安置了液体弹簧减震器，该交通工具在没有进行任何维护的情况下运行了 24 139. 5 km。

（3）1965 年，通用汽车公司在 Chevrolet Corvair 车上装备了 Taylor 公司的液体弹簧减震器，进行主动减震吸能控制，该车运行了 64 372 km，并且不需要任何的维护，达到了令人满意的测试结果。1966 年，这辆汽车在通用汽车测试中被肯定，而且发现其操作较好。

（4）1967 年，在宾夕法尼亚州 New Castle 市中的城市公共汽车上装备了 Taylor 公司的液体弹簧减震器。1970 年，当这些公共汽车报废的时候，减震器仍然处于正常工作状态。

（5）1970 年，世界最大的卡车——具有 350 t 载重能力的 V' Con Mountain Mover 装备了 Taylor 公司的液体弹簧减震器，具有每小时 90 km 的速度，V'Con 在当时被认为是速度最快的重采矿卡车，卡车行驶 5 000 个小时之后报废的时候，减震装置没有破坏和漏油情况出现。

（6）1972 年，Taylor 公司的液体黏滞阻尼器被 American Motors 选用。1973 年，Hornet and Matador 选用了每小时 8 km 的缓冲吸能装置，这是世界上第一辆使用液体黏滞阻尼器的汽车产品。

(7)1980 年,Taylor 公司被美国空军选定为 MPS Based MX 导弹的减震装置供应商。Taylor 公司就液体黏滞阻尼器在减少整个导弹的大小和重量方面申请了专利。

(8)1986 年,Taylor 公司被美国空军选定为大型地面导弹减震系统的研究机构,并在 90 年代展开了大量试验研究。

(9)1991 年,Taylor 公司的大量隔震、吸能装置成功地被应用在沙漠风暴行动之中。最著名的是美国海军精确发射的致命战斧巡弋导弹,每个发射筒中都安置了 8 个 Taylor 公司的缓冲吸能装置,成功地保护了导弹的正常发射。

(10)1992 年,在美国国家地震工程学研究中心进行了大量液体黏滞阻尼器设置在建筑结构和桥梁上承受地震荷载的试验。试验有力地证明了安置的阻尼器的性能十分优越,效果十分显著。其抗震能力可提高到 300%~500%,无论钢结构或混凝土结构,阻尼器都能减少所受地震荷载下的结构反应内力和位移。

(11)1993 年,在加州的 San Bernardino 县,新建的医疗中心的五栋建筑物选用了 Taylor 公司的液体黏滞阻尼器进行抗震,使用了超过 180 个液体黏滞阻尼器,每一个的阻尼力为 1 400 kN,长度为 1 219 mm。

(12)1994 年,Taylor 公司为美国军队提供了一个电子主动控制的隔震减震系统,用来保护 THAAD 地对空导弹的导航系统。

(13)1995 年,在加州的萨克拉门托的太平洋贝尔北方网络中心,在这个 27 870 m^2 的结构上安装了支撑形式的 62 个 Taylor 公司的液体黏滞阻尼器,在发生大地震时这些阻尼器将保证结构不会发生破坏。

(14)1997 年,华盛顿州地区选择安装 Taylor 公司的液体黏滞阻尼器来保护西雅图新建西北太平洋棒球场开启式屋顶的三个区段,其独特的可缩回的屋顶设计需要超过 9 484 kN 的阻尼力,是通过 8 个阻尼器来提供的。阻尼器上设置了世界上唯一的阻尼器在线健康监测。

(15)2000 年,在旧金山—奥克兰海湾西段悬索桥的抗震设计中,选用了 96 个 Taylor 公司的液体黏滞阻尼器。这种新式的抗震方式对 1989 年 Loma Prieta 地震损坏的桥梁作出了经济实用的抗震补强加固和抗震性能的升级。

2.2 土木工程用液体黏滞阻尼器的内部构造

目前,在土木工程领域内被普遍采用的流体阻尼器基本属于射流型,这类液体阻尼器所需设计的部分相对来说不是很多。然而,这些需要设计的部分通常变数很大,在某些情况下设计变得复杂而有难度。

图 2-6 为单出杆型阻尼器(Damper with a Accumulator),从图中不难理解,通过活塞的往复运动,液体流过活塞头上的小孔从而提供阻尼力。

图 2-7 为另一种最近被广泛应用的流体阻尼器——双出杆型阻尼器(Run Through Piston Rod),由于取消了内部储能器,这种阻尼器的稳定性和可靠性有所提高。

黏滞阻尼器是一种加工精确、各部件巧妙配合的机械产品。下面重点介绍阻尼器内部主要部件的作用,以便读者能够对这类阻尼器有进一步的认识。

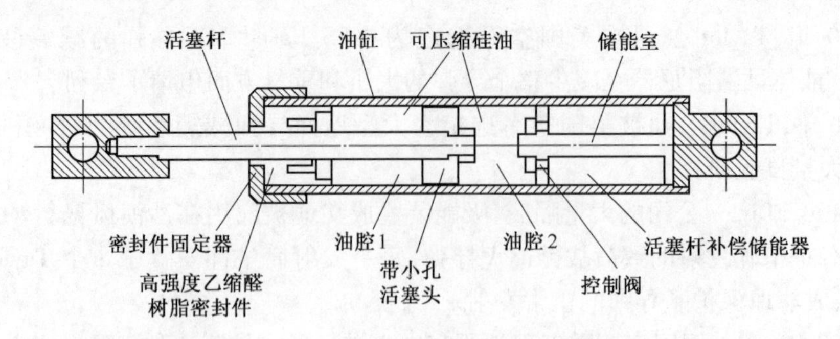

图2-6　单出杆型黏滞阻尼器内部构造

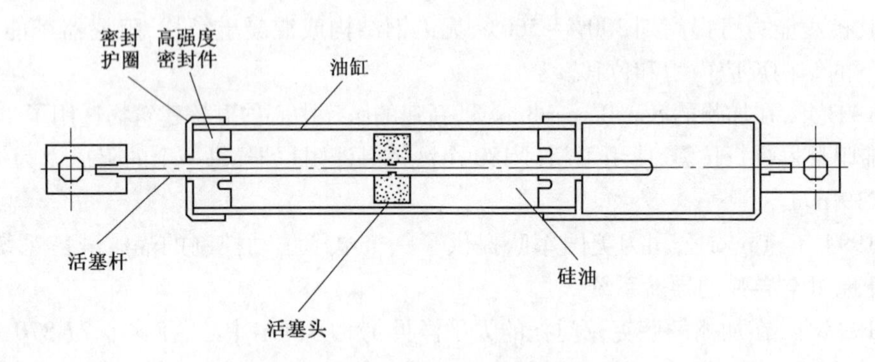

图2-7　双出杆型黏滞阻尼器内部构造

2.2.1　流体孔、阀门和油库

1. 小孔和阀门

小孔用于控制通过活塞头的流体压力。小孔可由经过机械加工的复杂通道制成,也可采用钻孔,利用弹簧压力球、提升阀或卷筒等制成。如需制作速度指数小于2的阻尼器出力,则需要相对复杂的设计。实际上,如果仅是钻一个简单的符合伯努利(Bernoulli)方程的圆孔,阻尼器出力则被限制在只与速度平方成比例的条件下。

由于速度平方阻尼在用于消耗地震能量时受到限制,此时就需要设计更加坚固、复杂的孔隙。一种办法是通过流液控制的系统过程并获得专利技术的一系列准确定型的通道控制,依据这些通道的形状及面积可使速度指数在0.2~1.0范围内变动,而不需要在小孔内设置任何活动的部件。

采用油腔内置活塞——流体型阻尼器作为抵抗冲击和振动吸能的装置,其内部结构主要分为两类:一类是装置内提供流体回路,活塞杆、活塞头的位置变化不影响装置输出,也就是在土木工程领域所采用的阻尼装置(Damper);另一类不提供流体回路,构造较为简单,活塞杆位置变化会影响装置的输出,可称为缓冲器(Buffer)或液体弹簧(Liquid Spring)。但是上述两类所采用的流体孔隙在原理上是相同的。目前采用的液压阻尼器内部结构主要可分为以下四种:

(1)计量管型(Metering Tube)——采用活塞杆以及间隔排列的流液通道,如图2-8所示。

(2)计量杆型(Metering Pin)——采用与计量管型类似的结构,只是孔隙连续变化,如图2-9所示。

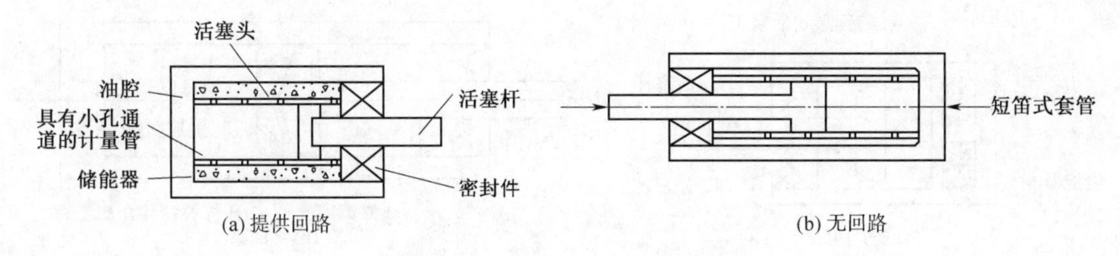

图2-8　计量管型阻尼器内部构造

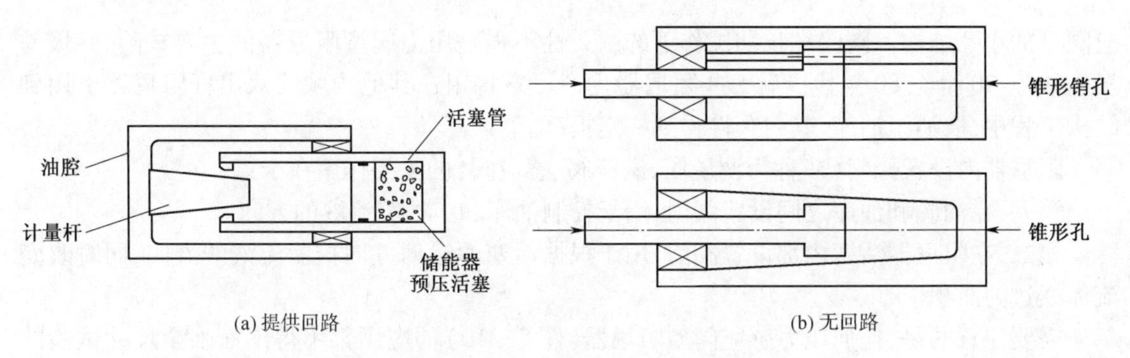

图2-9　计量杆型阻尼器内部构造

上述两种流孔的输出力形式为

$$F_{\mathrm{D}} = Cv_{\mathrm{e}}^{2f(x)} \tag{2-1}$$

以上两种结构类型的阻尼器需要针对设定好的振动形式进行设计。

(3)预压反应阀型(Pressure Responsive Valve,PRV)——预压反应阀由预压弹簧阀门阻塞的小孔所组成,通过孔隙的流量借助阀门和它的预压弹簧来计量控制,可同时采用多个弹簧预压阀芯,如图2-10所示。

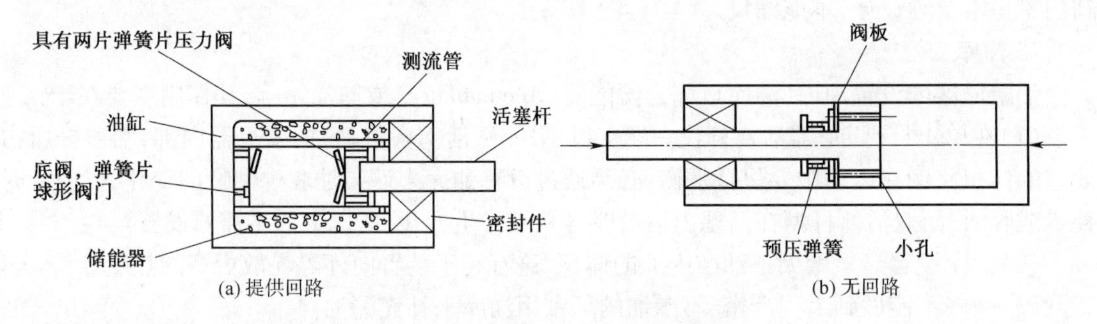

图2-10　压力感应阀型阻尼器内部构造

(4)射流型(Fluidic)——第二类非伯努利型小孔是采用射流型方法,提供与PRV形式类似的控制流。射流型控制小孔没有可动的部件,而是采用一系列特殊形状的通道通过流体速度来改变流特性。射流控制小孔,装置出力可随流体速度的非平方幂指数变化,如式(2-2)所示。其内部构造如图2-11所示。

$$F = Cv^{0.2\sim2.0} \tag{2-2}$$

第3种和第4种结构仅与速度有关,而与相对位置无关。所以,只有这两种对消耗任意激励振动才有效。而如果需要获得速度指数更小的($\alpha<0.2$)阻尼出力形式,则只能采用压力感

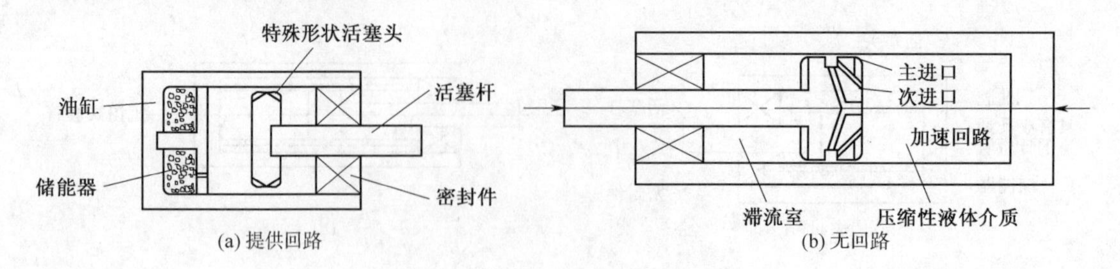

图 2－11 射流型阻尼器内部构造

应阀型的小孔结构。阀门在长期工作下的耐久性不强是压力阀型阻尼器的主要缺陷,其极易发生故障,20 世纪 80 年代以后一些阻尼器生产厂家将用在其他领域的双出杆阻尼器引用到结构工程中,取消了油库,其耐久性得到一定提高。

阻尼器内设置阀门(或称为调压阀、溢流阀、感应阀)的主要作用在于:

第一,在油腔和油库之间设置阀门,用于控制油库和主油腔流液的方向。

第二,在阻尼器活塞内部设置阀门,用于根据活塞的运动方向控制流液的流向,同时改变流体通过的面积。

需要注意的是,任何压力感应阀型阻尼器(图 2－10)的应用都不得不面临全尺寸试验的要求,这些试验往往要测试能预期到的在实际应用过程中阻尼器所能达到的最大速度及频率,而有时设计吨位过大试验设备往往不能满足要求。

采用缩尺模型或仅进行一般性的试验是不能作为性能验证试验的。这是因为液压阀是不能进行比例缩尺的,缩尺后孔隙流通过阀门和阀门弹簧的力仍会以与其相关的一些参数按照平方的关系变化,而同时小球的重量、提升阀和滑阀会按照相关参数的三次幂指数变化。因此,当小孔较大时,由于一侧阀门的关闭而使其相对于其他阀门来说变得沉重,这样阻尼器在脉冲输入下的性能以及其频率反应范围将退化。为了维持阻尼器特定的性能,每个阻尼器的阀门不得不单独设计,不能缩尺。

2. 油库

油阻尼器内设置油库,油库也称为蓄能器(Accumulator)或储油箱等,其作用主要在于:

(1)在单出杆(阻尼器活塞杆仅一端支撑,另一端活塞头滑动)的阻尼器内部,活塞杆所占油室的体积比例在运动中要保持平衡,必须通过设置油库来调节油腔内油量的变化,以便及时补给或收回;而双活塞杆型在活塞内运动时容积不发生变化,所以一般不需要设置。

(2)油库设置显然增大了油腔内油的体积,这有利于装置向外界耗散更多的热量。

(3)一些不能做到封闭严密、不漏油的厂家用油库来补充漏油。

可见,设置油库至少对于单出杆阻尼器是必要的。

当然,这种设置油库的单出杆阻尼器并不是一无是处,设置油库可以耗散更多的热量,在美国最近生产的功率较大的斜拉索和 TMD 阻尼器上都起到很好的作用。外挂油库的阻尼器如图 2－12 所示。

2.2.2 液体介质

在土木工程领域中应用的阻尼器,要求内部液体介质具有抗火、无毒以及温度稳定性,且性能不会随时间而退化,目前仅有硅基系列的液体可以满足这种要求。典型的硅基液体燃点

图2-12 外挂油库的阻尼器

超过650 ℉,完全无毒,是人类目前所知的温度稳定性最好的液体。普通机油对温度的敏感性很强,这类介质用在阻尼器上使阻尼器对时间和温度的稳定性都变得很差。随着硅油及密封材料研究的成功,液体硅油被成功应用于液体弹簧和阻尼器中。由于硅油需经过蒸馏,这种液体完全均匀,不会因为时间过长而产生沉淀,目前这种液体也用于护手霜及护肤产品中。

阻尼器内使用的硅油和硅胶作为两种化工原料,在化学品公司很容易就可以买到。它们一种是粉色胶泥状物质,一种是无色透明黏滞性液体。

胶泥不能在提供阻尼时很好地传递热量,而流体介质则不同。被加热的流体通过小孔与未被加热的流体相混合,从而使热量有效分散。胶泥过热后其化学性能开始发生破坏,变成类似泥浆之类的物质,不再耗损能量。在这种情况下,由于内部胶泥被破坏,采用胶泥的阻尼器或缓冲器在发生位移时则不能提供出力。此外,胶泥存在的另一个问题是,随着使用时间的延长,其性能易失效,变为部分固体部分和液体部分分离的混合物。

硅油完全是一种液体,而胶泥则属于硅胶与液体的混合物。与硅油相比,胶泥很容易密封。在没有掌握并解决密封问题的情况下,一些生产厂家很容易采用胶泥作为内部介质来解决阻尼器的漏油问题。20世纪50年代开始,Taylor公司最先把硅胶用于减震装置中,同时申报了专利。60年代,他们发现这种材料的温度稳定性能极差,无法达到液体弹簧和阻尼器在不同温度下高精度的要求。目前在美国,只有参数要求不高且仅作为一次性减震装置的缓冲器中仍沿用这种材料作为填充物。

在研制阻尼器初期,还有人希望采用普通机油作为介质,但普通机油对温度的敏感性很强,若将其用在阻尼器上,会使阻尼器对时间和温度的稳定性变得很差。随着硅油及密封材料的成功研制,液体弹簧和液体阻尼器中采用液体硅油早已在工程界成为共识,这种硅胶的"阻尼器"也就随之退出了国际阻尼器的舞台。

2.2.3 其他主要部件

1. 活塞杆

经高度抛光在密封圈及密封导圈中滑动的活塞杆,一侧是阻尼器的固定耳板,另一侧连接着活塞头。总体来说,活塞杆必须承担所有的阻尼力和由加上密封圈的接触面提供的摩擦力。由于活塞杆一般相对来说比较纤细,且必须承担轴向荷载,所以活塞杆通常由高强度钢材制成。由于活塞杆表面的任何锈蚀及腐蚀都会引起密封系统的破坏,所以一般采用不锈钢材料来制作活塞杆,有时不锈钢表面必须镀铬来协调及保证密封材料的正常工作。

此外,活塞杆在设计时应进行应变控制,而不是应力控制,因为在阻尼器压缩过程中活塞杆的弹性变形会引起黏合或密封泄漏。如果阻尼器的位移超过300 mm,则应考虑活塞杆所受到的弯距的影响。如行程过长,应采用钢管导向套(Guide Sleeve),以免活塞杆受到过大的弯距。美国 Arrowhead 医疗中心使用的基础隔震阻尼器就采用了这种导向套的结构。

2. 油缸

阻尼器的油缸内含有液体介质,且必须保证阻尼器在工作中所带来的油腔内压力。油缸通常由无缝钢管制成,油缸上的任何焊接或浇铸都会引起阻尼器的疲劳破坏及在应力作用下产生裂缝。缸体一般要求按照罕遇地震作用下油腔内部产生压强的 1.5 倍进行设计。在设计压强作用下不应出现屈服、破坏以及裂缝等现象。

3. 密封圈

液体阻尼器所使用的密封系统必须具有长时间服役期(不应低于 50 年),并且无周期性的变形。密封系统的材料必须是适用于阻尼器的液体,且需经过仔细挑选以满足这种服役期的要求。由于结构上采用的阻尼器通常在很长一段时间内并不经常使用,这就要求密封系统必须表现出长时间的黏性,不允许出现液体的缓慢遗漏。大多数阻尼器在活塞杆接触面上采用动态密封,在端部盖板或密封件固定器处采用静态密封。对于静态密封,传统的橡胶 O 形圈就可以做到。活塞杆处的动态密封由高强度的结构聚合物制成,以减少由于长时间不使用造成的密封收缩及变黏。动态密封的材料包括特富龙 7 号(Teflon7)、稳定尼龙和乙酰基树脂族系材料。动态密封由不会老化、退化的结构高聚物经冷塑加工制成。如采用传统的橡胶作为阻尼器内的动态密封,则需要定期更换。

4. 活塞头

活塞头安装在活塞杆上,有效地将油缸分为两个腔体。活塞头控制液体通过其内部小孔从而产生阻尼压强。活塞头通常非常接近油缸内壁,有时会在活塞头与油缸内壁设置密封圈。活塞头是整个阻尼器部件中要求加工精度最高、技术含量最高的一部分。

图 2 - 13 是 Taylor 公司生产的两种较为典型的活塞头截面图。活塞头所设置的小孔采用前文提到的射流孔的形式,这种纯粹通过改变油液流动速度和方向来获得不同速度指数的活塞头构造形式十分巧妙,是 Taylor 公司的专利产品。这种构造已经完全摆脱了阻尼器内的易损零件——阀门,不但延长了阻尼器的寿命,也大大降低了阻尼器的造价。

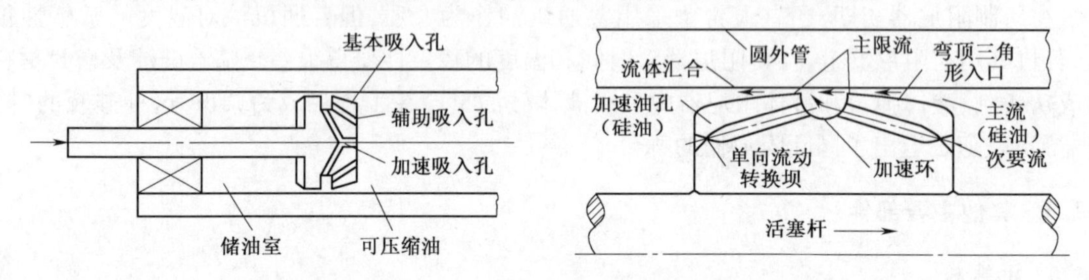

图 2 - 13　Taylor 公司单出杆和双出杆阻尼器活塞头的构成

2.3　液体黏滞阻尼器发展的三代产品

结构工程用液体黏滞阻尼器在发展进程中可以按照如下三个阶段排序:最初以胶泥为填充材料,称为第一代黏滞阻尼器;采用各种阀门控制阻尼器参数并使用蓄能器,称为第二代阻尼器;最新发展形成的以小孔激流方式控制阻尼器参数,称为第三代阻尼器。

这三代产品的技术差异是十分明显的,其性能表现和耐久性也是良莠不齐。根据笔者的理解,目前可以在百年大计的建筑和桥梁上安全使用的,具有最高技术含量的结构工程用阻尼器所应具有的特质是:准确的定量产品;能确保至少35年不漏油的产品;不设阀门和油库的产品;能通过低速测试、既能抗风又能抗震的产品;阻尼器能满足功率的要求和测试的产品;具有1.5~2倍以上安全系数的产品。只有这样的阻尼器,才能在结构设计周期内放心、安全的使用,才敢在超高层结构、悬索桥以及大型TMD上大胆使用。

根据阻尼器的性能特点和产品构造,本节将阻尼器发展总结为三代产品,即以弹性胶泥为介质的第一代产品,以机械式阀门为基础的第二代产品,以及通过射流孔控制阻尼参数的第三代产品。

2.3.1 三代产品的原理及性能特点

1. 以弹性胶泥为介质的第一代产品

(1)工作原理

弹性胶泥是一种由有机硅高分子化合物、填充剂、抗压剂、增塑剂、着色剂等化学成分组成的材料。弹性胶泥是利用胶泥的黏弹性、流动性和体积可压缩性来工作的。将其置于密闭的容器中,以一定的机械结构来实现减震、平衡、缓冲等功能。将弹性胶泥装入密闭容器中,根据需要使之产生一定的预压力,当活塞柱受到的外压力小于预压力时,活塞柱静止不动;当外压力大于预压力时,活塞柱向容器内移动,部分活塞柱进入容器内,此时弹性胶泥被压缩,体积缩小,并对活塞柱产生反作用力,直至与外压力相等,在这一过程中弹性胶泥接收部分外力动能并转化为胶泥的弹性势能;同时在外力作用下,胶泥通过活塞与容器壁之间的间隙产生流动时发生摩擦以及弹性胶泥的分子运动、分子链段和分子链的移动都要消耗部分外力动能并转化为热能而散失,从而起缓冲、减震作用;当外力减小或撤销后,弹性胶泥自行体积膨胀,将活塞推向或推回原位。弹性胶泥工作原理如图2-14所示。

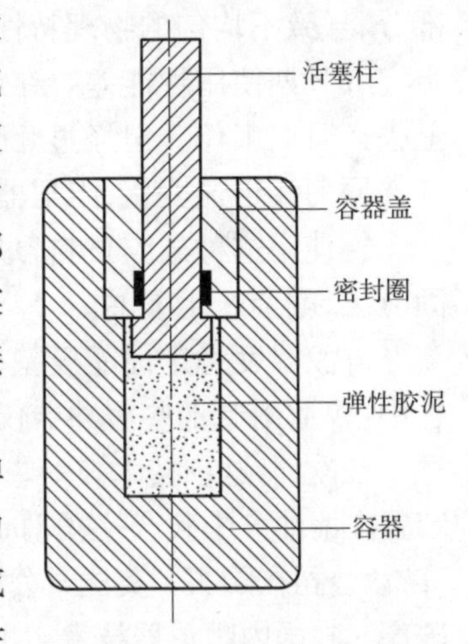

图2-14 弹性胶泥工作原理图

Jarret阻尼器是最为典型的利用胶泥作为介质的阻尼器产品。其外套结构简图如图2-15所示。这种阻尼器不仅给结构附加阻尼,同时给结构附加刚度。

一般在制作过程中对阻尼材料施加预压力,这样当阻尼器受到的压力小于预压力时,阻尼装置提供刚度;当阻尼器受到的压力超过预压力时,活塞杆就将挤压阻尼介质,从而可以提供阻尼和刚度。撤销外荷载后,黏滞弹簧阻尼器由于对阻尼介质施加了预压力,从而会回到阻尼器未变形的初始状态。

Jarret阻尼器只能在受压状态下工作。为使其在拉压状态下亦能工作,需要专门加工阻尼器外套装置,使阻尼器核心部分在拉压荷载下都处于受压状态。Jarret阻尼器的滞回曲线如图2-16所示,由图可知,仅在Ⅰ、Ⅲ象限消耗能量,这与其构造特点和原理吻合。

(2)第一代产品的性能及现状

这种装置内填充硅胶材料(Putty)来实现黏滞作用,不适合用于长期使用的锁定装置,更不适合用于需要长期稳定的阻尼器。其理由如下:

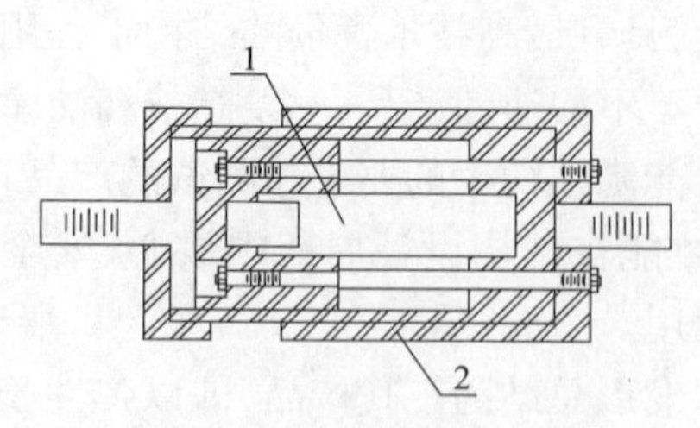

图 2－15 Jarret 阻尼器外套结构简图

1—黏滞-弹簧阻尼器；2—外部保护铸件

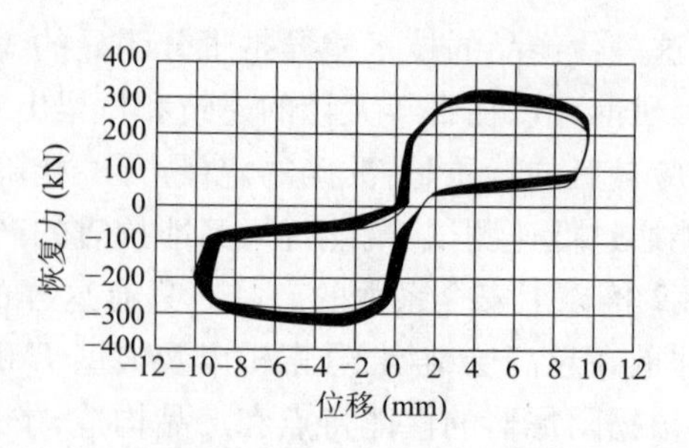

图 2－16 Jarret 阻尼器滞回曲线

①硅胶在冷热环境中的性能变化非常大。当受冷（如 －10 ℃）时，硅胶变成很硬的固体，丧失活动性，起不了黏滞作用；当受热（如 30 ℃）时，硅胶会变得很稀，流动性很大，黏滞性能也会有一定程度的减弱。

②导热性差。当某部分变热时，温度会上升得很快，但其他地方却变化不大，致使装置内固液不均。因为胶泥是由橡胶粉和硅液组成的，这种局部热量会使硅胶分解成原来的固液两部分，导致不均匀的物理特性。

③长期使用性能差。在最初使用的 1～2 个受力循环内，硅胶作填充材料的锁定装置，看上去还可以工作。但经过几个循环后，填充材料发热，就会产生硅胶变质和材料分离的现象，其滞回曲线迅速变化，阻尼器处于失控状态。

④使用这种硅胶材料，最初生产的产品不存在漏油问题，用一段时间后，在冷热环境下油固分离，就会产生漏油。

硅胶温度稳定性能极差，无法达到有高精度要求的液体弹簧和阻尼器的要求。在减震装置中，仅适用于那些缓冲器仅提供单向减震且没有很高的参数要求。

在欧洲，这项技术被一些公司长期采用，英国 Colebrand Device 生产的内置硅胶的速度锁定装置在漏油声中破产；法国 Jarret 公司由于阻尼器不能达到设计要求，而不得不在 2005 年选择放弃，该公司在购买了美国某公司技术后仍生产不出性能稳定的阻尼器，最终导致在 2005 年宣布破产。在国内阻尼器技术初步形成阶段，法国 Jarret 公司是主要的仿制对象，法国 Jarret 公司在国内影响很大，其破产后在我国留下了诸多无人维护的工程，甚至一些国家级的重点工程。

2. 以机械式阀门为基础的第二代产品

（1）工作原理

油阻尼器通过流体的惯性力实现阻尼功效，单位时间内通过的流体流量是改变阻尼器出力的关键要素。通过机械手段实现流体流量改变的方式是设置阀门，即在油路中设置控制阻尼力特性的阀，称之为流量控制阀（Flow Control Valve 或 Pressure Control Valve）。流量控制阀根据作用在阀上的压力与阀弹簧力的平衡关系改变流体通过的面积。设置预压阀门的油阻尼器详细构造如图 2－17 所示。

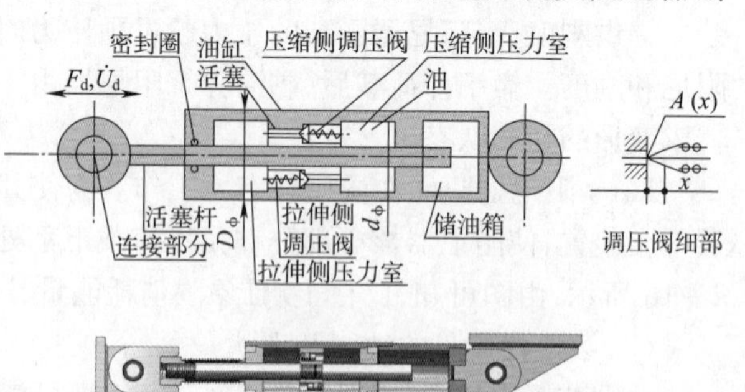

图 2－17 设置预压阀门的油阻尼器详细构造

由于需要根据流量控制阀的开启量

达到压力与流体流量的特定关系，流量控制阀要经过精确设计加工较为困难，其后期的耐久性也备受关注。正因如此，多数生产厂家均不生产这种线性阻尼器。

为了获得不同的功效，则需要更多的利用阀门的机械原理。通常的做法是安装低速调压阀以及高速调压阀两种装置，从而使油阻尼器呈现双线性特性。这种高速调压阀门被称为溢流阀（Pressure Relief Valve）。

图2-18所示为采用蓄能器的阻尼器。蓄能器是油压阻尼器的重要部件，在阻尼器受到冲击时，内部的换向阀突然换向、执行元件运动的突然停止都会在液压系统中产生压力冲击，使系统压力在短时间内快速升高，造成设备内部元件和密封装置的损坏。蓄能器用在阻尼器上，一般作为温度补偿、油介质的泄漏补偿，以及起到活塞杆在往复运动时的体积变化调节功能。

图2-18　外置蓄能器的阻尼器

（2）第二代产品的性能及现状

日本和欧洲的几家公司采用在阻尼器中加设阀门和油库（蓄油器）来控制油压的技术生产被称之为“油阻尼器”的产品，其速度指数多数在0.05~0.2之间变化。这种技术生产的阻尼器，其内部设置预压弹簧和流量控制阀门，靠惯性力产生黏滞作用并使阻尼器达到设计的参数。油库的设置显然增大了油腔内的油体积，这有利于向外界耗散更多的热量，同时也便于那些不能做到严密封闭或者需要进行定期维护的厂家作为油库来补充。蓄能器是油压阻尼器的重要部件，在阻尼器受到冲击时，内部的换向阀突然换向以及执行元件运动的突然停止、打壳都会在液压系统中产生压力冲击，使系统压力在短时间内快速升高，容易造成设备内部元件和密封装置损坏。早期的第二代阻尼器采用外部设置油罐和阀门的方式，在改进后被放置在阻尼器内部，因此相对体积较为庞大，这也是分辨这种阻尼器的标志。

Jarrett的合资企业在加州政府工程和台湾工程中生产的阻尼器在检测中大量失效，所导致的破产已经完全证明了这种技术的失败。我国新建的阻尼器厂家更不宜再用这种落后技术，以免留下隐患。

3. 通过射流孔控制阻尼参数的第三代产品

（1）工作原理

实际上，仅是钻一个简单的圆孔符合基本流体力学基本公式——伯努利（Bernoulli）方程，阻尼器出力只是限制在与速度平方成比例。

由于速度平方阻尼在用于消耗地震能量时受到限制，这时需要设计更加鲁棒性（Robust）及复杂的孔隙。如果需要改变速度平方阻尼关系，制作速度指数小于2的阻尼器出力，则需要通过小孔控制通过活塞头的流体压力，采用相对复杂的设计。第二代阻尼器采用的办法是利用弹簧压力球、提升阀等机械手段。

另外一种办法则是将小孔制成复杂并经过机械加工的通道，通过流液控制，采用一系列获得专利技术准确定型的通道控制，依据这些通道的形状及面积可使速度指数在0.2～1.0范围内变动，而不需要在小孔内设置任何活动的部件。这类阻尼器成孔属于第二类非伯努利型小孔，采用射流型方法，射流型控制小孔没有可动的部件，装置出力可随流体速度的非平方幂指数变化。

(2)第三代产品的性能及现状

第三代产品所采用的小孔射流技术是在20世纪80年代发明并开始大量使用的，阻尼器介质通过活塞头上特制的小孔获得所需要的参数。这种新技术使阻尼器得到世界工程师的广泛认同，并能安全稳定地工作几十年，因此带来了今天阻尼器的大发展。

从20世纪80年代末期开始，美国桥梁工程师把在机械、航天等领域上已经应用的液体黏滞阻尼器引入到建筑和桥梁工程中，将其用于结构抗震的保护系统，并取得了预想不到的发展。90年代，为了证明其在土木工程中的可用性，美国科学界与工程界共同组织了两次具有历史意义的第三方联合预检测，其中特别需要提到的是美国土木工程学会高速公路创新技术评估中心(HITEC)组织的大型集中对比测试。

为了判定结构保护系统的性能，HITEC提出的测试难度极大。在此次测试中，只有第三代阻尼器(实际上只有美国Taylor公司的阻尼器)完整地通过了计划内规定的九项检测。工程师们从HITEC的测试报告中充分了解并掌握了各种产品的差别，并在以后的产品测试和工程使用中进一步明确了阻尼器产品的差异所在，一些产品由于性能不合格导致公司破产或放弃生产。

2.3.2 第三代黏滞阻尼器的关键技术

相对于前两代产品，第三代阻尼器技术从应用的角度来看到底有什么不同？如何分辨与其他阻尼器的区别？下面列出的几点是分辨的关键所在。

1. 准确的定量产品

从HITEC测试要求就已经看出，设计人要求准确定量的产品。结构工程师应该一致认识到：准确定量计算的建筑和桥梁上使用阻尼器的前提是要长期耐久性能稳定的定量产品，并保证其在各种环境条件下都能满足$F=CV^{\alpha}$的本构关系，其中要求速度指数在0.2～2.0之间，可由设计者根据优化结果进行确定。

阻尼器的加工制造看似简单，而按照设计要求加工一个定量化的产品实际上并非易事，这主要归于对一些关键环节的认识和经验累计。通过生产商所进行过的产品性能测试，就不难看出这一点。一些厂家不能根据设计提出的参数去进行制造加工，而由于研发时间过长造成不能按期交货；或是设计方只能按照厂家已有的参数进行设计，根本无法进行阻尼器的参数优化。例如，除第三代阻尼器外，第一代和第二代产品很难提供速度指数在0.6～0.8之间的阻尼器测试报告。

2. 不设阀门和油库的产品

三十多年前，世界上很多的阻尼器厂家都在设备外(或内)设置储能器、储油库以及控制阀门，这也是第二代产品的关键技术。设有阀门、油库的阻尼器主要存在耐久性较差、过载后引起副作用、具有频率相关性以及不能进行缩尺试验、由于连接间隙所造成的微小振动盲区等诸多问题。

这种三十多年前使用的技术、落后的产品,容易在振动时受损并破坏。国外一些企业的破产均由此落后的产品设计生产技术所致。

通过严格检测,特别是大量试件的超载测试、本构关系测试和长期使用的观测是可以发现这种阻尼器的弊端的。

3. 需要实现不漏油的产品

不能否认液体阻尼器的漏油问题一直存在,一些厂家仅仅以普通的液压技术来处理阻尼器的密封问题,而实质上阻尼器和各种油泵的技术完全不同。

找出漏油原因,使用先进的设计理念和产品以及精密的加工和检验是不漏油的保证。第三代阻尼器油腔内必须具有很高的内压(100 MPa 以上),从而使活塞头的小孔射流符合性能要求,这一高压油腔的密封几十年不漏油就是其技术的关键。

采用上百万次以上的循环试验可以较为快速地模拟阻尼器在真实情况下的运行情况,进而可用于评估其密封性能。同时通过测试阻尼器腔体的内压,可以使阻尼器是否漏油得到量化,这是分辨其是否漏油的关键措施。

4. 阻尼器的低速测试

区别于其他类型减震装置,第三代阻尼器对于多遇、常遇以及罕遇地震均具有减震功效,是既抗震又抗风、在出力范围内均能准确工作的产品。作为结构保护的阻尼器,要求其在各种频率的环境下,无论抗风抗震都能很好地准确工作。在桥梁上,无论是车辆行走的荷载还是大的地震荷载,都要能做到按本构关系工作。在实际运行中,阻尼器的工作速度可能很低,在这种条件下要使阻尼器仍然很好地满足设计要求。由于风荷载相对地震荷载而言频率较低、峰值力较小,因此要求所用阻尼器在较低速度时可以正常工作,即既能在大荷载、大冲程、短时间下有效工作,又能在小荷载、小冲程、长期连续时间下有效工作。较小的阻尼器内摩擦就是这种阻尼器的关键技术。

在 San Diego Courthouse 项目(见 10.6.1 节)中提出了对液体黏滞阻尼器进行低速测试。需要注意的是,在普通抗震阻尼器的测试中,这部分低速反应通常是没有测试过的。此外,如果要求阻尼器的内摩擦更低,可以采用无摩擦金属密封阻尼器。当然,和普通抗震阻尼器相比,这种阻尼器的成本要高得多。

5. 阻尼器的功率

第三代阻尼器区别于其他类型产品的重要特征是提出了阻尼器功率的要求,如风控制的建筑、TMD 系统、晃动很大的行人桥等。一定的功率是保证阻尼器在连续或接近连续工作下不破坏的必要条件。

使用阻尼器抗震和抗风在设计上的最大区别在于:地震荷载持续时间短,虽然荷载峰值可能很高,但输入的总能量远不及动辄持续数小时的风荷载。

高温是对阻尼器最不利的因素,质量较差的阻尼器在内部高温的情况下会由于密封装置软化而导致漏油甚至爆炸。所以,为了防止阻尼器在长时间连续工作下由于发热带来的损害,对于主要设计用于抗风的阻尼器,需要对阻尼器工作时的功率进行严格控制。按照阻尼器的设计使用规定,需要对阻尼器在 50 年一遇风时程工况下的功率进行验算。

考虑一受正弦函数激励($u = u_0\sin\omega t$)的单自由度体系,非线性阻尼器做功为

$$W_{\mathrm{D}} = \int F_{\mathrm{D}}\mathrm{d}u = \int_{0}^{2\pi/\omega} C\left|\dot{u}\right|^{1+\alpha}\mathrm{d}t = \lambda C\omega^{\alpha}u_{0}^{1+\alpha} \tag{2-3}$$

其中

$$\lambda = 4 \times 2^{\alpha} \times \frac{\Gamma^{2}\left(1+\dfrac{\alpha}{2}\right)}{\Gamma(2+\alpha)} \tag{2-4}$$

式中,Γ 为伽马函数;C 为阻尼器阻尼系数;ω 为角频率;α 为阻尼器速度指数;u_0 为阻尼器振幅(常取阻尼器最大位移的20%~30%)。

则阻尼器功率为

$$P_{\mathrm{D}} = W_{\mathrm{D}} \cdot f \tag{2-5}$$

式中,f 一般为阻尼器安置方向结构的一阶频率。

6. 2倍以上安全系数

在HITEC联合预检测中,提出的超载测试要求阻尼器通过2倍速度的超载速度测试,超载情况下第二代产品的性能很难达到要求,除非制造商为通过超载测试将实际设计的阻尼器吨位提高。第二代阻尼器的瓶颈在于其内部的机械阀门系统,在超载情况下阀门超出设计范围后不能正常工作,而使介质压强与速度之间恢复平方关系。第三代产品在设计中内部各个部件受力均匀,因此只有第三代产品最终顺利通过测试。这在超大地震发生时阻尼器不破坏,还能起到抗震作用来说至关重要。

近几年来,汶川、智利等罕遇地震破坏严重。国内外都在考虑结构遭受这类"巨震"后的结构反应。显然,抗震阻尼器能有2倍以上的安全系数是阻尼器耗能抗震结构工程抵御巨震的必要条件。在测试中,如果能够进行阻尼器2倍以上的速度测试是最理想的。

2.4 液体黏滞阻尼器的设计

阻尼器的设计是一个十分复杂的过程,大致上可以分为阻尼器的强度计算、阻尼器的热量计算、流体动力学计算以及对比经验数据这四个主要过程。(1)强度设计:阻尼器内部所有部件均应进行强度设计,各部件(包括活塞杆、油缸以及护套)在设计额定阻尼力基础上同时考虑一定安全储备;通常情况下安全系数应考虑取2.0~2.5,应保证在此安全储备下拉力和压力下各部件不应有任何屈服、变形。(2)受热计算分析:按照单位时间内阻尼器的能量耗散进行阻尼器的热量计算,同时考虑动力密封件的设置。(3)流体动力学计算:确保所有参数达到设计曲线要求。(4)对比经验数据:设计阻尼器同时参照丰富的数据平台,确保精度。此外,每种新参数的阻尼器其生产过程都是边生产、边试验的过程,除了控制质量的材料试验,成品的质量检测、部分组件(如活塞、密封件)的检测也都是必不可少的。

阻尼器由于所处的环境不同,其单位时间所耗散的热量有很大差别,这也是阻尼器设计的前提。有的阻尼器设计是由其强度来控制的,如普通用于土木工程领域的抗震阻尼器,在设计荷载的基础上,考虑足够的安全储备后,通过强度确定阻尼器各部分零部件的尺寸;另一方面是阻尼器单位时间内需消耗的能量很大,阻尼器需要足够的内部腔体和外部尺寸来实现能量转换,在这类设计中功率起到决定作用,是控制因素。

明确黏滞阻尼器的工作和运行状态是进行合理的耗能减震设计过程的基础,这也与设计者的初衷及目的有关。黏滞阻尼器的工作状态主要分为两种,即日常的运营状态以及遇到突发事件所处的状态。如何量化和采用合理的设计标准是准确进行黏滞阻尼器设计的关键所在。下面介绍阻尼器内部的工作压强、其能量耗散形式、热效应以及服役期限等。

2.4.1 阻尼器内部的工作压强

阻尼器的工作压强影响阻尼器的尺寸和内部部件的材料性能,这些因素相应地也会影响整个项目的造价。目前来看,当抗震用阻尼器内部工作压强在5 000~8 000 psi(34~55 MPa)之间时,其价格最为经济。

对于抗风用阻尼器来说,需要考虑阻尼器在风雨条件下连续工作几个小时,并连续不间断地消耗振动产生的能量。大多数情况下,抗风阻尼器的工作压强不应大于2 000 psi(13.8 MPa),否则阻尼器内部流液和动态密封将会因过热而失效。

相对于航空及军事领域采用的阻尼器而言,抗震及抗风阻尼器的内部工作压强设计较为保守。当对价格不是十分敏感时(相对于最小尺寸和重量),非商业的、高性能阻尼器的内部工作压强可达到30 000~50 000 psi(207~345 MPa)。航空及军事用阻尼器产品在设计上比较类似,通常采用价格很高的内部材料,如特殊镇静钢,其屈服强度超过200 000 psi(1 380 MPa)。

2.4.2 黏滞阻尼器的能量耗散形式

如设计合理,液体阻尼器能够按照特定的性能在一定范围内消减瞬态及稳态输入,以保证阻尼器在使用过程中不会出现屈服、遗漏或过热现象。

1. 瞬时输入

按照阻尼器的极限使用要求,大型阻尼器能够比较容易设计成用于消减频率范围在0~2 000 Hz的瞬态输入。当用于地震装置时,由于地震反应谱输入范围一般最多不超过10 Hz,对于振动系统的传统机械设计,控制系统应可以承受具有10倍以上的最大频率输入,所以对于地震用阻尼器装置的使用频率范围在0~100 Hz是足够的。

图2-19所示为Taylor公司100 kips阻尼器对于地震输入反应的测试曲线,结果显示阻尼器可以轻易跟踪所输入的信号。这项测试受测试设备能力的限制,并且阻尼器本身也相对较小。阻尼器供应商的预检验要求每个厂家提供已经制造的阻尼力在50~100 kips(222.5~445 kN)之间的瞬态反应输出测试结果,同样也要求提供已经发表的关于设置多个小尺寸阻尼器(1~10 kips,4.45~44.5 kN)的缩尺建筑结构在振动台测试的测试结果。

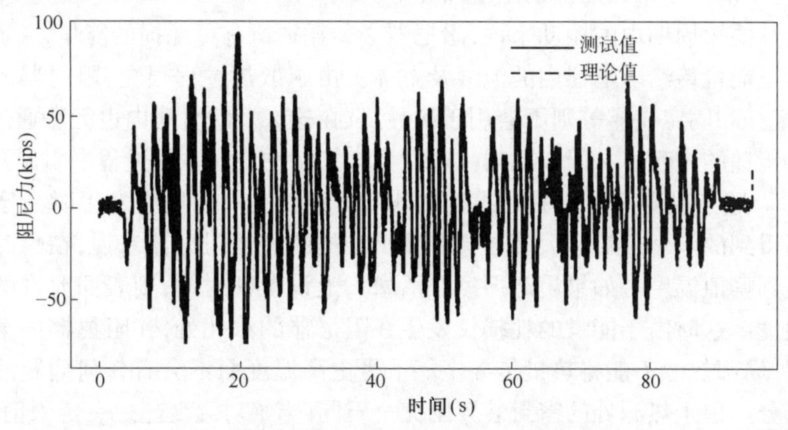

图2-19 阻尼器对于地震输入反应的测试输出曲线

2. 稳态输入:振动和风

非地震区结构采用的液体阻尼器通常用于减小脉动风下的结构反应。其他地区采用的阻尼器装置用于减小可测试到或能感到的振动。这些振动可能源于结构的内部或外部的各种输入,也可能源于汽车、飞机或工业设备等振动源。结构内部需要衰减的振动包括由结构内部的机械设备或屋内人的共振运动(如跳舞等)所产生的振动。如前所述,液体阻尼器用于消减频率输入在 0 ~ 2 000 Hz 范围的振动,也可用于抑制振幅为 0.001 in(0.025 4 mm)的小幅振动。这类阻尼器提供商的预检验要求与地震装置的要求相同。

2.4.3 热效应

热效应是被许多阻尼器生产厂家所忽视的问题。为了防止阻尼器内部部件在使用时过热,对阻尼器内部的温度反应进行设计计算是十分必要的。大多数情况下,由于温度过高,阻尼器内的动态密封装置会出现变软或熔化变形并最终发生泄漏而造成阻尼器破坏。如经计算发现阻尼器在使用中可能会产生温度过高的现象,通常的处理办法是加大阻尼器的外部尺寸来保证阻尼器在使用过程中温度升高时内部部件足够安全。

如热力学中所述,热的传导散热包括三种形式:热传导、对流和辐射。在一次热传导过程中,必有三者其一起主导作用。液体阻尼器对所耗损的能量主要有下面几种传导方式:对于地震和其他短周期内的振动,以热传导为主;对于风及稳态振动等长周期振动,以热传导及对流两种形式为主。

采用何种热传输方式对于阻尼器外形尺寸的确定非常重要。如果对所需消耗的热量设计不合理,阻尼器就会失效。如在一次重型火炮后座力缓冲阻尼器的竞标中,其中一位竞标者在阻尼器内采用的是复杂的降温散热装置。很明显,该公司的工程师认为大炮所采用的阻尼器通过连续稳态的传导及对流(Conduction and Convection)散热,所以采用了冷却散热片。另一位竞争者对这类装置很了解,设计了相同尺寸的阻尼器,但是采用了厚重的、实心钢管。原因很简单,大炮在连续发射过程中武器的缸体急剧升温,实际发射过程可能在不到 15 s 内连续发射 15 ~ 100 次。在实际测试过程中,带降温散热片的阻尼器仅循环 1 000 次后密封圈就被熔化了,而不带散热片的阻尼器在设计中考虑到实际应用时热量的传导散热是最为关键的,而热量的传导散热在发射过程这么短的时间内很难完成,所以这类装置对短时间内热量消耗的作用不大,以至于最终不带散热片的阻尼器完好无损。

对地震及其他短周期内的振动来说,阻尼器必须耗损所有可耗损的能量,并通过能量耗损的热传导过程把能量传给阻尼器内的流液及缸体。由于散热过程很短,阻尼器的其他部位如端部盖板、活塞杆和固定支座等则不会用于散热,且在这么短的时间内也无法通过阻尼器周围的空气完成热传递的过程。一般阻尼器生产厂商会控制在最大地震过程中阻尼器温度不超过 100 ℉(40 ℃)。这个温度是测量阻尼器缸体外部直径处在瞬态反应发生时活塞头中间轴线的最初位置而得到的。一般对于大多数具有厚重结构的液体阻尼器来说,在瞬时输入完几分钟之后才能达到峰值温度。如果生产厂家在活塞头上设置密封圈,则表面允许的温度可能显著低于控制温度。这时由于能量的耗损仅发生在阻尼器的小孔处,在阻尼器内某一点形成了局部热源,这种局部热源不能将热量传导至能承受更高温度而不会有任何问题的阻尼器金属部分或液体部分。位于热源处的密封装置则完全不同,当绝对温度超过一定限值后,如 300 ℉(150 ℃),密封圈通常会变软。

当用于风或其他稳态振动时,阻尼器的热传递方式则完全不同于其用于短时间内瞬态振动时的热传递方式。这是因为对于大多数风雨振动或稳态振动来说,持续时间一般会在几个小时以上,阻尼器会连续循环多次。而试验表明,在连续循环输入下阻尼器的发热温度在两个小时内便会达到稳定,之后大部分的热量将传递给阻尼器周围的空气。有时,对流的空气会把阻尼器的热量传递给结构内部的空气,而工程师会为阻尼器提供必要的空气导管用于散热,更为理想的是提供外部空气驱动装置。风阻尼器的传热温度计算相对来说比较复杂,阻尼器制造商必须给出一定的风运动数据资料从而确定阻尼器的大小。总体而言,与地震用阻尼器对于温度升高的要求类似,厂家要求对用于稳态反应的阻尼器,其周围温度也不要超过控制温度。

目前,在地震区所采用的阻尼器同样要用于抗风。几乎所有的项目,当阻尼器很大时,阻尼器的几何尺寸由大震的情况控制,风的输入相对次之。其中一个原因是用于地震时所需的附加阻尼比通常远大于用于抗风的情况。附加阻尼比会给居住者带来更为舒适的感觉,也会消减每个阻尼器所消耗的功率。不难理解,脉动风作用下结构会产生共振或拟共振的运动,如结构共振放大系数$\beta = \dfrac{1}{2\xi}$,阻尼比$\xi = \dfrac{C}{C_{\mathrm{cr}}}$。

如果阻尼比加倍,放大系数降低幅度为4倍。放大系数直接与阻尼器所能允许的风功率成正比,随着阻尼比的增加,阻尼器需要消耗的功率得以很快消散。

2.4.4 循环和服役寿命

如果阻尼器的设计及制造合理,也就是说,如果生产商所选定的密封技术适当,阻尼器的密封能够完全达到干密封状态(Dry Sealed),不会产生任何遗漏,实际上并不需要提出定期服役或更换期。在阻尼器生产早期,大多数生产商使用液压钢密封所使用的密封件,大多数液压系统采用动密封,在静态和动态过程中允许有遗漏出现,这也符合整个液压系统的技术要求。若阻尼器作为一个被动元件,使用情况则完全不同。阻尼器生产商往往采用干密封件来阻止阻尼器在服役期可能产生的任何遗漏。一些没有生产和设计经验的厂家可能采用常规的商用液压密封,一般这些阻尼器都附带油液水准观察孔或附带油库以便补油;如果阻尼器生产商在质保手册中要求定期更换油液,甚至要求更换密封件,便可以判定他们所使用的密封技术如何了。

由于活塞杆前后运动密封件耐久性降低,阻尼器内动密封的种类限制了阻尼器的工作或服役寿命。总的来说,密封件的寿命可以通过活塞杆在阻尼器服役期内往复移动的总距离来大体确定。目前,密封件的设计技术可以给一个经过优良设计制造的阻尼器提供至少50/75年的服役期,在此期间不需要任何定期维护。

2.4.5 液体黏滞阻尼器的设计参数形成

与其他产品有所区别的是:对于每个特定工程,制造商应根据流体阻尼器的特定要求进行相应的设计调整。这些参数包括:(1)最大输出力;(2)最小安全系数;(3)从中位计算的可用阻尼器冲程;(4)阻尼系数;(5)速度指数;(6)工作环境温度;(7)最大风功率输入(如果要求);(8)阻尼器连续工作的时间(如果要求);(9)阻尼器的尺寸要求。

最大输出力为在最大地震动输入下得到的结果。安全系数以最大输出力或最大速度为基础，如 1.5 倍安全系数表示阻尼器达到 1.5 倍最大输出力或最大速度时不会屈服损坏。根据阻尼器速度指数的取值不同，1.5 倍安全系数相对于最终输出力来说有所区别。对于 V2 型阻尼器，提高 22% 的阻尼器最大速度就能使输出力提高 1.5 倍；对于 V0.3 型阻尼器，几乎 400% 的最大速度才能使输出力提高 1.5 倍。在我国《建筑抗震设计规范》（GB 50011—2010）中则明确指出：极限速度应不小于最大速度的 1.2 倍，美国 FEMA（Federal Emergency Management Agency）要求 1.3 倍，HITEC 测试做了 2 倍的最大速度。阻尼器安全系数应明确其具体含义。对于静力载荷和动力载荷所采用的测试以及对应的测试意义完全不同。

2.5 液体黏滞阻尼器在结构上应用的研发过程

黏滞阻尼器作为一种结构保护系统，是目前应用最为广泛、发展最为成功的减震装置。这一点在桥梁工程领域体现得尤为突出。黏滞阻尼减震技术的应用，极大地提高了桥梁安全储备，改进了目前大跨度桥梁的整体动力性能。实际上，黏滞阻尼器的发展并不是一朝一夕完成的，而是众多地震工程界专家及学者共同努力的结果。

2.5.1 液体黏滞阻尼器在结构上应用的发展过程

20 世纪 80 年代中期，随着美国国家地震研究中心 NCEER（National Center for Earthquake Engineering Research）在纽约州立大学布法罗分校的建立，美国国家地震研究中心的研究人员将用于军事上的减震阻尼器转用在土木工程中。在美国科学基金的支持下，他们做了大量的振动台试验研究。

液体黏滞阻尼器在美国的发展过程，从某种意义上来说也是世界液体黏滞阻尼器的发展过程。可以说这是一个从科研研发走向实际工程，进而到规范规程的认可、提出质量保证的发展过程。从最初应用在航空、航天和机械等行业上的阻尼器，到 20 世纪 80 年代开始被应用于建筑和桥梁上，并进行了大量的试验、研究、鉴定和试用。以下的发展过程是液体黏滞阻尼器能够在工程中被大量应用的基础：

（1）计算模型的确立：美国国家地震研究中心、加州大学伯克利分校地震研究中心和其他大学通过大量的试验，确定了黏滞阻尼器的数学计算模型，这为耗能减震结构计算方法的发展及有限元程序对阻尼器的数学模拟奠定了基础。

（2）工程应用模型试验研究：同时，上述美国的各大研究机构对设置有阻尼器的缩尺模型进行了大量的振动台试验研究。这些试验证明了阻尼器在工程中使用的可能性及有效性。

（3）两次大型联合测试：在实验室试验的基础上，美国国家科学基金会和美国土木工程协会等单位分别组织了两次大型联合测试，即由美国国家科学基金会（NSF）组织的阻尼器在美国旧金山金门大桥工程中的对比检验和美国高速公路创新技术评估中心组织的 10 个公司的 11 种产品的大型集中对比试验（HITEC）。这两次重要的测试指出了阻尼器应测试和检验的内容，也为规范、规程的测试要求奠定了基础。经过这两次大型测试，人们也对这种阻尼器的大量使用建立了信心。

（4）规范中对设计及测试的肯定：美国 AASHTO-Section 32 几乎是世界上第一个有关锁定装置（可看成阻尼器的特例）制造和测试要求的规程。它明确给出了锁定装置出厂和使用前的检验办法。虽然是对于锁定装置的规定，但基本测试要求也适用于耗能阻尼器。其他如

ATC、FEMA 等设计规范中对液体黏滞阻尼器应用的前提规定都要满足 AASHTO 的要求。

(5)在线健康监测:阻尼器的质量,特别是耐久性,是至关重要的。尤其是在结构上起重要作用的阻尼器,总有人希望进一步了解它的可靠性。无论从实用还是研究的角度,对阻尼器进行在线健康监测都是很有意义的。如美国西雅图在 SAFECO 棒球场对阻尼器所做的长期监测工作,对我们深入认识阻尼器在结构中的作用就十分有意义。

(6)出厂测试:在美国,规范和工程都需要给阻尼器提出更高、更严格的出厂检验要求。对于动力分析,他们改变了过去抽样检查的要求,对公司出厂的每一个产品,都要经过严格的调试和动力测试,给出滞回和时程曲线,满足所有的设计要求。

(7)20 多年后的总评估:在结构保护系统广泛使用的 20 多年后,美国国家科学基金会和加州交通局要求美国 Constantinou 等人对这 20 多年来所研究、试验和应用的结构保护系统作一次总的盘点。这份报告让我们对很多问题有了更深刻的认识。

有了以上测试和产品质量检验的发展,才使工程师们在实际工程中大量地使用这种液体黏滞阻尼器。

2.5.2　液体黏滞阻尼器的理论计算模型

量化黏滞阻尼器的计算理论公式是土木工程领域进行实践应用的首要条件。在 1991 年和 1993 年,Makris、Constantinou 和 Symas 提出了基于 Maxwell 模型的计算模型,并对其逐步进行了完善和简化。所针对的阻尼器类型包括 GERB 隔震系统所采用的圆筒型(阻尼锅)和 Sumitomo 公司设计的黏滞阻尼墙。这两种构造简单的装置通过开口容器内的高黏度液体介质发生变形来实现耗能。下面着重讨论依赖于密封容器内液体流动进行耗能的流体阻尼器计算模型的建立。

1. 液体黏滞阻尼器本构理论

液体在密封油腔小孔内的高速流动可采用流体动力学 Navier-Stokes 方程进行描述。Makris 认为,对于理想的直阻尼孔,可考虑两种极端情况。一种是惯性流,适用于液体黏度较低、间隙相对较大、液体在小孔流径较短或高流速的情况。在此情况下可将 Navier 方程进行简化,并考虑较低频率情况,此时阻尼力是由液体加速流过小孔通道产生的唯一惯性力,可用下式表示:

$$P = bp_{12} \tag{2-6}$$

式中,p_{12}为油腔 1 和油腔 2 之间的压强差;常数 b 为考虑了活塞头的面积 A_p、活塞杆截面积 A_r、小孔面积 A_1、小孔数量 n、控制阀的面积 A_2以及孔隙和调节阀的调节系数 C_{d1}和 C_{d2}的函数。

活塞头两端的压力差由下式表示:

$$p_{12} = \frac{\rho}{2n^2 C_{d1}^2}\left(\frac{A_p}{A_1}\right)^2 \dot{u}^2 \mathrm{sgn}(\dot{u}) \tag{2-7}$$

式中,ρ 为液体密度;$\dot{u}$ 为活塞相对于油腔的运动速度。

可见,此时压力差或阻尼力正比于活塞头运动速度的平方,符合伯努利(Bernoulli)等式。这种速度平方的关系在速度很高时阻尼器出力会急剧增大,不能用于实际工程。

另一种可归为黏性流,适用于液体黏度较高、间隙相对较小、液体在小孔流径较长或低流速的情况。此时阻尼器响应符合下式:

$$p_z = C_v \dot{u} \tag{2-8}$$

式中，$C_v = 3\pi\mu L_p\left(\frac{R_p}{h}\right)^3$；$\mu$ 为液体黏度；L_p、R_p、h 分别表示活塞头的长度、半径以及间隙的宽度。

由式(2－8)可见，阻尼器的消能完全通过液体经过通道产生的黏性作用来实现。

在多数情况下，上述两种极端情况是同时发生的，需要综合考虑上述两项的作用比重。

上述分析是建立在阻尼器装置的几何特性以及液体的本构关系的基础上进行讨论的。最初被用于科学研究并应用于工程领域的黏滞阻尼器为单出杆附加储能器型。活塞杆受到外力，迫使腔内流体高速通过活塞头上的孔隙；同时，储能器调节由于活塞杆在往复运动中引起的两个油腔的体积变化；调节阀控制蓄能器内流体的流向。最早被用于研究的 Taylor 阻尼器活塞头的示意图如图 2－13 所示。

相对于理想的长直孔来说，这种结构更为复杂。利用一系列特殊形状的孔道来改变速流特性，此时阻尼器产生的输出力与速度平方不再成比例，这种流体控制型小孔使提供的输出力与 $\dot{u}^{\alpha}$ 相关，其中 α 为一个预先设定的系数，取值范围在 0.2～2.0 之间，对于地震工程，这个系数的取值范围在 0.2～1.0 之间。

2. 试验手段构建力学模型

另一种建立宏观模型的方法是依赖阻尼器装置的试验结果构建力学模型。

(1)试验情况介绍

图 2－20 为 1993 年 Constantinou 和 Symas 构建阻尼器力学模型时所采用的试验装置布置图。所测试的阻尼器被设置在传感器和作动器之间，阻尼器的位移采用设置在作动器中的线性差动变压器(LVDT)进行测量，输出力通过连接在阻尼器和反力墙间的传感器进行测量。这样，就可以得到阻尼器的力—位移关系，可用于构建阻尼器的力学性能关系。

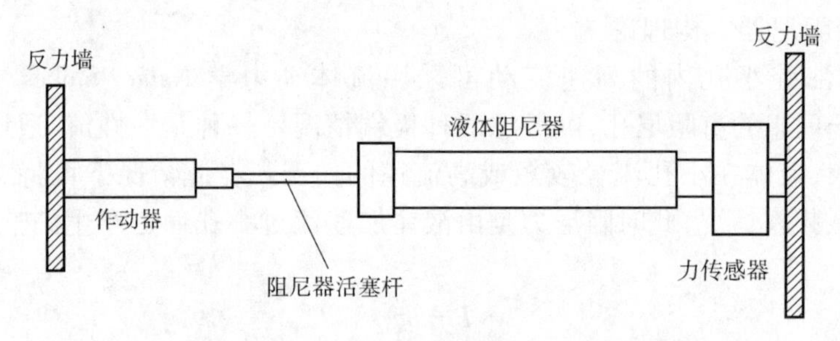

图 2－20　试验装置布置图

作动器采用正弦位移控制模式驱动阻尼器活塞头运动，阻尼器运动方程可表示为

$$u = u_0\sin(\omega t) \tag{2-9}$$

式中，u_0为位移振幅；ω 为运动频率；t 为时间。

在一个稳态条件下，维持这个运动所需要的力可表示为

$$P = P_0\sin(\omega t + \delta) \tag{2-10}$$

式中，P_0为力的幅值；δ 为向量角。

运动一周所消耗的能量也即力—位移循环曲线所围成面积为

$$W_d = \oint P\mathrm{d}u = \pi P_0 u_0 \sin(\delta) \tag{2-11}$$

展开式(2－10)，得

$$P=P_0\sin(\omega t)\cos(\delta)+P_0\cos(\omega t)\sin(\delta) \tag{2-12}$$

引入参数 K_1 和 K_2：

$$\begin{aligned}K_1&=\frac{P_0}{u_0}\cos(\delta)\\K_2&=\frac{P_0}{u_0}\sin(\delta)\end{aligned} \tag{2-13}$$

K_1 为存储刚度，K_2 为损失刚度，代入式(2-12)得

$$P=K_1u_0\sin(\omega t)+K_2u_0\cos(\omega t) \tag{2-14}$$

式(2-14)也可写为

$$P=K_1u=\frac{K_2}{\omega}\dot{u} \tag{2-15}$$

由此可见，式(2-15)中第一项代表与运动位移同步的阻尼器刚度分量；第二项代表阻尼器的黏滞性，这部分与运动位移完全异向，呈90°。

阻尼系数可表示为

$$C=\frac{K_2}{\omega} \tag{2-16}$$

结合式(2-11)和式(2-13)，则

$$K_2=\frac{W_d}{\pi u_0^2} \tag{2-17}$$

$$\delta=\arcsin\left(\frac{K_2u_0}{P_0}\right) \tag{2-18}$$

由式(2-18)、式(2-16)和式(2-14)，通过试验测量值 W_d、P_0 和 u_0 可以得出阻尼器的相关动力特征值。损失刚度 K_2 可通过式(2-17)得到，知道加载频率 ω 后可通过式(2-16)得到阻尼系数 C。式(2-18)可以用于计算向量角。最后，存储刚度可由式(2-13)确定。

(2)试验结果分析

在频率0.1~25 Hz范围内共进行了58项测试，速度在16.5~462.3 mm/s之间，试验温度分别为0 ℃、室温(22 ℃)和50 ℃，每项测试循环次数为5次。

图2-21给出了在不同温度(1 ℃、23 ℃、47 ℃)和频率(1 Hz、2 Hz、4 Hz)下所记录的阻尼器滞回曲线。从测试的结果来看，阻尼器呈现明显的线性黏滞特性，没有明显的存储刚度特性。另外，2 Hz和4 Hz的最大输出力基本相同(两者最大输入速度相同)，同一性较好。

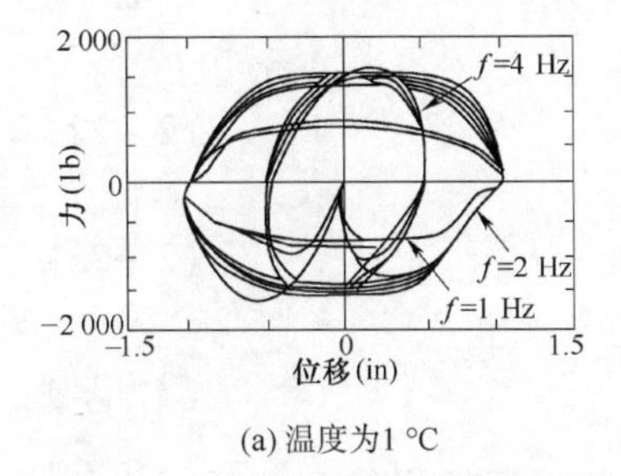

(a) 温度为1 ℃

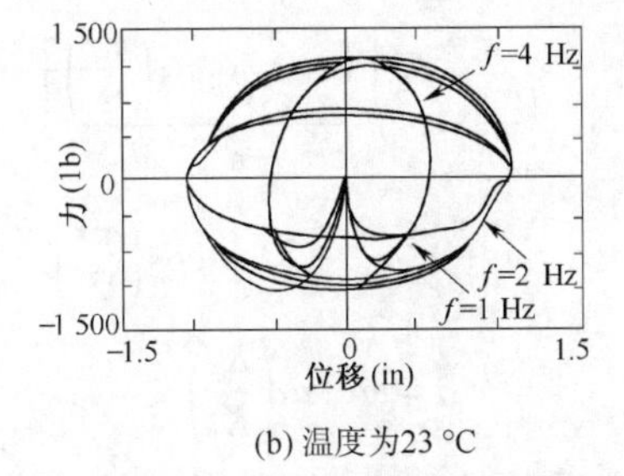

(b) 温度为23 ℃

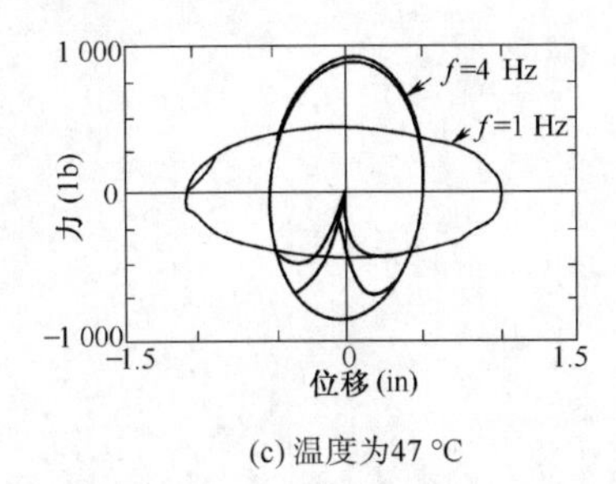

(c) 温度为47 ℃

图2-21　在不同温度、频率下所测出的力—位移曲线

振动频率超过 4 Hz 后，装置振动具有的存储刚度与装置在 20 Hz 的损失频率基本相同。图 2 - 22 为振动频率在 20 Hz、振幅在 1.27 mm 下的动力性能，可见装置的动力性能与运动振动幅值完全不相关，这一点也可从图 2 - 23 中看出。图 2 - 23 为在匀速(320 mm/s)、振幅为 12.7 mm 的往复振动(锯齿形波)下阻尼器输出的力—位移曲线。此外，试验过程中温度变化范围在 0 ℃ ~50 ℃之间，装置的动力性能与温度的变化相关性很小。

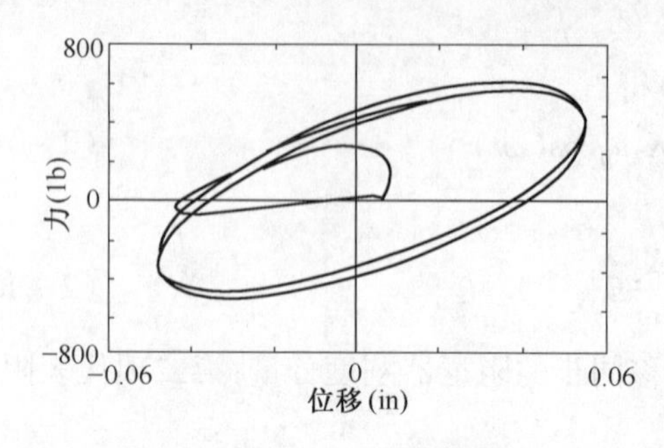

图 2 - 22　20 Hz、室温条件下阻尼器的力—位移曲线

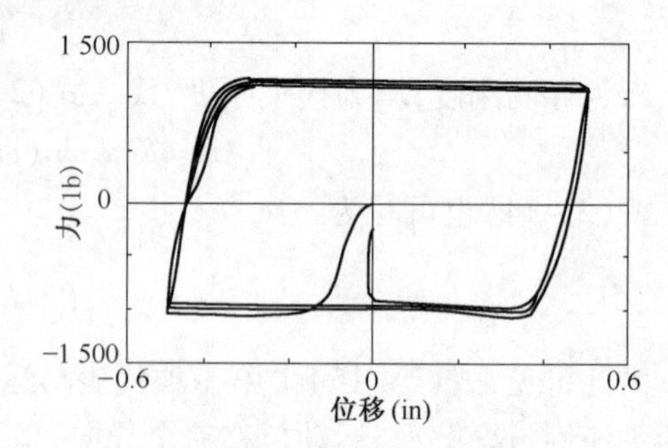

图 2 - 23　匀速振动、室温条件下(320 mm/s、23 ℃)阻尼器的力—位移曲线

(3)数学模型的建立

从上述试验可见，在很大的频率范围内，装置显示了黏弹性流体特性，基本符合 Maxwell 模型的特点。从宏观角度来看，简单的 Maxwell 模型可以采用下式表示：

$$P + \lambda \dot{p} = C_0 \dot{u} \tag{2-19}$$

式中，λ 为松弛时间；C_0为在零频率下的阻尼系数。

一个更具普遍意义的模型是使用复阶导数扩展的 Maxwell 模型：

$$P + \lambda D^r[p] = C_0 D^q[u] \tag{2-20}$$

$D^r[f(x)]$为关于时间的函数的 r 阶复导数，对于更为复杂的黏弹性流体材料，式(2 - 20)比式(2 - 19)具有更普遍的意义和适用范围。

假定装置的阻尼系数与速度相关性在较大的范围内相互独立，在此基础上可将 q 值设定为 1。而当 $q=1$ 时，参数 C_0为在零频率下的阻尼常数。参数 λ 和 r 可通过频率试验所确定的 C 和 K_1 值拟和确定。装置的动力性能可采用如下公式表述：

$$K_1 = \frac{C_0 \lambda \omega^{1+r} \sin\left(\frac{\pi r}{2}\right)}{d} \tag{2-21}$$

$$C = \frac{K_2}{\omega} = \frac{C_0\left[1 + \lambda \omega^r \cos\left(\frac{\pi r}{2}\right)\right]}{d} \tag{2-22}$$

$$d = 1 + \lambda^2 \omega^{2r} + 2\lambda \omega^r \cos\left(\frac{\pi r}{2}\right) \tag{2-23}$$

$$\delta = \arctan\left(\frac{K_2}{K_1}\right) \tag{2-24}$$

对等式(2 - 20)的校准在室温条件下进行，所得到的试验数据涵盖了较宽的频率范围。最后的校准参数为 $r=1$，$q=1$，$\lambda=0.006$ s，$C_0=88$ lb · s/in(15.45 N · s/mm)。

采用理论计算所绘制的曲线与试验结果的对比情况如图2－24所示。由图2－24可知，除了高频(20 Hz以上)之外，两者非常接近。此外，在20 Hz以上，所建立的理论模型低估了存储刚度，当然在地震分析中这个频率并不是主要的。

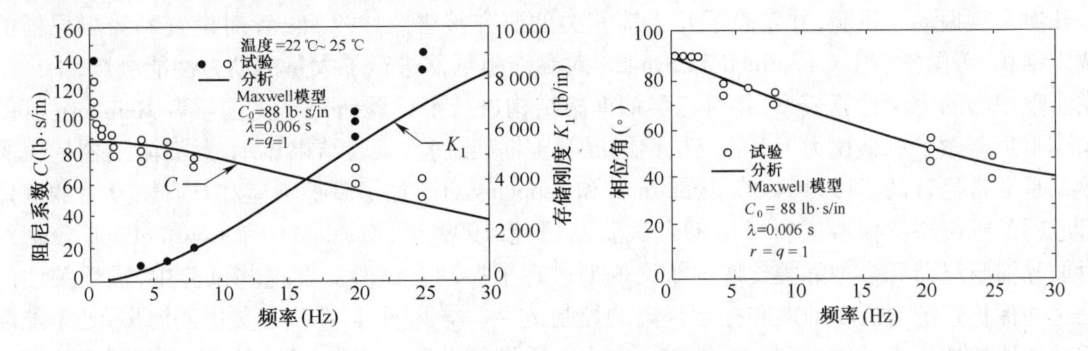

图2－24　理论与试验结果的对比情况

阻尼器所显示的松弛时间仅为6 ms，这表明在约4 Hz的截取频率范围内，$\lambda\dot{p}$项对于大多数结构来说作用不明显，可以忽略不计。

在截取频率范围内，阻尼器的力学模型为纯线性黏滞阻尼，如式(2－25)：

$$P = C_0\dot{u} \tag{2-25}$$

采用流体作为介质的阻尼器，其阻尼力是通过活塞头两侧压力差提供的。由于活塞的移动，迫使腔内的液体反向流动。在高频小幅值振动中，总是可以找到这样一个点，即阻尼器的变位(冲程)不足以将腔内的液体推过小孔，而直接压缩腔内的液体从而引起液体体积减小，阻尼器会表现出一定的刚度特性，或称为存储刚度。一般阻尼器厂商可以通过储能器(Accmulator)的设计对截取频率进行调整。阻尼器的这种现象对结构是有益的，在地震或风振作用下阻尼器对结构的低阶振型仅提供阻尼，而对于高阶振型则提供阻尼和刚度，这有效地抑制了高阶振型对结构振动的贡献。

图2－25给出了温度变化对阻尼器性能的影响。在一个比较宽的温度变化范围内，阻尼器的性能表现比较稳定；在室温条件下，阻尼器的性能完全表现为线性阻尼，随着温度降低，线性程度有所下降。

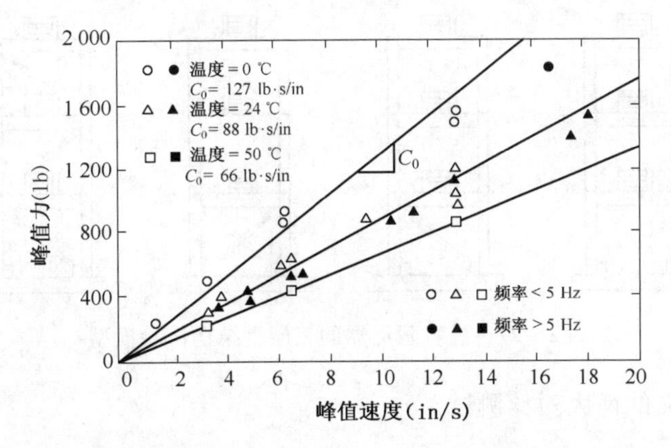

图2－25　在低温、室温及高温条件下记录的峰值速度和峰值出力

2.5.3 研究机构对阻尼器进行的测试及研究报告

从20世纪80年代末开始，Taylor公司的阻尼器先后在美国、日本及我国台湾等地进行了十几次大型振动台试验，并发表了几十篇相关的研究报告。1992年，针对设置黏滞阻尼器的减震结构，美国学者Constantinou和Symans对黏滞阻尼器进行了大量的动力性能测试，给出了黏滞阻尼器的力学计算模型，并对三层钢框架结构进行了试验研究。美国学者Reinhorn等就黏滞阻尼器做了相似比为1:3的三层钢筋混凝土框架试验，试验结果显示，黏滞阻尼器的减震效果是非常显著的。1994年，Constantinou和Tsopelas对附加了摩擦支座和具有恢复力的液体阻尼器的隔震桥梁模型进行了振动台试验及研究；1999年，Kasalanati和Constantinou分别对附加黏滞阻尼器和多种隔震支座的桥梁模型进行了振动台试验。在这些试验中，最受关注的是这些保护系统对近场地震和控制提离的控制效果。与此同时，在位于美国西海岸、处于地震活动地段的加州大学伯克利分校地震研究中心也做了大量的研究。通过研究证明了这些用于其他机械系统上的阻尼器只要稍加改进，便能十分成功地用于土木结构中。部分试验模型如图2-26~图2-29所示。

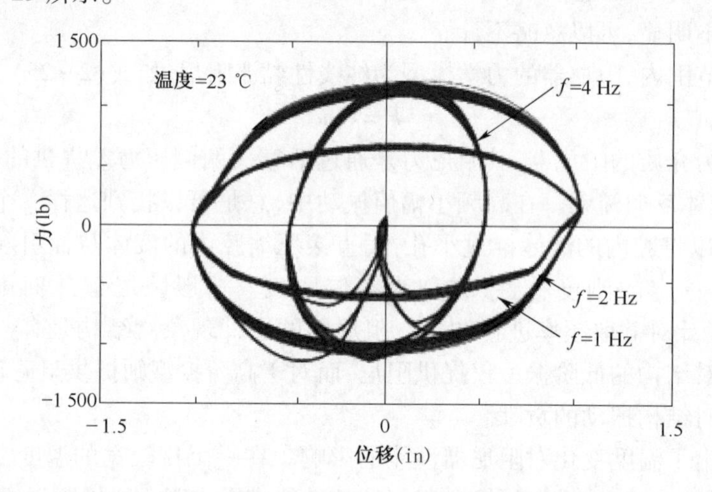

图2-26 1993年Constaninou和Symans给出的黏滞阻尼器的滞回曲线

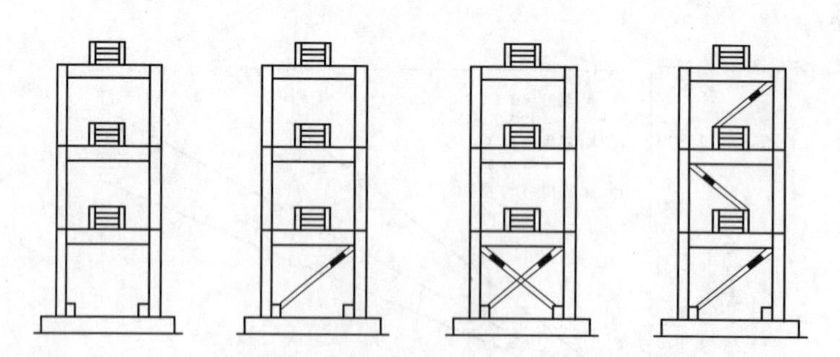

图2-27 设置阻尼器的三层钢结构试验模型

2.5.4 具有标志意义的两大对比测试

上述这些实验室里的试验也许还有让人不放心之处，为了保证阻尼器能安全有效的使用和正确的推广，美国国家科学基金会(NSF)和美国土木工程协会等单位组织了两次大型联合

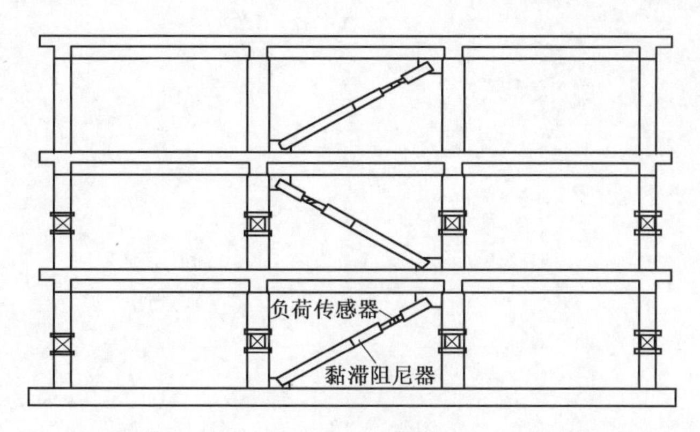

图2－28　设置Taylor阻尼器的三层混凝土模型

图2－29　MCEER振动台试验模型

测试，分别是在美国旧金山金门大桥工程的对比检验和美国高速公路创新技术评估中心的大型试验。

以上两次大型试验的特点如下：

(1)在世界范围内选定阻尼器厂家进行测试，全部采用硅油；

(2)所有测试均采用原型测试；

(3)由第三方客观进行测试，公开发表测试报告；

(4)对以后规范的制定和工程选用起了重要指导作用。

正如其他先进技术走向实际应用一样，黏滞阻尼器真正从实验室走向实际工程并被认可，同样需要经历一个较长的、需通过严格验证的研发过程，否则结果往往适得其反。

第 2 篇 阻尼器的设计与分析

第3章 基于性能的消能减震设计

基于性能的抗震设计思想是一种基于投资和效益平衡的多级抗震设防思想,即要求在不同水准的地震作用下,所设计的结构满足各种预定的性能目标要求,而具体性能要求则根据结构的重要性、用途或业主的要求确定。同传统的抗震设计思想相比,基于性能的抗震设计思想主要有以下几个特点:

(1)性能目标的多级性。在不同的地震设防水准下,结构应满足不同等级的性能要求,对重要的结构,其性能目标要高于一般结构。

(2)性能目标的可选性。在基于性能的抗震设计中,不一定取规范规定的性能目标,而可以在满足规范的前提下,根据结构的用途及业主、使用者的特殊要求,由工程师同业主、使用者共同研究制定。这样,不仅可以满足不同业主提出的设计要求,发挥研究者、设计者的创造性,同时也有利于新材料和新技术的应用。

(3)结构抗震性能的可控制性。在基于性能的抗震设计中,在设计初期就明确结构的性能目标,并且通过设计使结构在设计地震作用下的反应能够达到预先确定的性能目标,因而结构的抗震性能是可以预测和控制的。而且,按照基于性能的抗震设计的同类结构,其在设计地震作用下的可靠性是一致的,而在传统抗震设计中仅进行变形限值的验算,这可能导致同类结构在设计地震作用下具有不同的可靠性。

3.1 基于性能的结构设计理念

地震给人类社会带来巨大的经济损失,并且可能引起更为严重的次生灾害。20世纪末发生的几次震害显示,决定建筑物在地震下是否安全的主要参数是结构的变形或位移。在此情况下,人们提出基于位移的抗震设计理论,这也促使了性能化结构设计理论的产生和发展。

3.1.1 抗震结构的概率理念决定了“损伤”

地震作用随机性很强,在某一地区某一基准期内,可能发生的最大地震烈度是一个随机变量。在烈度不同时,结构弹性地震作用将成倍变化,因而针对不同烈度的地震作用,都把结构设计成处于弹性状态工作,这对大多数结构来说是不可能的,在经济上也并不合理。按地震发生概率,结合国家经济水平和建筑物重要性,适度进行结构抗震设计是世界各国公认的结构抗震设计准则,并在各国规范中有所体现。

结构的性能目标是指在一定超越概率的地震发生时,结构期望的最大破坏程度,即性能目标是地震设防水准与结构性能水准的组合。

3.1.2 基于性能的结构设计理念

基于性能的抗震设计是未来抗震设计的主要措施和方法。按照这种设计思路,设计团队可协同工作确定建筑物及附属结构的性能目标,以便达到业主的预期要求。这一设计理念保证结构在预期的地震作用下,有可预测的抗震性能,且性能目标可以按需选择。基于性能的抗震设计是以现有的抗震科学水平和经济条件为前提的,发挥结构延性变形的能力,使工程结构在预期的地震强度作用下的反应和破坏程度均在设计预期要求的范围内。

基于位移的设计方法是性能设计理论推荐的配套设计方法。它以位移为设计起点,以层间位移或者其他变形作为抗震设计的控制因素,进行结构的截面设计和配筋。这与传统的基于承载力的设计方法在设计顺序和控制因素的选取上有很大的区别,这也说明了该方法的出发点更接近于地震作用下结构的实际运行状态。

基于位移的抗震设计需要确定结构的初始刚度和屈服强度,以限定结构变形来满足设计要求。实际上这一方法依据的是结构割线刚度而不是初始刚度,并采用包括结构固有阻尼以及滞回阻尼在内的等效阻尼。

3.1.3 基于性能的结构设计理念中承载力设计与变形设计的关系

与结构性能有关的三个主要设计参数——强度、刚度和延性,都可以认为是依赖于变形的参数。结构在地震作用下的性能通过结构以及附属结构的破坏程度来衡量,而破坏程度与结构变形密切相关。对于延性结构或延性构件,变形是控制结构破坏程度或性能水平的最有效参数。变形比强度更能体现结构在地震作用下的性能。

承载力(强度)作为单独的指标难以全面描述结构的非线性性能及破坏程度。基于变形的抗震设计方法主要采用位移指标对结构性能进行控制,比传统的基于承载力(强度)的抗震设计方法更加简便和便于掌握。目前各国规范相继引入这一概念,逐渐把注意力转向基于变形设计。

3.2 性能设计发展现状

3.2.1 性能化抗震设计的三个阶段

基于性能抗震设计(PBSD,Performance-Based Seismic Design)思想起源于20世纪90年代的美国,发展至今,这一设计理念历经了三个时代。第一代起始于1992年,美国联邦紧急救援署(FEMA)为降低现有工程地震风险而准备了一系列基于性能抗震设计方法,并最终汇总发布FEMA 273/274报告。随后,加州结构工程师学会发布SEAOC Vision 2000报告,对新建建筑物的性能化抗震设计概念进行了系统表述。第一代发布的这些文件论述了关于损伤和危险性等级等相关内容,介绍了一系列可用于模拟建筑物地震响应的分析办法。第一代性能设计办法是对当时的设计办法的重要提升。

基于性能抗震设计的第二代主要依据《房屋抗震加固预备规程及释义》FEMA 356给出的方法和条文执行。FEMA 356是对第一代FEMA 273性能设计的发展和改进。根据在实际工程采用办法的相关信息,以及《案例分析:对NEHRP房屋抗震加固指引的评估》FEMA 343报告(BSSC,1999年),FEMA 356对FEMA 273的分析要求和接受准则进行了技术更新。由于第二代性能设计方法的改进,参与实际工程的技术人员对其概念更为了解,其先进的非线性分析技术应用更为普及。

2006年8月,FEMA发布了用于新建和加固建筑的下一代基于性能抗震设计指引FEMA 445。这份报告指出了第二代性能设计方法中的局限性:(1)实际建筑结构地震响应分析的精准度;(2)设计准则的稳妥程度;(3)如何在新建筑的设计中确保经济安全;(4)需要更便于建筑物业主、设计工程师及保险公司等方面有效地沟通并作出决定的方法和途径。FEMA 445提出了关于修复费用、人员伤害以及人员占用的时间等方面的新的评估等级,建立了对新建和已建项目在这些方面的评估办法,构建与利益共享人性能评定的框架,以便更好地沟通并考虑其利益。

新一代性能设计的目标(不再是分立的目标水准)是要说明可接受的人员伤亡数量、直接的经济损失(修理费用),以及在修理或改建损坏的建筑物期间所造成的原建筑物中的商贸企事业中断业务带来的损失。新一代(第三代)建筑结构性能设计所需解决的问题:

一是,将目前分立的性能水准修改为新的性能度量方法(如震后修复、毁坏、伤亡、商贸业务中断等损伤),以便有关人员(业主、设计师、保险公司等)计算可能的损失,这是作出相关决定所必需的。

二是,为现有的及新建的建筑物设立毁坏、伤亡、商贸业务中断、震后修复等费用的估算方法和步骤。

三是,开发一个性能评估的平台,以便充分与有关人员进行交流,并说明地震灾害的不确定性及精准地预测地震响应的局限性。

3.2.2 我国性能设计的现状

我国对于结构抗震提出"小震不坏、中震可修、大震不倒"的抗震设防三水准目标,这是最基本的抗震性能化设计目标。同时,我国根据结构的使用功能的重要性,按照甲、乙、丙、丁四类建筑对地震作用水平和抗震措施采用不同的措施。建筑物根据重要性的不同,将地震作用进行调整,从而产生不同的性能目标。但是达到哪一个目标是规范要求的,不可以根据业主的要求自行选择。如果业主愿意增加投资,可以提高抗震水平以换取震后较小的损失,目前的这种抗震设计方法是难以满足他们的要求的。从这一点上说,这与基于性能的抗震设计思想是有差异的。

而性能化设计的性能目标则是不仅要确保大震下不发生危及生命的严重破坏,还要达到提高结构抗震安全性或满足使用功能的专门要求等,其设防目标比"基本设防目标"更高。《建筑工程抗震性态设计通则》(CECS 160—2004)、《建筑抗震设计规范》(GB 50011—2010)中提出建筑抗震性能化设计,对设计原则、地震动水准、性能目标、设计指标和计算要求进行了规定,在《建筑抗震设计规范》附录M中给出了实现抗震性能设计目标的参考方法。

《建筑抗震设计规范》(以下简称《抗规》)把结构的性能目标分为4个等级,提出的性能化设计基本思路是:"高延性、低弹性承载力"或"低延性、高弹性承载力"结构的弹性承载力高,可以延缓结构进入弹塑性阶段,从而提高了结构的抗震性能;反之,弹性承载力低时就要靠增加结构的延性达到提高结构的抗震性能的目的。《高层建筑混凝土结构技术规程》(JGJ 3—2010)(以下简称《高规》)按照结构构件(关键构件、普通竖向构件、耗能构件)的重要性和地震作用效应(轴力、弯矩、剪力),把结构的性能目标分为A、B、C、D 4个等级;而根据结构构件预期震后的破损程度,用5个性能水准来表述。《抗规》使用不同的承载力和延性指标实现性能目标;《高规》使用结构构件不同的性能水准实现性能目标。《抗规》给出的性能目标可以针对结构的整体性能,从结构的变形和整体承载能力进行总体性能控制,也可以对局部构件进行分析;《高规》将性能目标进一步细化,A、B、C、D 每一个性能目标在不同的地震水准下对应不同的性能水准,而且把它分解到不同的结构构件计算上,对设计来讲具有更强的可操作性,但整体分析很不方便。

我国关于性能化抗震设计目前正处于第二阶段。对结构整体性能设计仍限于一些超限或不规则的建筑物,大多数仍针对结构的关键构件和重要构件做承载力的性能目标设计。我国性能化抗震设计存在的主要问题有:(1)结构承载力性能要求按小震弹性地震作用考虑,不考虑不同延性结构对结构抗震承载力性能要求的区别;(2)结构构造要求与结构延性变形能力有关,但规范中的构造要求与抗震设防烈度及结构高度相关,不与延性变形能力相关;(3)对构件不同抗震性能水准的定义主要依据承载力水准,而不考虑构件延性变形能力的不同。

根据规范对性能设计的原则要求,各主流软件公司都为结构的性能设计分析提供了相应的分析模块,但由于对规范的理解和各自的侧重点以及软件的总体构架设计不同,导致性能设计的计算处理和分析结果有些差别。比较有代表性的软件有 PKPM、广厦 GSSAP、Midas Building 的结构大师。

3.3 消能减震措施在结构性能设计中的作用

20 世纪 90 年代,随着相关规范、资料文献和标准测试步骤的出版,地震防护系统在美国桥梁工程中的应用得到了广泛发展。1991 年《隔震设计指导规程》(AASHTO 1991)给出了附加弹性支座隔震装置桥梁的分析和设计步骤。在 1999 年对这个规范进行了修编并重新颁布,使其与 AASHTO 高速公路标准规范一致。规范中给出了摩擦隔震支座的设计步骤,介绍了界定隔震桥梁地震反应的方法。在 20 世纪 90 年代和 21 世纪初,促使地震保护系统得到贯彻执行的重要成果包括:HITEC 的《隔震及消能装置测试指导条文》(HITEC 1996)和《大型隔震支座和消能装置的测试指导条文》(HITEC 2002)。

《建筑抗震设计规范》(GB 50011)提出消能减震结构按三个层次设防性能目标进行设计:设防性能目标Ⅰ为小震不坏、中震可修和大震不倒,如一般的工业与民用建筑、公共建筑等;设防性能目标Ⅱ为中震不坏、大震可修,适用于医院、公安消防、学校、通信、动力等建筑;设防性能目标Ⅲ为大震不坏,适用于人民大会堂、核武器储存室等建筑。

不同地震水准下,消能减震结构的性能目标见表 3-1。

表 3-1 消能减震结构的性能目标

地震水准	性能目标Ⅰ	性能目标Ⅱ	性能目标Ⅲ
多遇地震	阻尼器弹性或耗能		
设防地震	主结构发生一定弹塑性变形,但最大变形值控制在结构允许变形的范围内,部分结构构件可能发生破坏,但经一般修理仍可继续使用	阻尼器基本处于消能状态,结构构件处于弹性状态,保持正常使用功能	
罕遇地震	允许结构构件经历几次较大的弹塑性变形循环,产生较大的破坏,但阻尼器在地震中不应丧失功能,结构的最大变形幅值不应超过结构允许变形范围,以免结构发生倒塌,从而保障建筑内部人员的生命安全	阻尼器处于消能状态,各性能指标都在正常工作范围内,允许结构发生一定的塑性变形,但最大变形值限制在结构允许变形的范围内,部分构件发生塑性变形,但经一般修理仍可继续使用	阻尼器处于消能状态,结构构件基本处于弹性状态,保持正常使用功能

3.3.1　消能减震装置

隔震装置主要用途是:(1)减小上部结构和基础结构中的受力(加速度);(2)实现力的重分配。隔震可延长建筑物基本振动周期,从而降低从地面传递到结构的地震能量。在大多数情况下,隔震结构的基本振动周期可以延长超过3倍,周期的延长可以显著地减小上层结构的加速度响应。结构受力(加速度)的减小显著降低了修建成本,并且在设计地震动作用下,这些桥梁仍处于弹性阶段。需要指出的是,几乎所有的位移都发生在隔震装置上,而不是发生在上部结构上。隔震支座包括橡胶支座和摩擦支座。橡胶支座包括高阻尼橡胶支座、低阻尼橡胶支座以及铅芯橡胶支座。摩擦支座即摩擦摆支座。阻尼器在隔震系统中经常用于限制支座位移。隔震后的建筑物周期一般在2~4 s。因此,对于土质松软的场地以及高柔性的建筑物,采用隔震并不能取得很好的控制效果。对于加固工程,采用隔震方式是一种非常昂贵的措施。在美国,通常对于一些重要的历史建筑才采取隔震措施,从而最大限度降低上部结构的加固对建筑物历史构造的冲击。一整套隔震系统除包括阻尼器支座外,还包括其他特殊单元,如在建筑物周边设置沟渠以配合支座水平位移。我国规范提出了建筑结构采用隔震设计应符合的要求,即结构高宽比宜小于4,且变形特征接近剪切变形,建筑场地宜为Ⅰ、Ⅱ、Ⅲ类。

能量耗散装置通过特定功能构件的滞回作用或黏滞阻尼特性来实现能量的消耗。附加的阻尼降低了整个结构的位移量和加速度反应以及局部楼层位移角,但应注意附加装置产生的局部应力问题。FEMA 356给出了位移相关型装置和速度相关型装置。位移相关型装置,包括表现为刚塑性的摩擦装置、双线性或三折线滞回的金属屈服装置;速度相关型装置包括固液黏弹性装置和液体黏滞装置。该规范也给出了其他一些装置,如形状记忆合金、具有复位功能的摩擦弹簧和液体恢复力阻尼装置。消能装置被工程师们认为是最适合柔性建筑的,如钢或混凝土框架结构。

与隔震结构相似,附加阻尼系统后结构反应的下降在美国系列规范中通过与有效阻尼比β有关的阻尼系数B来实现。附加阻尼结构基本振型的有效阻尼基于结构的非线性力—位移特性。

目前有多种可用于实际工程的被动消能减震装置,这些用于地震保护系统的装置通常包括黏滞流体阻尼器、黏弹性固体阻尼器、摩擦阻尼器以及金属阻尼器。其他也可以归为被动能量耗散装置或称为被动控制装置,包括用于控制风振的调谐质量阻尼器和调谐液体阻尼器,自复位阻尼器和相变转换阻尼器。此外,有一些阻尼器可称为半主动阻尼器,这些装置由于被动地抵抗其两端的相对运动并且具有可控的力学特性,也称为可控被动装置。此类阻尼器包括可变孔阻尼器、磁流变阻尼器和电流变阻尼器。半主动阻尼器在日本被应用的实际工程较多。

3.3.2　消能减震效力——提高性能

结构中设置阻尼器的目的主要是减少消能减震结构在地震作用下的反应,降低结构构件的内力和变形。消能减震结构的抗震性能化设计可使所设计的工程结构在设计使用期内满足各种预定的性能目标要求,可根据业主的不同需求确定不同的性能目标,是对当前基于承载力抗震设计理论框架的完善和补充。具体体现在:

(1)对于新建建筑结构,阻尼器若在设计地震作用下即发挥耗能作用,则可增加消能减震结构的总阻尼比,有利于降低结构构件的受力及变形,减小结构构件的截面尺寸,进而体现工程的经济性。

(2)若仅提高结构抗震性能,不减小结构构件的截面尺寸,不考虑工程经济性需求,则在相同的抗震设防烈度下,结构的安全性能得到明显提高。

(3)对于既有建筑结构,采用消能减震技术进行抗震加固可解决既有建筑结构施工的难度、降低加固费用,并有效而可靠地提高结构的抗震性能。

图3-1为结构不同需求谱与能力谱曲线,图中显示了两条需求谱,分别为具有5%固有阻尼以及具有5%固有阻尼加上阻尼系统提供的附加黏滞阻尼。图中也给出了结构能力谱曲线,能力谱曲线是在反应谱加速度—位移的坐标系下由一系列基本振型非线性反应组成的。

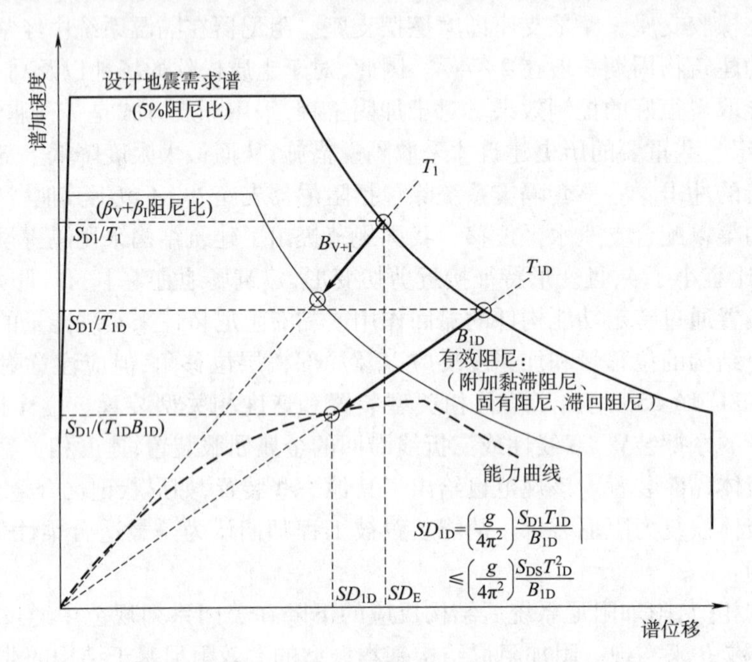

图3-1　结构不同需求谱与能力谱曲线

图中需求曲线和能力曲线的交点或性能点为结构预期的性能表现。如假定结构一直处于弹性,结构性能点将在标为T_1的直线上,其中T_1为结构计算方向弹性基本周期。考虑到结构发生非线性行为后,结构性能将发生在标为T_{1D}的线上,T_{1D}为基本振型有效周期,即在设计位移SD_{1D}下结构割线刚度对应的周期。图中B_{1D}为阻尼调整系数,如图所示,有效周期处的需求谱通过阻尼调整系数而得到降低。

总体而言,有效阻尼分为以下三个部分:

固有阻尼:指除附加黏滞阻尼外,在屈服前结构的内在阻尼。对未设置阻尼器的结构系统,通常假定结构固有阻尼为5%。

滞回阻尼:结构抗力系统和阻尼系统在特定幅值下屈服后的滞回阻尼。

附加黏滞阻尼:阻尼系统的黏滞单元,对于滞回或摩擦阻尼系统,该项取零。

滞回曲线和附加黏滞阻尼均是与振幅相关的,对总有效阻尼的相对贡献随结构屈服后反应的程度而改变。例如,附加阻尼器的结构降低了屈服后的位移,从而也降低了由抗力系统所提供的滞回阻尼值。如果位移降低到屈服点,有效阻尼的滞回部分为零,有效阻尼为固有阻尼加上附加黏滞阻尼,如未设置阻尼系统,有效阻尼等于固有阻尼。

第4章　阻尼器减震结构的计算分析

4.1 阻尼比计算

4.1.1 阻尼分析

使自由振动的振幅稳定地减小的作用称为阻尼。振动体系的能量可由各种机制耗散，经常是多于一种的机制同时呈现。消能减震结构的阻尼比由主体结构阻尼比ζ_1、消能部件附加给结构的有效阻尼比ζ_d以及结构滞回消能等效阻尼比组成。

1. 结构固有阻尼

主体结构阻尼即结构（固有）等效黏滞阻尼，源于材料重复弹性变形的热效应以及固体变形时的内摩擦，包括钢连接中的摩擦、混凝土微裂缝的张开与闭合、结构自身与像填充墙那样的非结构构件之间的摩擦。但在实际建筑中，要识别或用数学描述这些能量耗散机理中的每一项几乎是不可能的。

因此，实际结构中的阻尼通常用高度理想化的方法描述。出于多种目的，单自由度结构的实际阻尼可满意地理想化为一个线性黏滞阻尼器或减震器。阻尼系数的选择，一般令其所耗散的振动能量与实际结构中的所有阻尼机理组合的能量耗散相当。因此，这种理想化称为等效黏滞阻尼。

对于多自由度结构，直接根据结构的大小、结构构件的尺寸以及所用结构材料的阻尼特性来计算阻尼矩阵的系数是不切实际的。因此，通常用振型阻尼比的数值确定阻尼，这对于具有经典阻尼的线性体系分析已经足够了。然而，由于具有非经典阻尼体系的线性分析以及非线性结构的分析都需要阻尼矩阵，因此需要根据振型阻尼比建立结构阻尼矩阵。

在进行多自由度结构振型阻尼比估算时，最有用而又很难得到的数据是在结构强烈振动但是还没有进入非弹性范围的时候。在结构较小运动时确定的阻尼比不代表在结构运动较大幅值时的阻尼；另外一方面，在地震中经历显著屈服时记录到的结构运动所提供的阻尼比将包括由于结构材料的屈服引起的能量耗散。这些阻尼比在运动分析时是没有用的，因为在屈服时耗散的能量将通过非线性的力—变形关系分开来考虑。在积累足够的大量数据库之前，阻尼比的选择取决于所得到的任何数据和专家意见。

建议的阻尼比可以直接应用于具有经典阻尼的结构线弹性分析。对于这类体系，当变换到无阻尼体系的固有振型时，运动方程将成为非耦合的，所估计的振型阻尼比可以直接应用于每一个振型方程。

如果待分析的体系包括两个或两个以上具有明显不同阻尼水平的部分，那么经典阻尼假设将不再适用。结构—土体系统就是这样的一个例子。

经典阻尼假设对于具有特殊耗能装置的结构或者在基础隔震系统之上的结构也不适用，即使结构自身具有经典阻尼。体系的非经典阻尼矩阵首先采用经典阻尼矩阵的方法，根据适合结构的阻尼比，通过计算结构自身（没有特殊装置或隔震器）的经典阻尼矩阵来建立；然后再包括耗能装置或者隔震器的阻尼贡献，从而得到整个体系的阻尼矩阵。

《建筑消能减震技术规程》（JGJ 297—2013）的 3.3.3、3.3.4 条文说明中规定：“……当结构处于弹性状态时，主体结构阻尼比 ζ_1 为一定值（混凝土结构为 0.05、钢结构为 0.02/0.03）”。

2. 消能减震器附加阻尼

《建筑消能减震技术规程》（JGJ 297—2013）的 3.3.3、3.3.4 条文说明中规定：“消能减震结构由于消能器的存在，增加了结构的总阻尼比 ζ。因此，消能部件附加给结构的有效阻尼比的计算是消能减震结构体系设计中的关键问题。当 ζ 计算过高时，会高估消能器的耗能能力，消能器将不能有效地保护主体结构，使结构设计偏于不安全；当 ζ 计算过低时，消能器不能发挥其应有的作用，将增加经费投入。因此，需合理地计算消能器附加给结构的阻尼比，使结构设计安全又经济。”

液体黏滞阻尼器阻尼力的来源是通过在装置内设硅油，缸筒内活塞随着结构的运动而运动时，活塞头向一端运动，内设硅油受到挤压，对活塞产生反向黏滞力。同时，硅油从活塞头上的小孔向活塞头的另一端流去，使活塞的受力逐步减少。在活塞的往复运动中液体起黏滞阻尼作用，耗散地震风振能量，从而对结构起到减震控制作用。

3. 结构滞回阻尼

《建筑消能减震技术规程》（JGJ 297—2013）的 3.3.3、3.3.4 条文说明中规定：“……当主体结构进入塑性状态后，部分结构构件发生塑性变形，阻尼比相对于弹性状态有所提高，主体结构阻尼比 ζ_1 应重新计算，并考虑结构构件塑性变形的影响。”

自 20 世纪 60 年代以来，已经进行了数百次试验来确定地震条件下结构的力—变形特性。结构在地震中将经历往复变形的振荡运动，在此条件下对结构构件、组合构件、缩尺结构模型和小型足尺结构进行模拟循环试验。试验结果表明，结构的循环力—变形特性取决于结构材料和结构体系。以下力—变形图表示了由于非弹性特性而产生的循环变形下的滞回环特性（见 FEMA），抗震结构必须在往复重复荷载循环下保持强度和刚度。

（1）悬臂梁的往复弯曲循环

实验室测试得到的饱满滞回曲线如图 4－1 所示，相当接近简易模型的结果［注：圆角（鲍辛格效应）；正斜率（应变硬化）；工作结束（测量区域内循环）］。

（2）短粗钢支撑轴向载荷循环

实验室试验表明，在连续循环中的强度和刚度退化，如图 4－2 所示。需注意，随着循环次数增加，曲线斜率和材料强度降低。

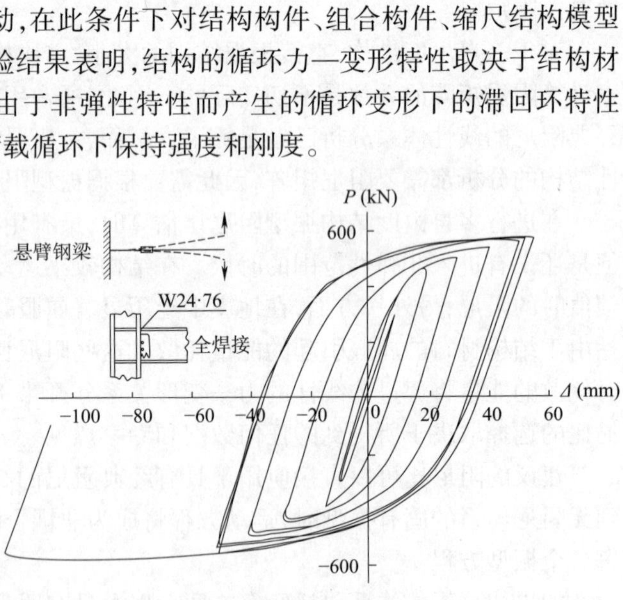

图 4－1　饱满滞回曲线

（3）混凝土梁的受弯循环

实验室测试显示轻度的捏塑滞回，如图 4－3 所示。需注意的是，捏塑减少了内部环路的面积（即消耗更少的能量）；重新加载斜率的改变会带来捏塑的外形变化，这是由于裂缝的开启和关闭；螺栓连接、铆接或钉接会导致类似的效果。

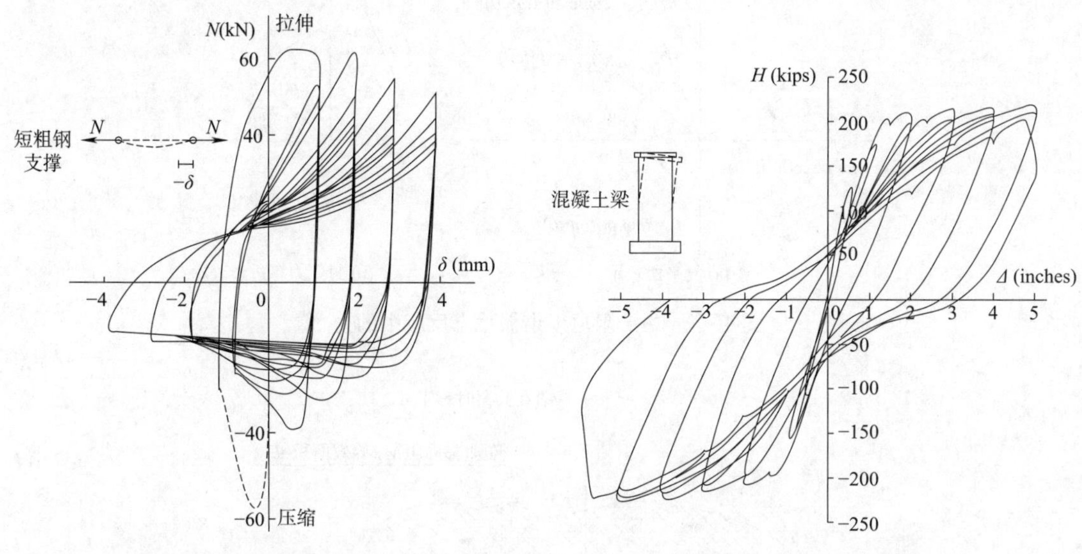

图4－2 强度和刚度逐渐降低的滞回曲线　　　　图4－3 温和捏塑滞回曲线

4.1.2 阻尼比计算原理

1. 线弹性单自由度系统阻尼比计算原理

我国现行《建筑抗震设计规范》(GB 50011)及《建筑消能减震技术规程》(JGJ 297—2013)中关于附加阻尼比的计算方法都源于单自由度体系估算阻尼比的“每周共振能量损失法”。因而，这里首先说明一下该方法的益处。

对于一个单自由度结构的反应分析，假定体系的质量 m、刚度 k、固有圆频率 ω 是已知的，对该体系利用每周共振能量损失法。确定黏滞阻尼比的这种方法是基于相对位移反应的稳态振幅测量。这种反应是由谐振荷载所引起的，荷载幅值为 p_0，激振频率 $\overline{\omega}$ 为包含体系固有频率而跨越较宽范围的离散值。

考虑在稳态谐振条件下作用在质量上的力，力的平衡要求惯性力、阻尼力、弹簧力之和等于所作用的荷载 $p(t)=p_0\exp(i\overline{\omega}t)$。在复平面上它们与作用荷载以向量表示，如图4－4所示。

图4－4中，因为 $\theta=90°$ 时荷载恰好与阻尼力平衡。因此，如果把一加载循环中荷载和位移之间的关系画出，则这个图也可称为阻尼力—位移图，如图4－5所示。如果体系真的具有线性阻尼，则曲线为一椭圆，如图4－5中虚线所示。在这种情况下，阻尼系数可直接用最大阻尼力与最大速度由下式来确定：

$$p_0=f_{D_{\max}}=c\dot{v}_{\max}=2\xi m\omega\dot{v}_{\max}=2\xi m\omega^2\rho \tag{4-1}$$

或

$$\xi=p_0/(2m\omega^2\rho) \tag{4-2}$$

如果阻尼不是前面假定的线性黏滞阻尼，而是非线性黏滞形式，则由上述处理所获得的作用力—位移图形状将不是椭圆，而是如图4－5中实线所示的不同形状的曲线。在这种情况

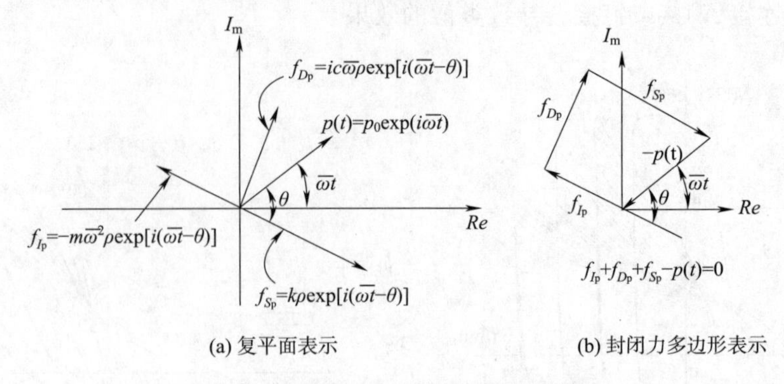

图 4-4　黏滞阻尼下谐振稳态反应中的力

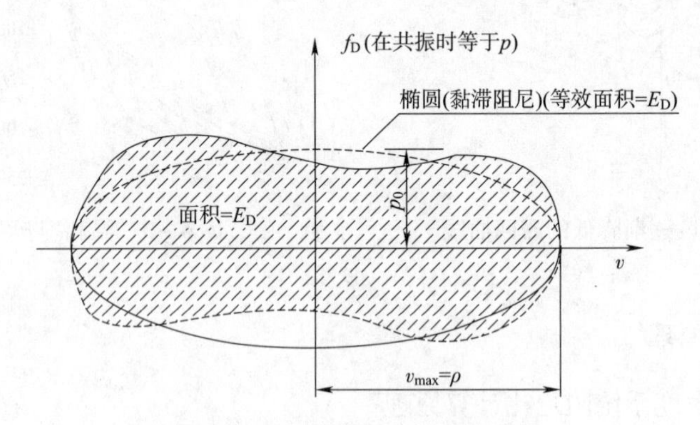

图 4-5　每周实际和等效阻尼能

下，即使所作用的仍然是纯谐波荷载，反应也将不再是谐波反应。然而，每周的能量输入等于每周阻尼能量损失 E_D，而求图中作用力—位移曲线所包含的面积可获得这个 E_D。这就允许对相应的位移幅值计算等效黏滞阻尼比，当将它作为线性黏滞阻尼形式使用时，与真实试验情况每一循环损失相同的能量。也即，这个等效阻尼比与椭圆形的作用力—位移图形相关联，并与非椭圆图形具有相同的面积 E_D。这个能量等价要求：

$$E_D=(2\pi/\omega)P_{avg}=(2\pi/\omega)(\xi_{eq}m\omega^3\rho^2) \tag{4-3}$$

或

$$\xi_{eq}=E_D/(2\pi m\omega^2\rho^2)=E_D/(2\pi k\rho^2) \tag{4-4}$$

其中

$$P_{avg}=\frac{C\omega}{2\pi}\int_0^{\frac{2\pi}{\omega}}\dot{v}(t)\,dt=C\omega^2\left[\frac{\omega}{2\pi}\int_0^{\frac{2\pi}{\omega}}v^2(t)\,dt\right]=\xi m\omega^3\rho^2 \tag{4-5}$$

式(4-4)的形式更便于应用。

如果结构是线弹性的，则用这样的方法所获得的静力—位移图将如图 4-6 所示，而刚度即等于直线的斜率。

而应变能为

$$E_S=\frac{1}{2}\rho f_S=\frac{1}{2}k\rho^2 \tag{4-6}$$

因而

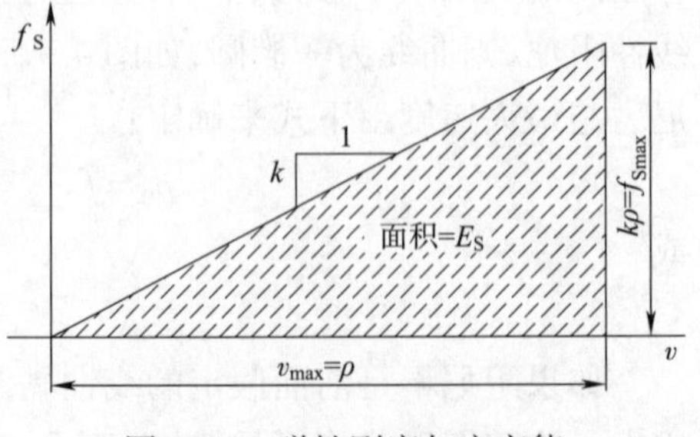

图 4-6　弹性刚度与应变能

$$\zeta_{eq}=\frac{E_D}{4\pi E_S} \tag{4-7}$$

2. 多自由度系统影响阻尼比的因素

等效附加阻尼比存在不唯一、不确定性。

(1)FEMA 356 规定

隔震与消能：非线性时程分析中，不允许用整体结构阻尼代替消能装置中的黏滞效应。

(2)FEMA P-1050-1 规定

振动阻尼和附加黏滞阻尼的影响都是取决于振幅的，而且它们对总体有效阻尼的相关贡献随着结构屈服后响应的量而变化。

(3)我国《建筑抗震设计规范》规定

消能减震结构的总阻尼比应为结构阻尼比和消能部件附加给结构的有效阻尼比的总和；多遇地震和罕遇地震下的总阻尼比应分别计算。

“附加给结构的有效阻尼比”仅仅计算了对应于结构基频的附加阻尼比，FEMA 450 指出，在应用“等效侧向力”的线性分析方法时，装有消能部件的结构对设计地震的反应需从两部分振型模态计算而来：结构基频模态和其余模态。“其余模态”就是近似计入了多个高阶振型的影响。高阶振型的影响不仅对楼层层间位移的计算很重要，而且，特别是对用速度型阻尼器消能的结构来说，对楼层层间速度的计算也有很重要的影响。因而影响速度型阻尼器的设计。当然，当使用“振型分解法”时，高阶振型的影响可以直接计入。

因此评价阻尼装置的效果不能单纯依靠阻尼比的数值；在非线性分析中，使用有效阻尼来评价减震装置的效果；评价减震效果最好的方式：最大位移和基底剪力。

3. 非线弹性多自由度系统阻尼比计算的修改及扩展应用

将非线性黏滞阻尼等效为线性黏滞阻尼如图 4－7 所示。

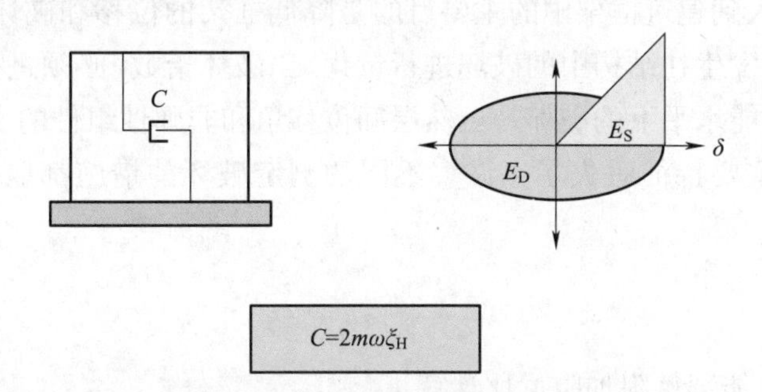

图 4－7　将非线性黏滞阻尼等效为线性黏滞阻尼

(注：E_S 和 ω 均基于屈服体系的割线刚度)

当每周共振能量损失法用于非简谐共振激励条件的多自由度、非线弹性体系时，会产生一定误差，也会有一定限制条件。例如：用于多自由度体系的基频振型(非线弹性体系也近似地采用相应的线弹性体系的“振型”)，当等效阻尼比随振幅、频率等变化时(特别是非线弹性体系经受较大振动时)可采用分段线性化，或等效平均阻尼比的方法。

因此，将前述的每周共振能量损失法应用到实际消能减震结构中所需要做的修正，至少应包括如下方面：

(1)能量计算中单自由度结构的位移需转换成多自由度结构的振型位移(如基频振型),并进一步转换成结构物控制点(如建筑物顶层)位移。

(2)线弹性结构的最大线性反应位移转换成弹塑性结构的最大非线性反应位移。

(3)弹塑性结构不同的滞回环、形状特点(如滞回环的饱满度、刚度退化、屈服强度的降低、捏塑和滑移效应)对非线性反应位移的影响。

(4)考虑屈服后的动力 $P\text{-}\Delta$ 及负刚度影响。

则

$$\delta_t = C_0 C_1 C_2 C_3 S_a \frac{T_e^2}{4\pi^2} g \tag{4-8}$$

其中

C_0:考虑多自由度结构的顶点位移和等效单自由度结构位移的区别。

C_1:考虑结构中最大的弹性和非弹性位移幅值的不同,位移应该相对稳定并有完整的滞回曲线,且位移基于非线性单自由度的双线性滞回模型的平均响应。

C_2:对最大位移响应,考虑重要的捏塑、刚度退化和强度退化。

C_3:对表现负的屈服后刚度的框架结构,动力 $P\text{-}\Delta$ 效应可能导致位移的大幅增加。

因为有诸多的近似取舍,在结构设计中使用等效阻尼比要十分小心。在最终的设计中最好采用基于非线性模型的直接积分等方法。

对于等效黏滞阻尼,从装置层面来说,位移型装置不能用速度型装置代替。许多简化程序允许在结构上存在这样的替换,这就为整体结构找到了一个模糊的等效阻尼比,这种方法在初步设计中用处有限,而且在最终设计的任何情况下都不应使用。

分析消能减震结构的总阻尼的目的是预测破坏、增加阻尼、减少变形和损伤。FAMA 274 提到:将消能装置引入到建筑框架中的主要目的是降低框架的位移和破坏。这就要求基于性能的设计需要对可能发生在结构中的破坏进行量化。"破坏指数"必须进行校准,这样它才能预测和量化在所有性能水平下的破坏。虽然层间位移角和非弹性组件的变形可以有效测定破坏情况,但是响应的主要特征丢失了。许多不同的测定破坏的措施都取决于(地震动)持续时间。

4.1.3 阻尼比计算

1. 中国规范的消能部件附加阻尼比计算

按照《建筑消能减震技术规程》(JGJ 297—2013),消能部件设计及附加阻尼比应满足的规定如下:

(1)消能部件的设计参数应符合下列规定:

①位移相关型阻尼器与斜撑、支墩等附属构件组成消能部件时,消能部件的恢复力模型参数应符合下式规定:

$$\Delta u_{py} / \Delta u_{sy} \leqslant 2/3 \tag{4-9}$$

式中 Δu_{py}——消能部件在水平方向的屈服位移或起滑位移(m);

Δu_{sy}——设置消能部件的主体结构层间屈服位移(m)。

②黏弹性阻尼器的新弹性材料总厚度应符合下式规定：

$$t_v \geq \Delta u_{dmax}/[\gamma] \tag{4-10}$$

式中 t_v——黏弹性阻尼器的新弹性材料总厚度(m)；

Δu_{dmax}——沿消能方向阻尼器的最大可能的位移(m)；

$[\gamma]$——黏弹性材料允许的最大剪切应变。

③速度线性相关型阻尼器与斜撑、墙体(支墩)或梁等支撑构件组成消能部件时，支撑构件沿阻尼器消能方向的刚度应符合下式规定：

$$K_b \geq 6\pi C_D/T_1 \tag{4-11}$$

式中 K_b——支撑构件沿阻尼器消能方向的刚度(kN/m)；

C_D——阻尼器的线性阻尼系数[kN/(m/s)]；

T_1——消能减震结构的基本自振周期(s)。

(2)消能部件附加给结构的实际有效刚度和有效阻尼比，可按下列方法确定：

①位移相关型消能部件和非线性速度相关型消能部件附加给结构的有效刚度可采用等价线性化方法确定。

②消能部件附加给结构的有效阻尼比可按下式计算：

$$\xi_d = \sum_{j=1}^{n} W_{cj}/4\pi W_s \tag{4-12}$$

式中 ζ_d——消能减震结构的附加有效阻尼比；

W_{cj}——第 j 个消能部件在结构预期层间位移 Δu_j 下往复循环一周所消耗的能量(kN·m)；

W_s——消能减震结构在水平地震作用下的总应变能(kN·m)。

③不计及扭转影响时，消能减震结构在水平地震作用下的总应变能可按下式计算：

$$W_s = \sum F_i u_i/2 \tag{4-13}$$

式中 F_i——质点 i 的水平地震作用标准值(一般取相应于第一振型的水平地震作用即可，kN)；

u_i——质点 i 对应于水平地震作用标准值的位移(m)。

④速度线性相关型阻尼器在水平地震作用下所往复一周所消耗的能量可按下式计算：

$$W_{cj} = (2\pi^2/T_1)\sum C_j \cos^2(\theta_j)\Delta u_j^2 \tag{4-14}$$

式中 T_1——消能减震结构的基本自振周期(s)；

C_j——第 j 个阻尼器由试验确定的线性阻尼系数[kN/(m·s)]；

θ_j——第 j 个阻尼器的消能方向与水平面的夹角(°)；

Δu_j——第 j 个阻尼器两端的相对水平位移(m)。

当阻尼器的阻尼系数和有效刚度与结构振动周期有关时，可取相应于消能减震结构基本自振周期的值。

⑤非线性黏滞阻尼器在水平地震作用下往复循环一周所消耗的能量可按下式计算：

$$W_{cj} = \lambda_1 F_{dj\max}\Delta u_j \tag{4-15}$$

式中 λ_1——阻尼指数的函数；

$F_{dj\max}$——第 j 个阻尼器在相应水平地震作用下的最大阻尼力(kN)。

⑥位移相关型和速度非线性相关型阻尼器在水平地震作用下往复循环一周所消耗的能量可按下式计算：

$$W_{cj} = \sum A_j \tag{4-16}$$

式中 A_j——第 j 个阻尼器的恢复力滞回环在相对水平位移 Δu_j 时的面积(kN · m)。

(3)采用振型分解反应谱法分析时,结构有效阻尼比可采用附加阻尼比的迭代方法计算。

(4)采用时程分析法计算阻尼器附加给结构的有效阻尼比时,阻尼器两端的相对水平位移 Δu_{dj}、质点 i 的水平地震作用标准值 F_i、质点 i 对应于水平地震作用标准值的位移 u_i,应采用符合《建筑消能减震技术规程》第 4.1.4 条规定的时程分析结果的包络值。分析出的阻尼比和结构地震反应的结果应符合《建筑消能减震技术规程》第 4.1.4 条的规定。

(5)采用静力弹塑性分析方法时,计算模型中阻尼器宜采用《建筑消能减震技术规程》第 4 章给出的恢复力模型,并由实际分析计算获得阻尼器附加给结构的有效阻尼比,不能采用预估值。位移相关型阻尼器可采用等刚度的杆单元代替,并根据阻尼器的力学特性于该杆单元上设置塑性铰,以模拟位移相关型阻尼器的力学特性。

(6)消能减震结构在多遇和罕遇地震作用下的总阻尼比应分别计算,消能部件附加给结构的有效阻尼比超过 25% 时,宜按 25% 计算。

2. 对中国规范的消能部件附加阻尼比计算的补充

当阻尼器非线性($\alpha \neq 1$)时,尽管中国规范给出了式(4-16)作为阻尼器耗能的计算公式,但实际操作却很困难。

黏滞阻尼器不产生刚度,其阻尼力仅与速度有关。当阻尼器水平放置时,阻尼器出力为

$$f_d(t) = C_0 |\dot{u}|^{\alpha} \mathrm{sign}(\dot{u}) \tag{4-17}$$

当阻尼器斜向放置时,阻尼器出力为

$$f_d(t) = C_0 |\dot{u}\cos\theta|^{\alpha} \mathrm{sign}(\dot{u}\cos\theta) \tag{4-18}$$

式中,θ 为阻尼器与水平面的夹角;C_0 为广义阻尼系数;$\dot{u}$ 为阻尼器两端相对水平速度;α 为速度指数,实际工程中取 0.2~1.0。

当 $\alpha=1$ 时,阻尼器表现为线性;当 $\alpha<1$ 时,阻尼器表现为非线性。

相关文献提出,对于结构的各阶振型,结构减震的阻尼比如下:

$$\xi_{\mathrm{eff}} = \xi + \frac{\sum_j W_j}{4\pi W_s} \tag{4-19}$$

式中,ξ_{eff} 为结构设置阻尼器后的阻尼比;ξ 为结构不加阻尼器时的阻尼比,对于混凝土结构一般取 0.05;W_j 为第 j 个阻尼器消耗的能量;W_s 为结构的最大应变能。

对于非线性黏滞阻尼器,假定阻尼器受到 $u(t)=u_0\sin(\omega_k t)$ 的简谐激励,将式(4-18)在一个周期内对位移积分,可得

$$W_j = C_{0j}\lambda_j\omega_k^{\alpha_j}\cos^{1+\alpha_j}\theta_j\,(u_j - u_{j-1})^{1+\alpha_j} \tag{4-20}$$

式中,C_{0j} 为每个阻尼器可提供的阻尼系数;$\lambda_j = 4\times 2^{\alpha_j}\times\dfrac{\Gamma^2\left(1+\dfrac{\alpha_j}{2}\right)}{\Gamma(2+\alpha_j)}$;$\Gamma(\cdot)$ 为伽玛函数;θ_j 为结构中安置的阻尼器与水平面的夹角;α_j 为阻尼器的速度指数。

近似认为结构的最大位移应变能与结构的最大动能相等:

$$W_s = \frac{1}{2}\omega_k^2 \sum_i m_i u_i^2 \tag{4-21}$$

式中,m_i 为第 i 层的质量;u_i 为第 i 层的水平位移;ω_k 为该激励的振动频率。

将式(4-20)、式(4-21)代入式(4-19),得结构加阻尼器后的附加阻尼比公式为

$$\xi_k = \frac{\sum_j \eta_j C_{0j} \lambda_j \cos^{1+\alpha_j}\theta_j \ (u_j - u_{j-1})^{1+\alpha_j}}{2\pi\omega_k^{2-\alpha_j} \sum_i m_i u_i^2} \tag{4-22}$$

式中,η_j 表示安置阻尼器的第 j 层中阻尼器的个数;u_j 表示安有阻尼器楼层的层间位移。

对于线性阻尼器,$\alpha_j = 1$,式(4-22)变为

$$\xi_k = \frac{\sum_j \eta_j C_{0j} \lambda_j \cos^2\theta_j \ (u_j - u_{j-1})^2}{2\pi\omega_k^j \sum_i m_i u_i^2} \tag{4-23}$$

应用中国规范公式计算结构附加阻尼比可以手算,也是中国目前几乎唯一被设计单位认可的计算方法,但是这种方法的最大缺点是其计算的结果与阻尼器的布置位置无关。

3. 美国消能部件附加阻尼比计算方法(ASCE 7-10)

每个线性黏性阻尼器的力—速度关系可按下式描述:

$$F_{Dj} = C_j \dot{u}_{Dj} \tag{4-24}$$

式中,C_j 为阻尼系数;u_{Dj}为阻尼器两端相对位移;$\dot{u}_{Dj}$为阻尼器两端相对速度。

阻尼器两端的相对位移和层间位移 Δ_{rj}的关系是

$$u_{Dj} = f_j \Delta_{rj} \tag{4-25}$$

式中,f_j 为位移放大倍数,对于传统连接方式,在人字支撑连接时为 1,在对角连接时为 $\cos\theta_j$,θ_j 为第 j 个阻尼器与水平面的夹角。

建筑的模态阻尼比可以根据下式计算:

$$\beta = \frac{W_D}{4\pi W_s} \tag{4-26}$$

式中,W_D 为非线性阻尼器在一个周期反应中所消耗的能量。

假设考虑一建筑受简谐振动激励

$$\{u\} = D_{roof}\{\phi\}_m \sin\left(\frac{2\pi t}{T_m}\right) \tag{4-27}$$

式中,D_{roof}为顶层位移的振幅;T_m 为减震前结构第 m 阶的周期;$\{\phi\}_m$ 为减震前结构第 m 阶楼层的标准化位移矩阵(将顶层位移标准化为 1)。

在 m 阶下减震系统每运动周期所消耗的能量为

$$W_D = \frac{2\pi^2}{T_m} \sum_j C_j f_j^2 D_{roof}^2 \phi_{rj}^2 \tag{4-28}$$

其中

$$\phi_{rj} = \phi_{jm} - \phi_{(j-1)m} \tag{4-29}$$

式中,ϕ_{rj}为第 m 阶振型第 j 个自由度与第 $j-1$ 个自由度的标准化位移差,而 $\Delta_{rj} = D_{roof}\phi_{rj}$。

最大应变能 W_s 等于最大动能,即

$$W_{\mathrm{s}} = \frac{2\pi^2}{T_m^2}\sum_i\left(\frac{w_i}{g}\right)D_{\mathrm{roof}}^2\phi_{im}^2 \tag{4-30}$$

第 m 阶黏滞阻尼比为

$$\beta_{\mathrm{v}m} = \left(\frac{T_m}{4\pi}\right)\frac{\sum_j C_j f_j^2\phi_{\mathrm{r}j}^2}{\sum_i\left(\frac{w_i}{g}\right)\phi_{im}^2} \tag{4-31}$$

式中，w_i 为楼层 i 的重量。

现在考虑非线性黏性阻尼装置的情况，如下：

$$F_{\mathrm{D}j} = C_{\mathrm{N}j}\,|\dot{u}_{\mathrm{D}j}|^{\alpha_j}\mathrm{sgn}(\dot{u}_{\mathrm{D}j}) \tag{4-32}$$

式中，$C_{\mathrm{N}j}$为阻尼系数；α_j 为速度指数。

依旧可以由式(4－26)来计算阻尼比，但阻尼比会与顶层位移的振幅相关。假设振动依照式(4－27)，则

$$W_{\mathrm{D}} = \sum_j\left(\frac{2\pi}{T_m}\right)^{\alpha_j}C_{\mathrm{N}j}\lambda_j\left(D_{\mathrm{roof}}f_j\phi_{\mathrm{r}j}\right)^{1+\alpha_j} \tag{4-33}$$

其中

$$\lambda = 4\times 2^{\alpha}\times\frac{\Gamma^2(1+\alpha/2)}{\Gamma(2+\alpha)} \tag{4-34}$$

此时式(4－30)仍然是有效的，因此最终结构第 $m=1$ 阶的附加阻尼比为

$$\beta_{\mathrm{v}1} = \frac{\sum_j(2\pi)^{\alpha_j}\cdot T_1^{2-\alpha_j}\cdot\lambda_j C_{\mathrm{N}}f_j^{1+\alpha_j}D_{\mathrm{roof}}^{\alpha_j-1}\phi_{\mathrm{r}j}^{1+\alpha_j}}{8\pi^3\sum_i\left(\frac{w_i}{g}\right)\phi_{i1}^2} \tag{4-35}$$

4. 美国滞回耗能的等效阻尼比计算

相关计算图式如图 4－8 ~ 图 4－10 所示。

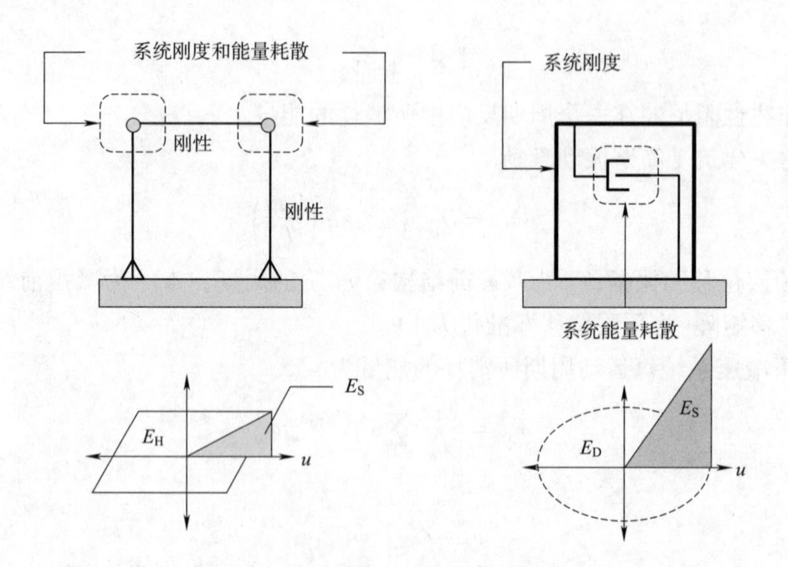

图 4－8　实际屈服体系和等效弹性体系

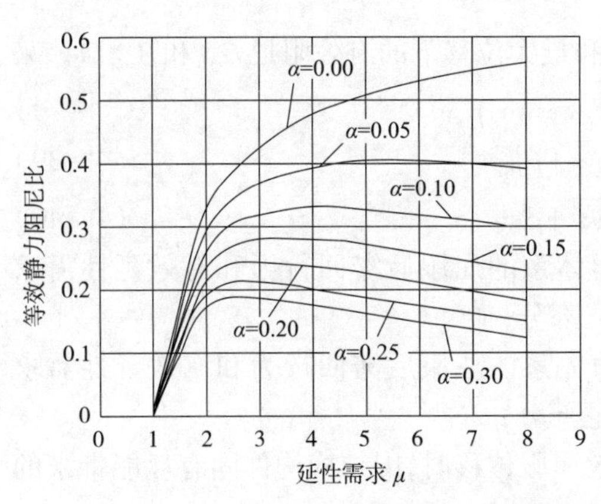

图4-9 屈服体系的等效阻尼 α

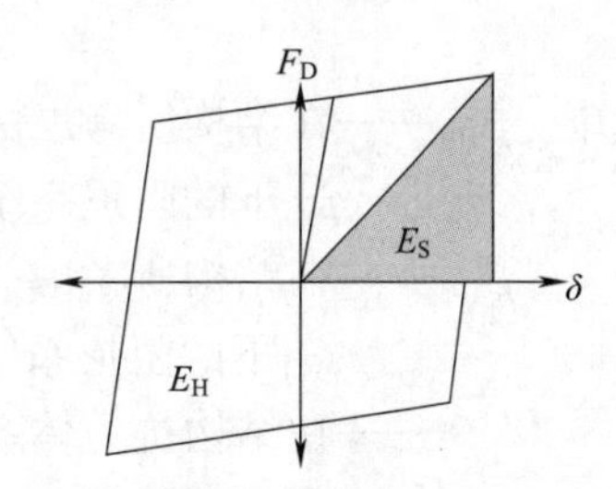

图4-10 具有非弹性特性的实际体系

从阻尼能和应变能(图4-11)中计算"真实"黏滞阻尼比:

单自由度黏滞阻尼体系经受谐波位移 $u(t)=u_0\sin(\omega t)$ 时,弹簧和减震器总的净出力为 $F(t)=ku(t)+c\dot{u}(t)=ku_0\sin(\omega t)+c\omega u_0\cos(\omega t)$。

一个振动循环消耗的能量是滞回环的内部面积,可通过如下公式计算:

$$W_{\mathrm{D}}=\int_{t_0}^{t_0+2\pi\sqrt{\omega}}F\frac{\mathrm{d}u}{\mathrm{d}t}\mathrm{d}t=\pi c\omega u_0^2 \tag{4-36}$$

最大位移处,速度为0,系统中的应变能为

$$W_{\mathrm{s}}=\frac{1}{2}ku_0^2 \tag{4-37}$$

谐波谐振中的等效黏滞阻尼为

$$\xi=\frac{c}{c_0}=\frac{c}{2\sqrt{km}}=\frac{c}{2m\omega}=\frac{c\omega}{2k}=\frac{W_{\mathrm{D}}}{2\pi W_{\mathrm{s}}} \tag{4-38}$$

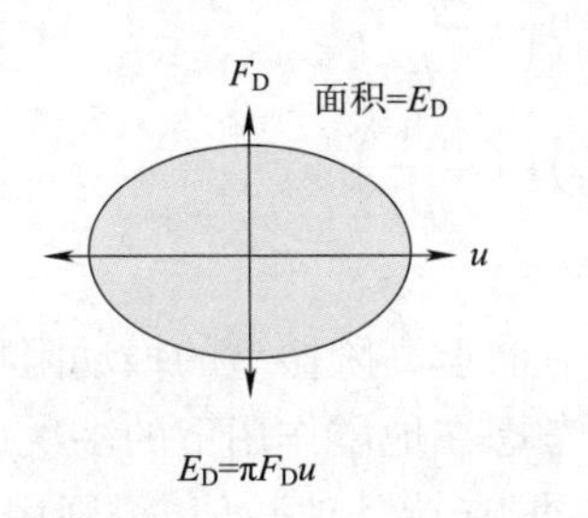

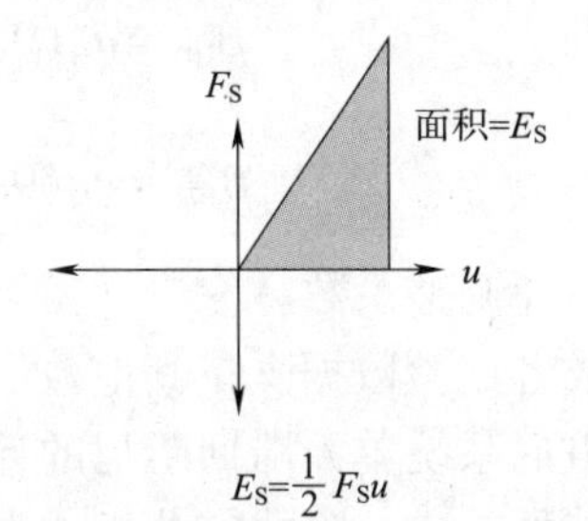

图4-11 阻尼能及应变能

5. 美国消能减震结构的总阻尼比(FEMA P-1050-1)

当分析计算本身需要等效附加阻尼比时,应(可)采用式(4-20)或类似更完善的能量估算公式。当分析计算本身并不需要等效附加阻尼比时(如非线性时程分析),不必外加估算等效附加阻尼比。当评价减震效果时,不必采用等效附加阻尼比作为一个衡量指标,更不应将所谓的"总体结构总阻尼比"(理论混淆,阻尼量随许多因素变动)作为重要或唯一的评价指标。

(1)有效阻尼

在考虑的方向上,结构第 m 阶振型在设计位移和最大位移下的有效阻尼 β_{mD} 和 β_{mM} 应该采用式(4-39)和式(4-40)计算。

$$\beta_{mD}=\beta_{I}+\beta_{Vm}\sqrt{\mu_{D}}+\beta_{HD} \tag{4-39}$$

$$\beta_{mM}=\beta_{I}+\beta_{Vm}\sqrt{\mu_{M}}+\beta_{HM} \tag{4-40}$$

式中 β_{HD}——在结构所考虑的方向上,由结构抗力体系的屈服后滞回行为和有效延性需求 μ_D 下的阻尼系统单元带来的有效阻尼部分;

β_{HM}——在结构所考虑的方向上,由结构抗力体系的屈服后滞回行为和有效延性需求 μ_M 下的阻尼系统单元带来的有效阻尼部分;

β_I——在结构抗力体系处于或恰好低于有效屈服位移时,因结构构件固有耗能带来的有效阻尼部分;

β_{Vm}——在考虑的方向上,抗力体系处于或恰好低于有效屈服位移时,由阻尼系统的黏滞耗能带来的结构第 m 阶振型的有效阻尼部分;

μ_D——在考虑的方向上,抗力体系基于设计地震地面运动的有效延性需求;

μ_M——在考虑的方向上,抗力体系基于 MCE_R 地面运动的有效延性需求。

除非有分析或者试验数据支持其他数值,考虑方向上高阶振型的有效延性需求应按1.0取。

①固有阻尼

固有阻尼 β_I 要基于屈服或屈服前结构抗力体系的材料类型、结构外形、结构特性以及非结构构件的动态响应来确定。除非有分析或者试验数据支持其他数值,结构固有阻尼对所有振型应不高于5%。

②滞回阻尼

结构抗力体系和阻尼系统单元的滞回阻尼应基于试验或分析,或应采用式(4-41)和式(4-42)计算。

$$\beta_{HD}=q_{H}(0.64-\beta_{I})\left(1-\frac{1}{\mu_{D}}\right) \tag{4-41}$$

$$\beta_{HM}=q_{H}(0.64-\beta_{I})\left(1-\frac{1}{\mu_{M}}\right) \tag{4-42}$$

式中 q_H——滞回环调整系数。

除非有分析或者试验数据支持其他数值,考虑方向上高阶振型的振动阻尼应为0。

抗力体系和阻尼系统单元滞回阻尼的计算,要考虑在地震作用下的多次循环时,减小滞回环面积的捏塑或其他效应。除非有分析或者试验数据支持其他数值,否则用于设计的抗力体系的完整滞回面积的一部分应该等于系数 q_H,计算公式如下:

$$q_{H}=0.67\frac{T_{S}}{T_{1}} \tag{4-43}$$

式中 T_S——由比值 S_{D1}/S_{DS} 定义的周期,S_{D1} 为周期1 s时的设计反应谱加速度参数,S_{DS} 为短周期范围内的设计反应谱加速度参数;

T_1——在考虑的方向上,结构基本振型的周期。

q_H 的值不应大于1.0,不宜小于0.5。

③黏滞阻尼

结构第 m 阶振型的黏滞阻尼应采用下列公式计算：

$$\beta_{Vm}=\frac{\sum_{j}W_{mj}}{4\pi W_{m}} \tag{4-44}$$

$$W_{m}=\frac{1}{2}\sum_{j}F_{im}\delta_{im} \tag{4-45}$$

式中　W_{mj}——模态位移为 δ_{im} 时，在考虑的方向上，第 m 阶振型第 j 个减震装置在一个完整动力反应循环内所做的功；

W_{m}——模态位移为 δ_{im} 时，在考虑的方向上，第 m 阶振型的最大应变能；

F_{im}——第 i 层上第 m 阶振型的惯性力；

δ_{im}——在考虑的方向上，结构第 m 阶振型第 i 层刚度中心处的变形。

位移型减震装置的模态黏滞阻尼，应基于与结构有效屈服位移相等的反应幅值。

单个减震装置做功的计算，应考虑关于所研究振型的每个减震装置的方向和参与程度。单个减震装置的做功应按要求折减，考虑销轴、螺栓、节点板、支撑，以及其他连接减震装置和结构单元的构件的弹性。

(2)有效延性需求

分别基于设计地震和 MCE_R 地面运动的抗力体系有效延性需求 μ_D、μ_M，应采用下列公式计算：

$$\mu_{D}=\frac{D_{1D}}{D_{Y}}\geqslant 1.0 \tag{4-46}$$

$$\mu_{M}=\frac{D_{1M}}{D_{Y}}\geqslant 1.0 \tag{4-47}$$

$$D_{Y}=\left(\frac{g}{4\pi^{2}}\right)\left(\frac{\Omega_{0}C_{d}}{R}\right)\Gamma_{1}C_{S1}T_{1}^{2} \tag{4-48}$$

式中　D_{1D}——在考虑的方向上，结构顶层刚度中心在基本振型下的设计位移；

D_{1M}——在考虑的方向上，结构顶层刚度中心在基本振型下的最大位移；

D_{Y}——结构抗力体系在有效屈服点时，结构顶层刚度中心的位移；

R——响应修正系数；

C_{d}——挠曲放大系数；

Ω_{0}——超强系数；

Γ_{1}——在考虑的方向上，结构基本振型的参与系数；

C_{S1}——在考虑的方向上，结构基本振型的地震响应系数；

T_{1}——在考虑的方向上，结构基本振型的周期。

设计地震延性系数 μ_D 不应超过给定的有效延性需求的最大值 μ_{max}。

(3)最大有效延性需求

为了确定滞回环调整系数、滞回阻尼和其他参数，有效延性需求最大值 μ_{max} 应采用下列公式计算：

当 $T_{1D}\leqslant T_{S}$ 时：

$$\mu_{max}=0.5[(R/(\Omega_{0}I_{e}))^{2}+1] \tag{4-49}$$

当 $T_1 \geqslant T_S$ 时：

$$\mu_{max} = R/(\Omega_0 I_e) \tag{4-50}$$

式中 I_e——居住重要性系数；

T_{1D}——在考虑的方向上，达到设计位移时，结构基本振型的有效周期。

当 $T_1 < T_S < T_{1D}$，μ_{max} 应通过式(4－49)和式(4－50)的线性插值确定。

(4)总阻尼比的应用

图4－12说明了由于有效阻尼的增加而引起的基本模态设计地震响应的减少(由参数 B_{1D} 表示)。能力曲线是基本模态非线性反应的谱加速度—位移曲线。由阻尼引起的反应降低应用在了基本振动模态(基于割线刚度)的有效周期内。

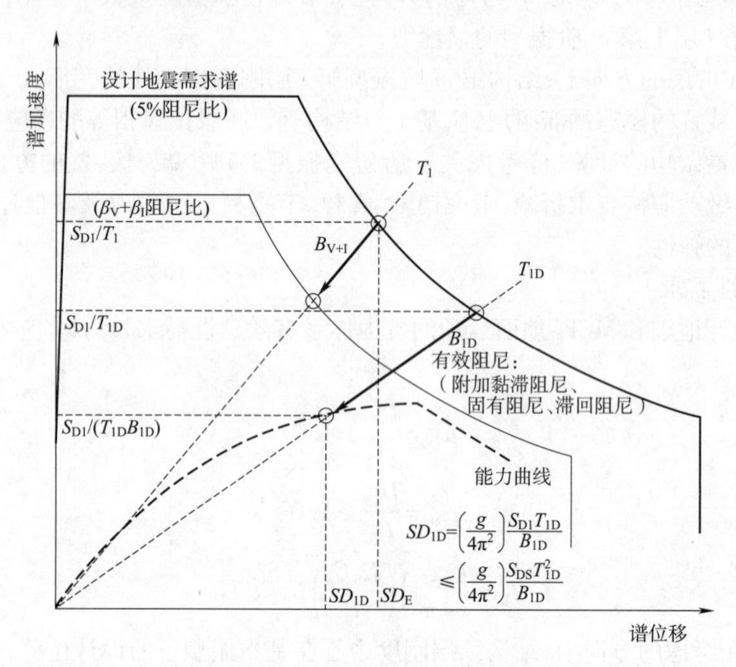

图4－12 设计需求的有效阻尼的降低

因为使用线性分析方法，基本振型的推覆曲线形状是未知的，因此假定了一个理想的弹塑性形状，如图4－13所示。这一理想推覆曲线的目的是在设计地震位移 D_{1D} 处与实际的推覆曲线共用一个点。理想曲线允许依据设计地震定义全局延性需求 μ_D，作为设计位移 D_{1D} 和屈服位移 D_Y 的比值。这一延性系数用来计算很多设计参数，它不能超过抗力体系的延性能力 μ_{max}，μ_{max} 是使用传统结构响应计算的。使用线性方法计算的设计案例已经得到了发展，并与非线性时程分析的结果对比良好。

阻尼系统单元是设计用于与基底剪力值 V_Y 相一致的基本振型设计地震力的(除了减震装置是用于 MCE_R 设计或原型测试)。抗力体系的构件是设计用于已折减的基本振型基底剪力 V_1 的，在线性分析(实际推覆强度未知)时，这里力的折减依据系统超强系数(以 Ω_0 表示)乘以 C_d/R。应用比值 C_d/R 进行折减是必要的，因为标准提供的 C_d 值都小于 R 值。当两个参数值相等，且结构在弹性状态下阻尼比为5%时，则不需要调整。由于分析的方法理论基于计算实际楼层位移角和减震装置位移(而不是折减的基底剪力乘以 C_d 时的弹性状态计算的位移)，因此调整是必须的。实际楼层位移角计算后，允许楼层位移角限值要乘以 R/C_d 后使用。

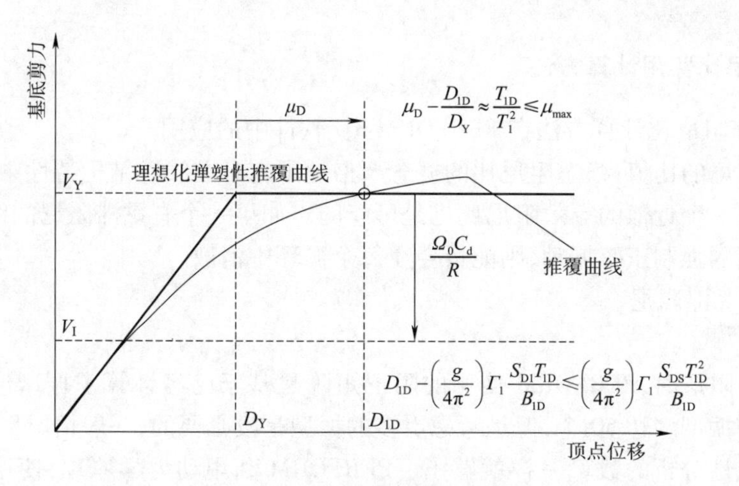

图4-13 推覆和能力曲线

6. 美国消能减震结构设计中的迭代计算

关于阻尼器的“迭代”设计和“降度设计”，FEMA 273 介绍了“侧向力方法”（它是用于速度型装置的线性静力方法计算减震效应），步骤如下：

（1）用阻尼修正参数 B、B_S 或 B_1 减小横向荷载 V，评估修改后的拟横向荷载 V，与重建建筑中假定的有效阻尼对应。

拟横向荷载是横向惯性力的总和，且必须应用到线弹性的模型中以产生位移，该位移应约等于实际结构经受与设计地震一致的地面运动时产生的位移。

（2）使用修正后的 V 计算横向惯性力 F_x。楼层惯性力等于该层的响应加速度乘以它的质量。

$$F_{px}=\frac{1}{C_1C_2C_3}\sum_{i=x}^{n}F_i\frac{W_x}{\sum\limits_{i=x}^{n}W_i}\tag{4-51}$$

（3）使用横向力 F_x，并线性分析数学模型，来计算每一层 i 处的横向位移 d_i。

（4）使用位移 δ_i 估计有效阻尼 β_{eff}，如下：

$$\beta_{eff}=\beta+\frac{\sum\limits_{i}W_j}{4\pi W_k}\tag{4-52}$$

$$W_k=\frac{1}{2}\sum_{i}F_i\delta_i\tag{4-53}$$

$$W_j=\frac{2\pi^2}{T}C_j\delta_{rj}^2\tag{4-54}$$

式中 W_j——与楼层位移 δ_i 一致的一个完整循环里装置 j 所做的功；

W_k——框架中的最大应变能；

F_i——第 i 层的惯性力以及遍布所有楼层的总和。

（5）在第（1）到（4）步之间迭代，直到用来计算修正后的等效基底力的有效阻尼的估算值等于随后第（4）步中计算的有效阻尼。

（6）消能装置在高阶振型的阻尼力必须忽略 NSP 的应用。

4.1.4 附加阻尼比实用计算方法

1. 能量平衡阻尼比计算方法在 PERFORM-3D 软件中的应用

作为临界阻尼的比值,模态阻尼比的概念严格地限定只在线性结构特性中应用。然而,为非线性特性计算一个近似的等效阻尼比也是可能的。如果一个有黏滞阻尼的线性单自由度结构受到恒定振幅的强制正弦振动,则能量会在每个循环中消散。

(1)“弹性”黏滞阻尼

①阻尼矩阵

当指定模态阻尼时,PERFORM 使用的阻尼矩阵是基于已经计算了振型形状的振型。可以指定要计算的振型多达 50 个,但是考虑更多的振型是没必要的,一般情况下,同一结构考虑的振型数量和线性分析的数量一样就够了。PERFORM 利用动力学原理,使用振型和周期来计算隐含的阻尼矩阵,矩阵如下所示:

$$\underline{C} = \sum_{n=1}^{N} \frac{4\pi}{T_n}\xi_n \frac{(\underline{M}\,\underline{\phi_n})(\underline{M}\,\underline{\phi_n})^{\mathrm{T}}}{\underline{\phi_n}^{\mathrm{T}}\,\underline{M}\,\underline{\phi_n}} \tag{4-55}$$

式中,N 为有阻尼的振型数量;T_n 为振型周期;ξ_n 为振型阻尼比;M 为质量矩阵;ϕ_n 为振型形状。

当使用模态阻尼时,建议增加少量的 Rayleigh 阻尼。

为了得到分析的每一步的平衡方程的解,结构刚度矩阵被划分了;然而,阻尼矩阵不划分。受刚度矩阵划分影响的阻尼矩阵的所有项包括在刚度矩阵之中(它们是“等式左边项”)。其余系数不包括于刚度矩阵中,但会在每步最后因计算抵抗力而导致平衡失衡时考虑(它们是“等式右边项”)。因为这样,阻尼力引起一些平衡失衡。这些失衡附加于任何由非线性表现引起的失衡。这趋向于增加能量平衡的误差,但经验表明影响通常很小。

②物理解释

考虑模态阻尼的物理意义以及理解线性和非线性结构中模态阻尼之间的差异是很有用的。由于一个线性结构在地震动力荷载下变形的形状持续改变,在此形状能够被分解为多个振型的任何时刻,每一振型在其自然频率上独立振动。如果假定了模态阻尼,每一模态都是独立衰减。几十年的经验已经表明,线性分析中假设模态阻尼是合理的。

原则上这可以扩展到非线性结构。如果结构的表现在线性和良好定义的非线性“事件”(如形成塑性铰)之间,振型可以在每一“事件”(即结构刚度变化的每一时间)重新计算,因此模态阻尼可以假设。

然而,在每一“事件”重新计算振型(实际上是阻尼矩阵)过于耗费时间。因此,当模态阻尼用于一个非线性结构时,假设阻尼矩阵保持恒定。在任何时刻,结构变形的形状仍然包含弹性振型的贡献。然而,与线性情况不同,这些形状的振动的有效周期不是线性周期,形状通常不独立(不解耦),且变形包含的形状不包含线性振型。具有下列影响:

a. 振型仍然衰减,有效阻尼系数不变,但有效周期可能已经改变(可能增加),阻尼的量(表示为临界阻尼的比例)通常改变。

b. 变形形状中只有对应于线性振型的部分衰减,其他所有变形不衰减。

这不能证明基于线性振型的阻尼模型是无效的,它仅表明物理解释是困难的。这种类型的模型可能是目前可用的模型中最好的。

(2)近似阻尼比

①能量的类型

对于一个动力分析,有如下7种不同类型的能量:

a. 质量中的动能。

b. 构件中的可恢复应变能。

c. 构件中的不可恢复非弹性的能量耗散。

d. α_M阻尼器的黏滞能量耗散。

e. 构件中的β_K阻尼的黏滞能量耗散。

f. 模态阻尼的黏滞能量耗散。

g. 液体阻尼器组件的黏滞能量耗散。

PERFORM-3D在分析的每一步都计算上述每一个能量(带有如下所述某些近似)。PERFORM-3D也计算结构上的外部做功,对于地震分析其为基底剪力做功,然而实际上计算的是由等效惯性力做的功。PERFORM-3D能量平衡图示意的截图如图4－14所示。

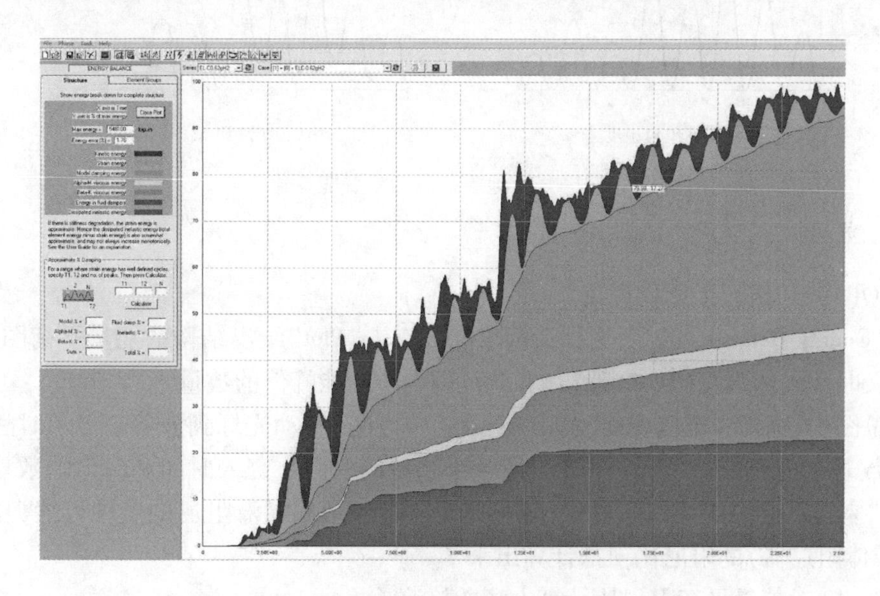

图4－14　PERFORM-3D能量平衡图示意(截图)

②近似阻尼比

a. 概述

作为临界阻尼的百分比,模态阻尼比的概念仅严格地适用于线性结构特性。然而,它能够计算非线性表现的近似等效阻尼比。

b. 理论

如果一个带有黏滞阻尼的线性单自由度结构受到一恒定振幅的强迫正弦振动,能量会在每一循环耗散。在一个完整周期内,耗散的能量和对应周期的最大应变能之间的关系为

$$\frac{\text{消耗的能量}}{\text{最大应变能}}=4\pi\xi \tag{4-56}$$

式中,ξ为阻尼比。

如果一个线性单自由度结构受到地震荷载,应变能将随时间变化,如图 4-15(a)所示。每一应变能峰值对应一个半循环。如果知道全部数量的半循环所耗散的能量,阻尼比可按下式计算:

$$\xi=\frac{1}{2\pi N}\left(\frac{消耗的能量}{平均应变能峰值}\right) \tag{4-57}$$

式中,N 为半循环的数量(应变能峰值)。

对于一个多自由度非线性结构,应变能的变化可能更复杂,如图 4-15(b)所示。然而,有效阻尼比可以按下式粗略地估计:

$$\xi=\frac{1}{2\pi N}\left(\frac{消耗的能量}{2\times 平均应变能}\right) \tag{4-58}$$

式(4-58)中,假设应变能峰值的均值为平均应变能的 2 倍。

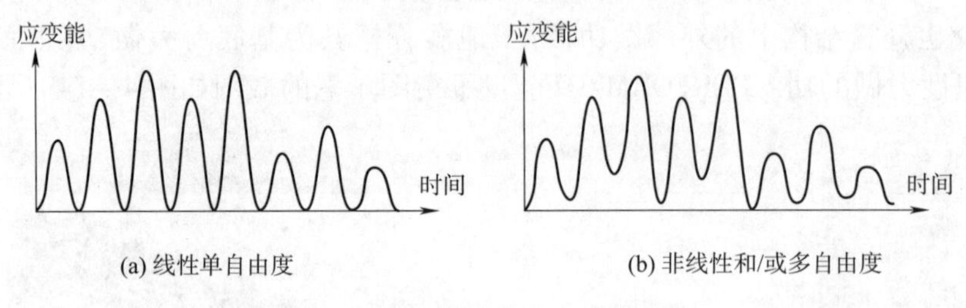

(a) 线性单自由度　　(b) 非线性和/或多自由度

图 4-15　地震荷载的应变能变化

c. 步骤

PREFORM-3D 执行了上述理论。

使用"Energy Balance"选项,选择荷载工况并点击"Plot"绘出结构的能量平衡图。我们可以键入定义时间段的数据(从 T_1 到 T_2)和此范围内应变能峰值的数量。

在能量图中,选择一个应变能波谷并记录相应时间(移动光标到波谷来显示时间)。然后依次向前数若干应变能峰值,并记录在另一个波谷的时间。键入时间和峰值的数量,并点击"Calculate"来显示此段的近似阻尼比,则非弹性能量耗散和黏滞阻尼的四种可能类型(模态、α_M、β_K 及液体阻尼器)的阻尼比便都计算出来了。

2. ATC 40 对能量平衡阻尼比计算方法的修改

规范公式用于基底剪力法、振型叠加法、时程分析法时,计算细节有所不同。可以考虑如下修正(ATC 40:Push-over 修正性能谱方法):

(1)按规范公式计算的附加阻尼比是等效的,用来假设在结构将经历地震的多个循环中,结构位移等于最大位移。

(2)很可能只有几个循环的振幅接近最大值,多数循环振幅都较小。

(3)直观地讲,基于一个小于最大值的位移,使用有效周期和阻尼应该更精确。

(4)基于有限的经验,最大值的 80% 的位移是合理的。

(5)常见的影响为增加周期并减少阻尼,从而增加位移需求。

3. Push-over 分析中等效阻尼比的估算

(1)Push-over 分析

所有 Push-over 方法对每个试验点使用一个振动周期,周期取决于结构刚度。这个周期与阻尼比一起,用于键入反应谱来获得谱加速度需求。

FEMA 440 给出了三种不同滞回环的有效刚度和阻尼比的计算方程,还有不基于特定滞回环的第四个方程组。用户也可以选择指定值。

在一个带有黏滞阻尼的线性结构中,能量由黏滞阻尼耗散。如果结构随一恒定振幅和周期振动,阻尼比作为临界阻尼的百分比为

$$阻尼比=\frac{1}{4\pi}\left(\frac{每周消耗的能量}{最大应变能}\right) \tag{4-59}$$

对于 Push-over 方法,这个方程用在能力谱方法中,将非弹性耗散的能量转换为等效阻尼比。方程不用于系数方法或线性化方法。

对于 ATC 40 能力谱方法,阻尼比是在试验位移处计算的。耗散的能量为滞回环的面积,最大应变能为割线刚度线下的面积或 $0.5H\Delta$。对于修正的能力谱方法,阻尼比是在有效位移下计算的。两种情况中,滞回环的面积以及阻尼比取决于能量比。

(2)使用 PREFORM-3D 进行 Push-over 分析

如果结构有使用液体阻尼器构件的单元,这些单元对于 Push-over 分析的刚度为零。因此,它们不生成抵抗力且对性能曲线没有影响。然而,因为液体阻尼器增加阻尼的量,它们能够影响需求曲线以及位移需求。如果有必要,你可以对这些附加阻尼作出解释。此方法非常近似,但对初步设计可能很有用。

应用此方法,要做如下两件主要事情:

①当定义液体阻尼器构件的属性时,要指定“静力 pushover”属性(在“Component Properties”选项中),默认的属性为零。

②使用能力谱方法,这是明确地考虑阻尼量的唯一方法。其他方法考虑阻尼不明确,且不能考虑液体阻尼器的附加阻尼。

在“Component Properties”选项中设置液体阻尼器构件时,选择“Static Pushover”页,在此页上指定一个黏滞系数 C 和一个速度指数 n。为了计算静力分析中的能量耗散,组件中的力 F 按下式计算:

$$F=C\dot{\delta}^{n} \tag{4-60}$$

这里 $\dot{\delta}$ 为变形率,变形率计算如下:

在一个 Push-over 分析期间,PERFORM-3D 计算每个黏滞杆单元在性能曲线上每一点的轴向变形 δ。所有这一变形假设集中于液体阻尼器构件,也就是说,在带有阻尼器的构件中弹性杆组件表现得非常刚。PERFORM-3D 假设结构为恒定振幅的正弦振动,且振动的周期为当前的正割周期。因此,变形率也以正弦形式变化,且阻尼器中力的变化能够计算(只有 $n=1$ 时,其为正弦)。因此一个振动循环耗散的能量便可以得出,这个能量为所有黏滞杆构件耗散能量的总和,且由方程(4-59)转化为阻尼比。

绘制带有黏滞杆构件的结构能力曲线时,将液体阻尼器提供的阻尼比绘制在水平轴上。

当计算需求曲线时要考虑附加阻尼比。此阻尼对位移需求的影响能够由在“Details”页中指定的一个值“液体阻尼器的有效性系数”看出。为忽略附加阻尼可指定此系数为0,为使用全阻尼则指定为1。因为方法是近似的,经验表明,系数在0~1之间可以使结果估计的更精确。

4.2 TMD的原理和计算方法

4.2.1 TMD的原理

TMD减震系统由弹簧、质量块、阻尼器组成。通过技术手段,使其固有振动频率与主体结构所控振型频率相近,安装在结构的特定位置,当结构发生接近受控振型频率的振动时,其惯性质量与主体结构受控振型谐振,来耗损主体结构受控振型的振动能量,从而达到抑制受控结构振动的效果。早在1950年,前苏联就在100 m高、50 t重的钢结构电视塔顶部安置了4个250 kg的摆锤来减震,使塔顶晃动衰减效果十分明显;芝加哥凯悦酒店也在其顶部安置了质量约300 t的TMD减震系统用于抗风,类似的工程实例还有很多。

调谐质量阻尼器(TMD)是一种安置在结构中效果明显的、具有实际意义的减震装置。如图4-16所示,该装置是一个由弹簧、质量块和阻尼器组合而成的振控系统。这三个组成部分可以有很多不同的方法实现,下面举例说明。

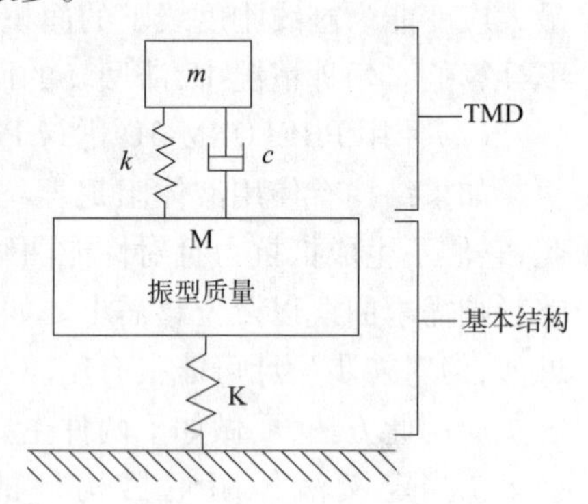

图4-16 TMD原理示意图

TMD装置本身是一个单自由度的振动系统,它给原结构增加了一个振动自由度和振型。如果在刚性基础上设置TMD系统,它的固有圆频率为$\sqrt{k/m}$,阻尼比为$c/(2\sqrt{km})$。TMD自振周期T、自振频率f、质量m和刚度k之间的关系为

$$f=1/T \tag{4-61}$$

$$T=2\pi(m/k)^{1/2} \tag{4-62}$$

可知,外加的TMD系统的固有频率取决于其本身的刚度k和质量m,并且一般略低于目标振型——原结构振型的频率,也就是需要减震的目标振型。在TMD系统和目标振型间引起强烈的相互作用。目标振型将被两种振型所替代:一个略高于原始频率;另一个略低于原始频率。最重要的是,这两种被分开的振型全都会通过TMD系统的阻尼作用得到衰减。简单地说,TMD系统会耗损目标振型的振动能量并且通过其内部阻尼器的作用将这个能量转化为热量。

当结构发生振动时,TMD通过惯性质量与主体结构受控振型谐振,来耗损主体结构受控振型的振动能量。通过TMD的工作原理可知,其产品最终自振频率准确性将决定其减震作用效果的大小,如果其振动频率与对应调节的结构振动频率相差较多,其减震效果将大为缩减,甚至起到反作用。所以,控制TMD系统的振动频率准确度和保持长年工作过程中频率的稳定性显得尤为重要。对TMD系统的每个组成部分都有不同的要求,见表4-1。

表4-1 TMD的组成部分及其相互关系

组成部分	说明	
质量部分	主要作用	TMD系统主要利用质量块与结构之间相对运动产生对结构的反向作用实现减震,一般由混凝土块、铁块或铅块等高密度材料实现
	注意问题	一般来讲,只要安置空间、产品造价允许,质量块越大,TMD的控制效果越好。但质量块的大小受空间、经济等因素的限制

续上表

组成部分	说明	
弹簧部分	主要作用	弹簧系统的作用是控制质量块振动的频率(在阻尼部分选择无摩擦阻尼器的前提下),一般用单摆或弹簧实现
	注意问题	弹簧系统的刚度应保证其长期工作状态下保持不变,以保证TMD系统的频率不变。因此,弹簧部分应尽量避免选择橡胶支座等受外界影响刚度有变化的设备
阻尼部分	主要作用	(1)阻尼部分可以限制质量块过大的运动; (2)将质量块的振动能量通过自身的运动转化为热能释放; (3)拓宽TMD减震频带
	注意问题	与其他振动控制设备的最大不同是,TMD长期处于振动工作状态,安置完毕就马上进入工作状态,因此对阻尼器的要求很多: (1)长年处于工作状态,阻尼器的密封、出力性能将受到严格的考验,应该选择专业振动控制公司产品,并进行阻尼器疲劳试验; (2)阻尼器连续工作时间越长,其自身发热越多,设计时必须考虑阻尼器功率大小是否合理; (3)阻尼器不能给TMD附加任何刚度,以保证其振动的频率,因此必须选择无摩擦类阻尼器; (4)为了使结构发生较小振动时TMD也能发挥作用,阻尼器也不能提供附加刚度,因此最好选用无摩擦类阻尼器

一般情况下,TMD系统的刚度由弹簧、橡胶支座等提供。需要说明的是,橡胶支座随着时间和温度的变化,其内部化学反应等原因可能会对刚度性能产生一定影响,因此这里不建议使用此类设备作为提供刚度系统的设备。另外,对于TMD系统的阻尼器,应注意必须选择无摩擦类的黏滞阻尼器,否则同样会改变TMD的刚度。这类阻尼器的要求较一般抗震类阻尼器更为严格,产品选择时应该根据产品的振动频率,明确在其使用寿命期间的循环次数,以及考虑其冲程、功率等重要因素。

为了提高人行桥或楼板的安全性能和使用性能,有必要采取措施削弱共振反应。可供选择的措施有以下几种:

(1)通过改变刚度等措施,调整楼板自振频率,使其尽可能远离行人行走频率范围。通过调整截面高度和钢板厚度,刚度 k 增加的同时,质量 m 也随之增加,所以频率 f 变化不明显,除非截面和厚度增加很多,但是从技术经济上又不合理。

(2)通过设置调频质量阻尼器(TMD)系统消弱结构的共振反应。这种办法在大跨行人桥上已经有了很多实际工程应用,如美国拉斯维加斯过街天桥、伦敦千禧桥等。

(3)在结构的适当位置设置阻尼材料,以提高结构阻尼比,如伦敦千禧桥。

综合经济和技术原因,通常选择TMD减震方案。

作为解决振动问题的设备,TMD装置有很多特点和优点:

一是,TMD装置的结构紧凑、加工精细,并且在结构上的安置方法简单。

二是,TMD装置可以比较容易地安置在已设计好甚至是已建造好的建筑物上。

三是,设计较理想的TMD装置可以在增加较小质量的前提下提高阻尼比,如图4-17所示,TMD在仅增加了原结构质量的1%时就带来了近5%的阻尼比。

四是,TMD系统并不会影响原结构的刚度和静态受力情况。

五是，设计 TMD 系统时，可以通过简单经济的试验测试和分析来确定原结构的相关性能。事实上，用于试验的原结构模型可以很简单，仅根据单一的目标振型。

TMD 的主要缺陷就是它是一种“作用范围小”的设备，仅可以提高固定频率接近其本身自振频率的阻尼比。这就意味着如果目标频率范围很大时，需要加大 TMD 的数量以提高振型的阻尼。

通常应用中，TMD 装置在设计和使用时最关键的是阻尼器设备，它是装置中提供与相对速度成比例的缓冲阻尼力并且将机械能转化成热能的部分。

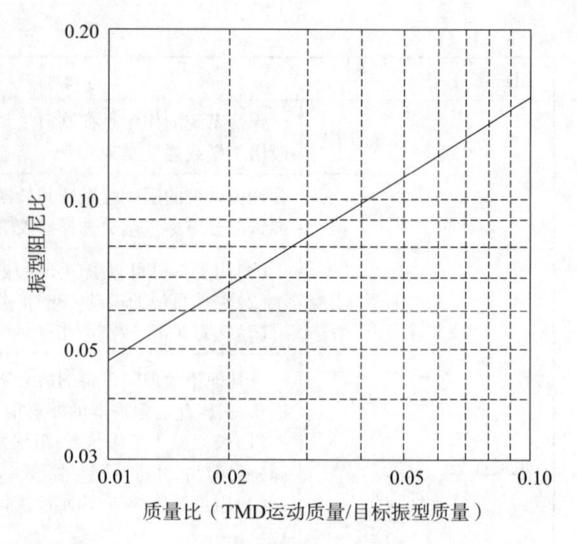

图 4－17　振型阻尼比—质量比关系曲线

4.2.2　风荷载的模拟

高层建筑使用 TMD 的主要目的是抵抗结构在强风荷载下的楼层位移及加速度。对于风荷载数据的获得，常用的方法有三种，分别是：直接观测、人工合成和风洞试验。其中最为精确和理想的风时程数据获得方式莫过于风洞试验，但风洞试验的试验成本较高，且过程较为繁琐，需要由具备试验条件的专业公司来进行。因此，通常在试算阶段是没有风洞试验数据用来进行结构分析的。

当没有进行风洞试验，或风洞试验没有提供可以应用的风荷载时程数据时，只能用随机振动的理论人工合成。顺风向脉动风压互谱密度函数（互谱密度矩阵元素）形式如下：

$$S_{p_i'p_j'}(y_i,z_i,y_j,z_j,\omega)=\rho^2\mu_s^2\overline{U}(z_i)\overline{U}(z_j)\mathrm{Coh}(r,\omega)S_v(\omega) \tag{4-63}$$

式中　ρ——空气质量密度，0.001 29 $\mathrm{t/m^3}$；

$\overline{U}(z_i)$，$\overline{U}(z_j)$——距地面 z_i，z_j 高度处的平均风速；

μ_s——风荷载体形系数，在迎风面取 0.8。

风速功率谱 $S_v(\omega)$ 采用 Davenport 脉动风速谱。规格化 Davenport 脉动风速谱的表达式如下：

$$\frac{nS_v(n)}{\overline{U}_{10}^2}=\frac{4kx^2}{(1+x^2)^{4/3}} \tag{4-64}$$

式中，$S_v(n)$ 为脉动风速功率谱函数（$\mathrm{m^2/s}$），不随空间位置的变化而变化；n 为风速脉动频率（Hz）；$x=1\,200n/\overline{U}_{10}$，1 200 为湍流长度；$k$ 为地面粗糙度系数，取 0.003～0.03；z 为距地面高度（m）；$\overline{U}_{10}$ 为距地面 10 m 高度处平均来风速度（m/s）。

根据达文波特的研究结果，顺风向脉动风速的空间相干函数可以表示为如下形式：

$$\mathrm{Coh}(r,\omega)=\mathrm{e}^{-c} \tag{4-65}$$

式中，c 为衰减系数，与地面粗糙度、离地高度、平均风速及湍流强度等因素有关。

有研究表明，衰减系数 c 对结构风振反应的影响不是一个很敏感的系数，而且式（4－65）规定得有些保守。

将式（4－64）中的频率 n 换算成圆频率 ω，并改写成易于计算的形式，如下：

$$S_{v'}(\omega)=\frac{916\,732k\omega\overline{U}_{10}^{8/3}}{(\overline{U}_{10}^2+36\,476\omega^2)^{4/3}} \tag{4-66}$$

根据风速剖面分布指数定律，z 高度处平均风速为

$$\overline{U}(z)=\left(\frac{z}{10}\right)^{\alpha}\overline{U}_{10} \tag{4-67}$$

因此根据式(4－63)，迎风面上任一点脉动风压的互谱密度函数值（互谱密度函数矩阵的元素）为

$$S_{p_i'p_j'}(y_i,z_i,y_j,z_j,\omega)=\rho^2\mu_s^2\overline{U}_{10}^{\;14/3}\left(\frac{z_i}{10}\right)^{\alpha}\left(\frac{z_j}{10}\right)^{\alpha}\frac{916\ 732k\omega}{(\overline{U}_{10}^2+36\ 476\omega^2)^{4/3}}\mathrm{Coh}(r,\omega) \tag{4-68}$$

谱密度函数曲线如图 4－18 所示。

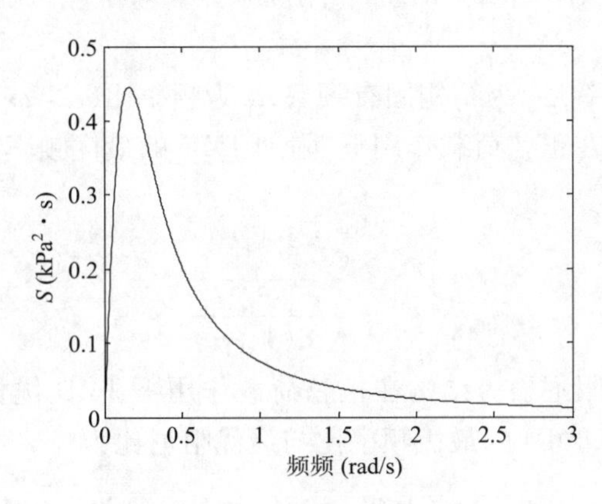

图 4－18　谱密度函数曲线

按随机振动的理论，由得到的功率谱合成人工风波力时程曲线。

$$V_{\text{wind}}=\sum_{k=1}^{100}A(\omega_k)\cos(\omega_k t+\phi_k) \tag{4-69}$$

其中

$$A(\omega_k)=[4S(\omega_k)\cdot\omega_k]^{1/2}\omega_k=k\times\Delta\omega \tag{4-70}$$

式中　$S(\omega_k)$——ω_k 圆频率下的风动功率谱密度；

　　ϕ_k——均一分布下的随机相角，$(0\sim1)\times2\pi$。

风压时程曲线（图 4－19）说明：

(1)横坐标单位：s，共计 500 s。时间间隔：0.1 s。

(2)基本风压：0.45 kN/m²。地面粗糙度等级：B 级。

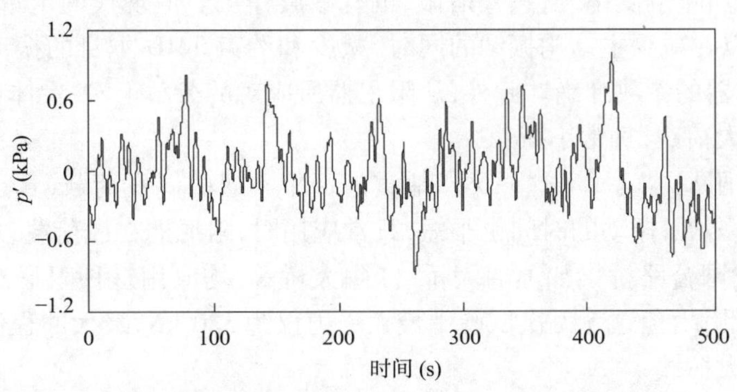

图 4－19　风压时程曲线例图

4.2.3 简化两自由度的计算

考虑图4-16所示的单自由度结构系统在受到振动力$f(t)$作用时的响应,该系统的运动方程可写为

$$M\ddot{y}_1(t)+C\dot{y}_1(t)+Ky_1(t)=c\dot{z}(t)+kz(t)+f(t) \tag{4-71}$$

$$m\ddot{z}(t)+c\dot{z}(t)+kz(t)=-m\ddot{y}_1(t)+g(t) \tag{4-72}$$

式中,$y_1(t)$为结构系统相对于基础的位移;$z(t)$为附加质量对结构的相对位移;c和k以及C和K分别表示附加质量和结构系统的阻尼和刚度系数。对于风激励$g(t)=0$,对地震$g(t)=\mu f(t)$,$\mu=m/M$为质量比。

令ω_a为TMD系统频率,ω_s为结构固有频率,α为频率比($\alpha=\omega_a/\omega_s$)。Den Hartog最先从理论上研究了无阻尼结构在正弦荷载作用下,附加TMD的最优频率比与最优阻尼比分别为

$$\alpha_{opt}=\frac{1}{1+\mu} \tag{4-73}$$

$$\xi_{opt}=\sqrt{\frac{3\mu}{8(1+\mu)}} \tag{4-74}$$

Ioi和Ikeda给出了有阻尼(ξ_s)结构在正弦荷载作用下TMD优化参数的经验公式。当以位移最小化为优化目标时,TMD的最优频率比与最优阻尼比为

$$\tilde{\alpha}_{opt}=\frac{1}{1+\mu}-(0.241+1.7\mu-2.6\mu^2)\xi_s-(1.0-1.9\mu+\mu^2)\xi_s^2 \tag{4-75}$$

$$\tilde{\xi}_{opt}=\sqrt{\frac{3\mu}{8(1+\mu)}}+(0.13+0.12\mu+0.4\mu^2)\xi_s-(0.01+0.9\mu+3\mu^2)\xi_s^2 \tag{4-76}$$

当以加速度最小化为优化目标时,TMD的最优频率比与最优阻尼比为

$$\tilde{\alpha}_{opt}=\sqrt{\frac{1}{1+\mu}}+(0.096+0.88\mu-1.8\mu^2)\xi_s+(1.34-2.9\mu+3\mu^2)\xi_s^2 \tag{4-77}$$

$$\tilde{\xi}_{opt}=\sqrt{\frac{3\mu(1+0.49\mu-0.2\mu^2)}{8(1+\mu)}}+(0.13+0.72\mu+0.2\mu^2)\xi_s+(0.19+1.6\mu-4\mu^2)\xi_s^2 \tag{4-78}$$

4.2.4 TMD采用的连续工作的阻尼器

没有阻尼器的质量刚度系统,只要谐振,也有减震作用。但现代的定量TMD系统都加上黏滞阻尼器,它可以在减少主结构振动的同时,减少和约束TMD本身的振动并扩大其工作范围。这就要求阻尼器的参数准确。此外,从阻尼器所应对的荷载上看,大体可以分成两大类:

(1)用于偶发大荷载,日常小荷载

通常说的抗震阻尼器就属于这一类。地震是百年不遇的偶发荷载,真正达到最大冲程和最大力的荷载十分罕见,振动的时间也很短,日常应用时,阻尼器在风荷载、一般车辆荷载下只有微小的振动。我国公路桥梁如苏通大桥、江阴大桥等,均应用这种阻尼器。苏通大桥做了5万次疲劳荷载的测试,但这5万次试验中最大受力仅为320 kN,最大冲程仅为±5 mm。

(2)用于常遇大荷载

以上抗震阻尼器基本上是平时小动,偶尔大动,然而有很多情况需要阻尼器经常性大荷载运

动，例如斜拉索阻尼器、TMD减震系统阻尼器、行人桥减震阻尼器、长期工作的设备减震阻尼器。

用于常遇大荷载的减震阻尼器与上述抗震阻尼器从阻尼器的性能要求上来说是截然不同的，对这点不了解或没有采取相应的技术措施，就会导致阻尼器在工作时出现严重漏油现象。如果是TMD系统，就会导致系统的失效。例如位于纽约华尔街的川普大厦（Trump Building），其TMD系统的阻尼器漏油事故就是一个实例。

对于这种常遇大荷载阻尼器，最常用的办法是采用无摩擦金属密封阻尼器。只有这种无摩擦阻尼器才能使阻尼器在往复运动中产生很小的热量，再加上使用金属密封，就可以使这类阻尼器可以在长期往复工作状态下保持完好。当然，与普通抗震阻尼器相比，这种阻尼器在成本上要贵1倍以上，且到目前为止得到公认的是：世界上只有美国Taylor公司可以生产这种高性能、无摩擦、金属密封的阻尼器。

TMD系统中使用无摩擦阻尼器的另一个目的，是阻尼器几乎没有摩擦，其刚度也就不会随着使用而改变，因而可以保持TMD系统长期的减震效率。

TMD在风荷载作用下，其阻尼器应能适应常遇大荷载（可能几个小时）连续工作的条件。仅需工作几十秒的普通抗震阻尼器很难在连续工作中及时地将质量块的振动能量转化成热量释放掉，积累的热量可能会导致由有机材料制造的密封装置的破坏从而引起漏油，过高的温度甚至会导致阻尼器爆炸。对TMD系统来说，阻尼器的选用最为重要。在有高质量无摩擦金属密封阻尼器做保障的同时，设计者仍需准确计算阻尼器的功率，以保证在风荷载作用下可以连续工作而不被破坏。

4.3　阻尼器减震结构的时程分析法

结构分析中使用较多的是时程工况下的非线性模态分析（FNA），结构弹性，连接单元非线性。分析消能减震结构，时程分析法是一种较为精确的计算方法，它可以根据已知的结构构件建立计算模型，考虑质量及刚度分布，并实时输入地震动加速度，可以避免由于简化附加阻尼器后所带来的非正交阻尼矩阵的计算误差，可以考虑地震动的烈度、频谱特性及持时，可以很容易地处理阻尼器的非线性问题。目前，由于大型有限元程序的普及，这种方法正逐渐普及。在美国大都采用SAP 2000和ETABS程序进行计算机分析。对于大型复杂结构，建议采用时程积分的办法进行计算，其分析过程如下：

（1）设计地震，地震记录的选择；

（2）建立结构分析模型，为了考虑施加阻尼器的位置，应该做未设阻尼器时的计算分析，找出结构的薄弱层和施加阻尼器的最佳位置，并确定控制目标；

（3）选择安置阻尼器的位置，设计阻尼器的类型和参数，并将设计的阻尼器输入计算模型；

（4）计算分析，一般可做非线性模态分析（FNA），结构弹性，连接单元非线性；

（5）计算结果的后处理和满意程度判断；

（6）对于不能达到控制目标的结果，或需要更好的优化设计，可以按上述（3）~（5）的顺序进行迭代设计，直到满意为止。

最初，可以首先采用线性阻尼器对结构进行线性时程分析，得到结构的耗能情况，做判断阻尼器安置位置的概念设计，并进一步对结构进行FNA方法分析且优化设计。如果时程分析的计算结果不能满足设计要求，如位移过大，可以调整阻尼系数重新计算；如果受力过大，可以调整阻尼器参数或分成多个阻尼器解决。

4.3.1 地震波输入

在进行时程分析过程中,很重要的一步就是选择有效的地震波加速度数据。所选用的地震波应与结构所处的场地和设计反应谱相符,选取地震波时应注意以下内容:

(1)所选取的地震波的场地类别与工程场地特征周期应相同或比较接近,同时可参照结构第一振动周期。

(2)应根据该地区抗震设防烈度调整地震波的加速度峰值。

(3)输入的地震加速度时程曲线的有效时间,一般从首次达到该时程曲线最大峰值的10%那一点算起,到最后一点达到最大峰值的10%为止。不论是实际的强震记录还是人工模拟波形,有效持续时间一般为结构基本周期的5~10倍,即结构顶点的位移可按基本周期往复5~10次。

(4)选用波形的数量,根据我国抗震规范的规定,应不少于两条天然波和一条人工模拟波;在美国ASCE 7标准中要求计算7条以上的地震记录并取平均值作为设计考虑。

(5)人工地震波可以模拟设计反应谱,也可以按照场地特性进行合成。

4.3.2 有限元软件连接单元

ETABS的最新版本(ETABS 2016)有13种连接单元,可满足土木工程常用连接形式的模拟。这13种连接单元分别为:

(1)线性连接单元(Linear);

(2)指数型阻尼连接单元(Damper-Exponential);

(3)双线性阻尼连接单元(Damper-Bilinear);

(4)摩擦-弹簧阻尼连接单元(Damper-Friction Spring);

(5)缝单元(Gap);

(6)钩单元(Hook);

(7)多段线弹性连接单元(Multilinear Elastic);

(8)多段线塑性连接单元(Multilinear Plastic);

(9)Wen塑性单元(Plastic(Wen));

(10)橡胶隔震单元(Rubber Isolator);

(11)摩擦摆隔震单元(Friction Isolator);

(12)拉/压限制摩擦摆隔震单元(T/C Friction Isolator);

(13)三摆隔震单元(Triple Pendulum Isolator)。

4.3.3 阻尼器的计算参数

目前,由于非线性阻尼器具有较高的耗能能力,因此应用较多,但同时由于阻尼力的非线性也增加了计算的难度。阻尼器的位置及参数设定是一个需要反复调整及迭代的过程。一般来说,非线性黏滞阻尼器的减震特点是:在阻尼系数一定时(如在0.3~1.0范围内),随速度指数的增大,同样阻尼力的情况下控制效果可能下降,耗能能力降低;当速度指数一定时,随阻尼系数的增大,阻尼力逐渐增大,控制效果逐渐增强,层间位移呈减少趋势。当然,输出的阻尼力变大，阻尼器的价格也就随之增加。

在分析时只要将阻尼器的参数输入相应程序的“对象单元”中，就可以得到相应的受力和地震反应。在SAP 2000中，对于阻尼器的模型采用Maxwell模型，由非线性（或线性）阻尼元件与弹簧串联组成，如图4－20所示。

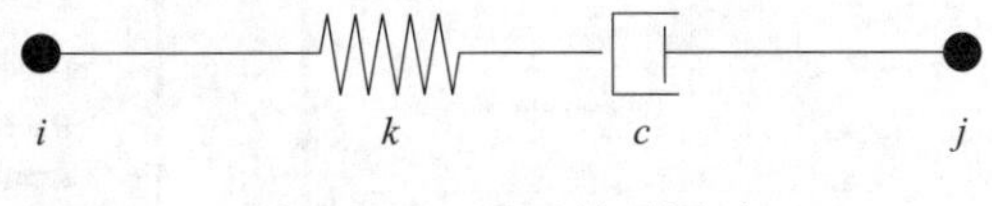

图4－20 阻尼单元图示

其非线性力—位移关系为

$$F = kd_{\mathrm{k}} + c\dot{d}_{\mathrm{c}}^{\alpha} \tag{4-79}$$

式中，F为单元非线性出力；k为弹簧刚度；c为阻尼系数；d_{k}为弹簧变形；$\dot{d}_{\mathrm{c}}$为阻尼器变形速率；α为速度指数。

单元总变形为弹簧变形与阻尼变形之和，如下：

$$d = d_{\mathrm{k}} + d_{\mathrm{c}} \tag{4-80}$$

速度指数必须为正值，适用的取值范围为0.2～2.0（当小于0.2时，有可能引起计算结果收敛困难）。Midas Gen中建议的取值范围为0.35～1.0。CSI建议若期望纯黏滞阻尼行为（如普通液体黏滞阻尼器），弹簧的效果可通过使其具有足够的刚性来忽略，弹簧刚度值可为其他杆件刚度的100～10 000倍，其刚度不宜取值过大，以免引起数值问题。

图4－21为SAP 2000中进行阻尼器单元设置的窗口，在设置窗口中分为线性工况与非线性工况两部分，分别用于线性时程分析和非线性时程分析两类计算工况。

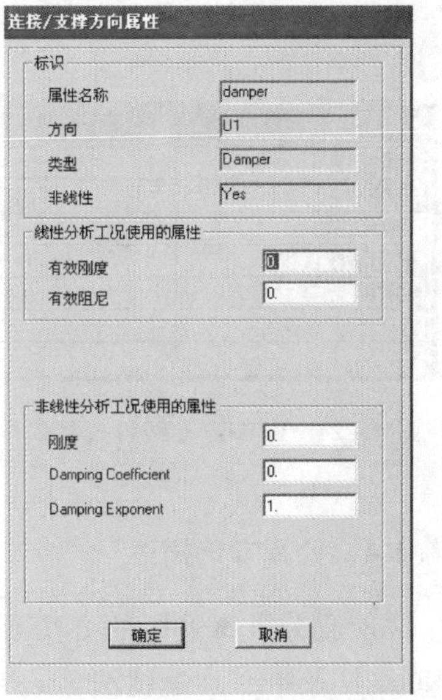

连接/支撑方向属性
标识
属性名称 damper
方向 U1
类型 Damper
非线性 Yes
线性分析工况使用的属性
有效刚度 0
有效阻尼 0.
非线性分析工况使用的属性
刚度 0.
Damping Coefficient 0.
Damping Exponent 1.
确定 取消

图4－21 SAP 2000阻尼器单元设置窗口

下面以ETABS为例，具体说明阻尼器单元的定义及指定过程：

（1）点击主菜单：定义-连接属性，点击“添加新属性”按钮，出现如图4－22所示的对话框。

（2）选类型为“Damper”，勾选方向U1及非线性，点击“修改/显示U1”按钮，出现如图4－23所示的对话框。

①速度指数：为阻尼器速度指数α，必须为正值，建议$0.2 \leqslant \alpha \leqslant 1$。

②阻尼：即为阻尼系数C值。

③刚度：Damper是弹簧与阻尼串联的单元，用其模拟黏滞阻尼器，不是将刚度调整为零，而是为阻尼系数足够大的倍数（一般为1.0E3～1.0E5倍），但过大的值会引起求解困难。

（3）点击工具栏╲按钮绘制线，弹出如图4－24所示的对话框。将属性选为“NONE”，依次在需要加设阻尼器的两端点击鼠标左键，右键确认，按Esc退出，如图4－25所示。

（4）选中刚绘制的虚线，点击菜单：指定-框架/线-连接属性，选择设定好的阻尼器属性，确定后，如图4－26所示，加设完毕。

图 4－22　ETABS 非线性连接属性数据(一)

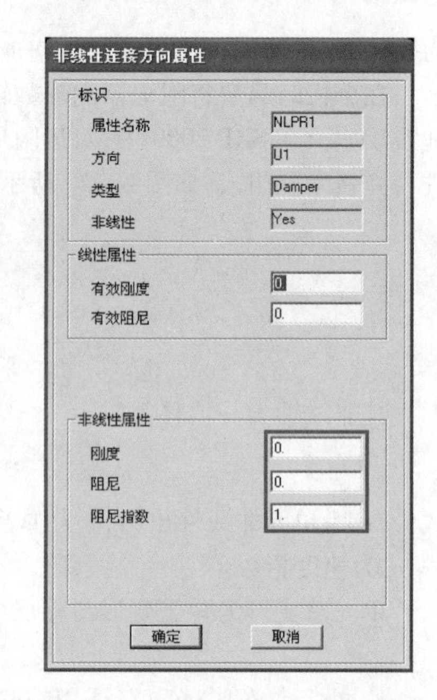

图 4－23　ETABS 非线性连接方向属性

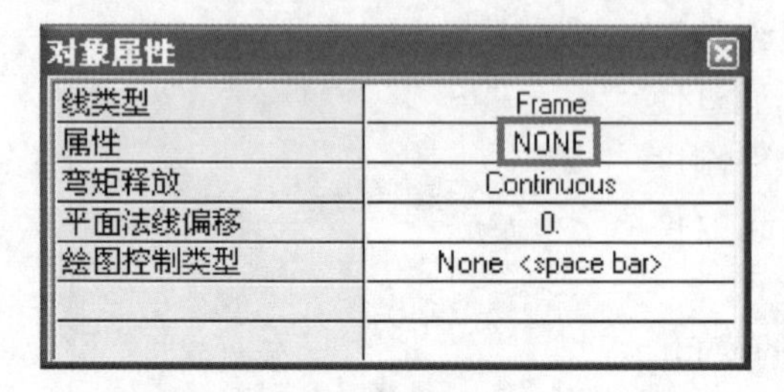

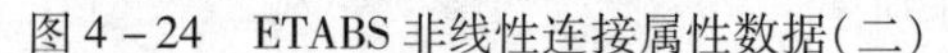

图 4－24　ETABS 非线性连接属性数据(二)

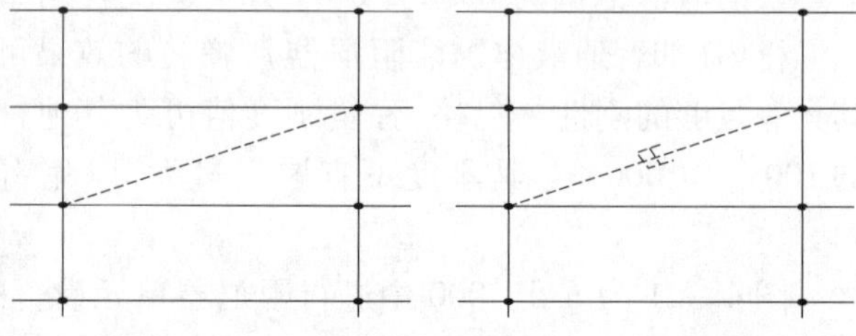

图 4－25　None 单元绘制　　图 4－26　阻尼器指定

4.3.4　计算方法描述

时程分析所采用的方法有许多种,如线性加速度法、Newmark-β 法、Wilson-θ 法、Runge-Kutta 法及中心加速度法等。Newmark-β 法和 Wilson-θ 法由于计算精度高、误差容易控制、计算效率较高,目前较为常用。

通常情况下,附加非线性元件的计算模型最为精确的计算方法是使用非线性直接积分的方式,但此种方法计算量巨大,耗时很长。如果仅考虑非线性元件(阻尼器)的非线性,则更为快速和有效的方法是由美国教授 Wilson 提出的非线性模态分析法(FNA)。这种方法虽然不能考虑主体结构的非线性,但是可以考虑阻尼器对结构产生的非线性特性。该方法计算量很低,对于高层及大型结构的减震效果计算分析是非常有效的。

对于振型阻尼比的设定可以采用常数阻尼比,即假定结构全部振型的阻尼比相同,常数阻尼比不能考虑阻尼随频率和振型的变化;更为有效的方法是采用 Rayleigh 阻尼,需要指定两个周期(或频率)所对应的阻尼比值,CSI 对这两个周期值的取法建议分别为结构基本周期的 90% 和 20%。

4.3.5 消能结构的后处理及分析比较

通过对计算结果的后处理,可以有效评价消能减震结构的减震效果。在后处理的过程中应分别提取结构在设置阻尼器前后的反应信息,并进行如下几方面的比较:

(1)层间位移(Story Drifts)的比较。对于混凝土框架结构而言,这项指标非常重要,它往往代表结构所具有的变形能力。

(2)楼层加速度(Floor Accelerations)的比较。一方面反映了结构在脉动风作用下的舒适度情况,另一方面则表明通过设置阻尼器可以降低结构构件在地震作用下的受力。

(3)基底剪力(Base Shear)在控制前后的比较。对于一些基底剪力承载不足的结构加固工程,这经常是一项控制指标。

(4)最大顶点位移(Roof Displacement)的比较。计算附加阻尼比需用到的指标。

一方面可以通过数字列表的方式进行对比,也可采用图形的方式进行效果分析,如图4-27所示。

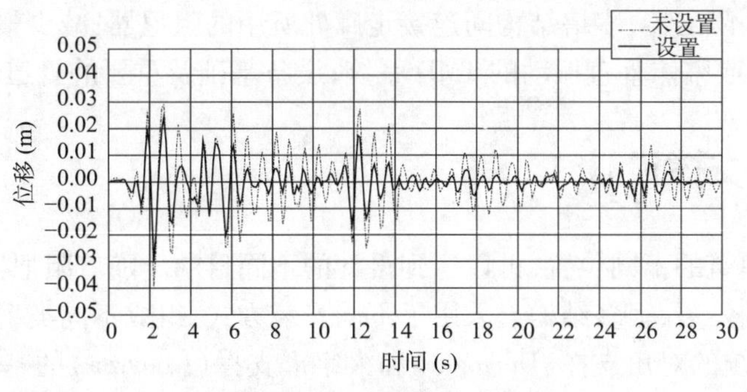

图4-27 时程曲线对比

需要补充的是,规范要求各地震输入的时程分析计算结果应与设计反应谱的计算结果对比,其误差要控制在一定的范围之内。如抗震规范要求采用弹性时程分析时,每条时程曲线计算所得结构底部剪力不应小于振型分解反应谱法计算结果的65%,多条时程曲线计算所得结构底部剪力的平均值不应小于振型分解反应谱法计算结果的80%。

最后,需要订货采购的阻尼器应列出表4-2中的各个参数。这些都是生产阻尼器时所必须知道的。

表4-2 定货阻尼器的主要参数

序 号	主要参数
1	最大阻尼力(kN)
2	最小安全系数
3	从活塞位于中点计算,最小可以运动位移(最大冲程)(mm)
4	阻尼系数 $C[\mathrm{kN}/(\mathrm{m/s})^{\alpha}]$
5	阻尼的速度指数 α
6	使用温度
7	最大风能输入(如果要求)
8	最大的阻尼器尺寸(如果空间有限)
9	阻尼器的安置示意图(如果已有)

第 5 章　阻尼器的连接设计

液体黏滞阻尼器是少有的既可以减少结构受力又可以减少结构位移的消能减震设备。在结构应用中，只要目标明确、安放合适，就可以起到它的作用。对于具体结构的安置目的，大体上分成两类：

(1)为减少主体结构的水平振动，同时减少主体结构在水平振动下的受力和位移。包括框架结构、单层排架系统、大跨空间结构的梁柱体系，阻尼器都可以以此为目的来设计。

(2)为减少振动中整体或局部位移，以减少振动中的位移为主要目的，阻尼器本身的直接耗能可能并不大，而是寻求系统的整体作用。常用的有：配合基础隔震加设的阻尼器；配合屋盖系统与柱顶相连的阻尼器；多塔结构间连接走廊处所用的阻尼器；减少整体结构水平振动的 TMD 系统；减少局部或整体垂直振动的 TMD 系统；设备基础及重要的管道系统用减震系统。

5.1　阻尼器的支撑设计

阻尼器安装在建筑的不同位置，可以达到设计的不同目的。随着阻尼器在结构抗震、抗风等工程项目上应用的发展，很多结构上采用了不同安装方式，组成不同类型的安置模型。以线性阻尼器为例，在传统的对角支撑(Diagonal)和人字形支撑(Chevron)的基础上又发展了考虑放大位移的套索式支撑、剪刀式支撑等，在墨西哥多次使用的跨层大型支撑安设的阻尼器也是抗震的一种好形式。表 5-1 中列出了各种安装方式的位移放大系数 f 和阻尼比 ξ。

表 5-1　各种安装形式对比

<table>
<tr><th>序号</th><th>简　图</th><th>名　称</th><th>放大系数 f</th><th>阻尼比 ξ</th><th>描　述</th></tr>
<tr><td>1</td><td></td><td>对角支撑
(Diagonal)</td><td>$f=\cos\theta$</td><td>$\theta=37°$
$f=0.80$
$\xi=0.03$</td><td rowspan="3">以一个单层结构安置线性阻尼器为例，u 和 u_D 分别表示结构的层间位移和阻尼器两端的相对位移，则
$u_D=f\cdot u$
整个阻尼装置提供的水平阻尼力为
$F=f\cdot F_D$
线性阻尼器力为
$F_D=C_0\cdot \dot{u}_D$
则
$F=C_0\cdot f^2\cdot \dot{u}$
式中，$\dot{u}$ 为层间速度。这样，单层框架结构安装的线性液体黏滞阻尼装置的阻尼比可以写成：</td></tr>
<tr><td>2</td><td></td><td>人字形支撑
(Chevron)</td><td>$f=1.0$</td><td>$f=1.00$
$\xi=0.05$</td></tr>
<tr><td>3</td><td></td><td>剪刀形支撑
(Scissor Jack)</td><td>$f=\frac{\cos\psi}{\tan\theta}$</td><td>$\theta=9°$
$\psi=70°$
$f=2.16$
$\xi=0.23$</td></tr>
</table>

续上表

序号	简图	名称	放大系数 f	阻尼比 ξ	描述
4		上部套索 (Upper Toggle)	$f=\dfrac{\sin\theta_2}{\cos(\theta_1+\theta_2)}+\sin\theta_1$	$\theta_1=31.9°$ $\theta_2=43.2°$ $f=3.191$ $\xi=0.509$	$\beta=\dfrac{C_0\cdot f^2\cdot g\cdot T}{4\cdot\pi\cdot W}$ 放大系数对整个装置的阻尼比影响是很大的，阻尼比正比于放大系数的平方
5		下部套索 (Lower Toggle)	$f=\dfrac{\sin\theta_2}{\cos(\theta_1+\theta_2)}$	$\theta_1=31.9°$ $\theta_2=43.2°$ $f=2.662$ $\xi=0.354$	
6		反向套索 (Reverse Toggle)	$f=\dfrac{\alpha\cos\theta_1}{\cos(\theta_1+\theta_2)}-\cos\theta_2$	$\theta_1=30°$ $\theta_2=49°$ $\alpha=0.7$ $f=2.521$ $\xi=0.318$	

下面以线性阻尼器情况加以解释。

线性黏滞阻尼器有如下力与速度关系式：

$$F_{Dj}=C_j\dot{u}_{Dj} \tag{5-1}$$

式中，C_j 为阻尼系数；u_{Dj}为阻尼器两端相对位移；$\dot{u}_{Dj}$为阻尼器两端相对速度。

阻尼器两端的相对位移 u_{Dj}与层间剪切位移 Δ_{rj}有如下关系：

$$u_{Dj}=f_j\Delta_{rj} \tag{5-2}$$

式中，f_j 为位移几何放大系数。采用对角连接时，$f_j=\cos\theta_j$；人字形连接时，$f_j=1.0$；采用放大位移连接(各种套索连接和剪刀形连接)形式时，通常可以使 $f_j=2.0\sim3.0$。

上述连接方式均主要依靠结构的剪切变形使阻尼器产生相对位移和速度。除此之外，由于高层建筑在高度上的迅速发展，结构的弯曲变形也越来越显著。因此，可以同时考虑剪切和弯曲变形的巨型支撑跨层连接，完全依靠结构弯曲变形使阻尼器产生竖向位移的伸臂连接也相继出现。

结合采用 Taylor 公司阻尼器的实际工程实例，下面介绍各种连接方式的特点和使用时的注意事项。

5.1.1 对角支撑

在结构楼层的对角支撑的位置方向上(如图 5-1 所示)安置阻尼器，看上去和传统的结构对角支撑很相似。其连接方式简单，阻尼器的作用清楚，广泛被结构工程师使用，常被标为“阻尼支撑”。实际上，对于无刚性的液体黏滞阻尼器，它完全不是一般概念下的支撑，而是仅仅增加阻尼的体系(如果希望它在增加刚度和阻尼两方面起作用，就应该采用带刚度的液体黏滞阻尼器，详见图 1-6)。但是，这种连接方式的阻尼器利用效率较低，在倾角等于 37°时，阻尼器的位移放大系数仅为 0.8。

注意：这样使用的阻尼器应为一端铰接、一端法兰连接，两端铰接会形成三铰一线的失稳状态。

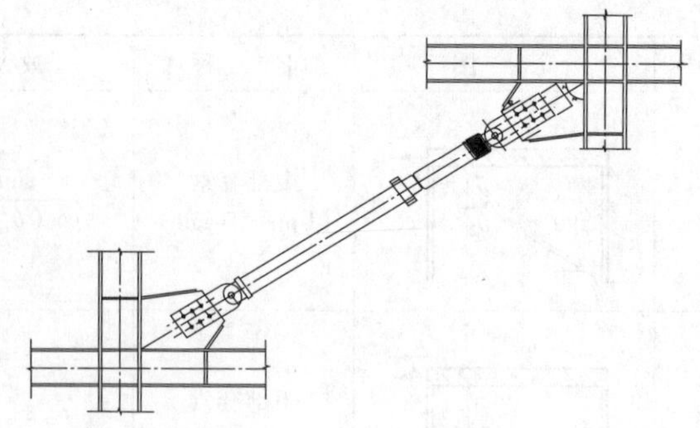

图 5-1　北京银泰中心的对角支撑

5.1.2　人字形支撑

这是一种完全用来减少水平层间位移的体系，阻尼器的一端通过一个人字形支撑和该层下面楼层结构相连，而另一端和楼层上端结构相连。支撑的“人”字顶点处与上梁并不作受力连接(仅限制其出平面位移)(如图 5-2 所示)。

注意：人字形支撑与主体柱下端(节点)的连接一定为刚性连接，切勿使用铰接。

这种连接对水平层间运动的耗能作用优于上述对角支撑，其 $f=1$，但对于只连接一个阻尼器的体系，“支撑”用钢量可能大于对角连接方式。当然，人字形也可以“倒”用呈“V”字形，还可以在一套人字形支撑上安置两个阻尼器(如图 5-3 所示)。

图 5-2　北京火车站的人字形支撑

图 5-3　加固工程中的人字形支撑

5.1.3　套索式连接

在各种阻尼器的位移放大系统中，套索连接形式是目前工程中较为常见的，我国使用 Taylor 阻尼器的天津国贸中心就首次使用了套索安置的阻尼器。套索(Toggle)阻尼器设置形式属于美国 Taylor 公司专利，它是一种阻尼器位移放大的机械系统，特别是对于刚度较大、楼层变形较小的结构更为有效。在采用相同阻尼器参数的情况下，可以将阻尼器的作用放大到 2~3 倍；在减震效果相同的情况下，可以将阻尼器数量几乎减少一半。通过一些特殊的阻尼器放置形式，可以达到事半功倍的目的，通常可以取得较好的经济效益。

美国波士顿111 Huntington大楼为38层高层钢结构，大楼阻尼器设置以层间布置为主，一定程度上保证了阻尼器从下到上的均匀性。其中一半阻尼器按对角布置，另一半采用效率较高的套索布置形式，将阻尼器的效率提高到2倍以上，对结构抗风起到很好的作用。还有波士顿 Millennium Place 大厦、Yerba Buena Tower 等多项工程都采用了套索设置，如图5－4所示。

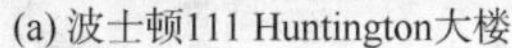

(a) 波士顿111 Huntington大楼　(b) 旧金山四季酒店　(c) 波士顿千禧广场

图5－4　Taylor 公司在国外工程的套索设置

在宿迁某工程的计算分析中，在同样或更好的抗震效果下，通过改变阻尼器的参数和连接方式，很容易地把阻尼器的个数从130多个(线性阻尼器，对角放置)减少到80多个(非线性阻尼器，人字形放置)，再减少到50多个(非线性阻尼器，套索式放置)。

套索连接中，关键是处理好套索布置的建模方式和系统的出平面位移问题。这种连接方式的计算模型和实际连接构造都比较复杂，出平面的运动控制有特殊的要求。套索的出平面控制技术也是美国 Taylor 公司的专利技术。

5.1.4　剪刀形连接

美国 Constantinou 教授申报专利的剪刀支撑安装方式也可以把阻尼器的作用放大到2倍以上，其安置比套索形式更紧凑，特别适用于柱间距离小、放置阻尼器困难的刚性结构。剪刀式安置如图5－5所示。

图5－5　剪刀式安置

对于目前的高层结构,业主和设计单位对消能设计的要求越来越高,允许布置阻尼器的位置越来越少。因此,套索连接虽然性能优越,但因跨度较大,会占用较多宝贵空间。而使用剪刀形连接,往往可以在一个套索连接的跨度上布置 2 ~3 个剪刀形连接的阻尼器,大大节省了空间。

例如,我们对深圳前海国际金融商务区 61 层的 T1 办公楼的抗风减震设计,为了节省空间及提高阻尼器效率,就采用了在外框架柱一侧布置剪刀撑的连接形式,如图 5 -6 所示。

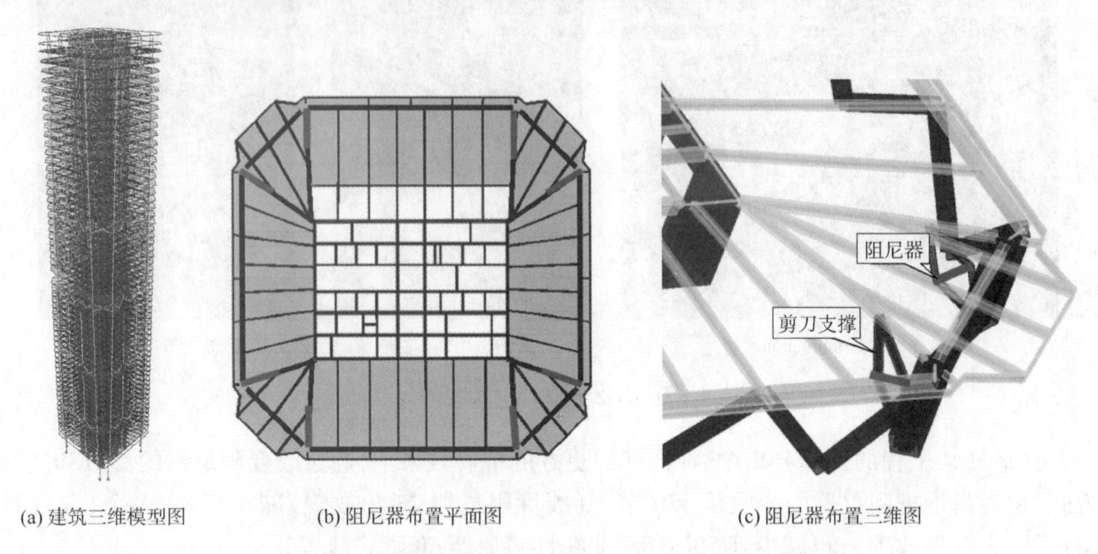

(a) 建筑三维模型图　　(b) 阻尼器布置平面图　　(c) 阻尼器布置三维图

图 5 -6　T1 办公楼的三维模型图及阻尼器布置三维图

5.1.5　跨层大型支撑

墨西哥市长大楼(Torre Mayor)首次在跨层大型支撑上安置大型阻尼器,如图 5 -7 所示,所采用的隔层大型支撑方法,放大了阻尼器两端和位移。由于比单一层间安置的位移大得多,阻尼器的减震效果也就显著得多。阻尼器跨层连接在墨西哥 Torre Mayor 上得到成功应用,并使建筑经受住了 2003 年墨西哥南部的 7. 6 级地震考验。

图 5 -7　墨西哥市长大楼

5.1.6 伸臂连接

Smith 和 Willford 提出的全新理念——伸臂阻尼系统，其与外围柱结构的简化模型如图 5－8 所示。

伸臂连接又称竖直连接，通过结构的弯曲变形造成的内外部结构的竖直位移差使阻尼器运动，而伸臂结构可以尽可能放大这一相对位移。菲律宾香格里拉塔伸臂阻尼系统的设计方案(图 5－9)首次使用该连接方式构成其阻尼器抗风系统。

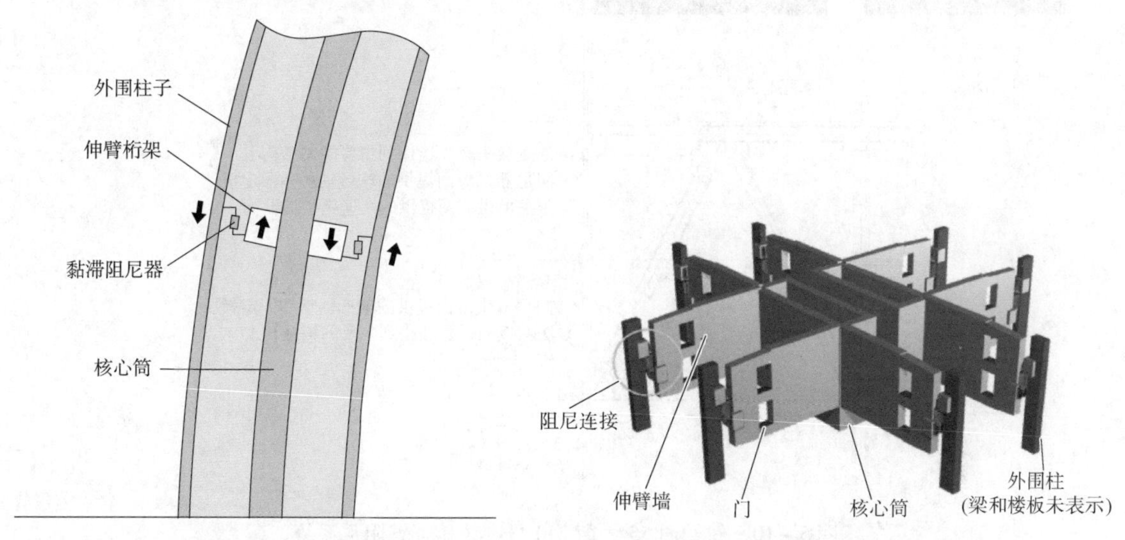

图 5－8　伸臂阻尼器简化模型　　　图 5－9　菲律宾香格里拉塔伸臂阻尼系统

美国纽约西 55 大街 250 号 39 层全玻璃幕墙办公楼(图 5－10)，建筑高 184 m，全楼共设置了 8 个高效抗风的金属密封阻尼器作为其伸臂抗风系统的一部分。

5.1.7 不同连接形式对比

由《抗规》阻尼器循环一周消耗能量的计算公式可以得知，阻尼器的耗能效率与位移的放大系数直接相关，因此仅从理论上来看(单层单跨结构)，放大系数越大的连接形式，用公式计算得出的附加阻尼比越大。

但实际应用时有时也有局限性。由于较高放大系数的连接形式其阻尼器及连接件受力往往较大，因此给结构提供的附加作用力也较大，如果阻尼器在建筑中的布置不够均匀，或过于集中加设在较为薄弱的楼层上，便会造成减震后的结构楼层剪力曲线很不平滑，在一定程度上影响设计。尽管如此，布置较为合理的方案(如使阻尼力的竖向分布尽可能与结构楼层侧向刚度成比例)，其减震后的杆件受力通常都是减小的(只是不同楼层减小的程度不同而已)。

M. Sarkisian 等对比了对角、套索和剪刀形连接阻尼器对同一具有裙楼的高层结构的减震情况，对比结果(图 5－11)显示，套索及剪刀形连接对裙楼以上的层间位移角减震效果优于对角连接，但裙楼范围内的位移角甚至大于未减震结构；而使用对角连接减震后的结构，其层间位移角曲线如原结构一样平滑，且被均匀地减小。因此从基于合理性的角度来说，传统的对角连接是较为理想的，而如果需要基于减震效率，位移放大系统则可能是最佳选择。

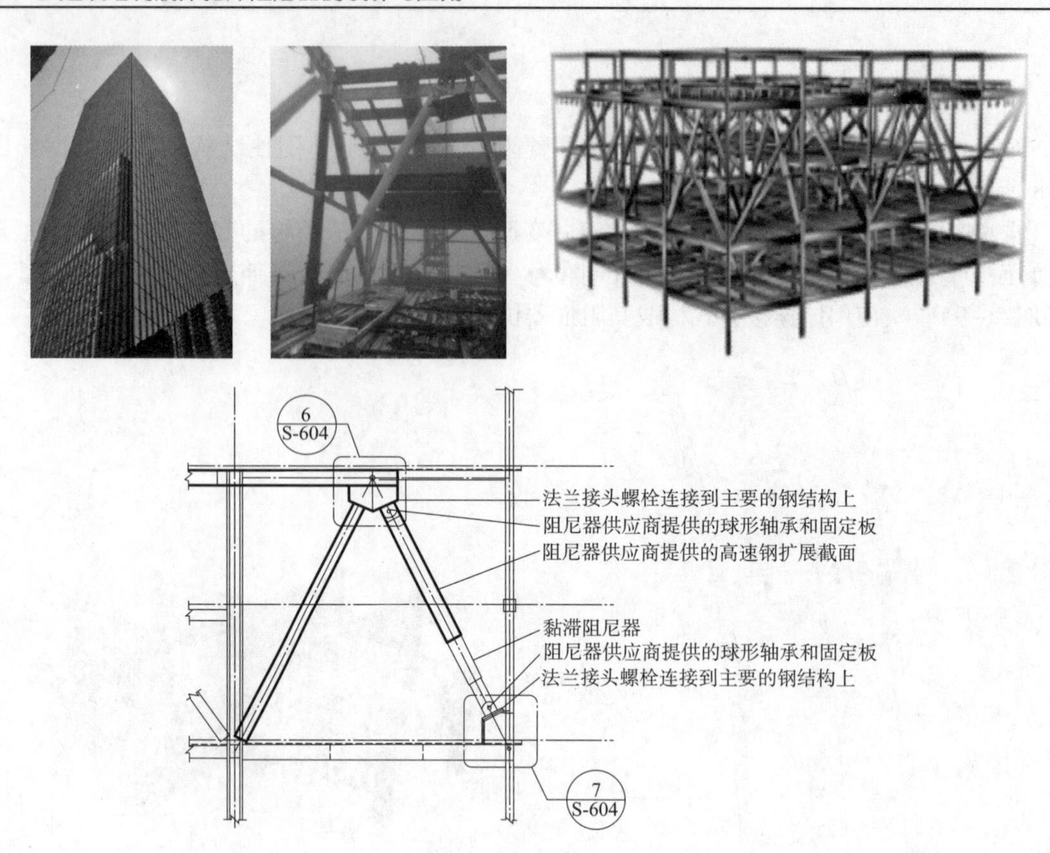

图 5－10　纽约西 55 大街 250 号办公楼伸臂阻尼系统

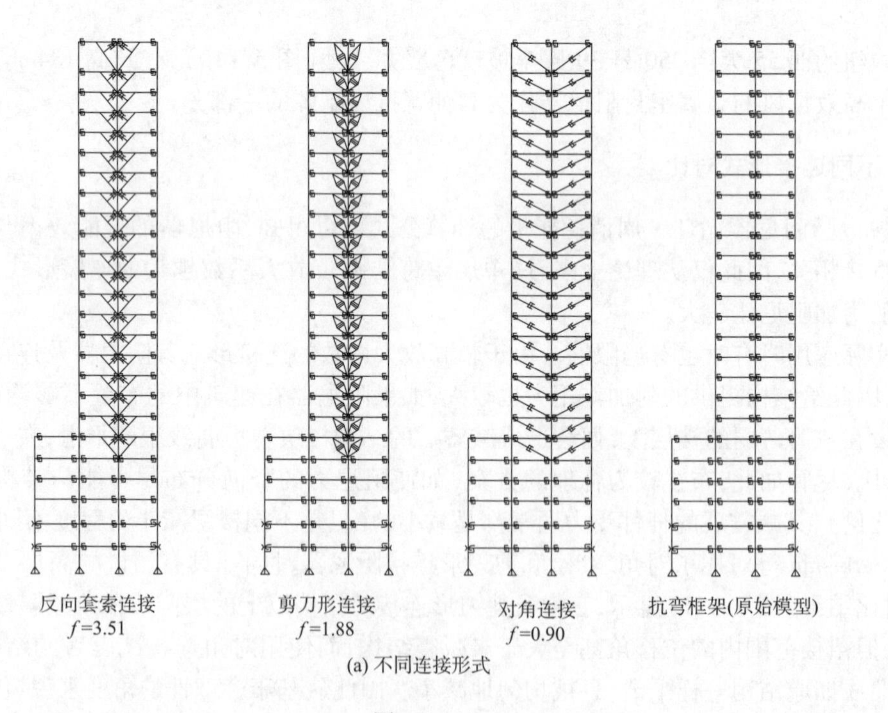

(a) 不同连接形式

图　5－11

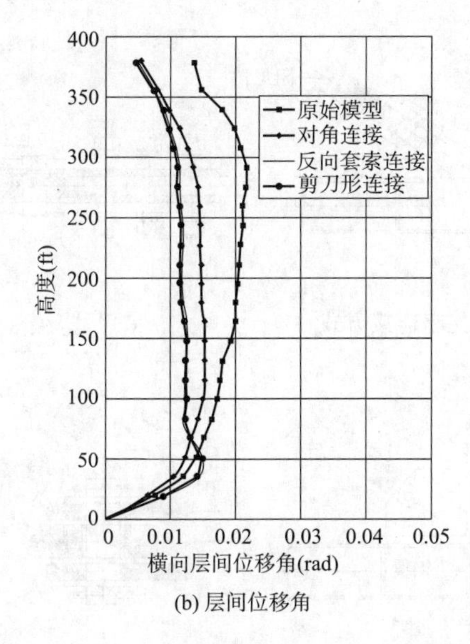

(b) 层间位移角

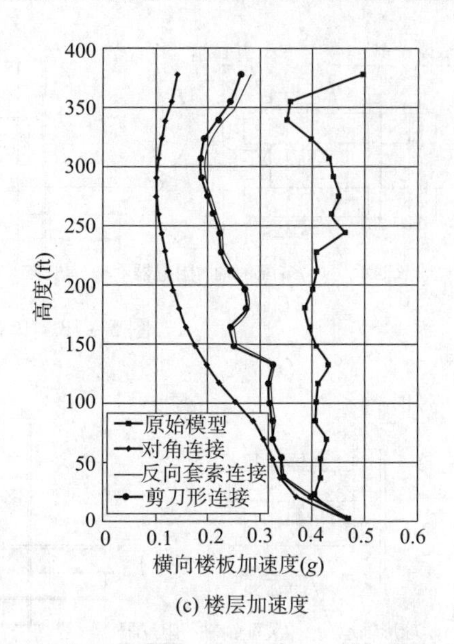

(c) 楼层加速度

图5－11 不同方案的结构反应对比

5.1.8 开放空间系统

在实际使用中,当阻尼器所在区格有较大开洞面积或有其他影响因素需要阻尼器的安置充分避让时,上述连接形式中便只有剪刀形连接可以勉强适应这一需求。因此,Constantinou 教授研究开发了一种新型阻尼器连接系统,即开放空间系统(Open Space Damping System)。其示意图如图5－12所示。这种形式在空间条件限制的情况下是一种很好的选择,为门洞较多的住宅项目等提供了一种新的阻尼器布置方案,具有一定的实际意义。

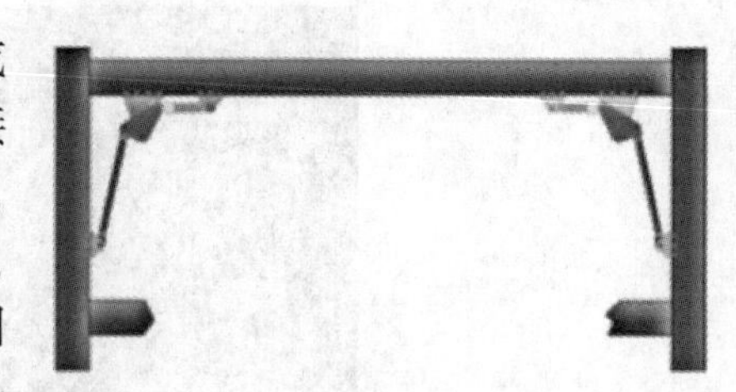
图5－12 开放空间阻尼器形式示意图

5.2 阻尼器的连接方式

从外型上看,一般情况下,阻尼器的基本连接方式有两种——两端铰接、一端铰接一端法兰连接。

5.2.1 两端铰接

多数阻尼器的安置是这种形式。两端用销子和支架相连,连接处内设球形轴承。与销轴垂直的平面内可以自由转动,垂直于该平面内可以有微小的转动,一般小于6°。

阻尼器和支座相连的方式有两种:通过两夹板过渡的单板支座(图5－13)和直接连到支座上的双板支座(图5－14)。

套索式和剪刀式与结构主体的连接也采用这种连接方式。在特殊需要时,有时阻尼器也用“阴性”端头和阳性支座(图5－15)。这种连接端头内无球铰(图5－16)并造价较高,并不推荐使用。

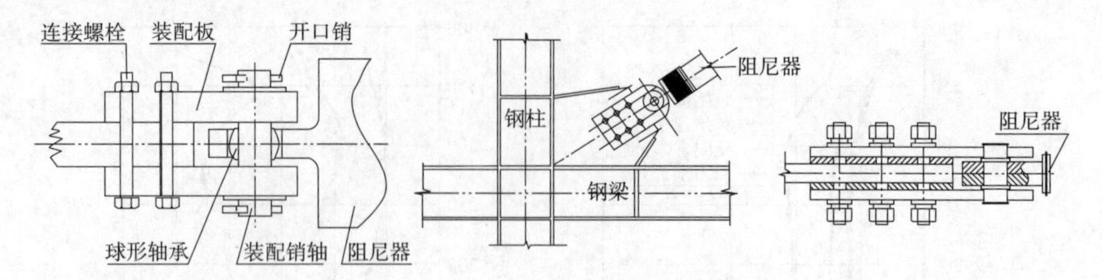

图 5－13　单板支座连接方式

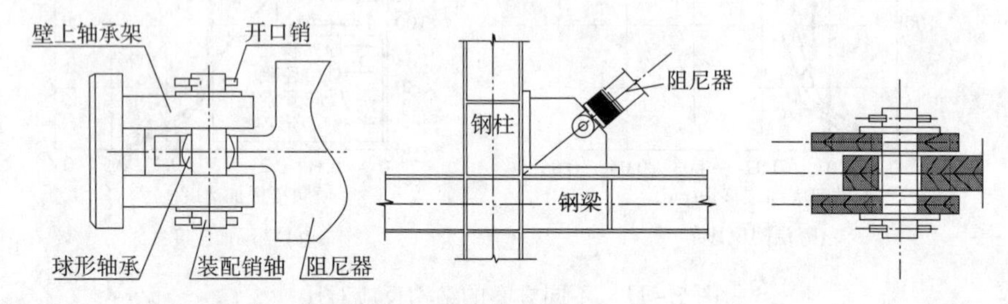

图 5－14　双板支座连接方式

图 5－15　阻尼器的阴性接头

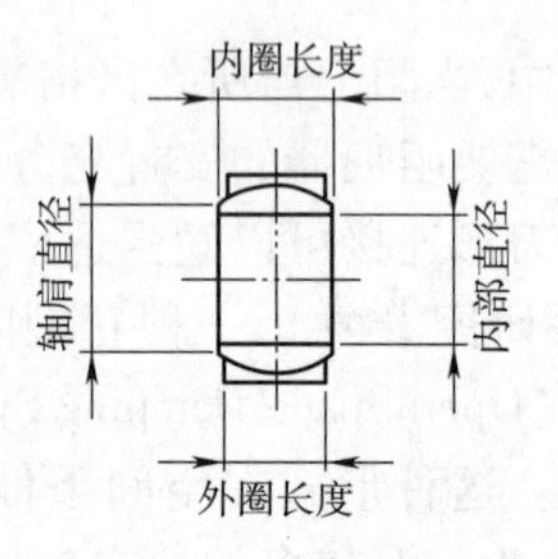

图 5－16　球铰

5.2.2　一端铰接一端法兰连接

如图 5－17、图 5－18 所示，阻尼器一端通过销轴与结构梁柱节点连接，另一端通过法兰盘与阻尼器支撑杆连接。这种连接使阻尼器的运动和其支撑杆相一致，通常用于连接对角支撑的阻尼器。

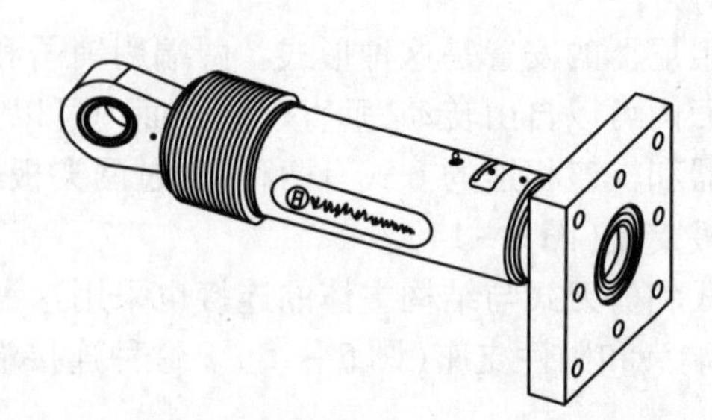

图 5－17　外法兰阻尼器

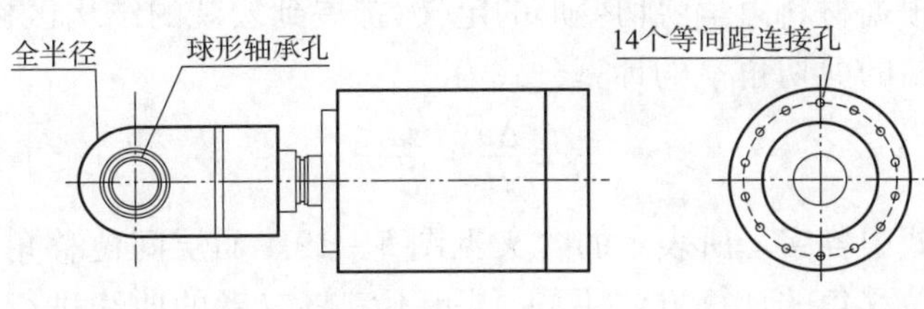

图5-18 内法兰阻尼器

5.3 阻尼器的优化布置

严格来说,阻尼器的安置位置并没有绝对的“最佳”。因为选择安置位置时,不但要试图用最少的阻尼器起到最大的减震效果,还要考虑阻尼器是否因为冲程或功率过大而导致阻尼器单价过高,且过大的出力也会导致连接件成本很高甚至难以设计。同时,还要考虑某些布置方案对建筑的使用功能可能造成影响。因此,想要得出一个结构的阻尼器最佳安置位置实际上是非常困难的,通常要进行大量布置方案的比较。

美国 ASCE 2010(American Society of Civil Engineers,2010)中要求阻尼器在建筑平面内的分布应对称(考虑刚度中心),以便地震或风荷载作用下的阻尼器力不使结构产生扭转作用。

美国 NEHRP 2015(National Earthquake Hazards Reduction Program,2015)建议建筑用阻尼器宜逐层、双向布置,其中双向要求每层至少4套阻尼器,每向至少2套,并且任一层其中至少2套在每一主方向的刚度中心的每一侧边上(即平面的最外侧)。如果不能满足这些最低条件,所有阻尼器必须能够承受在 MCE(Maximum Considered Earthquake)地面运动下获得的1.3倍最大位移;而且,速度相关型阻尼器必须承受与在 MCE 下1.3倍最大速度有关的位移和力。抗风设计无附加要求给出。

此外,FEMA 建议阻尼器的布置宜与结构的楼层刚度成比例。

上述文件如此建议,主要目的在于尽可能减小阻尼器对结构本身动力特性及结构杆件受力造成的不利影响。

但是,单纯让阻尼器均匀分布在结构各层并不一定能取得最好的经济效果。由于结构中存在一些限制阻尼器布置的实际困难,研究者和土木工程师总是试图安装较少的阻尼器,保证结构有较大的使用空间,从而取得较好的经济、适用、减震消能效果。因此,阻尼器的优化布置一直是一个研究热点。

5.3.1 剪切位移与层间位移

阻尼器依靠其两端的相对速度产生阻尼力耗散能量,而相对速度则可以用相对位移来描述。不论哪种连接形式(伸臂连接除外),要使阻尼器两端产生相对位移,本质上都需要阻尼器所在的梁柱区格产生剪切侧移,而不包括区格的弯曲变形和做刚体转动产生的位移。

由于一般结构分析软件给出的层间位移角是上下两楼层对应点(质心点)水平位移的差值除以层高,因此水平位移的差值里既包括区格的剪切侧移,也包括区格由于弯曲变形及刚体转动引起的水平侧移,而只有前者会使阻尼器产生作用。

根据材料力学剪切变形的定义,扩展到宏观的结构区格,则区格的剪切角 γ 的计算公式为

$$\gamma = \frac{\Delta u}{H} + \frac{\Delta v}{L} \tag{5-3}$$

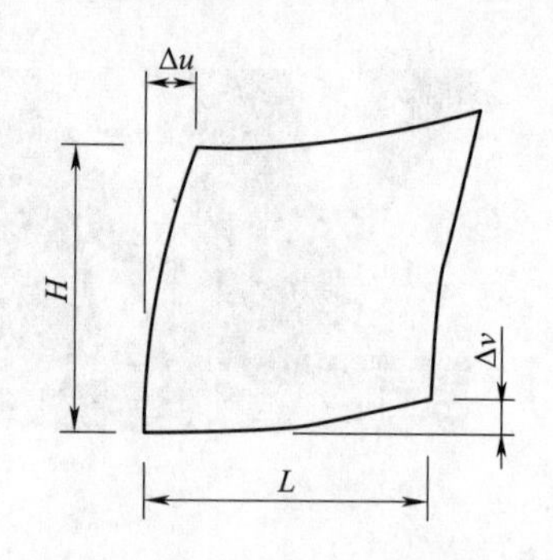

图 5-19　区格剪切变形示意图

式中各字母所表示的含义见图 5-19。而层间位移角与剪切位移角的计算方法不同,因此不宜将二者的曲线进行直接对比,但是可以作为选择阻尼器布置位置的参考。

以天津国际贸易中心(去掉阻尼器后)为例,对其一榀框架做了分析,得出其在地震和风振下各楼层的区格剪切角及层间位移角沿楼层的分布,如图 5-20、图 5-21 所示。

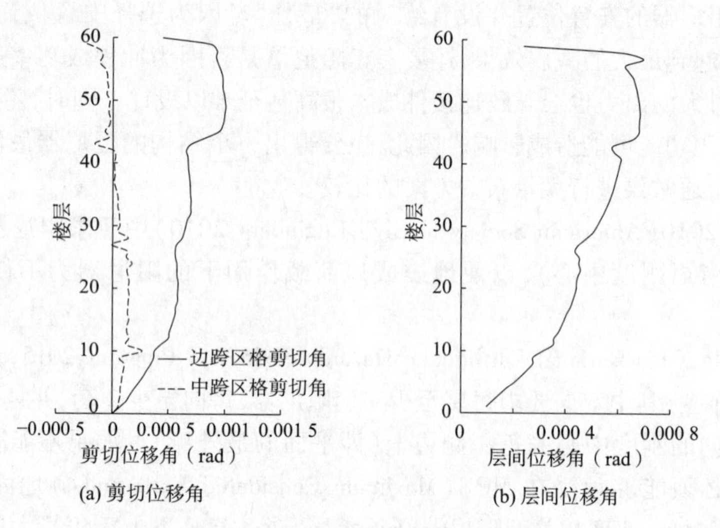

图 5-20　地震荷载下剪切位移角与层间位移角曲线

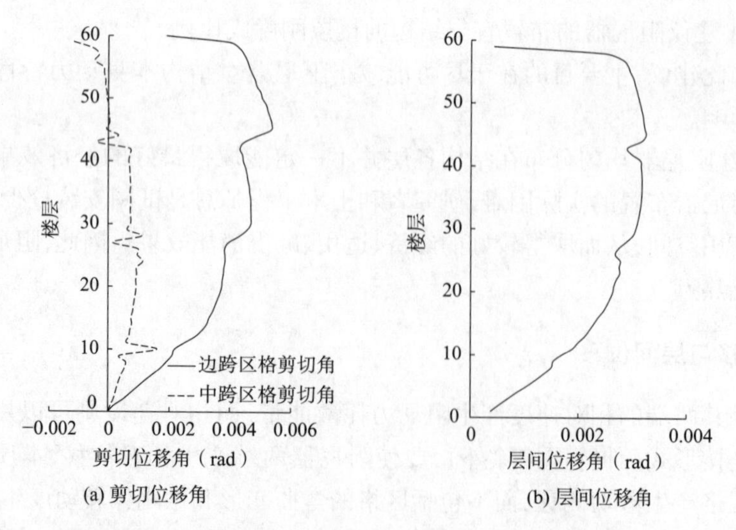

图 5-21　风荷载下剪切位移角与层间位移角曲线

对于框架结构而言,从图5-20、图5-21中可以发现三个规律:

第一,在相同荷载下,边跨的区格剪切角要远大于中跨。

第二,边跨的剪切角总体上随楼层高度增大而增大,而中跨与其相反。

第三,中跨的剪切角曲线与层间位移角曲线差别较大;边跨的剪切角曲线与层间位移角曲线形式上接近,但数值上有差别。

注意:在图5-20中,中跨的剪切角曲线在结构上部出现了负值,这是由于剪切角反向造成的。

由中跨带支撑的框架结构变形图(图5-22)可以看出,加设支撑的中跨在荷载下以刚体转动为主,剪切变形较小,而边跨则相反。这也进一步验证了上述规律。因此,不宜将阻尼器加设在刚度很大的内筒,而应尽量加设在内外筒之间(或外框架);而高度上,也尽量选择剪切位移角较大的楼层,而不是层间位移角较大的楼层。

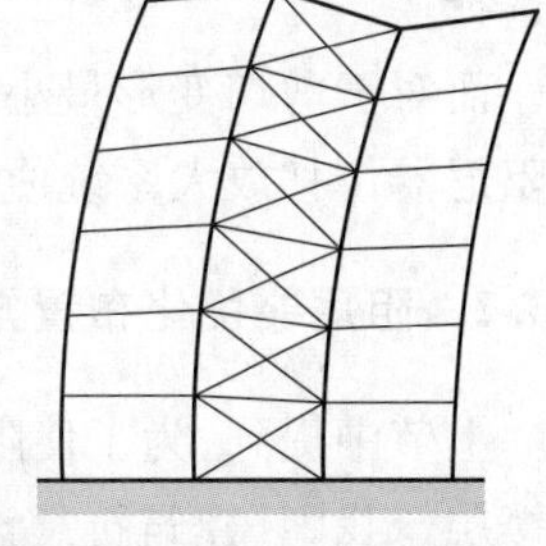
图5-22 框架结构变形图

魏琏等将层间位移角分为受力层间位移角和非受力层间位移角,其中受力层间位移角包括由剪切位移产生的层间位移角及弯曲变形产生的层间位移角,非受力层间位移角包括由梁柱区格的刚体转动导致的层间位移角及各种受力层间位移角。下面列举了框架结构(高30 m)、剪力墙结构(高90 m)、框剪结构(高80 m)、框筒结构(高105 m)在水平力作用下的层间位移角及受力层间位移角,并进行了对比,如图5-23所示。

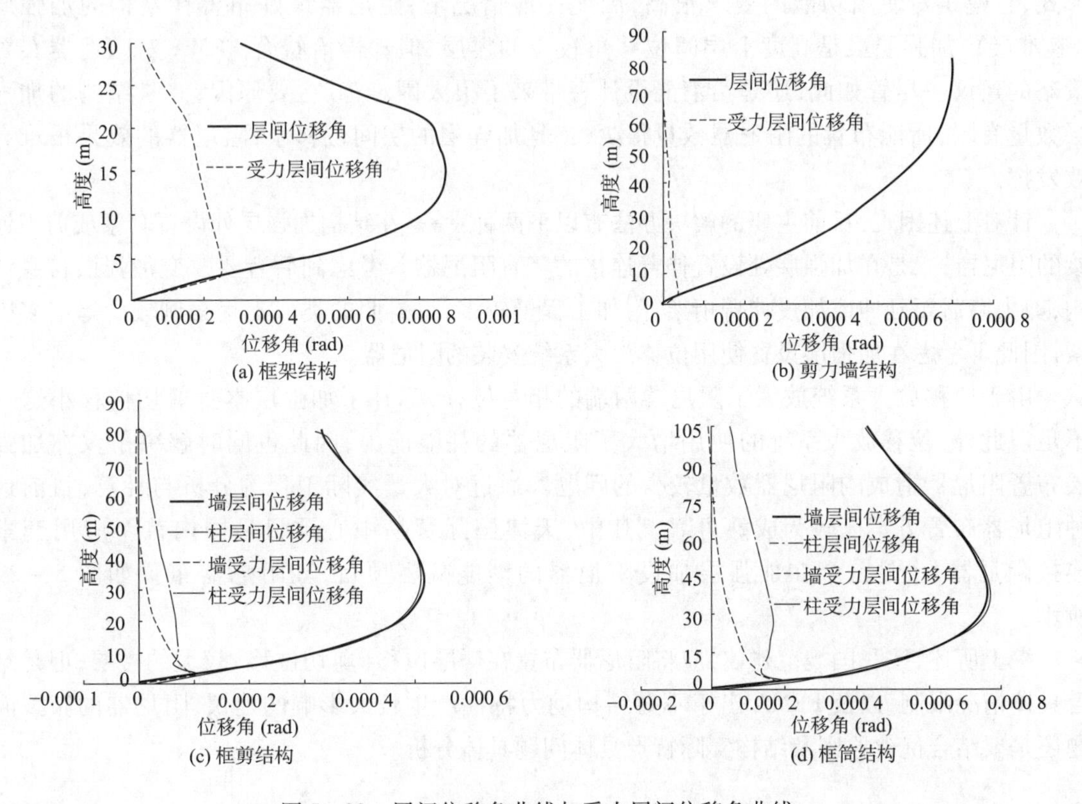

图5-23 层间位移角曲线与受力层间位移角曲线

由图 5－23 可见，对于常见的 4 种结构，框架结构是剪切位移最明显的结构类型，而剪力墙结构是剪切位移占楼层水平位移比例最少的结构类型。因此，对于所有依靠楼层剪切位移产生变形的阻尼器连接形式来说，框架结构无疑是最适合的。而对于框筒结构和框剪结构来说，建议将剪刀形阻尼器布置在核心筒或剪力墙加强的区域之外。

特别地，对于目前超高层中最常用的框筒结构来说，由于达到一定高宽比后，结构的弯曲变形确实比较显著，因此前文提到的跨层连接与伸臂连接的阻尼器安置方法不失为一种有效的选择。

而对于剪切变形最小的纯剪力墙结构，其使用剪刀形阻尼器先天效率较低，因此跨层连接等阻尼器位移放大系统便显示出在效益上的优势。

5.3.2 阻尼器优化布置方案

上节中提到，为了使阻尼器的使用效率最高，原则上应将阻尼器布置在结构剪切位移较大的楼层。我国《建筑抗震设计规范》(GB 50011—2010)第 12.3.2 条也指出："消能部件可根据需要沿结构的两个主轴方向分别设置。消能部件宜设置在变形较大的位置，其数量和分布应通过综合分析合理确定，并有利于提高整个结构的消能减震能力，形成均匀合理的受力体系。"

然而，由于目前的高层结构均以框架—核心筒并在高度上配以若干加强层为主要结构形式，且建筑对使用功能的要求很高，因此一般情况下，阻尼器最好布置在结构的加强层(避难层)，加强层虽是高度上层间位移角较小的楼层，但却恰恰符合 FEMA 对阻尼器布置策略的建议。尽管如此，还是给消能设计者带来了很大困难，其主要原因：一是结构的加强层数量有限，所能布置的阻尼器数量很少；二是加强层的层间位移小，阻尼器的效果很难有效发挥。

针对上述困难，目前主要的解决办法有以下两种：一是在结构加强层处设置套索或剪刀连接的阻尼器；二是在加强层处设置伸臂连接的竖直阻尼器。考虑到后者要改变加强层自身结构，剪力墙需要延伸或加设伸臂桁架，附加工程量较多，可参照的类似工程案例较少等诸多因素，因此可考虑在加强层设置使用位移放大系统安装的阻尼器。

由于位移放大系统放大了阻尼器两端的相对位移，弥补了加强层本身剪切位移小这一不足。此外，位移放大系统的使用增大了阻尼器的耗能能力，因此也同时解决了仅在加强层布置阻尼器造成的阻尼器数量较少的问题。通过对大量实际工程的分析与计算，目前这种阻尼器布置方案已较为成熟可靠。其中，天津国际贸易中心项目是国内首个应用套索连接阻尼器，也是首个在加强层加设阻尼器的消能减震项目，其阻尼器布置如图 5－24 所示。

综上所述，按我国规范建议，应将阻尼器布置在楼层位移(剪切位移)较大的楼层；但是结合具体情况限制，以及 FEMA 出于不对结构动力特性产生较大影响的建议，阻尼器的布置问题还是要结合优化原则及结构实际特点具体问题具体分析。

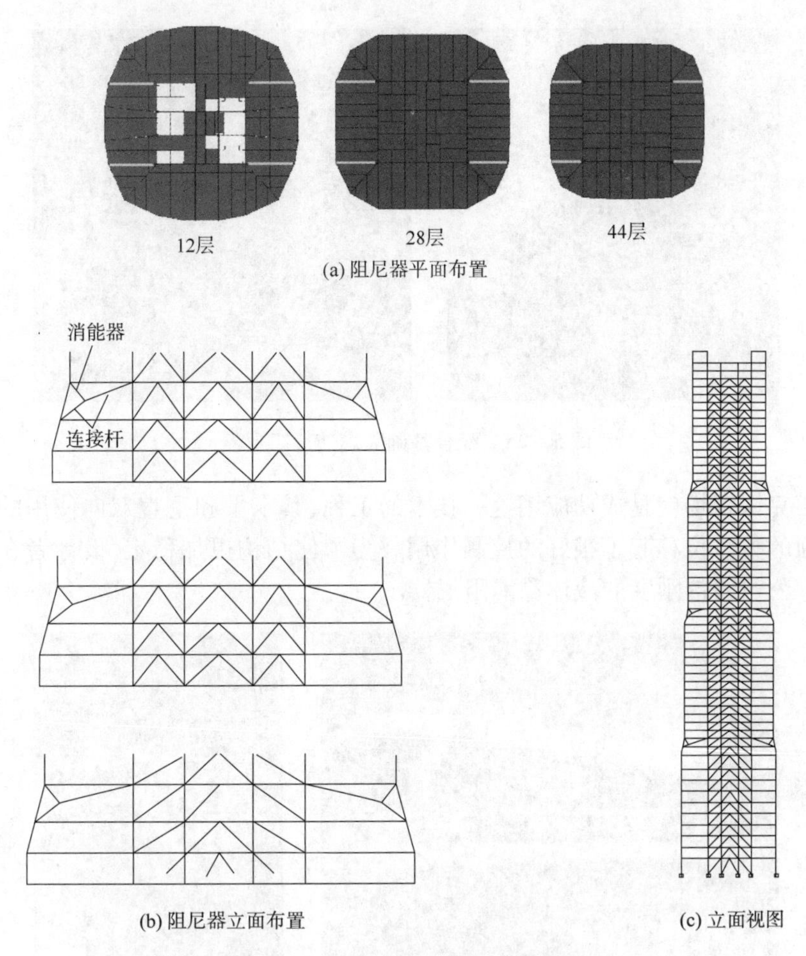

图5－24　天津国贸阻尼器布置

5.4　阻尼器的特殊用途

使用阻尼器的部分工程照片如图5－25～图5－33所示。

5.4.1　配合基础隔震加设阻尼器

基础隔震改变了结构的周期,可以大大减少结构在地震中的受力。然而,其附加产生的位移通常是工程界难以接受的。阻尼器可以成功地减少这一振动中产生的位移,已经成为基础隔震系统中必不可少的孪生手段。用于结构整体减少振动的隔震系统中的阻尼器应该通过计算确定,吨位不宜过小。

5.4.2　配合层盖系统与柱顶连接用阻尼器

大跨度钢结构空间结构类似于桥梁结构,工程师们经常希望部分地放松其结构由温度引起的变形,但和基础隔震体系类似,又不希望它在动力荷载下运动过大。特别是屋盖系统,过大的运动会给整个结构带来安全隐患。阻尼器则是理想的减少其运动的连接方式。希腊和平

图 5 - 25　配合基础隔震使用阻尼器

与友谊奥林匹克体育场就是成功应用这一技术的工程，其水平和垂直双向使用的阻尼器对这一马鞍形屋顶的整体位移起了很好的控制作用。为了使结构更加稳定，设计者在加固改造时选用了 Taylor 公司的带刚度的液体黏滞阻尼器。

图 5 - 26　希腊和平与友谊奥林匹克体育场阻尼器的安置

门式刚架的屋顶和“柱”的连接部的铰接节点也可以放置阻尼器来减少其相对位移，这种连接屋盖的阻尼器也可以对整体耗能起到作用，但更重要的是位移的减少。

图 5 - 27　西雅图可开启式体育场馆阻尼器的安置

5.4.3 多塔连接间的阻尼器

多塔连廊或多塔蕊结构连接部分更为理想的减震连接方式,应该是柔性连接的隔震支座加阻尼器耗能体系。这一联合使用的系统可以在中小风振和地震中保持不动,而按设计的要求在大风和强烈地震中起到减少相对位移及耗能的良好作用。考虑到希望系统在日常工作状态下的风动和行人荷载引起的运动中保持不动,也可以使用“带风限制器”的新型阻尼器(参见第1.3.3节)。

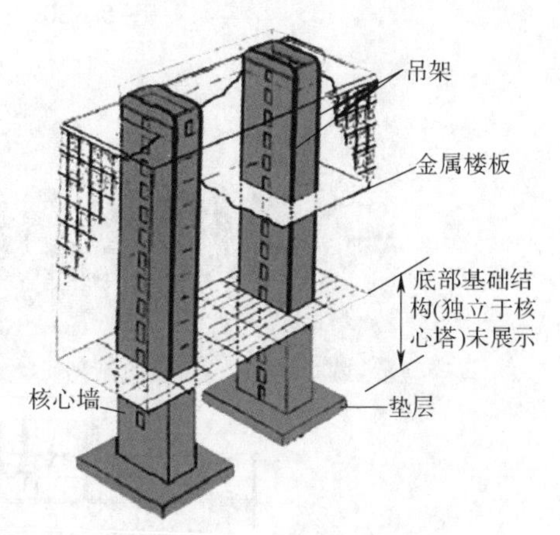

图5-28 南海湾办公楼

图5-29 佛山致越U城双塔

5.4.4 TMD系统中的阻尼器

常用于高层、超高层结构抗风的TMD(Tune Mass Damper)和LMD(Liquid Mass Damper)利用一种更为巧妙的办法来减少水平风振。在一个主要结构上加设一个与目标减震频率一致的小结构,就可以达到减少主结构动力反应的目的。而阻尼器的安置就是为了减少这个附加共振“小体系”的运动。芝加哥凯悦公园酒店的TMD系统就是这种体系应用的典型,在下面高层结构中还将介绍。

以减少楼板或屋盖的垂直振动为主要目的的TMD系统,是花钱不多、效果显著的好办法。工程中常用到的有以下几类:(1)减少大型屋盖垂直振动的TMD系统;(2)减少楼板垂直振动的TMD系统;(3)空中走廊、过街天桥上安置的TMD系统。

图 5-30　配合 TMD 系统安置

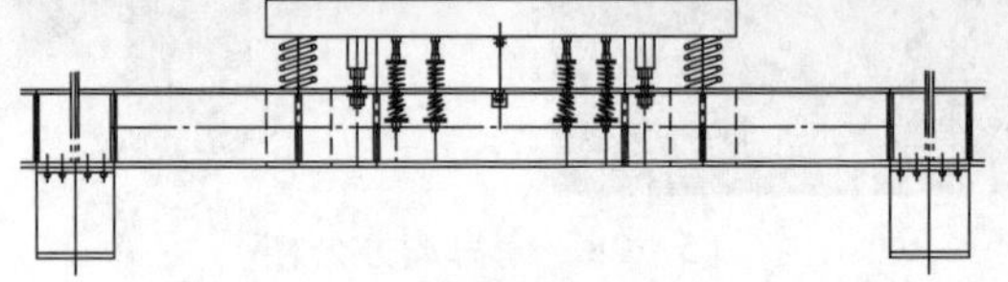

图 5-31　郑州国际会展中心 TMD 系统

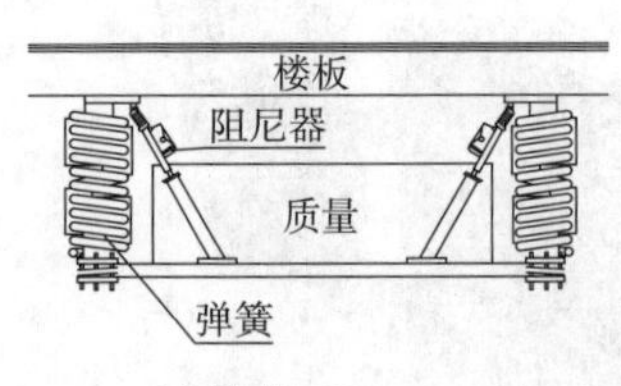

(a) 吊式TMD

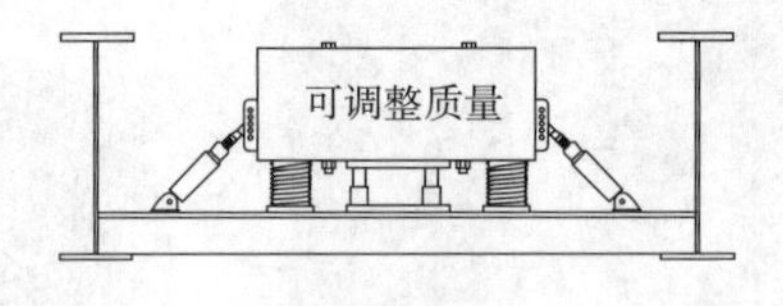

(b) 座式TMD

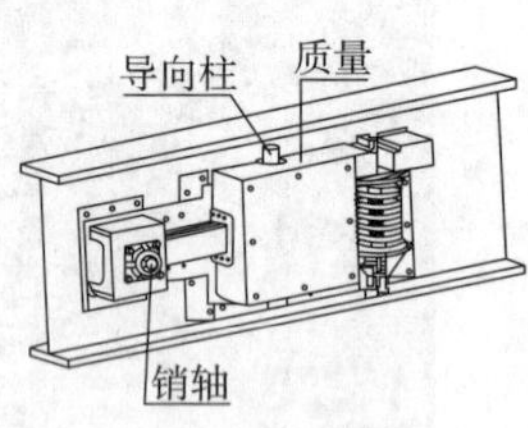

(c) 悬臂式TMD

图 5-32　过街天桥上安置的 TMD 系统

图 5-33　马来西亚双塔间 TMD 系统

第 6 章　建筑用阻尼器的安装方案

6.1　建筑阻尼器的一般安装方案

6.1.1　概　　述

被动耗能减震性能稳定、概念清晰而且造价相对较低,在结构上设置非结构耗能元件可以提高其抗震性能已经得到工程界广泛认可。在各种消能减震装置中,黏滞阻尼器作为速度相关型耗能装置具有优越的性能。目前,这项技术在土木工程领域已经进入到规程规范完善及全面推广实施阶段。在我国抗震规范中增加了对隔震与耗能减震的论述及一系列研究成果,并增加了在大阻尼比下设计地震反应谱的阻尼调整系数,为耗能减震技术的推广提供了理论基础。

而如何实现和发挥阻尼器的减震效果,阻尼器的安装是重中之重,任何不当的安装都极大影响阻尼器减震性能的发挥。以下内容是关于阻尼器的安装步骤和技术要点,供参考执行。

6.1.2　安装形式

阻尼器连接形式一般分为两种,即对角连接形式和人字支撑形式,如图 6 - 1、图 6 - 2 所示。每种消能减震部件由阻尼器、阻尼器支撑、阻尼器支座和连接件等组成。

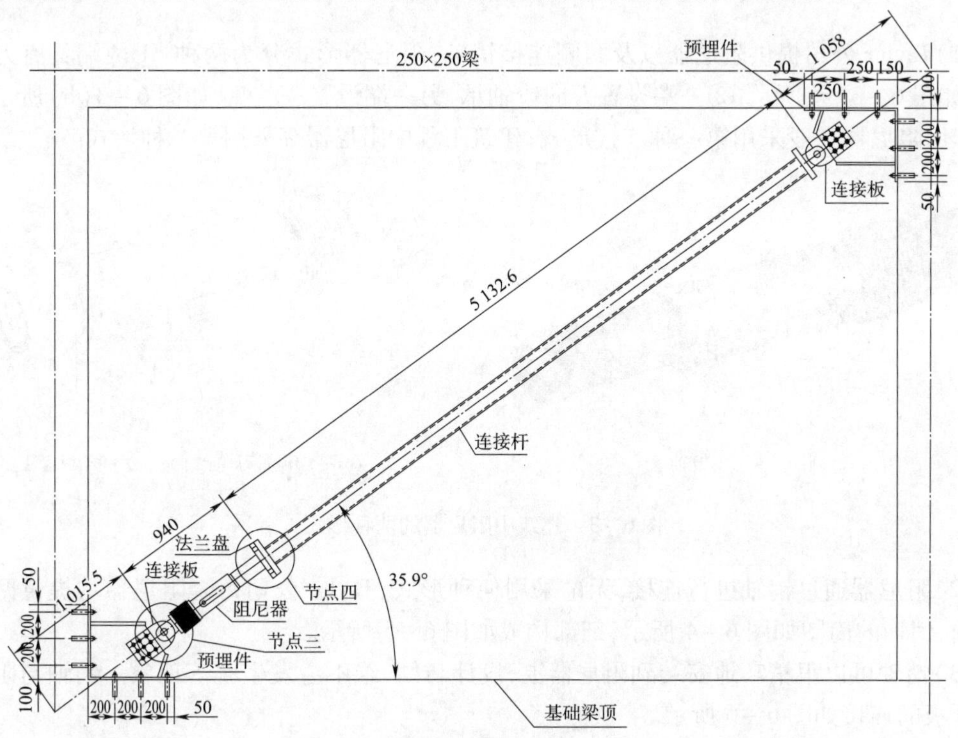

图 6 - 1　对角连接形式(单位:mm)

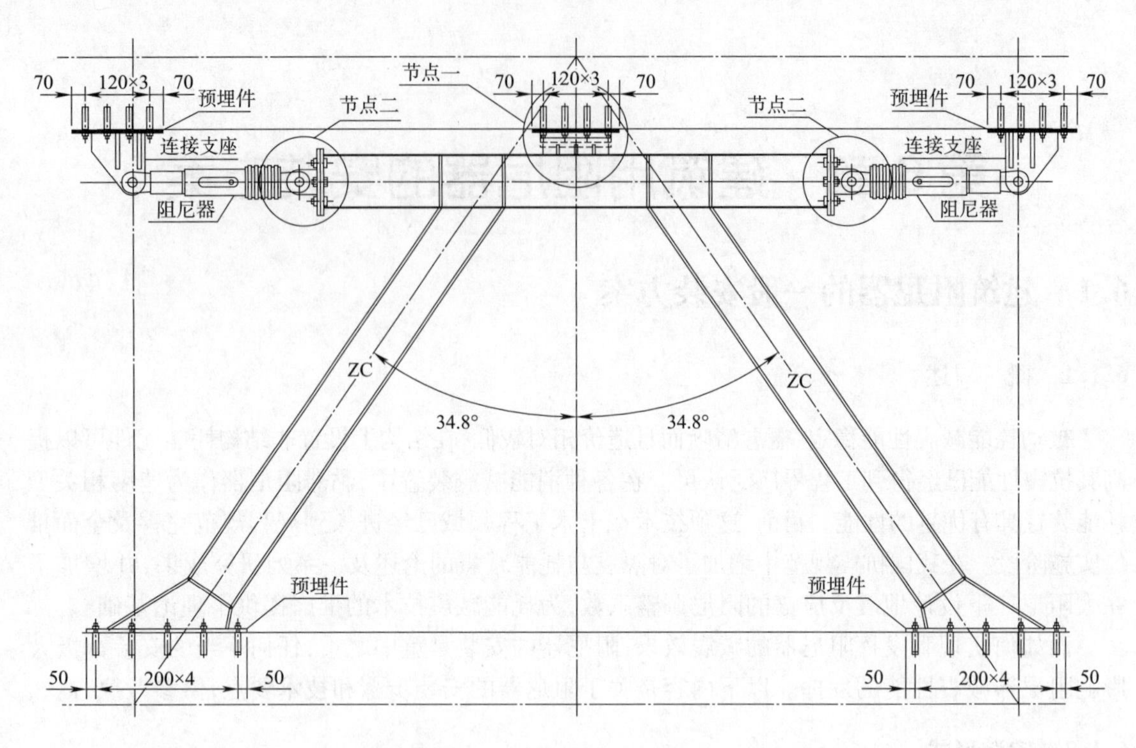

图 6 - 2　人字支撑形式(单位:mm)

6.1.3　Taylor 阻尼器及配套

(1)Taylor 公司提供阻尼器以及两侧连接销轴,阻尼器形式分为两种:①两端具有万向铰轴承,如图 6 - 3(a)所示;②一端设置万向铰轴承,另一端设置法兰盘,如图 6 - 3(b)所示。桥梁工程用阻尼器一般采用第一种连接形式;建筑工程中阻尼器多采用第二种形式。

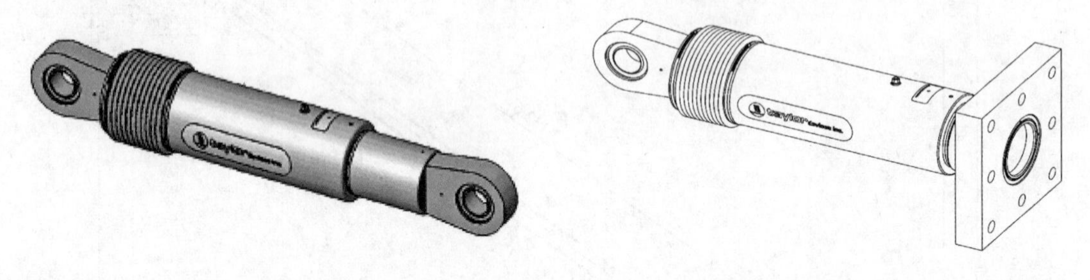

(a) 两端具有万向铰轴承　　(b) 一端设置万向铰轴承，另一端设置法兰盘

图 6 - 3　建筑中阻尼器的两种形式

(2)阻尼器通过销轴进行连接,无论采用何种形式,Taylor 公司每套阻尼器均提供两个连接销轴,销轴的简图如图 6 - 4 所示,细部构成如图 6 - 5 所示。

(3)销轴可以很精巧地安装到阻尼器上,设计巧妙,绝不会发生脱落现象。销轴与阻尼器连接耳板的连接如图 6 - 6 所示。

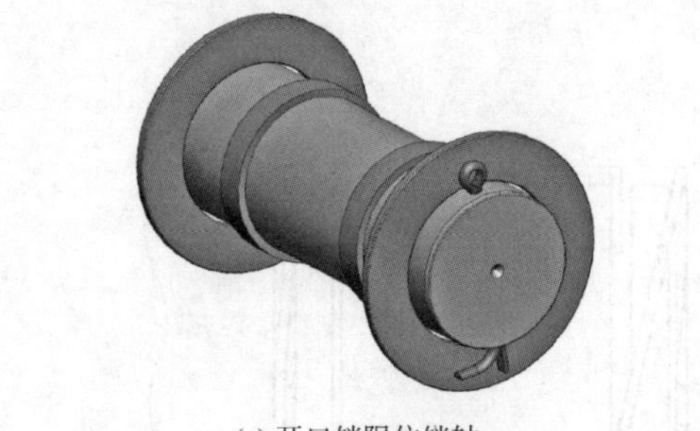
(a) 开口销限位销轴

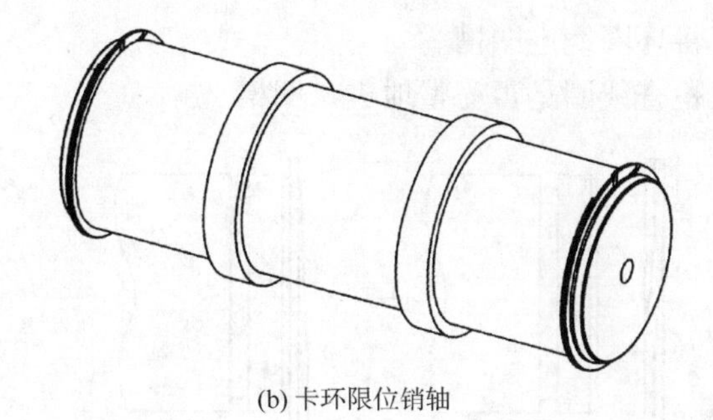
(b) 卡环限位销轴

图6-4 销轴示意图

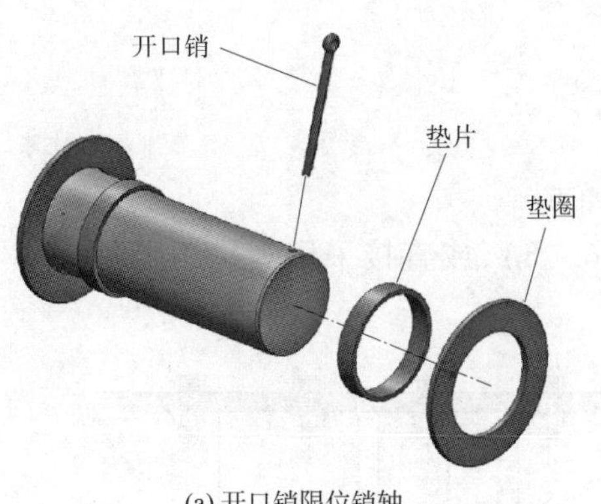

(a) 开口销限位销轴

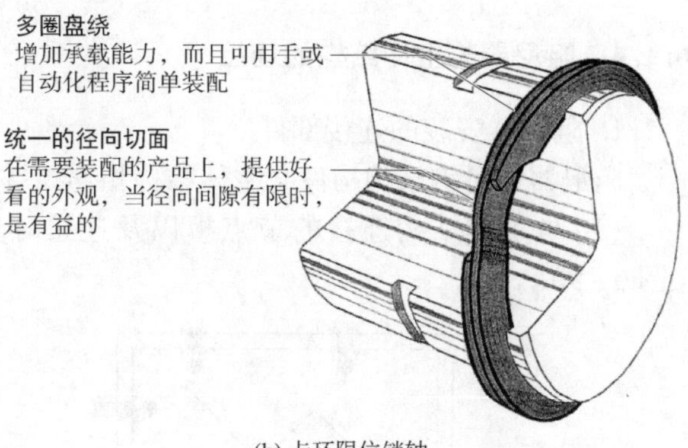

(b) 卡环限位销轴

图6-5 销轴细部构成

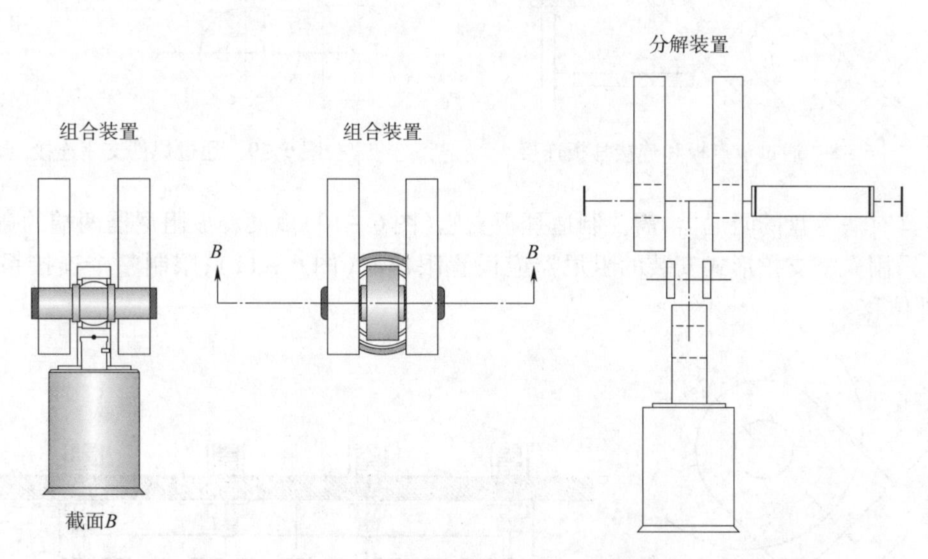

图6-6 销轴与阻尼器耳板的连接

(4)卡环手工装配。在单个或小批生产为基础的壳体孔或轴上熟练地手动安装(如图6-7所示),步骤如下:

①分离线圈并将环的末端插入凹槽。

②将环圈绕进凹槽。

③检查线圈是否完整地进入凹槽。

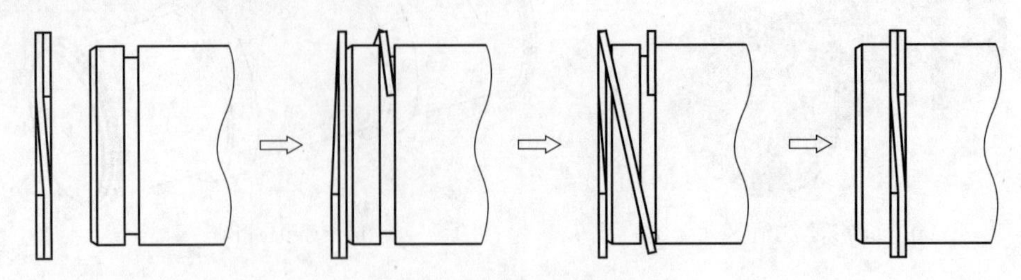

图 6－7　卡环装配方法

6.1.4　阻尼器与主体结构的连接

1. 阻尼器安装的连接部件

阻尼器通过钢结构构件与主体结构相连，具体部件如下：

(1)与主体结构连接的节点板以及连接耳板(图 6－8)，或直接采用焊接组焊件支座(图 6－9)。

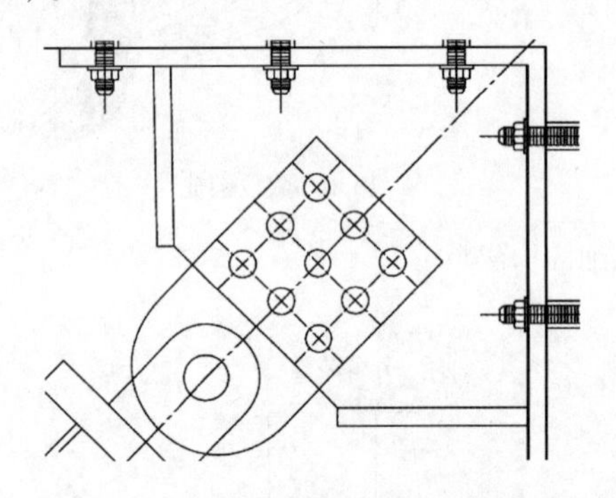

图 6－8　通过节点板和连接耳板连接

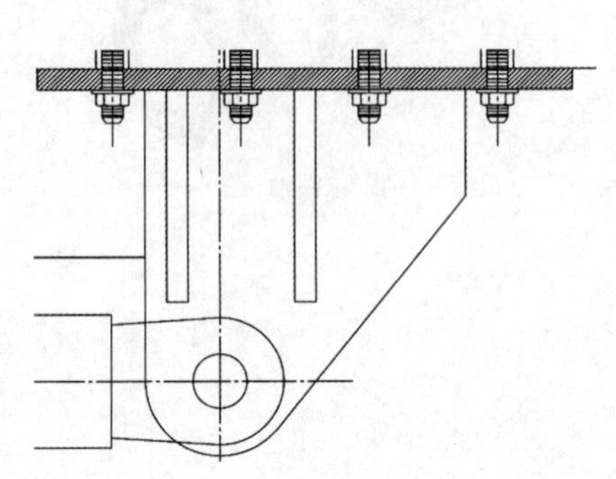

图 6－9　通过焊件支座连接

(2)具有法兰盘的阻尼器，需要制造耳板支座(图 6－10)以便释放阻尼器两端的弯矩。

(3)采用人字支撑形式安装的阻尼器应设置限位器(图 6－11)，限制整个连接系统的侧向平面外位移。

图 6－10　耳板支座

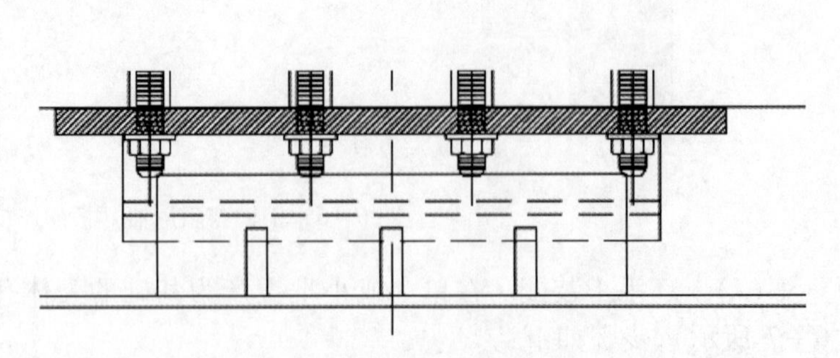

图 6－11　人字支撑限位装置

(4)连接支撑系统,如图6-12、图6-13所示。

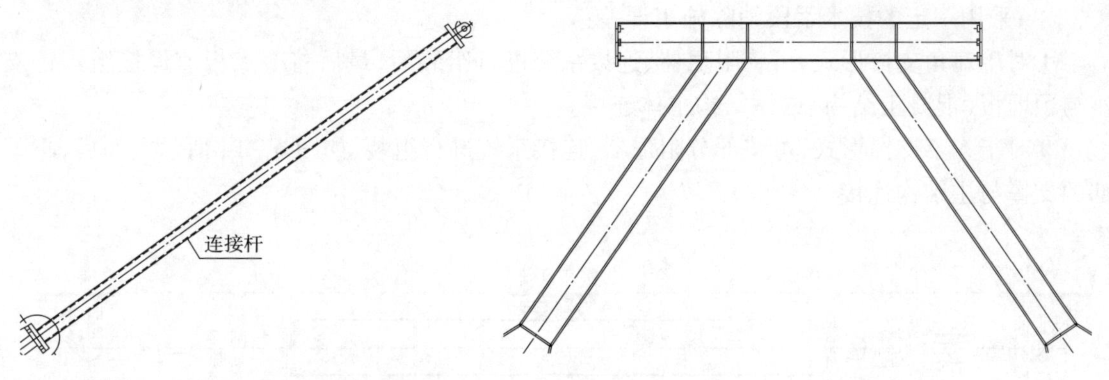

图6-12 带法兰盘阻尼器的支撑杆

图6-13 人字支撑杆

2. 安装工具以及安装步骤

(1)安装工具

卷尺、手工锤子(1~2 kg)和钳子、润滑剂(由Taylor公司随阻尼器提供)、起重装置和提升带。

(2)安装步骤

①阻尼器长度检验:阻尼器孔中两球铰的中心长度应处于设计图中的中位状态,其尺寸误差不得大于3.2 mm。如果发现大于这个误差值,应与Taylor公司代表商议。阻尼器可能需要调整,调整的办法详见下文。

②支座安装:按照相关的图纸和文件,用千斤顶或起重机将连接支座安置到指定位置。按照相关图纸和文件的要求完成支座的焊接或螺栓连接。

③支座就位:用千斤顶或起重机将阻尼器提升到需要的位置上,马蹄形末端应该对准图中所标出的支座的确切位置。

④销子清洗:连接销子应当清理得完全干净和干燥,然后涂上Taylor公司提供的Taylor Blu-Grease润滑剂。

⑤阻尼器就位:将阻尼器末端的球形轴承孔和支座孔对齐,用锥形销子、木楔或其他类似工具协助就位。

⑥安装销子:用手将阻尼器的马蹄形端与连接支座的孔对齐,然后将销子完全推入。同时,要将安装图中的薄垫片和垫圈就位。薄垫片进入连接支座内部,垫圈在连接支座外部。如果需要,可以重新调整阻尼器。如果销子难以插入阻尼器端孔内,可以用锤子敲击。假如遇到意想不到的困难,可以与Taylor公司的代表商量。

⑦固定销子:将销子两端的卡环掰开定位。

⑧安置阻尼器另一端:重复第③~⑦步,直到安装阻尼器结束。假如遇到调整的困难,和Taylor公司代表商量。

3. 阻尼器安装的核心问题

由于阻尼器销栓与球铰之间间隙公差在0.25 mm左右,如何精准地将阻尼器在出厂中位状态下安装就位,是整个阻尼器安装的核心问题。

(1)阻尼器连接件的尺寸应严格配合阻尼器的尺寸进行制造。

(2)采用一定的技术手段消除施工误差:

①对于对角支撑形式,可将阻尼器、连接系统进行组装后,最后将节点板或焊接组焊件支座与预埋板(混凝土结构)或钢结构主体连接。

②对于人字支撑形式,可将部分阻尼器、连接系统进行组装,如图6-14所示。而后,将下部两支撑与主结构连接。

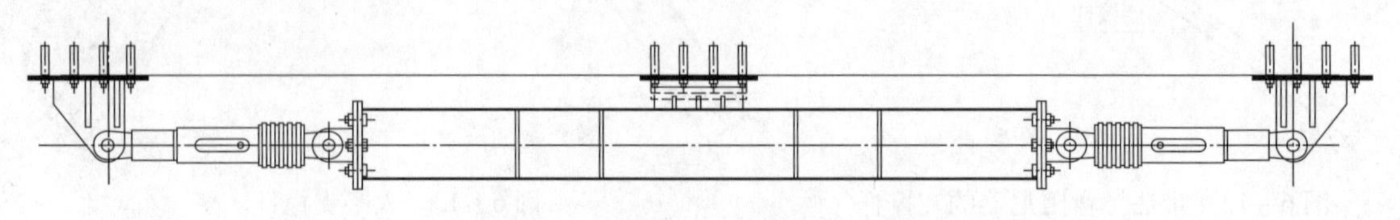

图6-14　阻尼器与连接系统组装图

注意:在对阻尼器以及连接件进行提升的过程中,应采用软绳或提升带,以免刮伤阻尼器表面。

6.1.5　阻尼器长度的调整

如需要调整阻尼器长度,应遵循以下内容:

(1)Taylor 公司设计阻尼器自身具有一定长度调整,可调整 6 mm 左右。

(2)阻尼器运输时,要使阻尼器处于阻尼器安装图中所示的中间状态。中间状态的长度就是两端球形轴承中心距离。这一长度也是阻尼器连接支座孔中心距离。假如阻尼器需要长度调整,阻尼器要进行拉压。工程师必须根据阻尼器冲程来进行长度调整。

(3)利用阻尼器冲程调整。拉伸:可以从阻尼器一端连接轴承处挂起,让另一边垂直下垂,这样可以容易地对阻尼器进行拉伸,增加阻尼器长度,假如阻尼器本身的重量不能拉伸,则需要增加一些质量块挂在 U 形端上,也可以利用卷扬机来帮助拉长,将阻尼器的一端连接到支座上,另一端连接到卷扬机的钢索上进行拉伸。压缩:压缩阻尼器略有困难,像前面说得那样将阻尼器吊起,将阻尼器的一端垂直放到地面上,靠阻尼器的重量压缩阻尼器。如果需要,可以在上端的 U 形轴承处挂上质量块,注意一定不要使阻尼器受到破坏。

假如阻尼器需要进行长度调整,Taylor 公司推荐将阻尼器在运送前从中间状态略微压缩,以至于所有的调整能通过伸长完成。对于阻尼器冲程需要预先达到的位置,需要在阻尼器测试前向 Taylor 公司提供书面材料。这个克服内部张力和引起运动的力大约为最大阻尼力的2%~4%。

6.1.6　参考例图

阻尼器安装如图6-15所示。

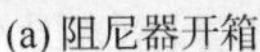
(a) 阻尼器开箱

(b) 阻尼器吊装

(c) 安装完成

图 6－15　阻尼器安装图例

6.2　天津国际贸易中心安装方案

6.2.1　工程概况

本项目为天津国际贸易中心 A 塔,地上共 60 层,总高度 235 m,属超高层钢结构建筑。本建筑结构的安全等级为二级,设计使用年限为 50 年。考虑到结构规范的相关指标及建筑设计的限制,经优化设计后,拟在结构地上 12 层、28 层及 44 层内分别布置 4 套 Taylor 液体黏滞阻尼器(共 12 套)来改善原结构的动力特性,安装位置见相关结构图。

现场工作内容主要包括:(1)节点板与梁柱间的焊接;(2)连接板与连接杆件及连接板与阻尼器的销轴连接;(3)连接杆 1 上 80 mm 厚板的焊接;(4)连接杆 2 上约束板 1 的焊接。

阻尼器的相关技术参数见表 6－1。

表 6－1　阻尼器的相关技术参数

序号	参　数	数　值
1	速度指数 α	0.65
2	阻尼系数 C	1 200 kN/(m/s)$^{\alpha}$
3	最大阻尼力 F	1 000 kN
4	冲程	±100 mm
5	数量	12 套

6.2.2 材　　料

（1）除特殊说明外，连接件用钢材均采用 Q345。

（2）连接用销轴 1、销轴 3、销轴 5 材料为 42CrMo，阻尼器两端连接用销轴 2、销轴 4 材料为 17-4PH 不锈钢。

6.2.3 焊接要求

全焊透焊的焊缝等级为一级，部分焊透焊的焊缝等级为二级。一级焊缝应进行 100% 的检验，其合格等级为国家标准《钢焊缝手工超声波探伤方法和探伤结果分级》（GB/T 11345—1989）B 级检验的Ⅱ级及Ⅱ级以上；二级焊缝应进行抽检，抽检比例不小于 20%，其合格等级为国家标准《钢焊缝手工超声波探伤方法和探伤结果分级》（GB/T 11345—1989）B 级检验的Ⅲ级及Ⅲ级以上。

6.2.4 安装流程

1. 安装工具

卷尺，千斤顶，起重机，导链，吊装带，手工锤子，润滑剂。

2. 安装流程

（1）节点连接板安装：按照相关的图纸和文件，用千斤顶或起重机将连接板安置到指定位置。按照相关图纸和文件的要求完成支座的焊接连接。将连接杆 2 吊装到指定位置，通过销轴 3 组合连接杆 2 与左下方连接板 3，使连接杆 2 销孔到左上侧板的销孔位置等于阻尼器两端销孔的距离，固定连接杆 2。

（2）阻尼器就位：用千斤顶或起重机将阻尼器提升到需要的位置上，将阻尼器末端的球形轴承孔和支座孔对齐，用锥形销子、木楔或其他类似工具协助就位。通过销轴 2 组合左上连接板和阻尼器，人工微调阻尼器角度，通过销轴 4 连接阻尼器与连接杆 2。

（3）销子的清洗：连接销子应当清理得完全干净和干燥，然后涂上 Taylor 公司提供的 Taylor Blu-Grease 润滑剂。

（4）安装销子：用手将阻尼器的马蹄形端与连接支座的孔对齐，然后将销子完全推入。同时，要将安装图中的薄垫片和垫圈就位。薄垫片进入连接支座内部，垫圈在连接支座外部。如果需要，可以重新调整阻尼器。如果销子难以插入阻尼器端孔内，可以用锤子敲击。假如遇到意想不到的困难，可以与 Taylor 公司的代表商量。将销子两端的垫圈定位并插入开口销。

（5）将连接杆 1 吊装到指定位置，通过销轴 5 连接连接杆 1 与连接杆 2。

（6）将 80 mm 厚板吊装到指定位置，通过销轴 1 连接连接杆 1 的 80 mm 厚板及连接板 1。

（7）通过导链等工具微调旋转连接杆 1 到位，焊接连接杆 1 上的 80 mm 厚板。

（8）按图纸焊接连接杆 2 上的约束板 1。

到此完成连接件及阻尼器的全部安装工作。立面及平面连接图如图 6－16 所示。

3. 注意事项

（1）安装前将各层左下角处相应长度的楼板刨除，露出梁面，以便安装。

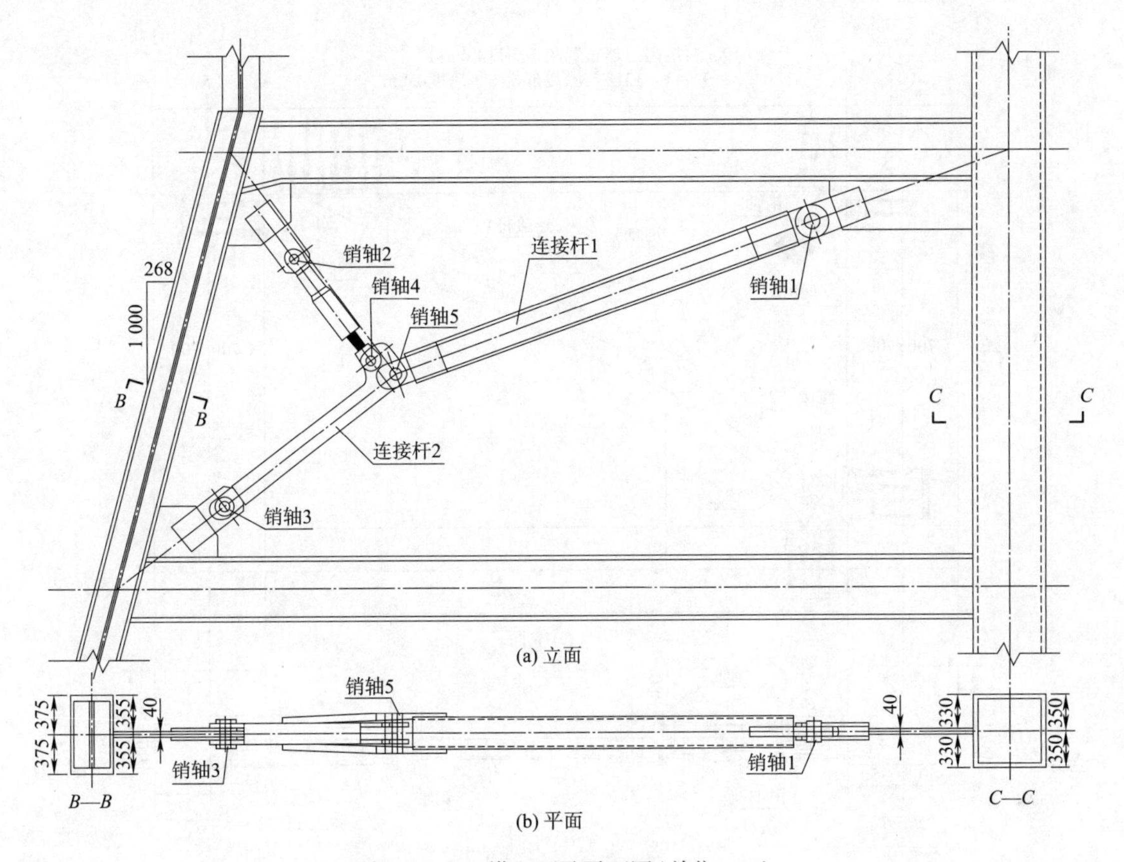

图6－16　A塔立面及平面图(单位:mm)

(2)吊装注意事项:在对阻尼器以及连接件进行提升的过程中,应采用软绳或提升带,以免刮伤阻尼器表面。

6.2.5　安装误差控制

本安装工程对尺寸精度要求较高。在上述安装过程及图示中,所涉及到的长度误差要求为±5 mm,角度误差要求为±1°。在加工及安装过程中应严格按要求控制误差,以保证阻尼器有效工作并使安装工作有效顺利进行。各板件安装销轴处务必使轴孔同心。

6.3　新疆阿图什布拉克大厦安装方案

6.3.1　工程概况

布拉克大厦将黏滞阻尼器设置在层内梁柱方格之间,全楼共安装56套黏滞阻尼器。X向具体为:11、13、15、21、23层每层布置4套,8层布置2套;Y向具体为:8、10、12、14、16、18、22、24层每层布置4套,3层布置2套。共计56套。具体位置参见安装图纸。套索式布置阻尼器,可以在同样的空间尺寸内起到放大阻尼器效果的作用,因此采用这种布置方式。预埋板与梁柱采用预埋螺栓套筒连接,阻尼器节点支座与预埋钢板采用M30螺栓连接;阻尼器的连接杆件之间采用销轴连接,如图6－17所示。

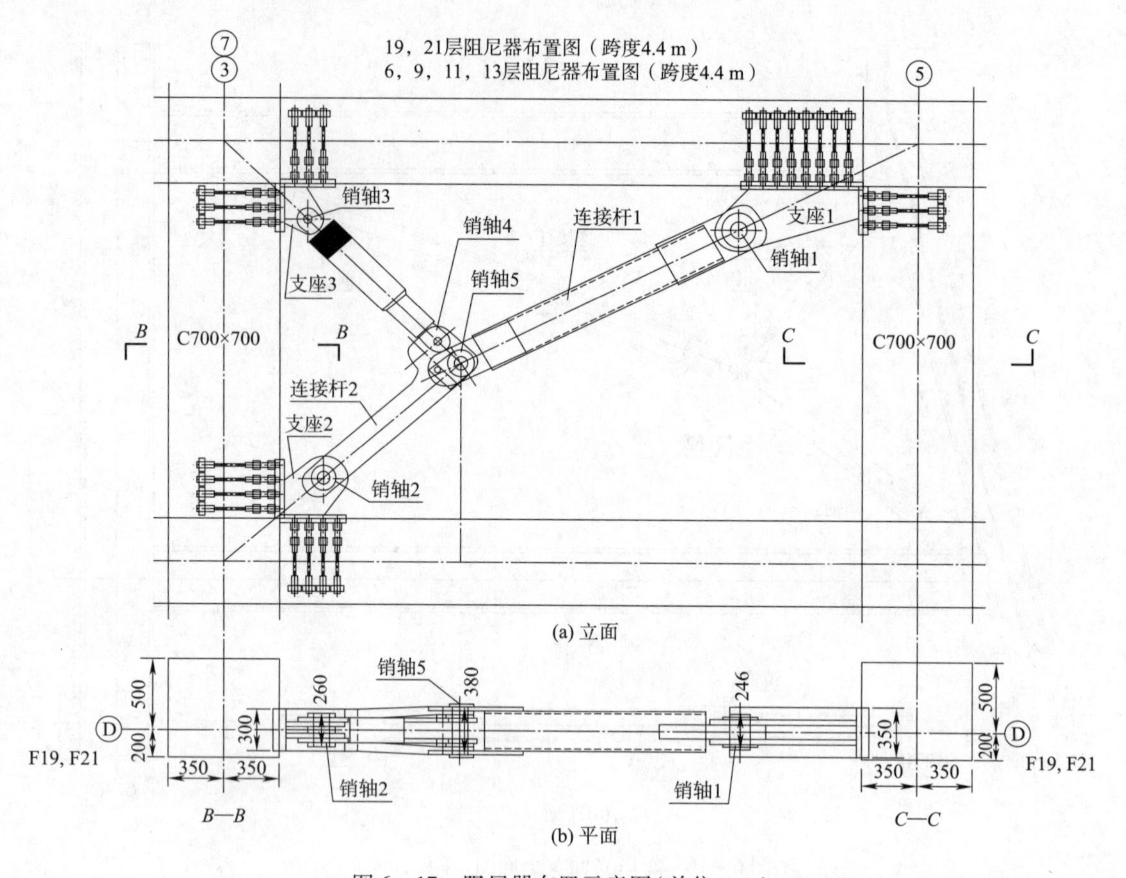

图 6－17　阻尼器布置示意图(单位:mm)

6.3.2　材　　料

(1)除特殊说明外,连接件用钢材均采用 Q345。

(2)连接用销轴 1、销轴 3、销轴 5 材料为 42CrMo,阻尼器两端连接用销轴 2、销轴 4 材料为 17-4PH 不锈钢。

6.3.3　焊接要求

全焊透焊的焊缝等级为一级,部分焊透焊的焊缝等级为二级。全部焊缝尺寸按图施工。一级焊缝应进行 100% 的检验,其合格等级为国家标准《钢焊缝手工超声波探伤方法和探伤结果分级》(GB/T 11345—1989)B 级检验的Ⅱ级及Ⅱ级以上;二级焊缝应进行抽检,抽检比例不小于 20% ,其合格等级为国家标准《钢焊缝手工超声波探伤方法和探伤结果分级》(GB/T 11345—1989)B 级检验的Ⅲ级及Ⅲ级以上。

6.3.4　预埋件等阻尼器连接件的施工

阻尼器连接预埋件及支座示意图如图 6－18 所示。

(1)依照图纸,加工完成阻尼器在梁柱节点处的预埋螺栓、套筒、预埋钢板及与支座连接用的 M30 螺栓。

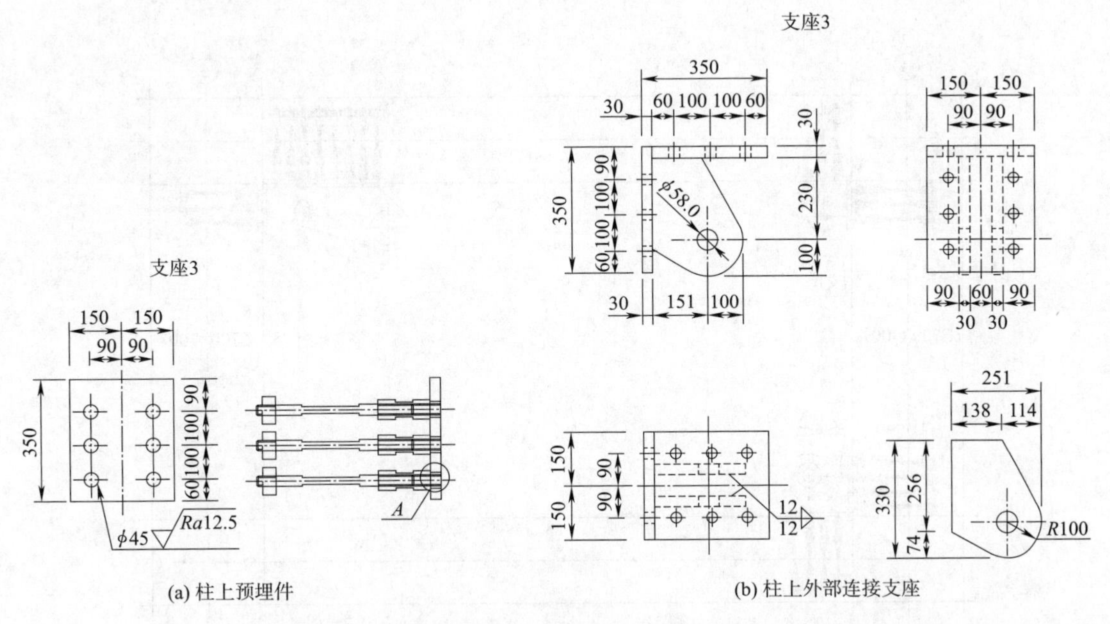

图6-18　阻尼器连接预埋件及支座示意图(单位:mm)

(2)依照图纸,加工完成阻尼器在梁柱节点处的连接支座。

(3)依照图纸,加工完成阻尼器连接杆1、连接杆2及销轴等其他零部件。

(4)测量阻尼器支座在各节点处梁柱上的确切位置,以及之间的竖向距离、水平距离,确定预埋件及预埋锚栓的预埋位置或施工点,按照图纸预先埋设相应位置的预埋件,如图6-19所示。

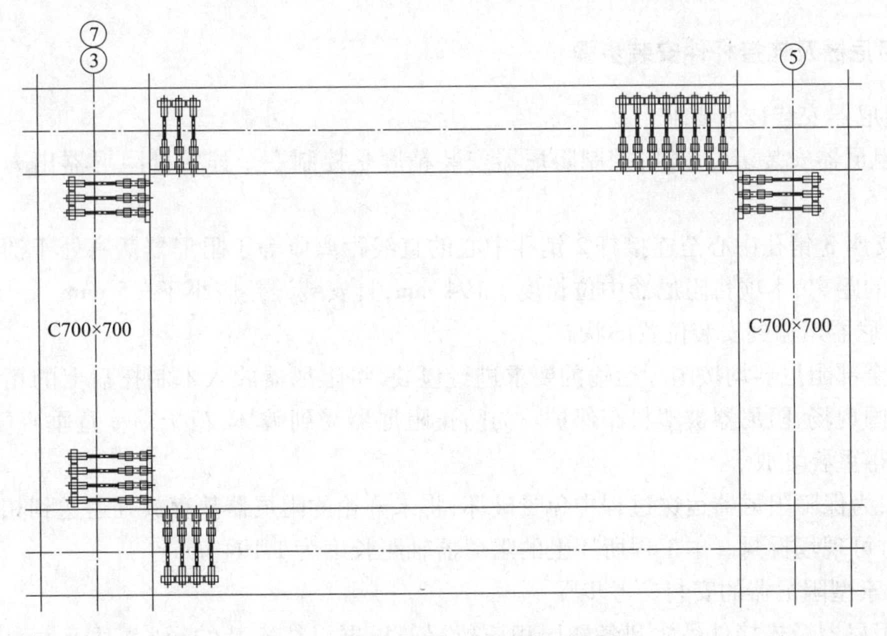

图6-19　预埋件安装就位示意图

(5)完成预埋板以及连接支座(图6-20)的螺栓连接安装,施工完毕后进行测量,保证安装精度。

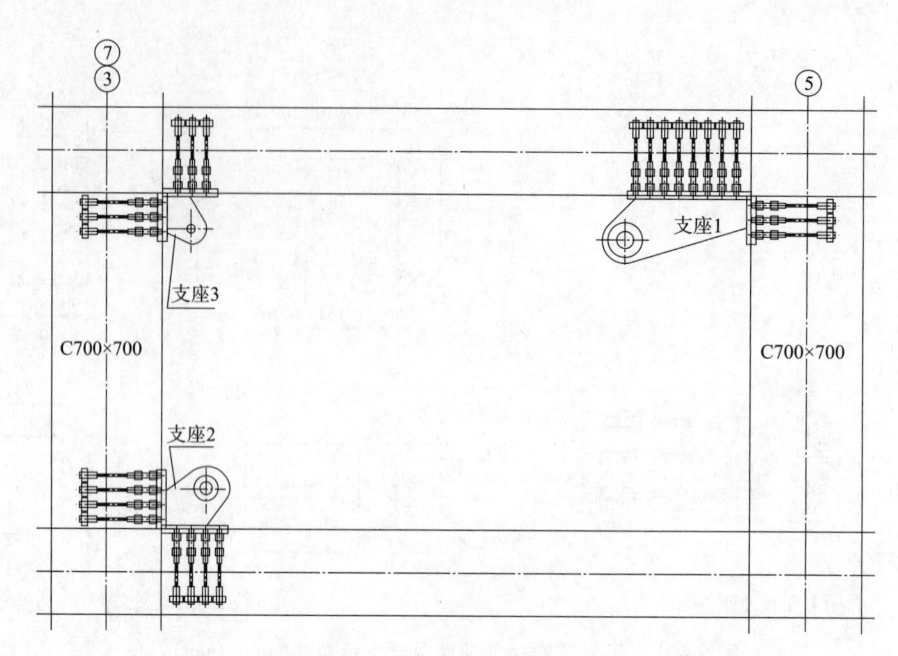

图 6－20　连接支座安装就位示意图

(6)阻尼器连接件的安装误差:本项目支座采用螺栓连接,对加工要求精度高,务必保证螺栓孔的位置、孔径及粗糙度要求,且预埋板与支座底板的螺栓孔的位置保证一致,避免出现安装错位使螺栓无法连接而延误施工。阻尼器支座底板平整度为 0. 5 mm/全平面。

6. 3. 5　阻尼器及连接杆件安装步骤

1. 阻尼器安装技术要求

(1)阻尼器安装定位原则:控制阻尼器安装精度是控制一个连接处阻尼器出力均匀的重要环节之一。

(2)支座 3 销孔中心至连接杆 2 销孔中心的直线距离应等于阻尼器活塞处于油缸中位时球铰中心的距离,本项目阻尼器中位长度 1 194 mm,且安装误差应小于 ±5 mm。

2. 阻尼器运输到安装位置的状态

所用全部阻尼器均按国际运输的要求进行包装,将阻尼器放入木制托盘上的箱子中用船运送到中国现场,阻尼器被塑料布保护。为防止阻尼器受到破坏,箱子须一直垂直朝上放置,且木箱不得重叠堆放。

注意:为保障阻尼器运送过程中免受破坏,将未开箱的阻尼器从存放处运送到相应的安装位置后,方可现场拆封。本工程所用上的阻尼器轴距长度为 1 194 mm。

3. 套索型阻尼器的安装参考步骤

(1)阻尼器及连接件吊放到各楼层相应位置。根据以往安装的经验,对于大型液体黏滞阻尼器的安装,吊放是其中最大的问题。如有可能,安装单位应将阻尼器等直接吊放到安装位置处,等待下一步的安装。吊放就位后,阻尼器孔中两球铰的中心长度应处于设计图中的中位状态,其尺寸误差 ±5 mm。如果发现大于这个误差值,应与 Taylor 公司代表商议。阻尼器可能需要调整,调整的办法见“阻尼器长度的调整”。

(2)销子清洗。连接销子应当清理得完全干净和干燥,然后涂上 Taylor 公司提供的 Taylor Blu-Grease 润滑剂。

(3)连接杆 2 吊装。用千斤顶或吊装葫芦将连接杆 2 吊装到指定位置,通过销轴 2 组合连接杆 2 与支座 2,用锥形销子、木楔或其他类似工具协助就位,使连接杆 2 销孔到支座 3 的销孔位置等于阻尼器两端销孔的距离,固定连接杆 2,如图 6 – 21 所示。

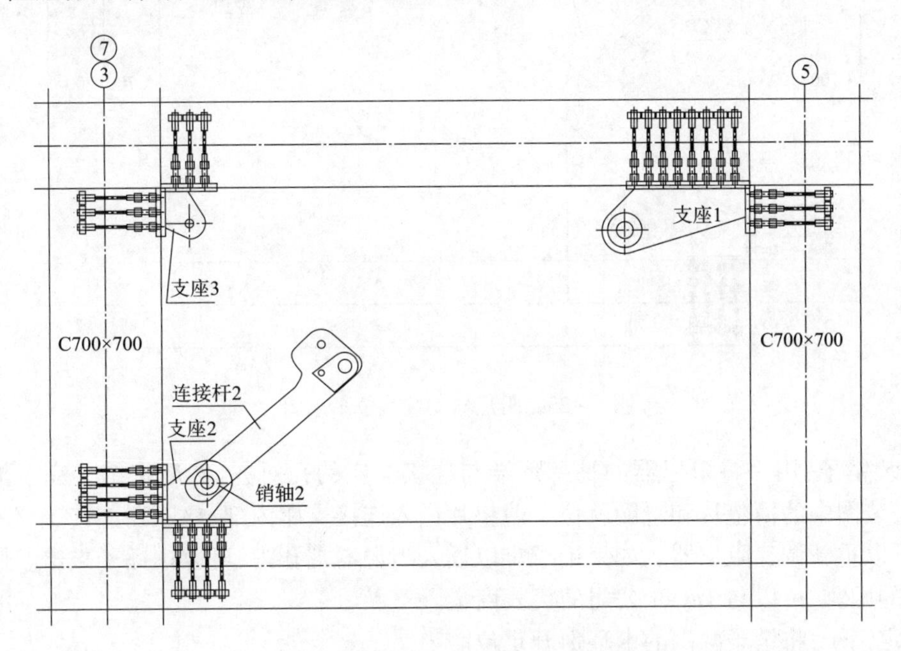

图 6 – 21　连接杆 2 安装就位示意图

(4)阻尼器吊装。用千斤顶或吊装葫芦将阻尼器提升到需要的位置,马蹄形末端应该对准图中所标出的支座的确切位置,应该安装没有微调装置的一端,也就是较粗的一端,如果两个支座之间的位置相对于设计的位置有少许偏差,可以在较粗的一端就位后,调整较细的一端,直到符合设计位置距离。阻尼器的提升必须用吊装带吊装,切勿用金属吊索吊装。如图 6 – 22 所示,一般情况下可按捆绑方式 1 吊装,但为防止吊装带滑脱可同时用捆绑方式 1 和 2 吊装,但捆绑方式 1 起主要的受力作用,方式 2 只为防止方式 1 的吊索断裂和滑脱。

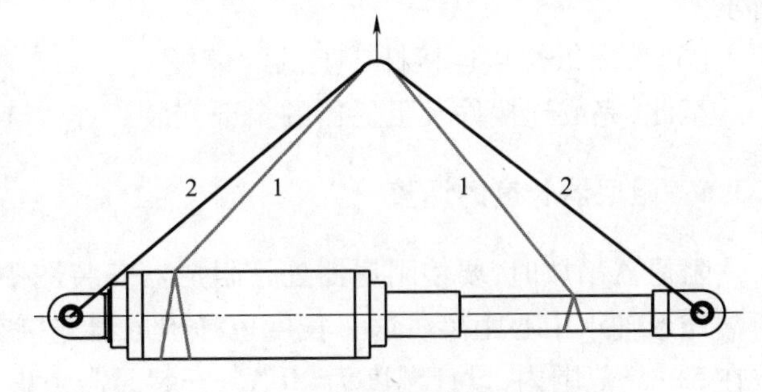

图 6 – 22　阻尼器的吊装捆绑方式

①阻尼器就位:将阻尼器较粗一端的球形轴承孔和支座孔对齐,用锥形销子、木楔或其他类似工具协助就位,如图 6 – 23 所示。

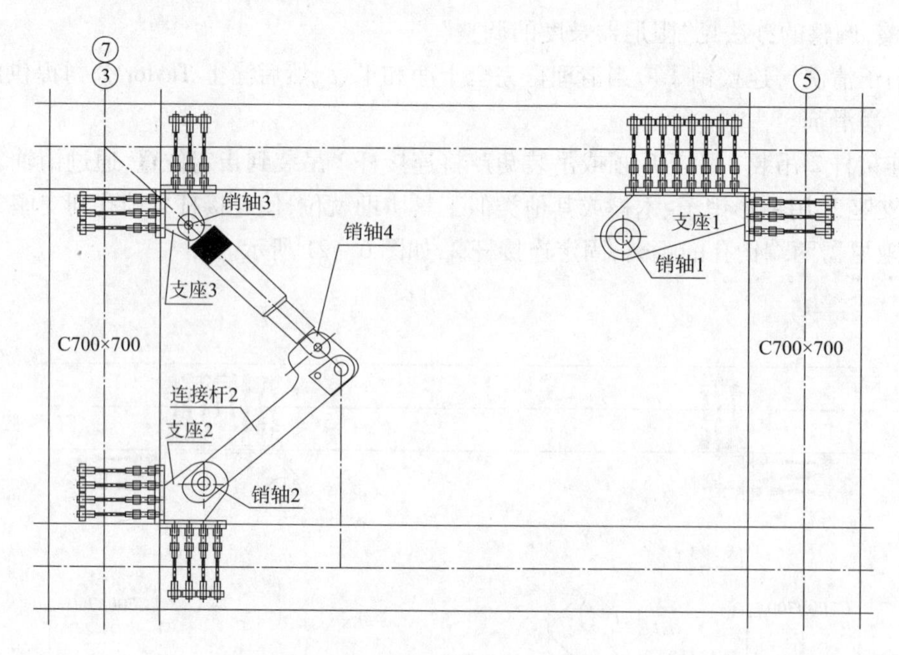

图 6－23　阻尼器安装就位示意图

②安装销子：用手将阻尼器的马蹄形端与连接支座的孔对齐，然后将销子完全推入。同时，要将安装图中的薄垫片和垫圈就位。薄垫片进入连接支座内部，垫圈在连接支座外部。如果需要，可以重新调整阻尼器。如果销子难以插入阻尼器端孔内，可以用锤子敲击。假如遇到意想不到的困难，可以与 Taylor 公司的代表商量。

③固定销子：将销子两端的卡环掰开定位。

④安置阻尼器另一端：重复上述①、②步骤，直到安装阻尼器结束。假如遇到调整的困难，和 Taylor 公司代表商量。

(5)连接杆 1 的吊装。将连接杆 1 吊装到指定位置，通过销轴 5 连接连接杆 1 与连接杆 2。将 80 mm 厚板吊装到连接杆 1 上部留槽处，通过销轴 1 连接连接杆 1 的 80 mm 厚板及支座 1。通过导链等工具微调旋转连接杆 1 到位，焊接连接杆 1 上的 80 mm 厚板，如图 6－24 所示。

(6)按图纸焊接连接杆 2 上的约束板 1。

至此，完成连接件及阻尼器的全部安装工作。

6.3.6　阻尼器长度的调整

阻尼器吊放时，要使阻尼器处于阻尼器安装图中所示的中间状态。中间状态的长度就是两端球形轴承中心距离。这一长度也是阻尼器连接支座孔中心距离。阻尼器的孔距要保证误差在 5 mm 范围内，设计温度为 20 ℃，安装时需考虑温度变化引起的桥梁的热胀冷缩，以及由此产生的阻尼器支座安装孔距的变化。假如阻尼器需要长度调整，阻尼器要进行拉压。工程师必须根据阻尼器冲程来进行长度调整。

拉伸：可以从阻尼器一端连接轴承处挂起，让另一边垂直下垂，这样可以容易地对阻尼器进行拉伸，增加阻尼器长度。假如阻尼器本身的重量不能拉伸，则需要增加一些质量块挂在 U

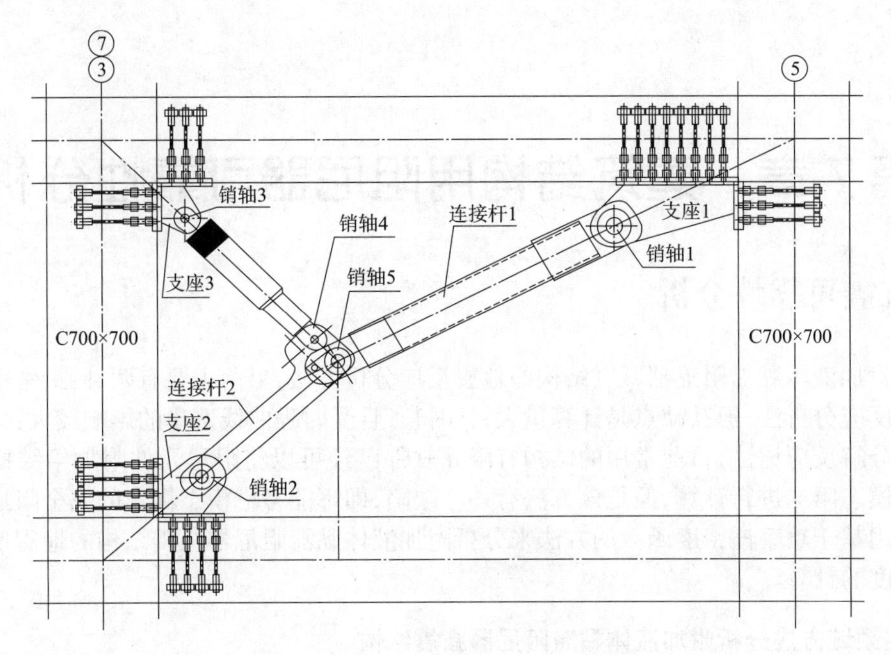

图 6－24　连接杆 1 安装就位示意图

形端上,也可以利用卷扬机来帮助拉长,将阻尼器的一端连接到支座上,另一端连接到卷扬机的钢索上进行拉伸。

压缩:压缩阻尼器略有困难。像前面说得那样将阻尼器吊起,将阻尼器的一端垂直放到地面上,靠阻尼器的重量压缩阻尼器。如果需要,可以在上端的 U 形轴承处挂上质量块,注意一定不要使阻尼器受到破坏。

假如阻尼器需要进行长度调整,Taylor 公司推荐将阻尼器在运送前从中间状态略微压缩,以至于所有的调整能通过伸长完成。对于阻尼器冲程需要预先达到的位置,需要在阻尼器测试前向 Taylor 公司提供书面材料。这个克服内部张力和引起运动的力大约为最大阻尼力的 2%~4%。

6.3.7　土建单位施工注意事项

土建单位进行阻尼器支座的相关预埋工作时,严格确保预埋位置的正确和预埋尺寸的精度符合阻尼器支座图纸的要求,确定与预留螺栓孔间距离符合设计要求,并在施工之前向阻尼器支座的加工单位出具相关预埋底板(支座与连接底板)的模板,避免由于各种原因造成安装出现问题。

支座单位进行预留螺栓孔工作时,确保预留位置的正确和预留尺寸的精度符合阻尼器支座图纸的要求,确定与阻尼器支座的相关预埋件之间的距离符合设计要求,并在施工之前向阻尼器支座的加工单位出具相关预留底板(支座与底板)的模板,避免由于各种原因造成安装出现问题。

第 7 章　建筑结构用阻尼器可靠性分析

7.1　抗震可靠性分析

对于附加液体黏滞阻尼器减震结构的地震反应分析方法，目前主要有两种：最常用的是地震动时程反应分析法，但其缺点是计算量大，耗时长，且受时程曲线选择的影响较大；另一种方法是振型分解反应谱法，目前常用的结构有限元软件已经可以将阻尼元件附加给结构的阻尼转换成为模态阻尼进行计算，但是该方法有一个缺陷，即不能考虑模态耦合的完全阻尼。本节将论述运用基于功率谱密度函数的方法来分析附加液体黏滞阻尼器减震结构的地震反应以及地震可靠度的计算。

7.1.1　用频域方法分析附加液体黏滞阻尼器减震结构

1. 时域分析向频域分析的转化

假定 $x(t)$ 为结构的位移时程函数，$x_g(t)$ 为地面位移时程函数，那么在时域内，结构地震反应的方程如下式：

$$M\ddot{x}(t)+C\dot{x}(t)+C_{eq}\dot{x}(t)+Kx(t)=M\ddot{x}_g(t) \tag{7-1}$$

式中，M、C、K 分别为结构质量矩阵、阻尼矩阵和刚度矩阵；C_{eq} 为液体黏滞阻尼器等效线性阻尼；$C_{eq}\dot{x}(t)$ 为液体黏滞阻尼器提供的阻尼力。

令

$$x(t)=\bar{a}\exp(iwt)=\bar{a}[\cos(wt)+i\sin(wt)] \tag{7-2}$$

$$x_g(t)=\overline{a_g}\exp(iwt)=\overline{a_g}[\cos(wt)+i\sin(wt)] \tag{7-3}$$

式中，$\bar{a}$ 和 $\overline{a_g}$ 分别为结构地震作用下位移反应峰值以及地面运动位移峰值；ω 为角频率。

将式(7-2)、式(7-3)代入式(7-1)进行转化可得

$$[K+iw(C+C_{eq})-\omega^2M]\bar{a}=-\omega^2M\overline{a_g} \tag{7-4}$$

式(7-4)即为频域内结构地震反应的运动方程。

2. 结构的功率谱密度分析

功率谱密度分析法是采用功率谱密度函数充当结构的激励，由于功率谱密度函数可以完整反映规范反应谱的统计特征，所以比起随机抽样得到的地震动时程曲线，它在统计意义上与规范反应谱更为接近。

(1)功率谱密度函数的物理意义

功率谱密度函数是由一个随机函数的自相关函数通过傅里叶变换得到的，表征了某一随机变量的功率(均方值)在不同频率处的分布情况。

对于某一平稳随机过程 $x(t)$，它的自相关函数如下：

$$R_x(\tau)=R_x(t_1-t_2)=R_x(t_1,t_2)=\mathrm{E}[x(t_1)\times x(t_2)]=\frac{1}{N-1}\sum_i[x_i(t_1)\times x_i(t_2)] \tag{7-5}$$

式中，$R_x()$、$E()$分别代表随机函数的自相关函数和均值。

功率谱密度函数与自相关函数互为傅里叶变换对，如下：

$$S(\omega)=\int_{-\infty}^{+\infty}R(\tau)\mathrm{e}^{-i\omega\tau}\mathrm{d}\tau \tag{7-6}$$

$$R(\tau)=\frac{1}{2\pi}\int_{-\infty}^{+\infty}S(\omega)\mathrm{e}^{i\omega\tau}\mathrm{d}\omega \tag{7-7}$$

（2）用功率谱密度函数进行结构地震作用下最大反应估计的方法

功率谱密度函数描述了随机振动在频域内的一些统计特征，而结构反应在时域内达到阀值某个特定值的概率是与上述统计特征紧密相连的。达文波特给出了随机振动中，结构反应 y 的绝对值在$(0,T_{\mathrm{d}})$时段内不超过 a 的概率：

$$P(T_{\mathrm{d}},r)=\exp\left[-\frac{\Omega}{\pi}T_{\mathrm{d}}\exp(-r^2/2)\right] \tag{7-8}$$

其中

$$r=a/\sigma_y \tag{7-9}$$

$$\Omega=\sigma_{\dot{y}}/\sigma_y=\sqrt{\lambda_2/\lambda_0} \tag{7-10}$$

$$\lambda_i=\frac{1}{2\pi}\int_0^{\infty}\omega^iG(\omega)\mathrm{d}\omega \tag{7-11}$$

式中，$G(\omega)$为单侧谱密度，$G(\omega)=2S(\omega)$；$\sigma_{\dot{y}}$ 和 σ_y 分别为 $\dot{y}$ 和 y 的均方根。

（3）功率谱密度函数的选取

由于目前振型分解反应谱法为主流的结构设计方法，因此拟合出对应规范反应谱的功率谱密度函数就非常有意义。拟合功率谱密度函数的方法主要有两种：一种为迭代法；另一种是用概率的方法推导出地面加速度功率谱与结构最大加速度反应谱之间的近似关系。

对于第一种迭代的方法，在迭代出一组满足误差要求的 $S(\omega)$后，通常会用最小二乘法拟合出金井清谱的谱参数，即将数据拟合为过滤白噪声模型来模拟地震动的功率谱密度分布。

过滤白噪声模型的函数表达式如下：

$$S(\omega)=\frac{1+4\xi_{\mathrm{g}}^2\omega^2/\omega_{\mathrm{g}}^2}{[1-(\omega^2/\omega_{\mathrm{g}}^2)]^2+4\xi_{\mathrm{g}}^2\omega^2/\omega_{\mathrm{g}}^2}S_0 \tag{7-12}$$

式中，ξ_{g}、ω_{g} 分别代表场地土阻尼比和卓越角频率；S_0 为谱强度因子。

本节采用了周佩佩、巢斯选用的杜修力-陈厚群的修正过滤白噪声模型，该方法与第一种迭代的方法相似，选用的功率谱密度函数如下：

$$S(\omega)=\frac{1}{1+(D\omega)^2}\times\frac{\omega^4}{(\omega^2+\omega_0^2)^2}\times\frac{1+4\xi_{\mathrm{g}}^2\omega^2/\omega_{\mathrm{g}}^2}{[1-(\omega^2/\omega_{\mathrm{g}}^2)]^2+4\xi_{\mathrm{g}}^2\omega^2/\omega_{\mathrm{g}}^2}S_0 \tag{7-13}$$

式中，D、ω_0 分别代表高频拐角周期和低频拐角频率。

3. 结构的阻尼

在频域内，需要定义基于位移的滞回阻尼，若基于速度的黏滞阻尼系数 C 为常数，则根据频域内的动力方程：

$$[K+iw(C+C_{\mathrm{eq}})-\omega^2M]\overline{a}=-\omega^2M\overline{a_{\mathrm{g}}}$$

滞回阻尼为

$$D(\omega)=\omega(C+C_{eq}) \qquad (7-14)$$

结构的阻尼通常来源于两部分。一部分是作为整体应用到整个结构的阻尼，为方便计算，它常被分解为刚度比例阻尼和质量比例阻尼，转化至频域内，即为

$$D_0(\omega)=d_K(\omega)K+d_M(\omega)M \qquad (7-15)$$

式中，$d_k(\omega)$、$d_M(\omega)$分别代表刚度比例阻尼系数和质量比例阻尼系数。

另一部分为附加阻尼元件的阻尼。在时域内，对于线性黏滞阻尼元件，其阻尼系数为常数，阻尼力 $F=Cv(t)$；对于非线性阻尼元件，阻尼力 $F=Cv^{\alpha}(t)$，其中 C 为阻尼系数，α 为速度指数，$v(t)$为相对位移速度。而在频域内，由于 SAP 2000 不能进行速度非线性的分析，因此需要首先根据耗能相等的原则计算出等效线性阻尼。在 SAP 2000 中，对于线性阻尼，程序可自动指定滞回阻尼为 $D(\omega)=\omega C$。

4. 有限元软件分析步骤

(1)首先建立结构有限元模型。

(2)定义线性液体黏滞阻尼器。对于线性阻尼，只需定义时域内的阻尼系数，软件会自动计算出频域内的滞回阻尼。

(3)定义功率谱密度函数及功率谱密度分析工况。首先利用上文中提到的地面加速度功率谱的模型及参数，生成一组频率-加速度谱强度值，再导入 SAP 2000 中，注意频率步的选择以及功率谱分析工况定义时所需的参数。在定义功率谱密度分析工况时，SAP 2000 在功率谱密度分析中输入的荷载为

$$\bar{p}(\omega)=\sum_j s_j f_j(\omega)p_j(\cos\theta_j+i\sin\theta_j) \qquad (7-16)$$

式中，p_j 为荷载分布向量；$f_j(\omega)$为功率谱密度函数的平方根，还需注意的是，SAP 2000 中使用的频率步的单位是 1/s，而通常得到的功率谱密度函数对应的是角频率，因此需要对该函数值乘以一个比例系数 $s_j=\sqrt{2\pi}$。

(4)运行分析，记录结果。功率谱密度分析结果输出方式有两种：一种为 RMS 方式，该结果是将结构反应的各频率对应谱强度值用一定方法叠加得到的最终值，可看作是与反应谱计算结果相对应的均值；另一种为 SQRT(PSD)方式，该方式直接输出结构反应的频率-谱强度均方根数据。

(5)结构反应不超过某一阀值特定值的概率计算。导出结构反应的频率-谱强度数据，计算各谱参数，计算出在一段时间内结构反应不超过某一确定值的概率，从而计算可靠度。

5. 带有阻尼器结构的地震可靠度计算方法

根据上述方法，可以用 SAP 2000 计算得到确定烈度下，结构中阻尼器变形与频率的关系曲线，由此曲线可以计算得到阻尼器变形不超过极限变形 u_m 的概率 $P(u_m)$，也就是说，将阻尼器的破坏作为判断标准来计算结构的地震可靠度；由此计算出的 $P(u_m)$再与以层间位移角不超过临界值作为判断标准计算出的概率 $P(T_d,r)$比较，二者取小值，则可得到结构最终的地震可靠度。

7.1.2 算例分析

本节的算例分两个部分：第一部分进行附加液体黏滞阻尼减震结构的振型分解反应谱法、功率谱密度分析法以及线性时程分析法的对比；第二部分提供一个实际工程模型作为算例，对

安装液体黏滞阻尼器减震前后的结构地震可靠度做出计算分析。

1. 不同算法对地震下阻尼器效果的对比

用 SAP 2000 建立一组 13 层框剪结构有限元模型，如图 7 - 1 所示。结构概况如下：平面柱距 6 m，层高 3.2 m，墙、柱混凝土强度等级为 C40，梁板混凝土强度等级为 C30，柱截面 700 mm × 700 mm，梁截面 300 mm × 600 mm，楼板厚 120 mm，剪力墙厚 200 mm，楼板所加恒载和活载均为 3 kN/m^2。

结构所在场地抗震设防烈度为 8 度（0.2g），场地类别为Ⅱ类，地震分组为第一组。选取对应场地的功率谱密度函数曲线，各参数的取值如下：

高频拐角周期 $D = 0.014\,92$；

低频拐角频率 $\omega_0 = 2\pi\beta/3r = 2\pi \times 3.5/(3 \times 4) = 1.832\,59$；

场地土阻尼比 $\xi_g = 0.726$；

卓越角频率 $\omega_g = 18.05$；

谱强度因子 $S_0 = 58.99$。

场地地面加速度的功率谱密度函数曲线如图 7 - 2 所示。

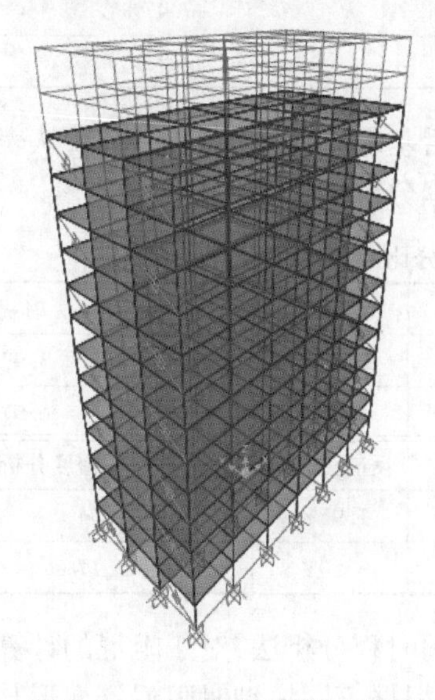

图 7 - 1　框剪结构有限元模型

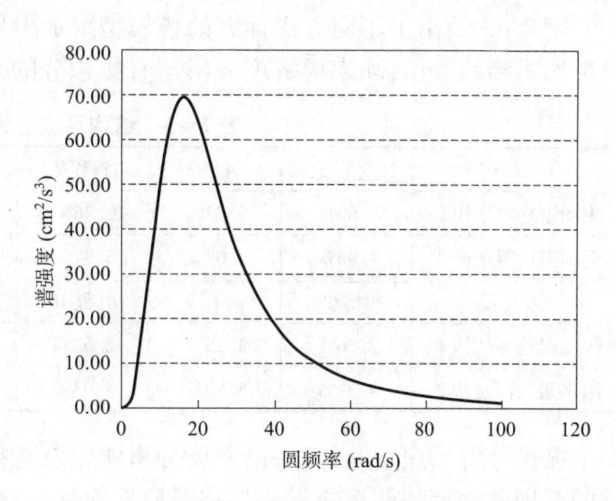

图 7 - 2　地面加速度功率谱密度函数曲线（一）

模型被分为 3 组，分别为无阻尼器组、阻尼系数 $C = 1\,000$ kN/(m/s) 的一组、阻尼系数 $C = 3\,000$ kN/(m/s) 的一组。定义结构自身阻尼比为 0.05。每组分别采用振型分解反应谱分析法、功率谱密度分析法和直接积分的线性时程反应分析法进行 8 度小震作用下的计算分析，其中线性时程反应分析法所采用的地震波为根据规范相应反应谱生成的 10 条人造地震波。主要记录各模型各工况下地震作用产生的基底剪力并进行对比，其中时程分析工况记录基底剪力峰值。计算结果见表 7 - 1（表中，附加阻尼器结构 1 的阻尼系数 $C = 1\,000$ kN/(m/s)，附加阻尼器结构 2 的阻尼系数 $C = 3\,000$ kN/(m/s)）。

直接积分的线性时程分析因适用性较广，在黏滞阻尼器减震结构的地震反应分析中常被作为参考对象。下面给出反应谱分析和功率谱密度分析较线性时程分析的误差对比，见表 7 - 2，可以看出，功率谱密度分析与时程分析的计算结果更为接近。

表 7－1　各模型各工况结构基底剪力计算结果　　　　（单位：kN）

工　况	时程 1	时程 2	时程 3	时程 4	时程 5	时程 6	时程 7
无阻尼器结构	7 260. 23	6 428. 10	6 838. 39	6 123. 71	5 837. 05	6 233. 20	5 935. 34
附加阻尼器结构 1	7 070. 01	6 214. 16	6 615. 20	5 920. 79	5 673. 82	6 095. 62	5 699. 89
附加阻尼器结构 2	6 719. 25	5 836. 21	6 226. 67	5 567. 26	5 378. 29	5 847. 75	5 302. 57

工　况	时程 8	时程 9	时程 10	时程平均	反应谱分析	功率谱密度分析
无阻尼器结构	6 175. 22	5 983. 82	6 464. 33	6 327. 94	6 799. 66	6 798. 31
附加阻尼器结构 1	6 029. 23	5 789. 59	6 294. 82	6 140. 31	6 667. 04	6 598. 71
附加阻尼器结构 2	5 768. 20	5 457. 00	5 984. 38	5 808. 76	6 433. 94	6 257. 79

表 7－2　反应谱分析法和功率谱密度分析法较时程分析法误差对比

分析方法 / 工　况	反应谱分析	功率谱密度分析
无阻尼器结构	7. 45%	7. 43%
附加阻尼器结构 1	8. 58%	7. 47%
附加阻尼器结构 2	10. 76%	7. 73%

表 7－3 给出了不同方法计算的各模型附加阻尼元件后基底剪力减小的百分比，从表中可以更加明确地看出，功率谱密度分析与直接积分的线性时程分析结果更加接近。

表 7－3　结构基底剪力减小百分比

工　况	时程 1	时程 2	时程 3	时程 4	时程 5	时程 6	时程 7
附加阻尼器结构 1	2. 62%	3. 33%	3. 26%	3. 31%	2. 80%	2. 21%	3. 97%
附加阻尼器结构 2	4. 96%	6. 08%	5. 87%	5. 97%	5. 21%	4. 07%	6. 97%

工　况	时程 8	时程 9	时程 10	时程平均	反应谱分析	功率谱密度分析
附加阻尼器结构 1	2. 36%	3. 25%	2. 62%	2. 97%	1. 95%	2. 94%
附加阻尼器结构 2	4. 33%	5. 74%	4. 93%	5. 40%	3. 50%	5. 17%

振型分解反应谱法、功率谱密度分析法以及直接积分的时程分析法，对于阻尼的计算有本质的区别。振型分解反应谱法是将阻尼器附加的额外阻尼根据不同振型时阻尼器变形与结构整体变形之间的比例转化为振型阻尼比施加的，它最终是通过振型阻尼的形式实现；直接积分的时程分析法是采用黏滞阻尼系数与阻尼器相对变形的速度相乘，作为迭代求解的一部分，随着时间步迭代求出的，它可以考虑模态耦合的完全阻尼，但是结构计算受到时间步划分的影响较大，且计算量很大；而功率谱密度分析法同样是通过直接采用滞回阻尼参与到结构整体中，然后求解动力方程，它同样可以考虑模态耦合的完全阻尼，但不受时间步划分的影响，并且可以大大减少计算量，从表 7－1 ~ 表 7－3 的对比也可以看出，其计算的精度是足够的，因此该方法对于液体黏滞阻尼器减震结构的地震反应分析是比较好的选择，且该方法也可扩展至与频率密切相关的结构风响应，以及 TMD 减震结构的地震与风响应的计算中。

2. 工程实例分析

将上述方法应用于新疆某 23 层框架-剪力墙结构的地震可靠度计算，分析对比安装阻尼器前后结构地震可靠度的变化。

该结构主体地下2层，地上23层，地下2～地上4层层高4.5 m，平面尺寸30 m×55 m，其余各层层高3 m，平面尺寸30 m×35 m，结构主体总高75 m。标准层结构布置如图7－3所示。该工程所在场地抗震设防烈度为8.5度，场地类别为Ⅱ类，地震分组为第三组。

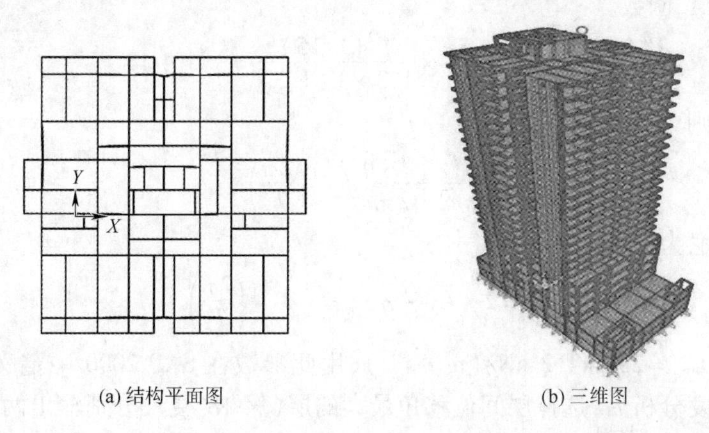

图7－3　结构平面及三维图

选取对应场地的功率谱密度函数曲线，地面加速度功率谱密度函数曲线如图7－4所示，各参数的取值如下：$D=0.009\ 18$；$\omega_0=2\pi\beta/3r=2\pi\times3.5/(3\times4)=1.832\ 59$；$\xi_g=0.724\ 5$；$\omega_g=14.34$；$S_0=164.07$。

用SAP 2000建立两组结构模型，一组不采取任何减震措施，另一组分别在第11、13、15、21、23层设置4套X向阻尼器，第8层设置2套X向阻尼器，第8、10、12、14、16、18、22、24层设置4套Y向阻尼器，第3层设置2套Y向阻尼器，阻尼器的安装采用套索的形式，阻尼系数$C_N=1\ 400\ \mathrm{kN/(m/s)^{0.3}}$，速度指数$\alpha=0.3$。由于频域内的分析不能考虑速度非线性，因此根据阻尼耗能相等的原则计算得出等效线性阻尼系数，计算如下：

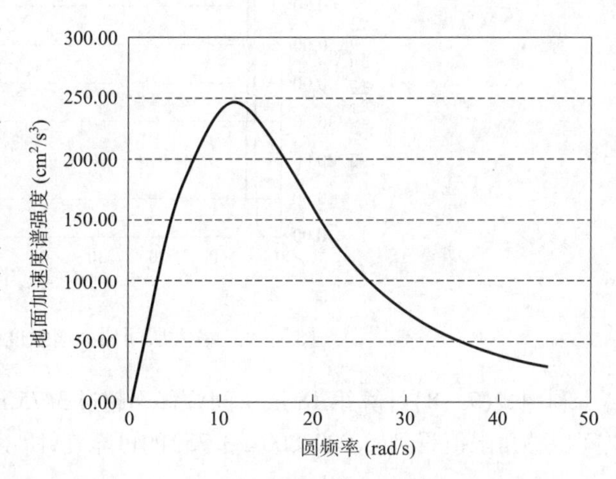

图7－4　地面加速度功率谱密度函数曲线(二)

对于线性阻尼器和非线性阻尼器，其带给结构的附加阻尼比分别为

$$\beta_{v1}=\frac{C_{eq}T_e}{4\pi m} \tag{7-17}$$

$$\beta_{v2}=\frac{C_N\eta}{2\pi m}d^{\alpha-1}\left(\frac{2\pi}{T_e}\right)^{\alpha-2} \tag{7-18}$$

式中，T_e为结构基本周期，$T_e=2.03$ s；m为结构质量；d为阻尼器最大变形，本节取结构层间位移角达到规范上限时的阻尼器变形，$d=\dfrac{3\times2.66}{800\times1.36}=0.007\ 35$；$\eta$为计算的中间参数。

η按下式计算：

$$\eta = 4 \times 2^{\alpha} \times \frac{\Gamma^2\left(1+\dfrac{\alpha}{2}\right)}{\Gamma(2+\alpha)} \tag{7-19}$$

式中，Γ( )为 Γ 函数。

得 $\eta = 4 \times 2^{0.3} \times \dfrac{\Gamma^2(1.15)}{\Gamma(2.3)} = 4 \times 2^{0.3} \times \dfrac{\Gamma^2(1.15)}{1.3 \times \Gamma(1.3)} = 3.674\ 13$

令 $\beta_{v1} = \beta_{v2}$，则

$$\frac{C_{eq} T_e}{4\pi m} = \frac{C_N \eta}{2\pi m} d^{\alpha-1} \left(\frac{2\pi}{T_e}\right)^{\alpha-2} \tag{7-20}$$

等效线性阻尼为

$$C_{eq} = 2 \cdot C_N \cdot \eta \cdot \frac{1}{T_e} \cdot d^{\alpha-1} \left(\frac{2\pi}{T_e}\right)^{\alpha-2} \tag{7-21}$$

最终计算得 $C_{eq} = 23\ 144.2\ \text{kN/(m} \cdot \text{s}^{-1})$，用此参数在 SAP 2000 中定义线性阻尼系数。在进行功率谱密度分析后，选择层间位移角最大的层（第 18 层），分别输出两对比分析结构的该层层间位移谱强度与频率的关系曲线，如图 7－5 所示。

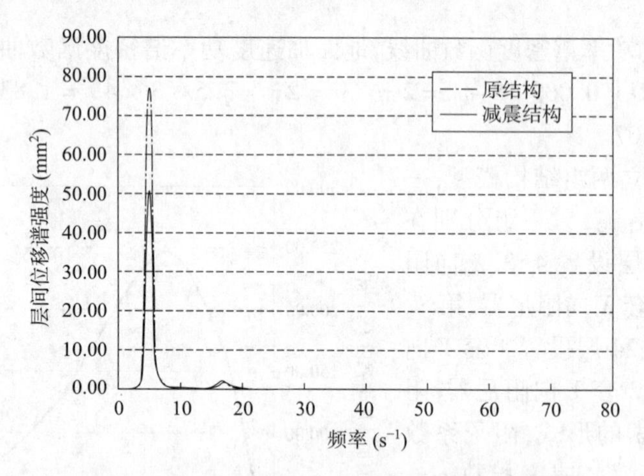

图 7－5　最大层间位移谱强度与频率关系曲线

利用式（7－8）计算第 18 层层间位移不超过 3.75 mm（根据规范要求的框剪结构小震下弹性层间位移角限值得到，3 000/800＝3.75）的可靠度，所得计算结果及中间参数见表 7－4。

表 7－4　可靠度计算中间参数及结果

计算参数 / 工况	λ_0	λ_1	λ_2	r	Ω	P_1
无阻尼器结构	12.432 06	49.180 54	274.180 5	1.063 555	4.696 202	42.78%
附加阻尼器结构	8.801 211	36.607 09	220.881 1	1.264 038	5.009 657	48.81%

由表 7－4 可以看出，附加液体黏滞阻尼器减震结构层间位移不超过 3.75 mm 的概率，也就是结构的抗震可靠度，由原结构的 42.78% 提高到 48.81% 。

下面对附加液体黏滞阻尼器减震结构采用阻尼器变形超过极限变形作为结构失效判断标准，再来计算结构地震可靠度。选取变形最大的一套阻尼器，输出其轴向变形谱强度与频率关系曲线，如图 7－6 所示。

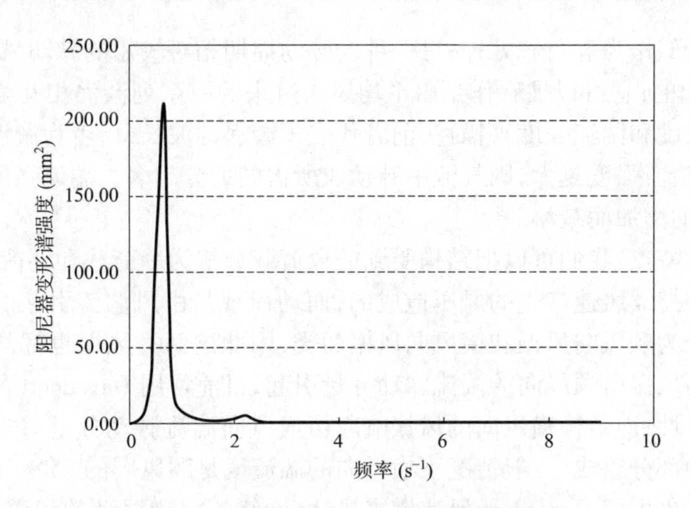

图7-6 阻尼器最大变形与频率关系曲线

利用式(7-8),计算阻尼器变形不超过75 mm(由阻尼器生产厂家给出)的概率,所得计算结果及中间参数见表7-5。

表7-5 概率计算中间参数及结果

参 数	λ_0	λ_1	λ_2	r	Ω	P_2
数 值	58.321	251.745	1 412.97	9.82	4.92	100.00%

将表7-4中P_1和表7-5中P_2进行对比,取小值,就得到结构最终的地震可靠度,从中可以看出,以结构层间位移角超限作为失效标准起控制作用。

7.1.3 小 结

(1)本节运用SAP 2000软件实现了对应规范反应谱的附加液体黏滞阻尼器减震结构的功率谱密度分析。

(2)对于液体黏滞阻尼器减震结构的地震反应,本节进行了振型分解反应谱法、直接积分的时程分析法以及功率谱密度分析法的对比分析,得到以下结论:三种方法之间的相对误差是可以接受的,且功率谱密度分析法较振型分解反应谱法,其与时程分析法的计算结果更为接近,因此对于附加液体黏滞阻尼器减震结构,功率谱密度分析法较振型分解反应谱法更有优势。

(3)本节给出了运用功率谱密度分析结果计算结构地震可靠度的方法,并采用一个实际工程模型作为算例演示了可靠度的计算过程。

(4)对于本节提出的方法,还有一些可以继续深化研究的内容,例如阻尼系数等参数对于功率谱密度分析法计算精度的影响。此外,本节提出的方法还可扩展至结构风响应的计算。

7.2 抗风可靠性分析

7.2.1 研究背景

1. 风荷载及结构风振反应的种类

风是由空气的流动形成的。瞬时风速由两个部分组成:一种为脉动周期很长的平均风,其产生的风荷载可近似作为静荷载处理;另一种为脉动周期相对较短的脉动风,是由三维的风湍流(也叫紊流)引起的,它可以被看作是由平均风送过来的一系列漩涡相互叠加的结果。湍流可以用湍流积分尺度和湍流强度来描述,前者代表了漩涡的波长,后者为漩涡脉动风速根方差与平均风速之比,湍流强度越大,则气流中脉动风所占的成分越多。湍流强度与地面粗糙程度有关,且随着高度的增加而减小。

根据风荷载的特点,我们可以把结构受到的风荷载分解为静荷载和动荷载两大类。其中,静荷载是由顺风向持续风速产生的风压造成的,而动荷载是由风湍流引起的结构振动。结构的风振响应也可分为顺风向风振和横风向风振两类,因此这两类风振也都与特定的湍流强度有关。结构顺风向风振由顺风向的湍流脉动分量引起,目前常用 Davenport 风速谱来描述顺风向脉动风的频谱特性;而结构横风向的风振响应由横风向湍流脉动分量与气流绕过结构时产生的涡激振动这两部分组成,一般情况下横风向的湍流度是顺风向的 75% ~ 88% ,横风向脉动风速谱的频谱特性也可用 Davenport 风速谱来描述,而绕流涡激振动的频谱特性,目前已有很多研究人员通过风洞试验的方法给出。

2. 计算结构风振响应的主要方法

目前,常用的方法主要分为时域的分析和频域的分析两大类。时域内的分析采用时程分析法,即首先根据风的频谱特征和风压大小得到作用在结构上的风压力时程函数,通过时程分析得到结构的反应;而频域内的分析主要是结合结构振型分解法的频域分析。此外,规范中还给出了计算结构风响应的等效静力计算公式。而所有分析方法的前提都是得到风荷载的功率谱密度函数,下面分别详细讨论这几点。

(1)风力谱

湍流,也即脉动风,它的风速谱由不同地点风的观测统计得到,目前常用的是 Davenport 风速谱,它可由某空间点的风速自谱和不同空间点间的谱相关函数来描述。

而横风向的风力谱则有很多种不同的描述方式。由于横风向风振效应与结构的几何尺寸有关,因此一般是通过风洞试验的数据来拟合横风向风力谱。

对于矩形截面的高层建筑,《建筑结构荷载规范》(GB 50009—2012)(以下简称《荷载规范》)给出了高宽比在 4 ~ 8 之间以及截面深宽比在 0.5 ~ 2 之间的高层结构横风向广义功率谱;而梁枢果给出的横风向力谱为拟合多项式的形式,详见文献[13]。

顾明、叶丰认为,结构横风向风振力谱应由湍流产生的力谱和绕流涡激产生的力谱两部分组成,力谱的形式见式(7-22),空间相关性见式(7-23):

$$\frac{S_{F_y}(z,n)}{(\overline{q}_z b)^2}=[C_{yv}\gamma_{yv}I_v(z)]^2\frac{S_v(n)}{\sigma_v^2}+(C_{ys}\gamma_{ys})^2\frac{S_s(n)}{\sigma_s^2} \tag{7-22}$$

式中,$S_{F_y}(z,n)$为 z 高度处横风向风力谱密度;$\overline{q}_z$为 z 高度处平均风速;b 为横风向风力作用面宽度;$\frac{S_v(n)}{\sigma_v^2}=\frac{4f_v^2}{6n(1+f_v^2)^{4/3}}$为 Davenport 风速谱,$f_v=\frac{800n}{U_{10}}$,$n$ 为频率,U_{10}为 10 m 高度处的平均风速,$S_v(n)$为风速谱密度,σ_v 为风速均方根;$\frac{S_s(n)}{\sigma_s^2}=\frac{A_sB_s\ (n/n_s)^{2+C_s}}{\left(1-\frac{n^2}{n_s^2}\right)^2+B_s\frac{n^2}{n_s^2}}\cdot\frac{1}{n}$为绕流涡激产生的归一化风谱,其中 A_s、B_s、C_s 均为与结构几何尺寸相关的参数,n_s 为斯脱罗哈频率,与结构高度以及截面宽度、形状有关,具体取值详文献[11]; $S_s(n)$为风速谱密度;σ_s 为风速均方根。

式(7－22)中其余参数物理意义详见表7－6。

表7－6 参数物理意义对照表

参 数	物 理 意 义	参 数	物 理 意 义
C_{yv}	紊流激励系数,仅与结构几何尺寸有关	γ_{ys}	涡激力形状系数,仅与结构几何尺寸有关
γ_{yv}	紊流激励形状系数,仅与结构几何尺寸有关	I_v	紊流度,与高度和地面粗糙度有关
C_{ys}	涡激力系数,与结构几何尺寸及高度有关	f_v	折算频率,与10 m高风速和频率有关

$$\mathrm{Coh_w}(z_1,z_2)=\exp\left(-\frac{|z_1-z_2|}{H}\right) \tag{7-23}$$

式中,z_1、z_2分别为各点标高;H为结构总高。

横风力互谱密度如式(7－24)所示。

$$\frac{S_{F_{y1}F_{y2}}(z_1,z_2;n)}{(\overline{q_{z1}}\,\overline{q_{z2}}b)^2}=\mathrm{Coh_w}(z_1,z_2)\cdot\sqrt{\frac{S_{F_{y1}}(z_1,n)}{(q_{z1}b)^2}\cdot\frac{S_{F_{y2}}(z_2,n)}{(q_{z2}b)^2}} \tag{7-24}$$

式中参数参考式(7－22)、式(7－23)中说明。

本节所采用的横风向风力谱即为该形式。

(2)结构风振反应的时程分析法

对于超高层建筑,风时程分析方法使用较普遍。一般情况下是使用由场地风速功率谱密度函数合成的相应风场的风速时程函数,对结构实施风洞试验,利用采集到的结构表面风压时程,在结构有限元软件中进行时程分析。

(3)结合结构振型分解法的频域分析方法

首先进行结构的振型分解,取占比较大的前几阶振型和频率,根据风速谱和传递函数,求出对应这几阶频率的结构响应,然后进行叠加,得到最终的结构响应。《荷载规范》中计算结构等效风荷载时所用的风振系数就是采用这种方法求得的。

3. 各方法优缺点及本节所采用的方法

时程分析法对于体型复杂、不规则的建筑结构的风振反应分析是有必要性的,但无论是风荷载时程函数的合成还是时程分析本身,其计算量都比较大,因此对于常规体型的结构,没有必要一定使用时程分析法,尤其在没有对应的风洞试验数据的情况下;而对于采用结构振型分解的频域分析法,振型的选取以及不同振型反应之间的相关性的选取都会造成计算结果精确度的问题。因此,本节提出采用风荷载力谱通过功率谱密度分析得到结构反应的功率谱密度曲线的方法进行分析计算,避免了以上两种方法的缺点。

7.2.2 研究方法

本节提出的方法是基于SAP 2000中的功率谱密度分析工况。由于风荷载为平稳随机过程,其频谱特性的规律性也较强,因此适合于功率谱密度分析的方法。该方法的原理可简单描述为在结构的特定位置施加具有特定频谱特性的横风向风力,再对结构进行功率谱密度分析,根据每个频率点处的风荷载值计算每个频率点的结构反应,得到结构响应的功率谱密度曲线。步骤如下:

第1步:根据风场及结构自身几何尺寸,采用式(7－22)、式(7－23)求得不同点处横风向风力的功率谱密度函数;

第 2 步:定义风荷载,并施加到结构的特定楼层上;

第 3 步:定义功率谱密度函数,定义功率谱分析工况;

第 4 步:计算分析,整理结果。

在得到结构横风向风振响应的功率谱密度函数之后,我们可以利用此计算结果进一步计算结构的风振可靠度,且对于安装阻尼器减震的结构,该频域分析的结果还可用来方便地计算阻尼器风振作用下的功率。下面针对以上几点进行详细的介绍。

1. 多点随机风荷载输入的功率谱密度分析计算原理

为简要说明原理,将高层结构简化为层模型,$u_1(t)$、$u_2(t)$、……、$u_n(t)$分别代表 1 ~ n 层质心位移函数,$f_1(t)$、$f_2(t)$、……$f_n(t)$分别代表每层质心处作用的脉动风荷载时程;为了简化描述原理,暂不考虑结构的阻尼力,结构动力方程如下:

$$[M]\{\ddot{u}(t)\}+[K]\{u(t)\}=\{f(t)\} \tag{7-25}$$

式中,$[M]$、$[K]$分别为主体结构的质量矩阵和刚度矩阵。

为转为频域内的分析,我们将结构不同质心处位移以及对应的风荷载简化为不同频率的简谐振动的叠加,假设:

$$\overline{u_n}(t)=\sum_{k=1}^{n}\overline{a_n(\omega_k)}[\cos(\omega_k t)+i\sin(\omega_k t)] \tag{7-26}$$

$$\overline{f_n}(t)=\sum_{k=1}^{n}\overline{f_n(\omega_k)}[\cos(\omega_k t)+i\sin(\omega_k t)] \tag{7-27}$$

式中,$\overline{a_n}$、$\overline{f_n}$分别为做频率为 ω_k 的简谐振动的不同质点的位移幅值以及该质点处的风荷载幅值。

将式(7-26)、式(7-27)代入式(7-25),约去公因式简化得到每一频率点处的方程组为

$$-\omega_k^2[M]\{\overline{a(\omega_k)}\}+[K]\{\overline{a(\omega_k)}\}=\{f(\omega_k)\} \tag{7-28}$$

每一个频率点对应一组方程组,解对应的方程组,可解得该频率简谐振动下结构响应幅值$\overline{a_1}$、$\overline{a_2}$、… 、$\overline{a_n}$。也就是说,确定一个频率点,再确定该频率对应的简谐风荷载幅值$\overline{f_1}(\omega)$、$\overline{f_2}(\omega)$、… 、$\overline{f_n}(\omega)$,就可以得到该频率下的结构响应。而$\overline{f_n}(\omega)$与$\sigma_n(\omega)$,进而与$S_n(\omega)$(该处风力的功率谱密度函数)是有直接关系的,也就是说,可以用$F[S_n(\omega)]$的形式来施加风荷载,计算脉动风下的结构反应均值和频谱值。

沿结构高度不同点的风的随机振动过程是具有空间相关性的,因此$S_n(\omega)$应该由该点与每一点处的风荷载互谱叠加得到,即

$$\begin{aligned}
&-\omega_k^2\overline{a_1}m_1+k_{11}\overline{a_1}+k_{12}\overline{a_2}+\cdots+k_{1n}\overline{a_n}=\overline{F}\{[S_{11}(\omega_k)+S_{12}(\omega_k)+S_{13}(\omega_k)+\cdots+S_{1n}(\omega_k)]/n\}\\
&-\omega_k^2\overline{a_2}m_1+k_{21}\overline{a_1}+k_{22}\overline{a_2}+\cdots+k_{2n}\overline{a_n}=\overline{F}\{[S_{21}(\omega_k)+S_{22}(\omega_k)+S_{23}(\omega_k)+\cdots+S_{2n}(\omega_k)]/n\}\\
&\vdots\\
&-\omega_k^2\overline{a_n}m_1+k_{n1}\overline{a_1}+k_{n2}\overline{a_2}+\cdots+k_{nn}\overline{a_n}=\overline{F}\{[S_{n1}(\omega_k)+S_{n2}(\omega_k)+S_{n3}(\omega_k)+\cdots+S_{nn}(\omega_k)]/n\}
\end{aligned}$$

最后将不同频率点处解得的结构响应按一定方式叠加,即可得到结构的横风向风振响应均值。

2. 生成横风向风力功率谱密度函数

首先确定风荷载沿结构高度的简化方式(如每一层受风面积内的风荷载简化为一个集中力);然后确定每一点的高度,计算出与高度相关的参数;用式(7-22)计算出每点处横风力的自谱密度;再根据式(7-23)计算不同高度风荷载随机过程的相关函数;最后根据式(7-24)

计算每一点处横风力的互谱密度，即最终输入 SAP 2000 的横风向风力的功率谱密度函数。

3. 结构横风向风振可靠度计算

风荷载以及风致结构振动都为典型的平稳随机过程，因此我们可以用结构风振响应的谱参数来进行首次超越概率的分析，计算结构响应在特定时间内不超过特定值的概率。根据达文波特给出的公式，结构反应 y 的绝对值在 $(0, T_d)$ 时段内不超过 a 的概率计算式见式(7－8)～式(7－11)。

4. 结构风荷载作用下阻尼器功率的计算

经过功率谱密度分析，我们可以得到每个阻尼器变形的功率谱密度曲线，取该曲线中相对应的 ω-u_0，代入相应公式(式(2－3)～式(2－5))即可计算出阻尼器的功率。

7.2.3 算　　例

本节列举两个算例。算例1为无减震措施的理想结构模型，分别采用《荷载规范》中相关公式以及本节提出的功率谱密度分析方法计算结构顶点最大横风向风振加速度，以初步验证本节方法的可用性；算例2为一实际工程模型，分别采用《高层民用建筑钢结构技术规程》(JGJ 99—2015)(以下简称《高钢规》)中的相关公式、时程分析法以及功率谱密度分析法，计算对比该结构采用液体黏滞阻尼器减震前后结构的风振响应，并计算阻尼器功率以及结构横风向风振可靠度。

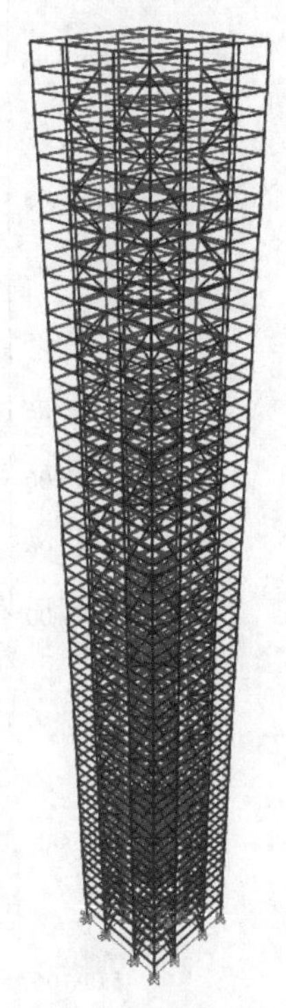

图7－7　有限元模型(64层)

1. 算例1

模型结构64层，高280 m，正方形截面，平截面尺寸35 m×35 m，为带支撑的框架-核心筒结构。模型如图7－7所示，结构自振周期情况见表7－7。

表7－7　结构自振周期

阶　数	周期(s)	阶　数	周期(s)
1	5.703 604	7	0.504 673
2	5.703 604	8	0.463 257
3	1.377 309	9	0.356 625
4	1.212 445	10	0.290 72
5	1.212 445	11	0.290 72
6	0.504 673	12	0.282 885

假设该建筑位于深圳市滨海位置，则根据《荷载规范》，风荷载参数如下：50年设计风荷载标准值 $\omega_0 = 0.75\ kN/m^2$，粗糙程度为A类，风速剖面指数 $\alpha = 0.24$。

用第7.2.2节中的方法计算生成的结构各层的横风向风力自谱曲线和互谱曲线，分别如图7－8、图7－9所示，可以看出，较自谱来讲，互谱的各层之间的曲线较为平均。

然后在 SAP 2000 中定义各层横风向风力功率谱密度函数，接着定义各层功率谱密度分析工况，经计算分析，得到结构顶点横风向风振加速度值为 $0.377\ 2\ m/s^2$。

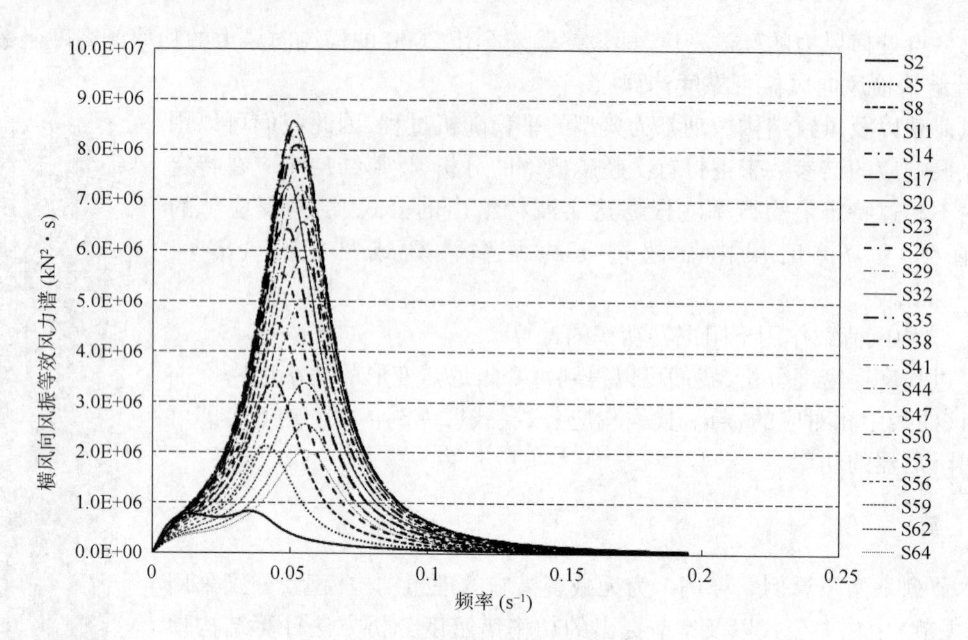

图 7－8　各层横风向风力自谱曲线

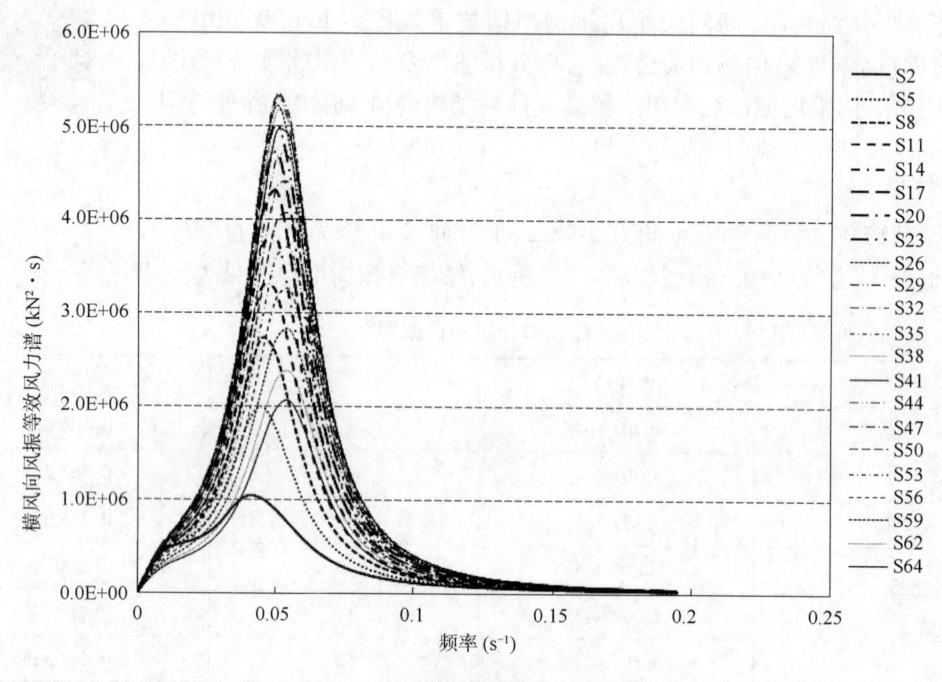

图 7－9　各层横风向风力互谱曲线

下面采用《荷载规范》式(J. 2. 1)计算结构顶点横风向风振加速度。横风向风振加速度的计算公式如下：

$$a_{\mathrm{L},z}=\frac{2.8g\omega_{\mathrm{R}}\mu_{\mathrm{H}}B}{m}\phi_{\mathrm{L1}}(z)\sqrt{\frac{\pi S_{F_{\mathrm{L}}}C_{\mathrm{sm}}}{4(\xi_1+\xi_{\mathrm{a1}})}} \tag{7-29}$$

式中，g 为峰值因子，$g=2.5$；ω_{R} 为重现期 50 年的风压，$\omega_{\mathrm{R}}=0.75\ \mathrm{m/s^2}$；$\mu_{\mathrm{H}}$ 为结构顶部风压高

度变化系数，$\mu_{H}=2.85$；B 为结构迎风面宽度，$B=35$ m；m 为结构单位高度质量，$m=720.09$ t/m；$\phi_{L1}(z)$ 为结构横风向第一阶振型系数，$\phi_{L1}(280)=1$；ξ_{1} 为结构第一阶振型阻尼比，$\xi_{1}=0.05$；C_{sm} 为横风向风力谱的角沿修正系数，$C_{sm}=0.183$；ξ_{a1} 为结构横风向第一阶气动阻尼比，由结构顶部风速 $v_{H}=\sqrt{\dfrac{2\ 000\mu_{H}\omega_{0}}{\rho}}=\sqrt{\dfrac{2\ 000\times 2.85\times 0.75}{1.29}}=57.57$ m/s 得出折算周期 $T_{L1}^{*}=\dfrac{v_{H}T_{L1}}{9.8B}=0.96$ s，继而求得 $\xi_{a1}=\dfrac{0.002\ 5(1-T_{L1}^{*2})T_{L1}^{8}+0.000\ 125T_{L1}^{*2}}{(1-T_{L1}^{*2})^{2}+0.029\ 1T_{L1}^{*2}}=0.009\ 35$；$S_{F_{L}}$ 为无量纲横风向广义风力功率谱，由折算频率 $f_{L1}^{*}=f_{L1}B/v_{H}=0.106\ 6$ 以及深宽比 $D/B=1$，得出 $S_{FL}=0.1$。

最终求得结构顶点横风向风振加速度 $\alpha_{L,280}=0.357\ 89$ m/s^{2}。

对比两种方法的计算误差为 $(0.377\ 2-0.357\ 9)/0.357\ 9=5\%$，满足要求，因此本节提出的功率谱密度分析方法可行。下面给出结构顶点加速度和基底弯矩的功率谱密度函数的截图，分别如图7－10、图7－11所示。

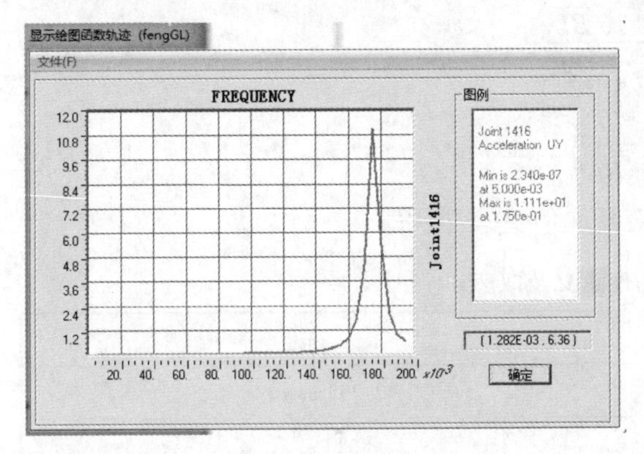

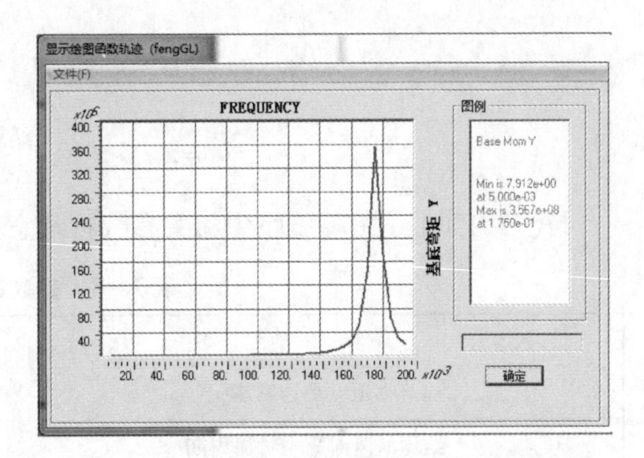

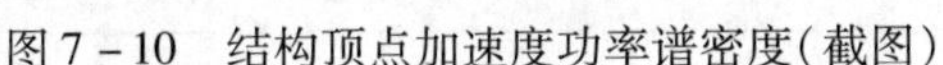
图7－10　结构顶点加速度功率谱密度(截图)　　图7－11　结构基底弯矩功率谱密度(截图)

2. 算例2

本算例为一实际工程。本工程是位于深圳市蛇口的某钢结构超高层住宅，该结构地下3层，地上76层，标准层层高3.3 m，此外有4个加强层，第18层、46层、61层层高为4.5 m，第32层层高为5.1 m，建筑总高251.7 m，平面尺寸66.2 m×28.2 m，为钢支撑-钢管混凝土柱-钢梁框架结构。

经YJK风作用下舒适度验算，原结构在十年一遇风荷载作用下，结构顶点横风向最大风振加速度达到了0.54 m/s^{2}，远超过《高钢规》对应的舒适度要求(0.2 m/s^{2})。分别采用以下三种方法计算对比结构横风向风振响应：一是，根据YJK计算结果，采用该项目中已有的其他结构风时程数据，修改其峰值，得到一组层风荷载时程曲线进行分析；二是，根据《高钢规》公式进行计算；三是，采用功率谱密度分析方法进行计算。采用以上三种方法分别计算减震前后结构顶点加速度，并做对比。

(1)风荷载

验算风振舒适度，采用十年重现期基本风压 $\omega_{0}=0.45$ m/s^{2}，粗糙度为A类，风速剖面指数 $\alpha=0.24$。

①第73层的风荷载时程曲线如图7－12所示。

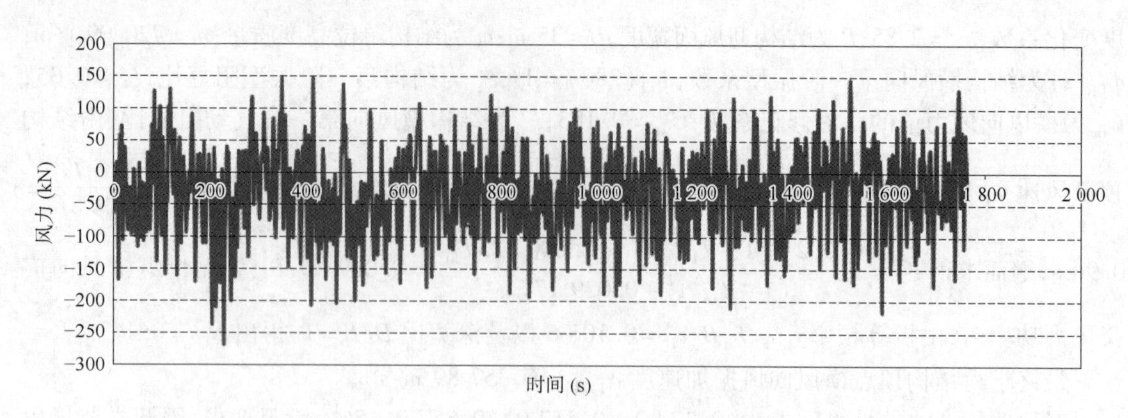

图 7-12　结构第 73 层风荷载时程曲线

②使用《高钢规》计算的相关公式和参数如下：

$$a_{\mathrm{tr}}=\frac{b_{\mathrm{r}}}{T_{\mathrm{t}}^{2}}\cdot\frac{\sqrt{BL}}{\gamma_{\mathrm{B}}\sqrt{\xi_{\mathrm{t,cr}}}} \tag{7-30}$$

$$b_{\mathrm{r}}=2.05\times10^{-4}\left(\frac{v_{\mathrm{n,m}}T_{\mathrm{t}}}{\sqrt{BL}}\right)^{3.3}\ (\mathrm{kN/m^{2}}) \tag{7-31}$$

式(7-30)、式(7-31)中相关参数物理意义及取值见表 7-8。

表 7-8　参数物理意义及取值

参　　数	取　　值
建筑物顶点平均风速 $v_{\mathrm{n,m}}$	42.255 m/s
结构横风向第一自振周期	8.23 s
结构平面宽度 B	66.2 m
结构平面长度 L	28.2 m
中间参数 b_{r}	0.199 822
结构横风向临界阻尼比 ξ	0.015
结构所受平均重度 γ_{B}	2.918 661 kN/m³

将各参数取值代入式(7-30)、式(7-31)，计算得横风向顶点最大加速度 $a_{\mathrm{tr}}=0.357\ \mathrm{m/s^{2}}$。

③采用功率谱密度函数计算的相关参数见表 7-9。

采用第 7.2.2 节方法合成的各层横风力功率谱密度函数曲线如图 7-13 所示。

表 7-9　功率谱密度函数参数取值

参　　数	取　　值	参　　数	取　　值
C_{yv}	-1.38	A_{s}	3.5
γ_{yv}	-0.242 37	B_{s}	0.028
U_{10}	31.889	C_{s}	1.4
γ_{ys}	1.302 035	S_{t}	0.1

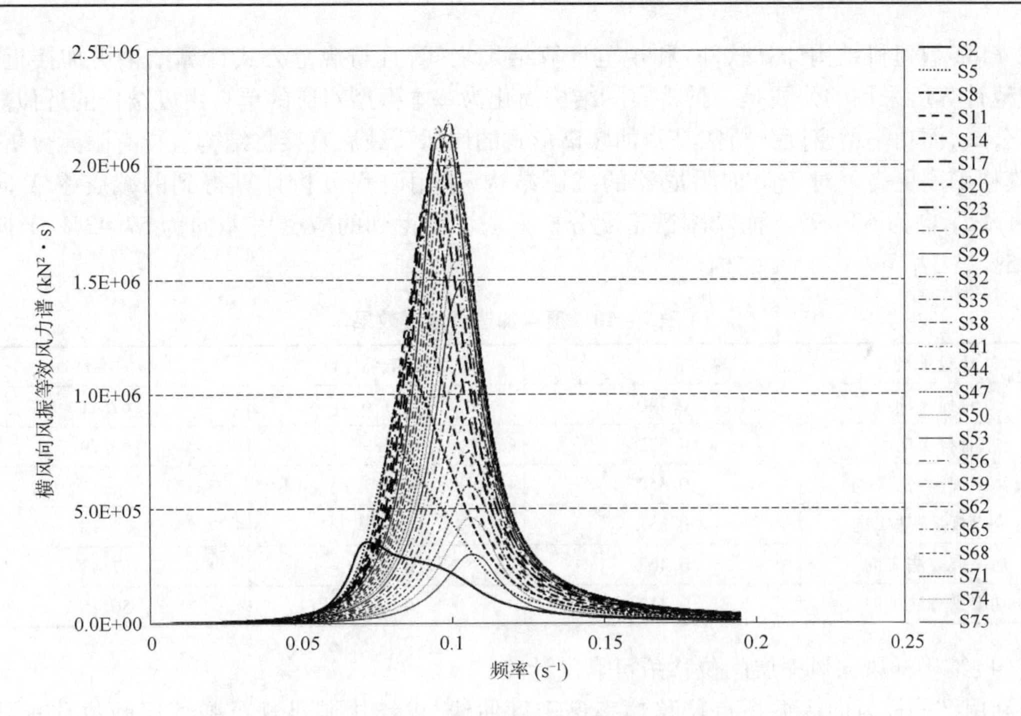

图 7－13　各层横风力功率谱密度曲线

(2)结构减震方案

设计减震方案时,为了尽可能不对建筑的外观和使用功能造成影响,将套索连接的阻尼器分别沿 X、Y 方向加设在结构上部的 4 个加强层(18 层、32 层、46 层、61 层)上,具体布置情况如图 7－14 所示。图 7－14(b)中,矩形框标注的阻尼器参数 $C=15\ 000\ \mathrm{kN/(m/s)^{0.4}}$;椭圆形框标注的阻尼器参数 $C=18\ 000\ \mathrm{kN/(m/s)^{0.4}}$。

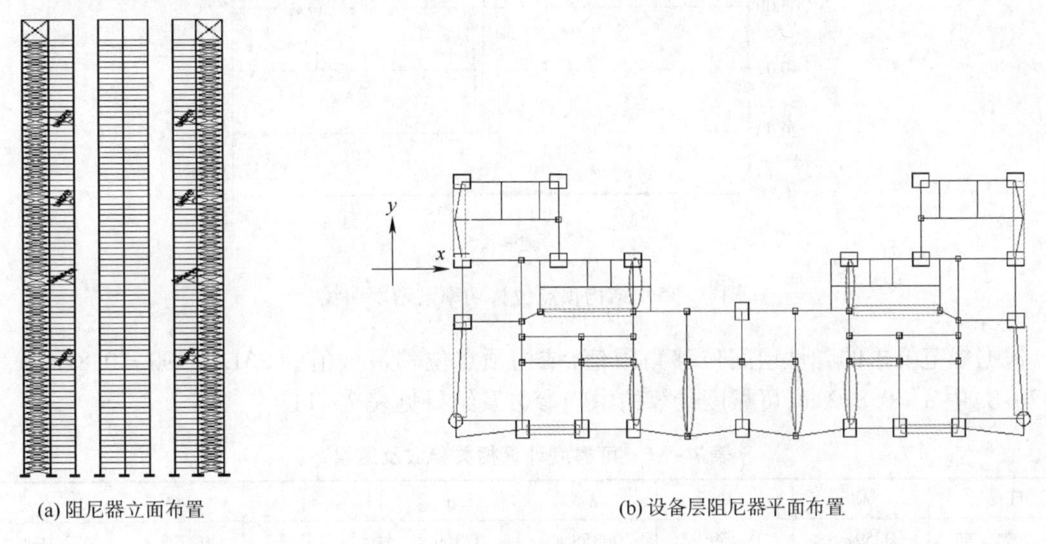

图 7－14　设备层阻尼器布置方案

(3)结构顶点最大加速度计算结果对比

顶点加速度减震效果见表 7－10。可以看出,对于原结构,功率谱密度分析方法的计算结果在 YJK(盈建科结构计算软件)和规范计算结果之间,且与规范公式计算结果更加接近;但是规范计算所采用的公式是一种将实际结构简化为基本振型对应的单自由度结构的近似静力计算公式,而功率谱密度分析法是施加频谱形式的层风荷载后直接将结构进行有限元分析,显然,其精确度更高。对于附加阻尼器的减震结构,采用时程分析计算得到的减震率 X 向为 67.41%,Y 向为 63.79%,而功率谱密度分析方法计算得到的减震率 X 向为 57.43%,Y 向为 56.45%,二者误差在 15% 之内。

表 7-10 顶点加速度减震效果

比较项目	减震前(m/s^2)	减震后(m/s^2)	减震率(%)
时程 X 向	0.540	0.176	67.41
时程 Y 向	0.522	0.189	63.79
《高钢规》方法 X 向	0.357	—	—
《高钢规》方法 Y 向	0.357	—	—
功率谱方法 X 向	0.468	0.200	57.43
功率谱方法 Y 向	0.415	0.181	56.45

(4)结构横风向风振层间位移角可靠度计算

利用结构横风向风振顶点位移功率谱密度曲线,求结构满足规范弹性层间位移角限值(1/300)的可靠度。结构减震前后顶点位移功率谱密度曲线的对比如图 7-15 所示。

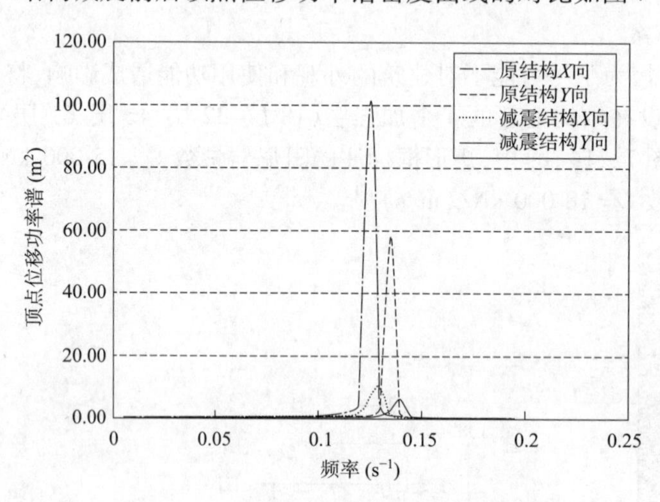

图 7-15 结构顶点位移功率谱密度曲线

根据规范要求的弹性层间位移角限值,结构顶点位移最大值为 261.6/300 = 0.872 m,即式(7-8)中 a = 0.872 m;可靠度计算的中间参数及结果见表 7-11。

表 7-11 可靠度计算相关参数及结果

计算参数	λ_0	λ_1	λ_2	σ	r	Ω	P_1
原结构 X 向	0.591 6	0.459 9	0.358 4	0.769 2	1.133 7	0.778 3	2.01%
原结构 Y 向	0.345 1	0.288 6	0.242 3	0.587 5	1.484 3	0.837 8	7.00%
减震结构 X 向	0.124 6	0.096 5	0.075 5	0.353 0	2.470 3	0.778 2	70.36%
减震结构 Y 向	0.074 8	0.061 6	0.051 5	0.273 6	3.187 7	0.829 7	95.19%

由表7－11可以看出，附加液体黏滞阻尼器减震结构层间位移角不超过1/300的概率，也就是结构的抗风可靠度，由原结构的 X 向2.01%和 Y 向7.00%提高到 X 向70.36%和 Y 向95.19%。

(5)结构横风向风振作用下阻尼器功率计算

下面利用阻尼器变形的功率谱密度曲线来计算阻尼器的功率。本节选取该结构中的一个阻尼器，计算其横风向风振下的功率。阻尼器的参数见表7－12，阻尼器的变形功率谱密度曲线如图7－16所示。

表7－12　阻尼器参数

计算参数	$C[\mathrm{kN/(m/s)^{0.4}}]$	$C_{eq}[\mathrm{kN/(m/s)^{0.4}}]$
取　　值	15 000	279 195

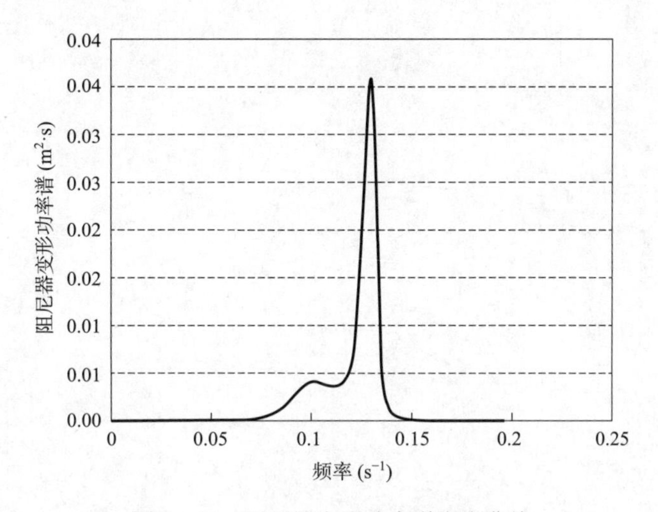

图7－16　阻尼器变形功率谱密度曲线

由阻尼器的频率—变形曲线中的每个点，通过式(2－3)～式(2－5)可计算出每个频率点对应的功率值 $P(\omega)=\dfrac{W_D(\omega)\cdot\omega}{2\pi}$，再通过式(7－32)可以计算出最终的功率均方值，最终求得该阻尼器的功率为55.84 kW。

$$\sigma_P=\sqrt{\frac{1}{2\pi}\int_0^{\infty}P(\omega)\mathrm{d}\omega} \tag{7-32}$$

7.2.4　小　　结

本节所做的主要工作如下：

(1)提出了结构横风向风振响应的频域分析实用方法，实现了根据横风向风力谱来生成结构各层风力功率谱曲线，以及采用SAP 2000进行横风向风振反应计算的实用方法。在此基础上，又提出了结构风振可靠度的计算方法，以及液体黏滞阻尼器减震结构中阻尼器风振功率的计算方法。

(2)采用一理想化的未采取减震措施的普通结构模型，进行了完整的结构横风向风振响应的计算分析，分析得到了结构的顶点最大加速度，与按照《建筑结构荷载规范》计算的结果进行了对比,二者相对误差在5%以内,证明该方法可用。

(3)采用一实际工程模型,用本节提出的频域分析方法分别计算了阻尼器减震前后的横风向风振响应,并用时程分析方法和《高层民用建筑钢结构技术规程》中的公式进行了补充计算与对比,得出结论:对于未减震结构,频域分析法的计算结果与规范公式的计算结果比起YJK的计算结果更加接近;对于给结构增加抗风阻尼器之后的减震效果,频域分析方法和时程分析法所计算的减震率的差别是可以接受的。

此外,还有一些问题需要进一步研究:结构的风振响应包括顺风向风振和横风向风振,虽然对于超高层结构,横风向风振作用远比顺风向风振作用强烈,阻尼器的减震效果也主要集中在对横风向风振反应的削弱上,但是若要进行完整的分析,还是需要按照本节对横风向风振进行频域分析的方法,对顺风向风振也加以分析,然后按照规范的要求进行组合。

第8章 消能减震结构经济分析

工程设计者们普遍认为,运用阻尼器是个经济有效的方案,如墨西哥 Torre Mayor 的阻尼器设计使用就是一个典型的案例。

在纽约西55街250号项目中,为获得同样的加速度限值,与提高塔楼刚度的方案相比,阻尼伸臂桁架方案可以节省将近10 000 kN 的钢材;与调谐质量/调谐液体阻尼器方案相比,阻尼伸臂桁架系统可以降低初始建设成本,减少维护费用,并且不必损失塔楼顶部有价值且昂贵的空间;与其他方案相比,开发商实际节省的费用都在几百万美元左右。

建筑在地震中振动的减少也给其所有建筑装修、附属结构带来很大的好处,从而减少了费用,如玻璃幕墙搭接长度的减少、暖通和水管搭接长度的减少。对天花板、外墙挂板、设备和装置、计算机,甚至家具的振动保护,都能保证整个建筑成为一个安全的楼房。从阻尼器的绝对投资上看,它在整个建筑费用中所占的比例非常小,并且能减少总体投资。

考虑建设的一次性投资,再加上几十年的维护保养使用、地震后的恢复,采用高质量、免维护、地震后不破坏的阻尼器,可以为高层建筑带来巨大的经济效益。

8.1 一次性投资经济分析

传统结构抗震体系大多是通过提高结构的抗侧能力实现的,如加大梁柱截面、增加配筋、附加大量支撑等办法。但是,结构周期会随着结构侧向刚度的增大而变化,地震时输入结构的能量也可能随之增大。这种现象对于一些高柔、大跨结构的抗震性能可能更加不利。在这些结构中,采用黏滞阻尼器耗能减震可以很好地解决这一问题。黏滞阻尼器自身没有刚度,地震过程中几乎不会给结构带来任何不利影响,如果设计得当,在得到很好的减震效果的同时,还会得到非常好的经济效果。

从以结构破坏为代价的延性设计到结构保护系统的使用,这是结构工程界革命性的进步。从长远的安全使用来说,其经济性更是不容争辩的。然而,除了定性地说明之外,定量地说明还涉及到:

(1)一次性直接建设投资的影响,采用结构保护系统的经济性。

(2)从中长期效果来看,经济上的好处。

当然,较难分析的是一次性投资的影响,这是很多业主最关心的问题,已往的文献中鲜有这一问题的介绍。Douglas Taylor 在介绍美国西雅图棒球场工程时提到,该结构使用阻尼器减少了构件受力大小,并增加了结构抗侧移能力,从而节省了500万美元的经费,但并没有详细介绍这一数字的由来。Samuele 等在介绍菲律宾圣·弗朗瑟斯香格里拉高塔时提到,该结构使用了16个大功率加强层阻尼器,使其建设的经费节省了400万美元,但遗憾的是,也没有详细介绍这一数字的由来。Rahimian 等在介绍墨西哥市长大楼的设计和施工时,介绍了该工程施加阻尼器一次性投资的经济问题。该大楼采用了98个大出力阻尼器,耗资400万美元。然而,这些钱可以与工程中因其他方面的节省而持平。该结构在使用了阻尼器后,与最初的常规设计相比,所使用的结构钢材从 23 000 t 减少到 18 000 t,仅基础上使用的混凝土板就减少了 20% 的混凝土用量。按此计算,一次性投资基本持平。但抗震能力有了根本性的转变和提高,结构在地震中保持刚性。在 2003 年 1 月 21 日的 7. 6 级破坏性地震中,2 700 栋建筑倒塌或严重破坏,13 600 栋建筑不同程度损坏。而安装了 98 个 Taylor 公司液体黏滞阻尼器的墨西哥市长大楼在该地震中安然屹立,几乎没有任何损坏,给世界地震工程一个巨大的鼓舞。使用阻尼器后,该建筑的保险费用还减少了 33% 。2007 年秘鲁遭受 8 级地震,安置了 Taylor 公司阻尼器的利马机场 10 层大厦安然无恙,也是一个鼓舞人心的成果。

国内对这方面的经济研究很少,大都停留在直接建设费用的考虑上。在地震作用下,黏滞阻尼器使结构的阻尼比提高,抗震性能也全面提高,使得一些非结构构件或电器设备的破坏减少,这部分修复费用是相当可观的。下面结合北京盘古大观阻尼器安装工程,对阻尼器使用的经济性进行初步的定量分析。

北京盘古大观工程在整个抗震设计中遵循“结构抗震设计小震不坏、中震(50 年内超越概率为 10%)可修、大震(50 年内超越概率为 2% ~3%)不倒”的原则,用常规的设计办法和相关构造措施使结构满足多遇地震的规范设计要求,对于罕遇地震,则依靠安置黏滞阻尼器来满足设计要求。

还要说明一点,按绝对投资来算,北京盘古大观所安装的 108 个 Taylor 公司的阻尼器共耗资 580 万元,仅为该建筑总体投资的 5‰左右。

北京盘古大观工程概况及动力分析见 9. 1 节“北京盘古大观”。

8. 1. 1　传统抗震方案

对于多高层建筑,传统的结构抗震体系是通过提高结构的抗侧能力来实现的,以减小结构侧移,增强抵抗地震倾覆力矩。对钢结构加大梁柱截面、增加支撑是提高结构抗侧能力的两个传统有效的办法。下面分别对其进行对比。

1. 加大原结构柱、支撑截面(方案 1)

为了提高结构抗震方案的合理性,在原结构柱、支撑截面尺寸基础上均匀增加,增大情况见表 8 - 1、表 8 - 2。

表 8 - 1　方案 1 原结构柱截面增大情况

柱截面(mm×mm)	柱长(m)	数量(根)	原柱质量(t)	新柱质量(t)	质量增加(%)
900×60	4. 6	244	1 776. 3	1 912. 8	7. 7
800×60	4. 6	208	1 333. 9	1 435. 3	7. 6
500×30	4. 6	61	124. 2	143. 4	15. 4
合　计			9 835. 4	10 768. 2	

注:由于柱截面尺寸较多,本表没有全部列出。

表 8 - 2　方案 1 原结构支撑截面增大情况

原支撑名称	数量(根)	原支撑质量(t)	新支撑质量(t)	质量增加(%)
W14×233	30	72. 5	85. 3	17. 6
W14×211	80	164. 1	196. 9	20. 0

续上表

原支撑名称	数量(根)	原支撑质量(t)	新支撑质量(t)	质量增加(%)
W14×193	96	180.2	215.6	19.7
W14×176	96	164.4	218.6	32.9
W14×159	90	123.5	172.3	39.5
UC305-305-198	80	103.4	151.8	46.8
UC305-305-137	192	157.1	256.3	63.2
合　计	664	965.2	1 297.0	34.4

2. 增加原结构支撑截面及数量(方案2)

各层新增支撑平面布局对称、规则,遵循抗侧移刚度中心与结构质量中心尽量接近,避免扭转现象放大的原则,在增加原结构支撑截面的基础上,还在结构的外筒、内筒1~40层布置了X形支撑,其平面布置如图8-1所示。截面形式同增大的原结构支撑见表8-3。

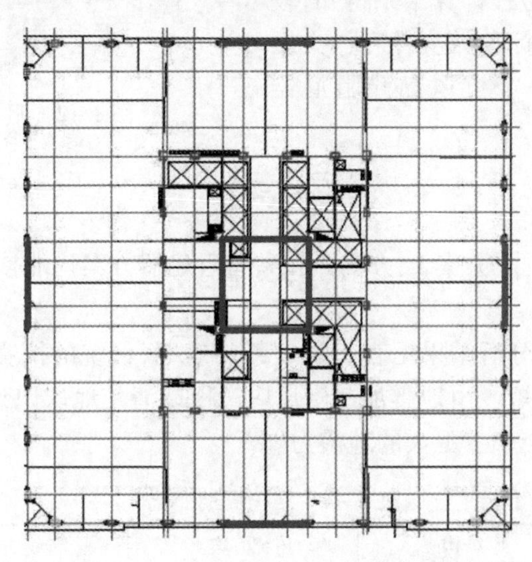

图8-1　方案2增加支撑布置示意图

表8-3　方案2结构支撑截面及数量增加情况

原支撑名称	增加数量(根)	原支撑质量(t)	原支撑加大面积后增加质量(t)	新加支撑质量(t)
W14×233	2	72.5	12.8	34.3
W14×211	5	164.1	32.8	79.1
W14×193	6	180.2	35.4	86.6
W14×176	6	164.4	54.2	87.8
W14×159	5	123.5	48.8	69.2
UC305-305-198	5	103.4	48.4	61.0
UC305-305-137	11	157.1	99.3	103.0
合　计	40	965.2	331.8	521.1

8.1.2 黏滞阻尼器方案

1. 黏滞阻尼器简介

结构突遇地震、大风，必然会使其加速振动，这种振动传递给阻尼器的活塞杆，阻尼器利用缸体内部液体自身的黏滞特性阻止活塞的运动，从而给结构带来附加阻尼，衰减结构振动。

2. 黏滞阻尼器的布置

通过对原结构进行时程分析之后，得到地震作用下位移过大的各个薄弱层，将阻尼器均匀分布设置在层间位移较大的第24～39层，共计96个标准黏滞阻尼器和8个带刚度的黏滞阻尼器。另外，由脉动风时程计算结果得知，较高楼层的加速度已严重超标，决定在楼顶"火炬式"悬臂桁架根部加设4个抗风黏滞阻尼器（图8－2）。

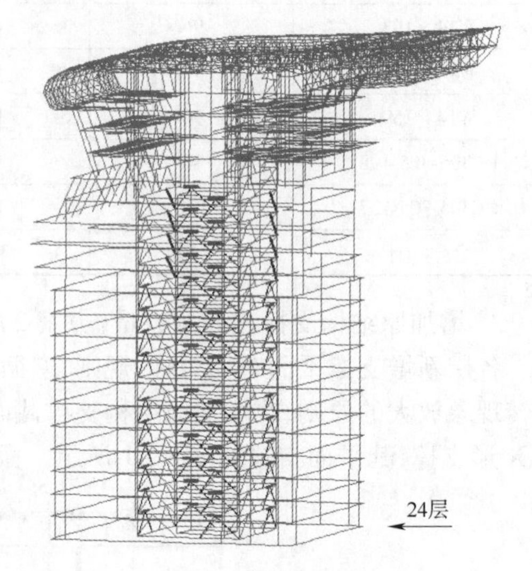

图8－2 阻尼器布置三维图

8.1.3 减震效果对比

首先肯定的是，传统抗震方案1、方案2和黏滞阻尼器方案均能使原结构满足《抗震规范》的要求。

结构的4个模型振型分析结果见表8－4。结果表明，传统的抗震方案通过增加结构的抗侧刚度会使结构的周期变短。由地震加速度反应谱可以清楚地认识到，对于高柔、大跨的长周期结构来说，周期的缩短会产生更大的地震力。

表8－4 结构周期变化

方 案	原结构	传统方案1	传统方案2	黏滞阻尼器方案
第一振型周期(s)	5.99	5.82	5.05	5.99
第二振型周期(s)	5.19	4.99	4.39	5.19
第三振型周期(s)	4.32	4.19	3.37	4.32
第四振型周期(s)	1.84	1.77	1.50	1.84
第五振型周期(s)	1.65	1.57	1.36	1.65

减震结果如图8－3所示。从图8－3可以看出，通过增大结构抗侧能力（方案1、方案2）降低结构的层间位移转角时，并非每一层都得到均匀明显的改善（如26～30层）。在较高层上，与原结构相比，地震反应甚至有放大现象（薄弱层的层间位移进一步放大，如28～30层）。而黏滞阻尼器的减震效果非常理想。特别是中震作用下，采用传统抗震方案的结构各层将近半数可能已经进入屈服阶段，层间位移转角大于0.003 3 rad，而采用阻尼器减震方案时，结构的抗震能力明显较强，中震情况下结构仍保持在弹性变形范围内。为了更充分地检验这一结论，借鉴UBC荷载定义方法，根据时程分析的结果，在ETABS软件中定义结构静荷载和地震力组合，观察结构构件受力状态。结果表明，采用传统抗震方案，结构的支撑、梁甚至柱子出现

了大面积的屈服(杆件显示为红色),这与结构层间位移计算结果是相对应的;而阻尼器抗震方案明显有效地改善了结构受力,支撑、梁、柱几乎全部保持弹性(无一构件显示为红色),未达到屈服状态。这一结果表明,阻尼器可使结构在中震情况下的破坏大大减少。

安置阻尼器后,该结构抗震性能的全面提高见9.1节的介绍。近20多年来,越来越多的工程选择采用黏滞阻尼器耗能减震,已经有几十座中、高层建筑都得到了同样的利好结果并像墨西哥市长大楼那样经受住了地震和大风的考验。

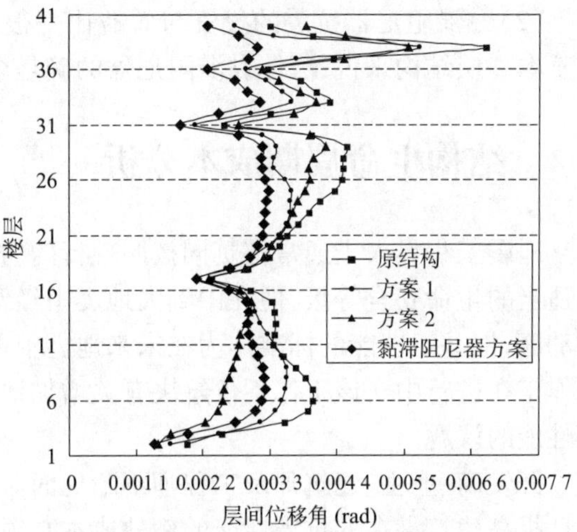

图8-3　中震工况下 X 方向层间位移转角

8.1.4　经济性分析

如上所述,液体黏滞阻尼器可以使结构的抗风、抗震性能大幅提高。业主和结构设计者也同样关心其工程的造价投入是否同样大幅提升。工程的造价基本可分为两部分:一是直接建设费用;二是在中期和长期使用期间,维护及各种失效损失费用。国内对这方面的研究较少,鲜见结构使用间接费用的估算。下面就针对北京盘古大观广场写字楼的不同减震方案,对影响结构经济性的两部分分别进行计算比较。

实际上,黏滞阻尼器提高了结构的阻尼比,减小了结构在地震、大风情况下的动力反应,上部结构构件的数量、截面可相应减少,使结构可以满足更高的要求。以减小后的"原结构"作为对比的参照点。非结构构件的装修和连接构造可适当简化(本次对比忽略该项)。

对比三种方案中的增加部分,见表8-5。黏滞阻尼器的费用(包括产品的生产、试验、运输及安装等),主要取决于产品数量、布局及参数设计的合理性。通过不同方案的造价对比来看,黏滞阻尼器方案花费最少,比传统方案节省200万~700万元。

表8-5　黏滞阻尼器方案和传统方案的造价对比

项　目		方案内容	直接费用(万元)
传统方案	方案1	加大柱子截面,加大支撑截面,提高结构抗侧刚度	柱932.8 支撑331.8 共计1 264.6
	方案2	加大支撑截面,增加支撑个数	852.9
黏滞阻尼器方案		通过在结构中加设黏滞阻尼器给结构附加阻尼比,提高抗震能力	580

注:钢结构材料、加工及安装按照1万元/t计算。

8.1.5　结　　论

通过对北京盘古大观中心工程几种抗震方案的技术及经济对比分析可以看出:

(1)对于高层、超高层建筑结构,黏滞阻尼器方案较传统抗震方案在提高结构抗震安全储备方面有着十分突出的效果,可以大大减少结构的地震反应,这是其他传统抗震手段所达不到的。

（2）黏滞阻尼器抗震的投资与效益比率很高，与传统抗震方案相比，直接经济造价较低。对于本高层结构来说，液体黏滞阻尼器的确是个经济有效的结构抗震方法。

8.2 结构生命周期成本分析

地震工程界人士通常都赞同按照现行的《抗震规范》要求设计和建造建筑，以向居住者提供适当的生命安全等级，但在中到大地震中经常经历过度的破坏和损失。在世界的许多地震活动区，把基于性能的标准作为在未来地震中控制破坏和损失的手段并入抗震设计标准中的工作正在进行中。该工作不仅解决有关增加地震设计水平的议题，而且有有关提高建筑的地震性能的议题。

开发商、业主、建筑师及工程师不断地面对有关新建筑或修复方案的成本和效益之间的权衡。提高建筑潜在的抗震性能的额外成本必须由未来的避免给建筑带来社会和经济损失的益处抵消。考虑在建筑的整个生命周期中地震危害的影响，从而做出成本和效益的实际评估。既然这样，建筑生命周期可以作为房地产投资的设计寿命、剩余使用寿命或一个持有期考虑。

本节的目的是阐明在一给定时期内在建筑设计中（新的或修复方案）附加阻尼时，一种模拟经济效益的方法。尽管该方法可以被扩展到包含其他经济效益和社会效益中，但经济效益受限于地震破坏的结构构件、非结构构件和内部设备的修理与更换。在一用户定义的时期内，方法涉及由地震危害引起的生命周期成本和效益的模拟（依据避免了的损失）。在各个时间步内，建筑的性能为在上一步的性能和地震表现的函数。方法允许用户指定性能更新的临界值，以及需要修复的破坏程度（如实际蒙受的金钱损失）。

模拟方法通过一个位于高震区的高层钢框架建筑的案例研究来说明。研究了几个时间周期内附加阻尼给建筑带来的影响。近年来，附加的能量耗散装置（如阻尼器）的使用已证明其是提高实际建筑物抗震性能的有效手段（Hanson 和 Soong，2001）。案例的研究以评估增加额外的阻尼对建筑的影响为重点。采用了 5、15、30、50 和 100 年的时间周期，且对每个时间周期采用临界值的 5%、10%、20% 和 30% 的阻尼比。超过 30% 的阻尼增加与地震需求的少量降低相关，因此附加阻尼器的经济效益更小（Hanson 和 Soong，2001）。

8.2.1 生命周期成本分析

在建筑物的结构设计中，通常会在建筑系统的成本与由修复引起的未来费用可能的降低，以及由于建筑物的运行中断而产生的二次效应之间进行权衡。成本和效益的权衡经常可以在新建筑以及那些经受大量的更新的建筑选择结构设计的决策中起作用。不论其明确地或含蓄地考虑，在建筑的生命周期（或房地产投资目的的持有期）中，成本和效益的彻底的且现实的评估对建筑业主、开发商或其他有关当事人来作出明确的设计决策是必要的。当一个设计包括相对的新技术（如附加的能量耗散装置）时，此议题尤其重要，这与较高的设计和材料预估成本有关。

作为一种处理需求和结构性能的不确定性的方法，生命周期成本分析在过去数十年中已成为大量的研究的主题，特别是关于建筑设计标准（Wen 和 Kang，2001）。生命周期成本分析的另一种众所周知的应用是在管理公路桥梁维护的系统中（Das，1999）。分析通常通过对闭合型解的求和或时间积分，通过分析在每一时间步重复的模拟，或通过闭合形式和模拟方法的组合进行。

本文中概述的方法基于模拟,主要为了允许建筑性能在每一时间步可更新。在闭合型解中,经常假设在每个危害发生后建筑修复到其初始状况,且对于低水平危害,亦总是蒙受损失。生命周期成本分析模拟流程图如图 8-4 所示,该流程图说明了地震影响下的生命周期成本分析的模拟方法。此方法的目的是在一给定时间段内现实地模拟由建筑持续的破坏和由业主招致的损失。此方法的两个重要特点值得注意:

一是,业主可以选择结构内部设备、结构部件、非结构部件或整体建筑破坏的水平,在此水平下,业主将蒙受修复或清理的成本(如修复或清理实际进行了才会蒙受损失)。

二是,建筑性能根据破坏和在上一步的情况会在每一时间步更新(即,如果做修复则性能回到初始,如果破坏低于用户定义的临界值则性能保持相同,或如果破坏超过临界值且未修复则性能折减)。

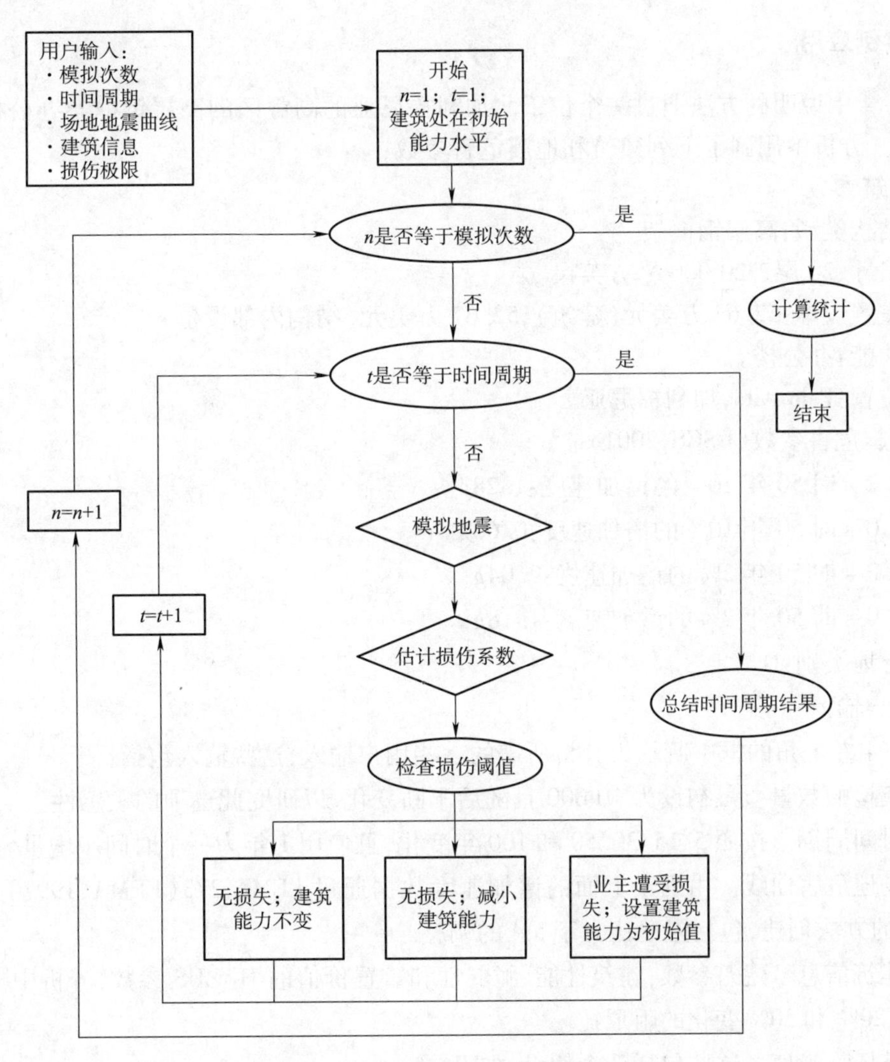

图 8-4　生命周期成本分析模拟流程图

这里概述的基于模拟的生命周期成本分析方法关键在于一给定时间段内,模拟地震破坏和由建筑承担的损失。事实上,该时间段中发生的其他成本也应在分析中考虑。这些成本不在此提出,但通常包括定期的维护和部件更换成本(对附加的能量耗散装置部件尤其重要)、作为建筑和/或地区的地震破坏的函数的二次损失和建筑上的与其他经济效应有关的成本、与其他危害(如风)有关的成本、与修复的融资有关的成本和与拆除和完全重建所需的时间有关的成本。这些额外的成本可以很容易地添加到模拟方法中,假设其可以在每一时间步中明确地估计或随机地模拟出来(例如,通过每年的发生概率)。另外,收入数据流(如租金或商业利润)可以添加到模型中以使经济分析更完善。

这里描述的模拟方法的一个简化为每个时间步中仅允许发生一次危害,如图 8 - 4 所示。在每个时间步内,危害通过使用一个随机数字发生器和场地危害曲线模拟。场地危害曲线描述了在对应场地上地面振动的年超限概率。关于每个时间步中发生一次危害的假设的影响可以通过使用更小的时间步使其变小,但这将增加计算工作量。

8.2.2 实例应用

图 8 - 4 中说明的方法通过一个位于北加利福尼亚的高震区的高层钢框架办公楼的案例研究实施。分析中用到了下列建筑和地震危害参数:

1. 建筑参数

(1)结构类型:高层钢框架。

(2)尺寸:26 层,520 000 平方英尺。

(3)重置成本:52.67 万美元(建筑),52.67 万美元(结构内部设备)。

(4)功能:办公楼。

(5)位置:Palo Alto,加利福尼亚。

2. 地震危害参数(USGS,2001)

(1)0.2 s 时 50 年 10% 的谱加速度:1.28g。

(2)1.0 s 时 50 年 10% 的谱加速度:0.66g。

(3)0.2 s 时 50 年 2% 的谱加速度:2.04g。

(4)1.0 s 时 50 年 2% 的谱加速度:1.18g。

(5)土地类别:D。

3. 用户输入

图 8 - 4 左上角的框中所示为分析所需的一些用户输入,这些输入包括:

(1)模拟的数量。最初设为 10 000 且随后不断变化,以研究此选项的敏感性。

(2)时间周期。按照 5、15、30、50 和 100 年变化,且使用 1 年为一个时间步增量。

(3)场地危害曲线。由列于上面的谱加速度数据通过 FEMA 273(FEMA,1997)的第 2.6 节中概述的方法创建,包括阻尼比大于 5% 的调整。

(4)建筑信息。建筑参数;建筑性能、脆弱性和重置价值的 HAZUS 参数;分析中按临界的 5%、10%、20% 和 30% 变化的阻尼比。

(5)破坏临界值。这些包括几个假设,如下:

①如果在 0.2 s 模拟的谱加速度小于 0.1g,不发生破坏且模拟移到下一时间步。

②假设 0.1g 水平以上被超越,不管建筑有没有破坏,与结构内部设备破坏有关的损失总

是会发生。

③如果建筑破坏(结构加非结构)大于重置价值的 10%,将修复到初始性能(高规范水平)。

④如果建筑破坏(结构加非结构)小于重置价值的 10%,但结构破坏大于重置价值的 5%,则不做修复,但建筑性能设为中等规范水平。

⑤如果建筑破坏(结构加非结构)小于重置价值的 10%,且结构破坏小于重置价值的 5%,则不做修复且建筑性能保持与上一步相同。

8.2.3 分析结果

表 8-6 和表 8-7 列出了 10 000 次模拟和不同的阻尼比和时间段的分析结果,分别为整个时间段总预期的全部损失(建筑和结构内部设备)和平均年预期的全部损失。注意,表 8-7 在底部有一个与点估计有关的平均年损失的条目。点估计不随本文描述的模拟方法产生,它是平均年损失通过用地震危害 50 年中 10% 的概率乘 50 年中 10% 地震危害的建筑(带有其初始高性能)的全部预期损失计算得到的。50 年中 10% 危害水平与重现期为 475 年以及年概率为 1/475 或 0.002 1 一致。

图 8-5 和图 8-6 分别为整个时间段蒙受的全部预期损失和平均年预期损失,这与每一水平阻尼的时间段相对应。图 8-7 和图 8-8 分别为与图 8-5 和图 8-6 相同的结果,但与每一时间段的阻尼比相对应。图 8-8 也表明点估计平均年损失结果是表 8-7 中列出阻尼比的一个函数。

表 8-6 整体的全部预期损失(2001 年,单位:百万美元)

时间段(年)	阻尼比(临界值的%)			
	5	10	20	30
5	1.03	0.58	0.31	0.16
15	4.34	2.79	1.07	0.62
30	11.45	6.55	3.15	1.45
50	21.36	12.99	6.03	3.69
100	50.31	30.81	15.46	9.93

表 8-7 平均每年全部预期损失(2001 年,单位:千万美元)

时间段(年)	阻尼比(临界值的%)			
	5	10	20	30
5	20.6	11.6	6.2	3.1
15	28.9	18.6	7.2	4.1
30	38.2	21.8	10.5	4.8
50	42.7	26.0	12.1	7.4
100	50.3	30.8	15.5	9.9
点估计	2.81	2.11	1.52	1.25

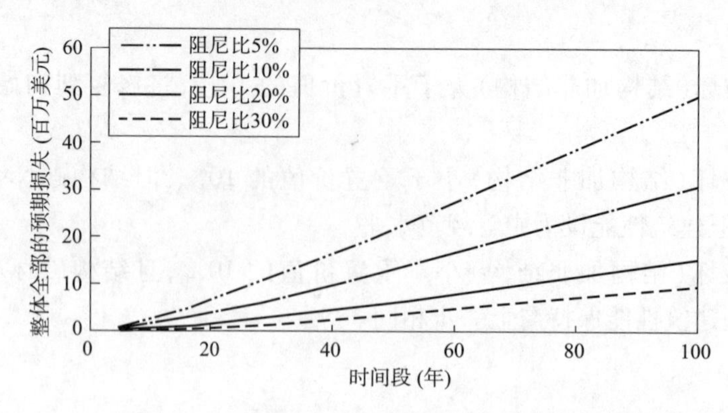

图 8-5　整体全部的预期损失与时间段

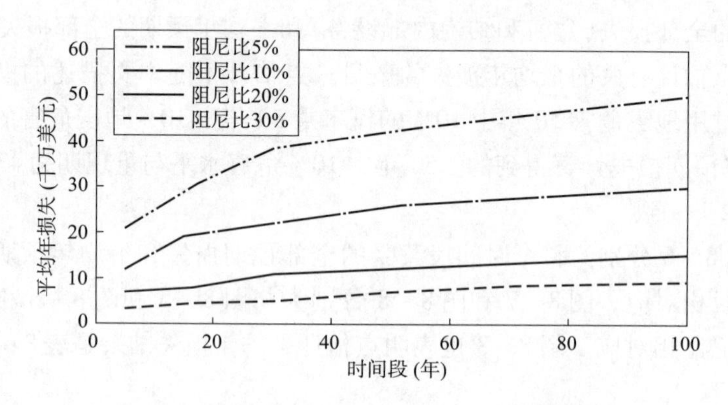

图 8-6　预期的平均年全部损失与时间段

由表 8-6、表 8-7 以图 8-5~图 8-8 可知，整体的和平均每年全部预期损失（建筑和结构内部设备）都随时间段增加。总损失增加预期如每一年损失之和且理论上应为时间段中年数的线性函数。平均损失为总损失除以持有期。随时间段的增加在一定程度上预计是由于场地的危害估计。较大危害值与较小的年概率有关。尽管每一年的危害通过一个随机数字模拟，一个更长时间段中更有可能看到更高危害值及随后更高的破坏和损失值。平均损失的增加在较小时间段内较大且在较低阻尼水平也较大。

值得注意的是，平均年损失在 50 年 10% 的地震危害的点估计比用本文中描述的模拟方法计算的那些减少多少，如表 8-7 和图 8-8 中所示。这是由于点估计本质上等于地震动仅一次的模拟方法，尽管其很大，有 475 年的持有期。建筑性能没有累积破坏的影响，而且，除了与 475 年重现期的那一次震动有关的以外，没有别的损失。此对比包括说明损失估计程序是如何简化的，在一有限时间段内，此程序不模拟建筑的生命周期地震风险，不一定代表真实发生的年损失。此观察限于模拟和此处作出的案例研究假设，且将是笔者进一步研究的主题。

表 8-6 和表 8-7 以及图 8-5~图 8-8 中所示结果可以以另一种格式表示，以解决主要感兴趣的两个问题：

（1）不同时间段的阻尼的不同增加（即与添加到建筑的阻尼器有关的成本）对于预期的损失（即效益）中改变的是什么？

（2）时间段对预期的损失的影响是什么（即需要多少年来弥补添加阻尼器的最初成本）？

表 8-8 和表 8-9 为阻尼比为 5% 时，整体全部的预期损失作为时间段函数的绝对减少

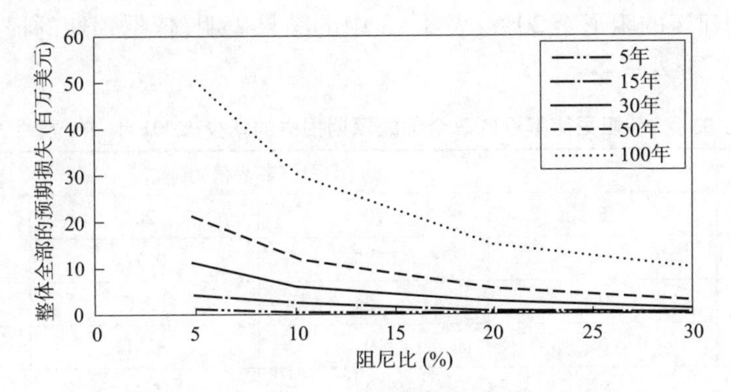

图 8－7　整体全部的预期损失与阻尼比

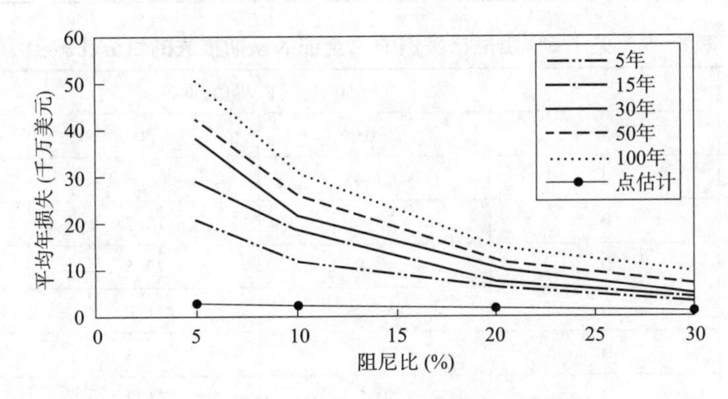

图 8－8　平均年全部的预期损失与阻尼比

和百分比减少。

表 8－8 中,5% 阻尼比情况下,整体全部的预期损失的绝对减少(建筑和结构内部设备)随时间段和阻尼水平的增加而增加。预期总损失随时间段的增加其增加越大(如图 8－5 所示),因而绝对变化将更大。很明显,随着阻尼比的增加,增加的阻尼降低了对建筑的需求以及随后的破坏和损失。

表 8－9 中,5% 阻尼比情况下,整体全部的预期损失(建筑和结构内部设备)中的百分比减少似乎与时间段独立。当阻尼比从 5% 增加到 10% 时,总损失的平均百分比减少为 40%;当阻尼比从 5% 增加到 20% 时,约 72%;当阻尼比从 5% 增加到 30% 时,约 84%。对比这些值与 FEMA 273(FEMA,1997)第 2.6 节中给出的用来减少地震危害及对建筑的需求的分析中的值是有趣的。阻尼比从 5% 增加到 10% 时,在 0.2 s 的谱加速度减少 1.3 倍(23%);阻尼比从 5% 增加到 20% 时,在 0.2 s 的谱加速度减少 1.8 倍(44%);在阻尼比从 5% 增加到 30% 时,在 0.2 s 的谱加速度减少 2.3 倍(57%)。损失减少的百分比大于地震需求水平的减少百分比,但是因为建筑中增加阻尼的影响的模拟假设,它们的值是相关的。

表 8－8 和表 8－9 可以用来帮助回答列于上面的两个问题,即给一个新的或复原设计方案的建筑添加附加阻尼带来的额外成本是否有益。例如,假设一个开发商打算建造(并随后出租)一幢 30 年时间段的建筑,按表 8－8 的估计,从经济角度,如果增加的成本小于 490 万美元则使用附加阻尼装置来增加阻尼至 10%,如果增加的成本小于 830 万美元对增加至 20% 以及如果增加的成本小于 1 000 万美元对增加至 30% 将是有益的。相似的,如果花费额外的

325 万美元来增加建筑的阻尼至20%，表 8 – 8 中的结果表明，依据预期的损失降低将花费大约 15 年时间来弥补额外成本。

表 8 – 8　关于 5% 阻尼比案例的总全部的预期损失的减少(2001 年，单位：百万美元)

时间段（年）	阻尼比（临界值的%）			
	5	10	20	30
5	0	0.45	0.72	0.87
15	0	1.54	3.26	3.72
30	0	4.91	8.31	10.0
50	0	8.37	15.33	17.67
100	0	19.50	34.85	40.38

表 8 – 9　关于 5% 阻尼比案例的总全部的预期损失的百分比减少

时间段（年）	阻尼比（临界值的%）			
	5	10	20	30
5	0	43.4	69.8	84.7
15	0	35.6	75.2	85.7
30	0	42.8	72.5	87.3
50	0	39.2	71.8	82.7
100	0	38.8	69.3	80.3
平均	0	40.0	71.7	84.1

8.2.4　总　　结

本文中所示结果应考虑初步措施，因为其遭受基于实例应用和模型自身作出的假设的多个限制。本文的空间限制不允许对假设和模型参数有完整的敏感性分析——这将成为处理简化模型的未来文章的主题，包括对其他建筑类型的应用。一些更值得注意的假设包括以下：

(1) 模拟数量：结果（未示于此）所示实例应用至少需要 5 000 次模拟来达到收敛。

(2) 输入临界值，特别是那些业主修复决策和建筑性能改变的数值（例如，假设结构内部设备破坏总是被修复）。

(3) 建筑性能：仅使用两个离散的水平（中等和高级），且不考虑未修复的破坏对建筑的阻尼比的影响。

(4) 破坏和损失模型以及重置价值：这些全部基于 HAZUS99（NIBS，1999）。

(5) 建筑信息：使用一幢 26 层钢框架办公楼建筑。

(6) 场地的震级：使用一个非常高震级的地区，且假设在整个的分析期间场地危害曲线保持不变；即在每一时间步的地震危害独立于在上一步中模拟的地震动（一个无记忆的或泊松过程），其可能导致在每一时间步里对真实的地震危害的高估，尤其是起控制作用的地震源表现出时间相关性行为的地区。

(7) 时间步增量：使用一年的时间步。

对于敏感性分析的目的，上面提及的大多数假设在模型中可以很容易的改变且将在未来研发中完成。文章的目的是来说明一种分析方法，实际模拟建筑生命周期中的预期损失作为建筑设计参数的函数。分析的结果可以帮助评定与企图提高建筑性能相关的，如本例的附加阻尼的额外的设计和建造成本的效益（依据避免的损失）。未来对模型的简化将包括其他自然危害（如风）的考虑、包含其他类型的损失，如交易中断和模拟例行成本的量（维修和运营）以及收益流。

第 3 篇 阻尼器的应用与检测

第9章 建筑结构用阻尼器的抗震应用

液体黏滞阻尼器是成熟的耗能元件,不但可以用于抗风,还可以使结构有效地提高抗地震能力,特别是以下几点:

(1)不同于 TMD/TLD,全面提高阻尼比

TMD/TLD 的减震原理主要是谐振,而非阻尼。而 TMD/TLD 的所谓阻尼比仅仅是用来确定其阻尼器最佳阻尼系数用的,绝不能认为是 TMD/TLD 系统给结构带来的附加阻尼比,更不能用于结构设计。相反,由于阻尼器全面提高了结构的阻尼,因此在保护结构的同时,还可以起到保护 TMD 系统的作用。

(2)对附属结构起到很大的减震作用,特别是玻璃幕墙、室内各种设备

在建筑的抗震设计时,非结构构件的安全重要性已经被越来越多的人们所认识。近 30 多年来,多次强烈地震灾害表明,地震时非结构构件破坏的概率通常要比结构构件高得多。它不仅涉及到昂贵的玻璃幕墙、内外装修、女儿墙等非结构的建筑构件,更影响到造价可能高达总造价一半以上的关键设备,如管道、暖通、机房、电源、通信、消防等设备,一旦破坏,经济损失惨重,给人们生活带来严重影响。建筑内如储有易燃、有毒物质的容器或管道,还会造成更严重的次生灾害,甚至影响附近人员生命安全和社会生活。对建筑而言,地震给非结构系统的影响和破坏是不容忽视的。

建筑物的楼层加速度谱是那些被放置在或固定在楼面之上的非结构构件受力大小的主要影响因素。忽略质量小的附属结构和主体结构的相互作用,可以直接用结构的楼层加速度谱来判别非结构构件在未来地震发生时地震反应的大小。

(3)可以减少剪力墙的厚度

美国42层 Peer 大厦(概念设计)设计者提出,采用层间布置阻尼器取代剪力墙结构,经初步模拟计算,只要布置合理,可取得比剪力墙更好的抗震性能和经济效果。对于该工程,通过加设阻尼器,结构剪力墙的截面可以平均减小 5%~7%。

(4)很快就可以起到减震作用

TMD/TLD 不适合用于控制结构的基底剪力。因为对于剪切型结构来说,结构的基底剪力随地震的加速度时程而改变。而对于天然地震波,加速度的峰值往往是突然产生的,此时结构的基底剪力最大,但是 TMD 的启动需要时间,因此无法及时减小骤至的基底剪力。

9.1 北京盘古大观

9.1.1 工程概况

北京盘古大观是北京亚奥商圈的大型工程项目之一。其 5A 级智能化钢结构写字楼高

191.5 m，地上40层，地下5层，建筑面积约为112 800 m^2。该建筑采取外圈框架和内圈带有多列柱间支撑的框架构成的双向抗侧力结构体系，梁柱刚性连接，并且在第16层、36层设置加强层，在内框架和外框架之间设置伸臂桁架来调整内外框架受力，以此构成双重抗侧力体系，达到整体受力的目的。楼盖板采用压型钢板上现浇混凝土形成的组合楼板和组合梁，构成楼屋盖结构体系。其平面图如图9－1所示。

9.1.2 结构的动力分析

1. 结构模型的建立

北京盘古大观写字楼抗震设防烈度为8度，Ⅲ类场地土。在进行主体结构的抗震设计及分析过程中，采用ETABS非线性有限元软件建立三维空间有限元模型。为了满足规范要求并加强抗震能力，结构采用了无黏结屈曲约束支撑（BRB或UBB）和液体黏滞阻尼器地震保护系统。分别用非线性plastic和非线性黏滞阻尼器damper连接单元模拟。结构模型如图9－2所示。

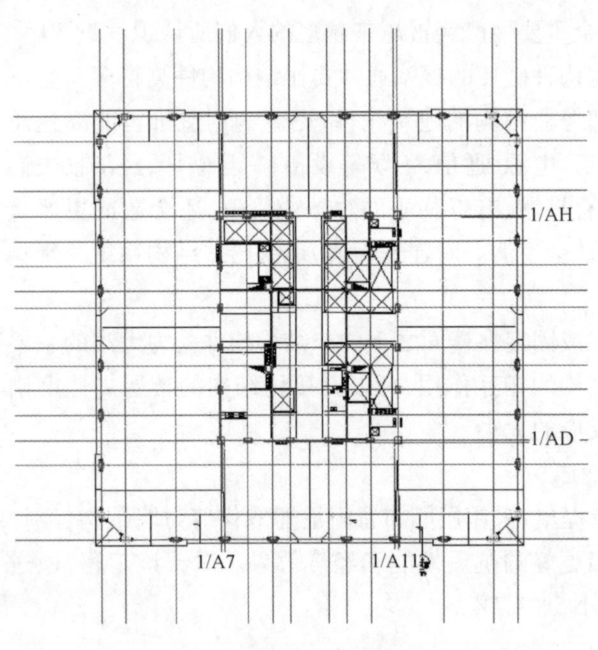

图9－1 平面图

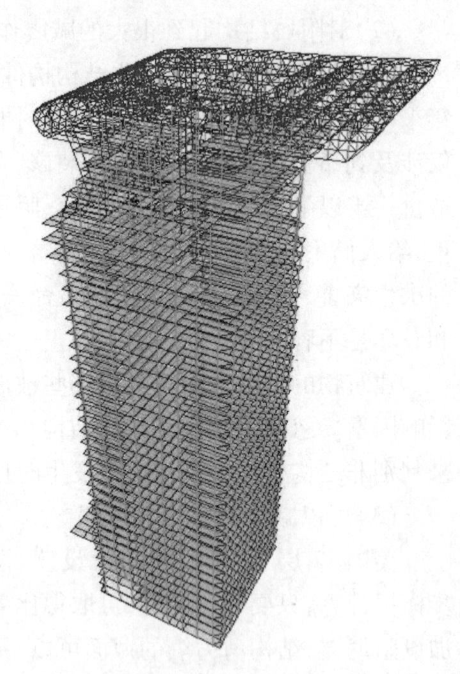

图9－2 结构模型

2. 结构动力特性

模态分析结果的前10阶振型（篇幅所限，仅列前10阶）的周期和质量参与系数见表9－1。由表9－1可知，前10阶振型质量参与系数之和达到95%，满足计算精度要求。第一阶和第二阶振动为X、Y向平动，第三阶为扭转振型，第三阶自振周期T_t与平动为主的第一阶自振周期T_1之比为0.721，小于0.85，满足当时抗震规范（GB 50011）规定的相应扭转控制要求。说明结构的对称性、整体性较好，抗扭转能力较强。

表9－1　北京盘古大观结构振动周期及质量参与参数

阶　数	周期(s)	U_X(%)	U_Y(%)	R_Z(%)
1	5.99	74.281	0.003	0.010
2	5.19	0.005	70.123	3.889
3	4.32	0.005	3.681	73.719
4	1.84	13.283	0.001	0.006
5	1.65	0.003	12.639	0.966
6	1.46	0.002	1.373	9.559
7	0.98	3.289	0.002	0.009
8	0.93	0.009	2.113	1.279
9	0.85	0.002	1.393	1.900
10	0.695	2.638	0.004	0.025

3. 时程分析

按《建筑抗震设计规范》要求，对于抗震设防烈度为8度，场地类别为Ⅲ类并且高度大于80 m的高层建筑，按结构线性、连接单元非线性输入数值地震波，采用时程分析方法进行计算。

该结构时程分析地震波从中国建筑研究院抗震所为该工程提供的6组地面运动天然波和2组人工波函数中选出，见表9－2。

表9－2　地震波

名　称	方　向	说　明
AY1-D,Z,S-X,Y,Z	小、中震水平主向、次向和竖向地震作用	天然波
AY2- D,Z,S-X,Y,Z	小、中震水平主向、次向和竖向地震作用	天然波
AY3- D,Z,S-X,Y,Z	小、中震水平主向、次向和竖向地震作用	天然波
SYS4- D,Z,S-X,Y,Z	小、中震水平主向、次向和竖向地震作用	人工波

按《抗震规范》规定，其平均地震影响系数应与振型分解反应谱法所采用的地震影响系数曲线在统计意义上相符，并且在线性分析时，每条时程曲线计算的结构底部剪力不应小于振型分解反应谱法计算结果的65%，多条时程曲线计算所得的结构底部剪力平均值不应小于振型分解反应谱法的80%。

时程曲线取值如下：

(1)加速度峰值：按8度抗震设防取值，4组常遇、中度地震的峰值加速度分别为70 cm/s^2、200 cm/s^2；

(2)持续时间：输入地震波持时取值为30 s(5倍结构基本周期)；

(3)输入方式：每组时程工况均按 X、Y、Z 三个方向进行组合输入，三分量加速度峰值水平主向、水平次向、竖向分别按 1.00、0.85 和 0.65 取值；

(4)结构阻尼比：地震分析时钢结构模型的阻尼比取为 0.02。

4. 结构减震方案

首先，对未加结构保护系统的结构按上述定义的地震时程工况进行分析。分析结果显示：该结构形式复杂，作为直升飞机起落平台的结构顶部设置了火炬形状的大型悬臂桁架，悬挑长度超过 30 m，如遇较大地震和大风荷载，整个结构的抗震能力和悬挑桁架的自身变形都将经历严峻的考验。以往经验和本次计算结果都表明，该结构在地面竖向振动下会严重放大，因此采取有效的地震保护措施是必须的。

最终决定采取安置黏滞阻尼器的办法来提高结构的抗震和抗风能力。

5. 黏滞阻尼器的抗震设计理念

该工程整个抗震设计遵循“小震不坏、中震可修、大震不倒”的原则，用常规的设计办法和相关构造措施使结构满足多遇地震的要求；用 BRB 和黏滞阻尼器保证结构在罕遇地震、大风和其他不可预见超载中安全。

6. 黏滞阻尼器的布置和安装方案

根据《抗震规范》的建议，阻尼器均匀设置在层间位移较大的 24 ~ 39 层，共计 96 个标准黏滞阻尼器和 8 个带刚度的黏滞阻尼器。另外，由脉动风时程计算结果得知，较高楼层的加速度已严重超标，决定在楼顶“火炬式”悬臂桁架根部加设 4 个抗风黏滞阻尼器来减少这部分结构在地震和大风下的振动。图 9 – 3、图 9 – 4 为盘古大观主楼内阻尼器的布置图。

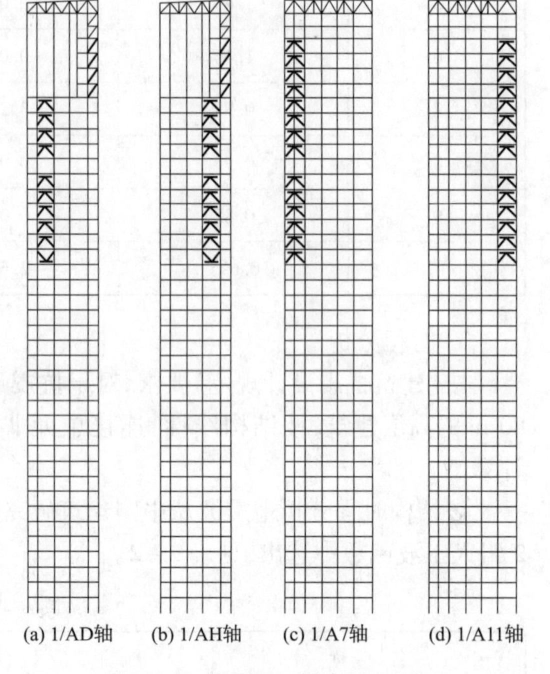

图 9 – 3　抗震阻尼器布置立面图

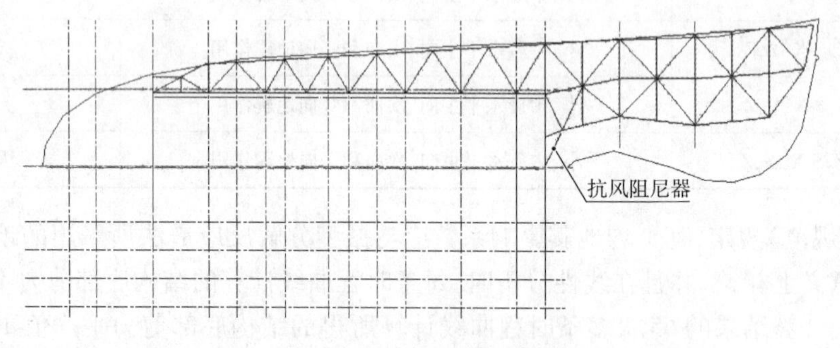

图 9 – 4　抗风阻尼器布置图

阻尼器在结构上的不同安装方式会带来不同的安置效果，该工程选取了典型的人字形支撑为主的安置方法。该建筑使用功能较多，能留给安置阻尼器的空间十分有限。通过工程师们的反复设计，采用了美国穿越原支撑的独特安置技术（如图 9 – 5 所示）。阻尼器采用格构式截面构件作为支撑，可以确保阻尼器充分发挥作用的同时不影响原结构的支撑布局，解决了阻尼器支撑和传统支撑的空间冲突问题。

图9-5　穿越式安装支撑

7. 黏滞阻尼器的参数

阻尼系数 C 和速度指数 α 应根据设计优化的需要自由选择。阻尼系数 C 的大小与阻尼器出力的大小成正比关系。产品的性能和减震结果的优化都证明 α 应该在 0.2~1.0 之间选择。一般来说，当 α 越小时，耗能越大，但从各种受力和位移的地震反应来看，不见得最理想。最好是要根据具体结构的计算优化、反复调整迭代的过程来确定。ETABS、SAP 2000 等有限元分析软件建议速度指数 α 的计算范围在 0.2~2.0 之间。

采用 ETABS 软件中专门模拟阻尼器的非线性连接单元——Maxwell 模型来模拟非线性黏滞阻尼器。在模拟黏滞阻尼器时，弹簧元件的效果可通过使其具有足够的刚性来忽略。为了模拟带刚度的黏滞阻尼器，在阻尼器的位置上再并联一个弹性杆件。

该工程通过不同方案对比，最终选取的阻尼器参数见表9-3。

表9-3　阻尼器参数表(一)

方　案	类　　型	速度指数	最大出力(kN)	最大行程(mm)	数量(个)
原方案	带刚度的黏滞阻尼器	0.3	1 000	±100	8
	黏滞阻尼器	0.3	1 000	±100	96
	黏滞阻尼器	0.5	1 500	±150	4
新方案	带刚度的黏滞阻尼器	0.3	1 500	±100	4
	黏滞阻尼器	0.3	1 500	±100	96
	黏滞阻尼器	0.5	2 250	±150	4

9.1.3　计算结果和减震效果

1. 层间位移

层间位移是衡量楼层变形大小的一项重要指标。《抗震规范》规定，多、高层钢结构的弹性层间位移转角不应大于1/300。

小震情况下，结构保持在弹性阶段，可见原结构设计合理，层间位移转角均未超过《抗震规范》的弹性层间位移转角限值。并且加设阻尼器之后，结构抗震性能得到了明显提高。结构在小震作用下的层间位移转角如图9－6所示。

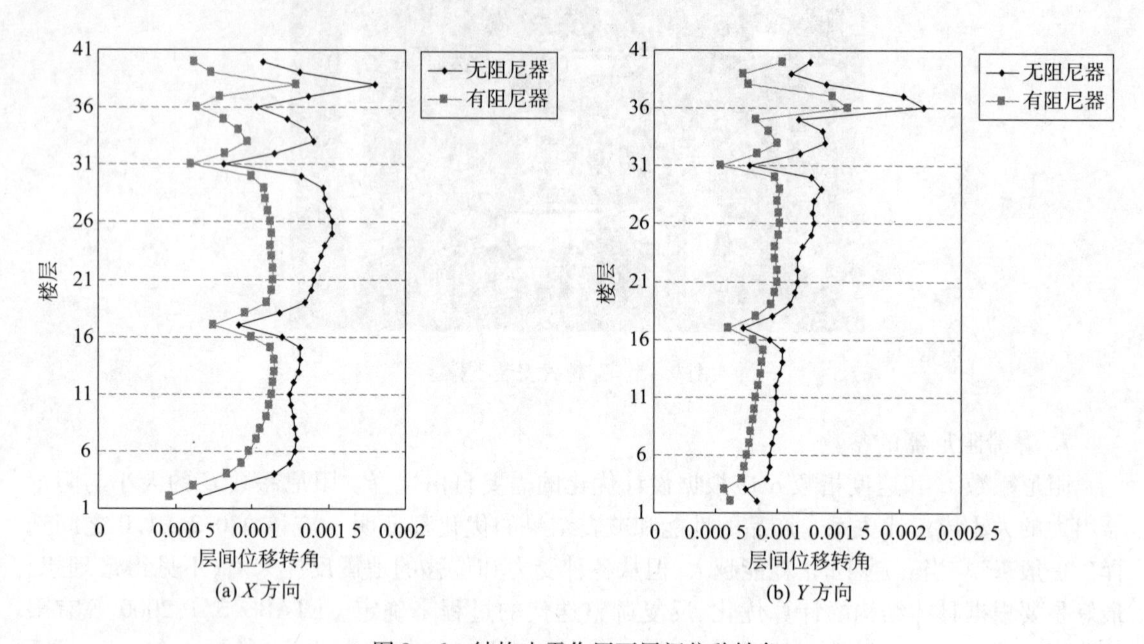

图9－6 结构小震作用下层间位移转角

中震情况下，安置阻尼器后结构层间位移同样可以显著减少。SYS4地震波中震作用下加设阻尼器前后结构的层间位移转角如图9－7所示。

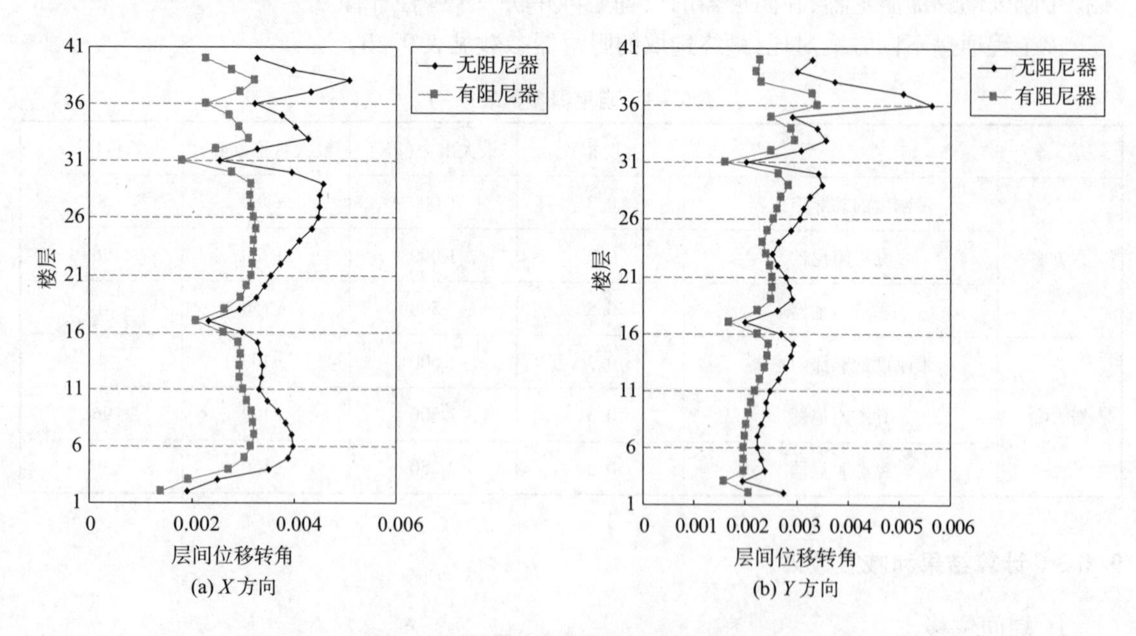

图9－7 结构中震作用下层间位移转角

2. 中震作用下结构杆件的屈服

超限审查要求结构中震工况下控制在弹性工作范围内。按 ETABS 计算结果,该结构未安置阻尼器前,在中震作用下,结构支撑、梁甚至柱子出现了大量的屈服,进入塑性状态。安置阻尼器后,结构状态得以有效改善,支撑、梁、柱全部保持弹性,未达到屈服状态(如图 9-8 所示)。

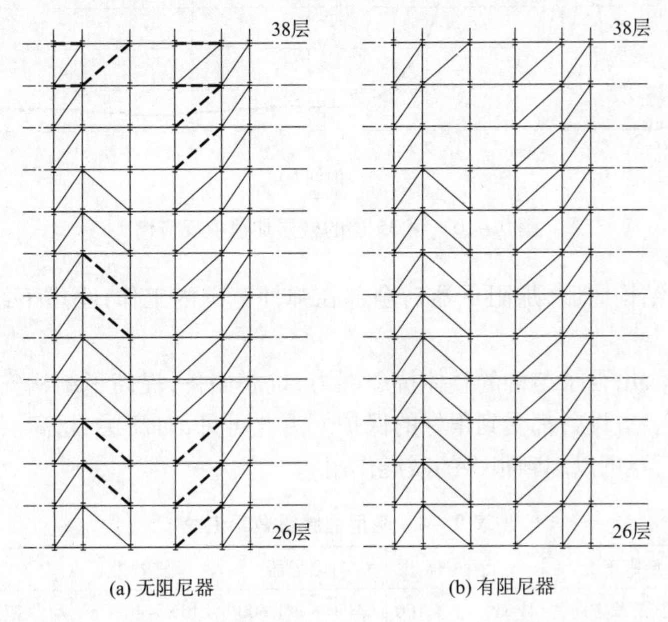

图 9-8　中震作用下结构杆件的屈服情况(加粗虚线为屈服杆件)

3. 阻尼器抗扭转作用

在地震中,扭转效应会导致结构的严重破坏。尽管盘古大观写字楼的平面布局较为对称,模态分析亦表明结构的整体性好,但从时程分析的结果来看,结构较低层还是出现了不满足《抗震规范》对结构扭转的控制要求:在弹性状态下,楼层的最大位移不得大于该楼层两端水平位移平均值的 1.2 倍。但加设阻尼器后,这一现象有了明显的改善,楼层的最大位移均能满足要求,如图 9-9 所示。

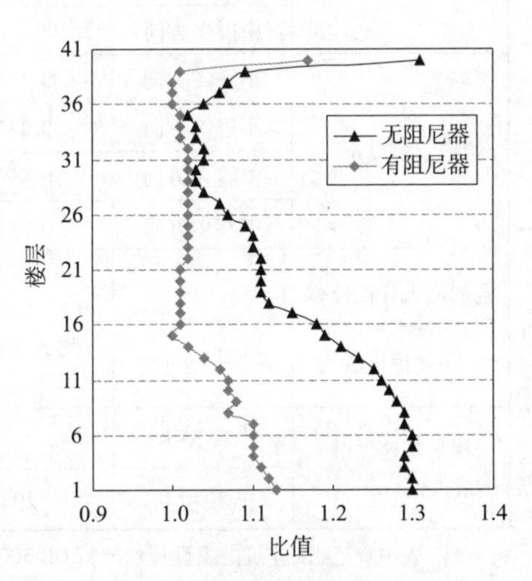

图 9-9　结构楼层 Y 向最大位移与两端水平位移平均值比值

4. 结构系统的抗震分析

第 35 层在 AYS1Z(中震)工况下安置黏滞阻尼器前后的楼层反应谱的对照结果如图 9-10 所示。可见,安置阻尼器后结构的楼层反应谱大幅降低,建筑的附属系统、高档装修及一些贵重设备仪器可获得更好的安全和经济保障。

9.1.4　结　　论

表 9-4 汇总了北京盘古大观在安置了 108 个液体黏滞阻尼器后地震分析的结果。其减震效果和增加结构安全储备的作用都十分显著。在中、小地震中都有很好的减震作用:中震下

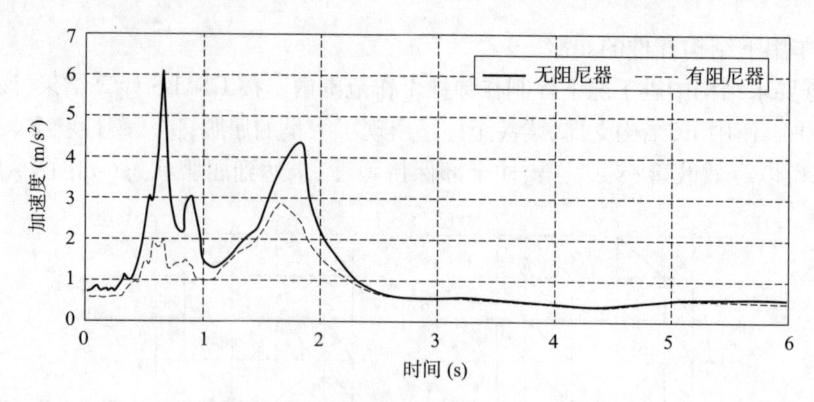

图 9－10 第 35 层的楼层加速度反应谱

原设计不加阻尼器结构屈服，加阻尼器后全部在弹性范围内工作；小震下结构层间位移减少很多。

使用阻尼器大大增强了结构的整体抗震能力、抗震储备，提高了结构安全性。附属结构、玻璃幕墙和大楼的装置设备都受到很好的保护。由此可见，对高层、超高层建筑结构，只要设计的合理，黏滞阻尼器可以起到很大的减震作用。

表 9－4 阻尼器减震效果汇总

项目	地震工况	无阻尼器	有阻尼器	减震效果	备注
层间位移转角	小震 X 方向	1/650～1/1 100	1/850～1/1 600	15%～40%	规范规定此项限值为 1/500
	小震 Y 方向	1/400～1/1 100	1/650～1/1 600	15%～40%	规范规定此项限值为 1/500
	中震 X 方向	1/220～1/400	1/300～1/500	12%～30%	对于超高层钢结构，一般控制在 1/300
	中震 Y 方向	1/200～1/450	1/300～1/550	12%～30%	
顶点位移（m）	小震 X 方向	0.146	0.122	16.4%	结构顶点位移是衡量结构抗弯能力的重要参数
	小震 Y 方向	0.117	0.099	15.5%	
	中震 X 方向	0.496	0.444	10.6%	
	中震 Y 方向	0.268	0.235	12.1%	
楼层最大弹性位移与两端水平位移平均值比值	中震	40 层、1～15 层均大于 1.2	所有楼层均小于 1.2	平均提高 20%	规范规定：楼层的最大弹性位移大于该楼层两端弹性水平位移平均值的 1.2 倍，结构属于扭转不规则
楼层加速度谱最大值（m/s^2）	中震 35 层	6	3	50%	结构的楼层反应谱是衡量结构附属系统地震反应大小的重要标志
	中震 40 层	10	6	40%	

注：表中规范指《建筑抗震设计规范》（GB 50011—2001）。

9.2 武汉保利大厦

9.2.1 工程概况

武汉保利大厦位于武汉市中心区，是一幢 5A 综合写字楼，占地 12 000 m^2，总建筑面积约

$140\ 000\ m^2$，主塔楼地上46层，高210 m，整座建筑采用“L”形布置，主楼与副楼由连接体相连，裙楼与主、副楼之间紧密相关，三者围合形成一个结构单元，主、副楼结构采用“圆钢管混凝土柱、钢梁—钢骨混凝土核心筒”混合结构体系，主、副楼在16～20层连接体采用钢桁架结构。本地区抗震设防烈度为6度，设计地震分组为第一组，场地类型为Ⅱ类。

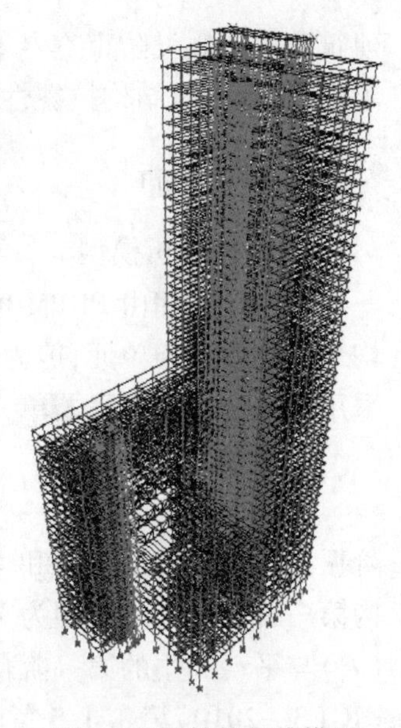

图9－11　结构三维模型

如图9－11、图9－12所示，本工程平面布局及立面很不规则，多处超出了现行国家规范的限制。结构不规则情况如下：

(1)结构考虑偶然偏心的扭转位移比大于1.2，为扭转不规则；

(2)16～21层主、副楼之间设置连体结构，且连接体两侧的主、副楼体型和刚度差异较大以及连接体平面位置不对称，为复杂连接；

(3)结构裙楼屋面及以下的平面楼板三边围合而成，平面凹进尺寸大于相应边长的30%，为凹凸不规则；

(4)结构裙楼与副楼结合处形成细腰形平面，为组合平面；

(5)8层影剧院夹层，楼板不连续；

(6)7层相邻层刚度变化大于70%或连续三层变化大于80%，为刚度突变；

(7)第1、7、15层受剪承载力小于相邻上一层的80%，为承载力突变。

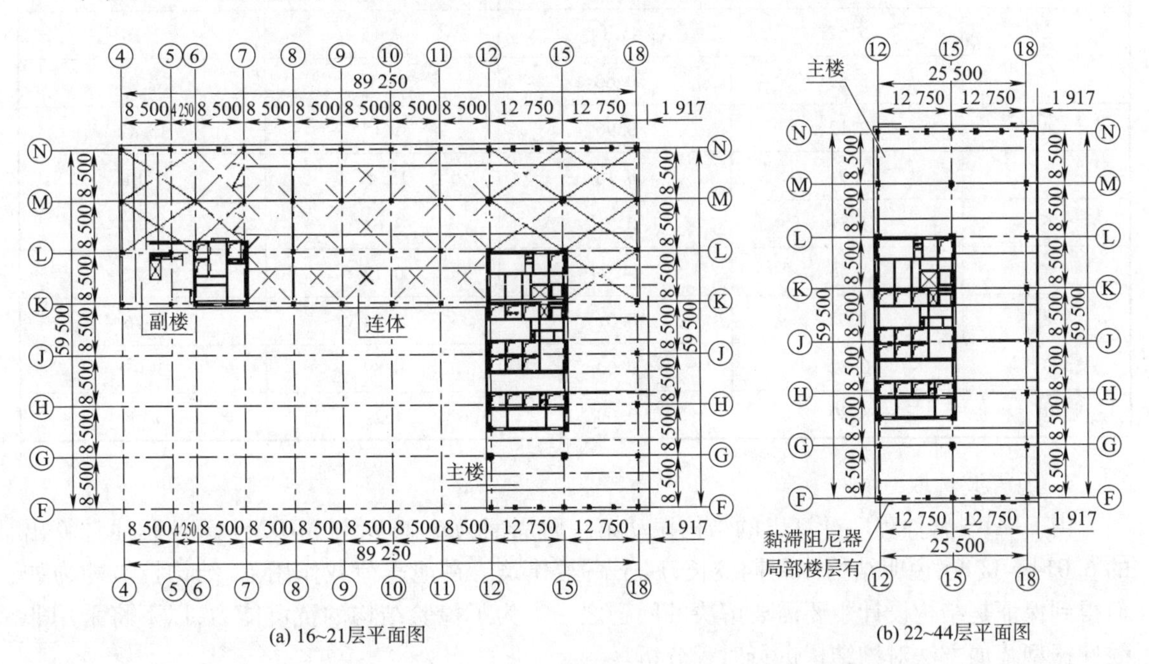

图9－12　结构平面图(单位：mm)

根据《超限高层建筑工程抗震设防管理规定》(建设部令第111号)和2006年9月5日颁布的《超限高层建筑工程抗震设防专项审查技术要点》(以下简称《要点》)，本工程属超限高层建筑工程，且为“塔体显著不同”、“跨度大于24 m”的连体结构，属“建议委托全国超限高层建筑工程抗震设防审查专家委员会进行抗震设防专项审查”的超限高层建筑。按照《要点》要求，本工程须做结构抗震性能设计。

9.2.2 动力分析

1. 结构分析模型

该模型采用由 PKPM 模型转化而成的 ETABS 有限元程序建立。结构分析计算中，梁、柱均采用空间框架单元；剪力墙、楼面采用可同时考虑平面内、平面外刚度的空间壳单元；阻尼器采用非线性黏滞阻尼器单元。

2. 结构振型分析

由于篇幅限制，表 9－5 仅列出了结构前 10 阶振型的周期、平动及扭转系数。由于前 25 阶振型质量参与系数之和均达到 90% 以上，因此满足规范计算精度要求。由表 9－5 可见：结构第一阶和第二阶振型为 Y 方向及 X 方向的平动，第三阶振型为扭转振动；第三阶自振周期（T_t）与平动为主的第一阶自振周期（T_1）之比为 0.613，满足《高层建筑混凝土结构技术规程》（JGJ 3—2010）第 3.4.5 条的规定。

表 9－5 模态分析输出的结构基本动力特性

阶　数	周期（s）	U_X（%）	U_Y（%）	R_Z（%）
1	6.26	5.87	36.88	22.30
2	5.67	45.14	7.15	2.16
3	3.83	0.66	17.19	32.21
4	2.12	0.96	1.15	15.42
5	1.91	0.16	13.47	1.81
6	1.81	0.21	3.64	0.47
7	1.56	24.99	0.12	1.22
8	1.02	0.07	2.34	2.76
9	0.82	0.00	0.89	1.07
10	0.80	0.00	4.21	5.58

3. 地震波选取

由 ETABS 软件程序计算出的结构振动第一阶周期为 6.26 s，与 MIDAS/GEN 程序计算出的 6.014 s 接近，说明结构体周期较长，属于高柔建筑。在地震荷载作用下，结构抗震能力如何得到保证是结构设计主要需要解决的问题之一。为了检验结构的抗震能力，以下将采用非线性振型叠加方法对该结构进行时程分析。

积分过程采用的地面运动纪录采用 El Centro 天然波和 Taft 天然波。人工波则采用当地的地表土层反应的 83 号孔处超越概率为 2% 的一条。每组时程工况分别按 X、Y 两个方向组合输入，两分量加速度峰值水平主向∶水平次向按规范的 1∶0.85 取值。该结构位于 6 度抗震区，根据本工程场地地震安全性评价报告的参数要求，加速度峰值为 192g。地震时程分析时所有工况振型阻尼为 0.05。人工波加速度时程曲线如图 9－13 所示。

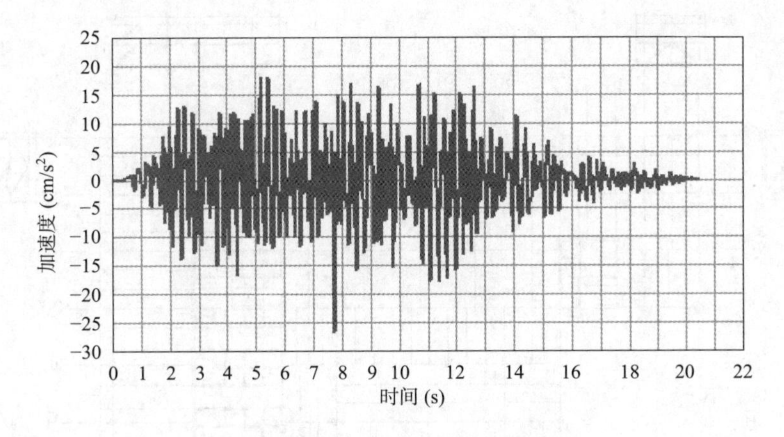

图9－13　人工波加速度时程曲线

4. 液体黏滞阻尼器的布置及安装

本工程共计使用62个标准黏滞阻尼器。该结构内阻尼器的布置如图9－14所示,阻尼器的现场安装如图9－15所示,阻尼器参数见表9－6。

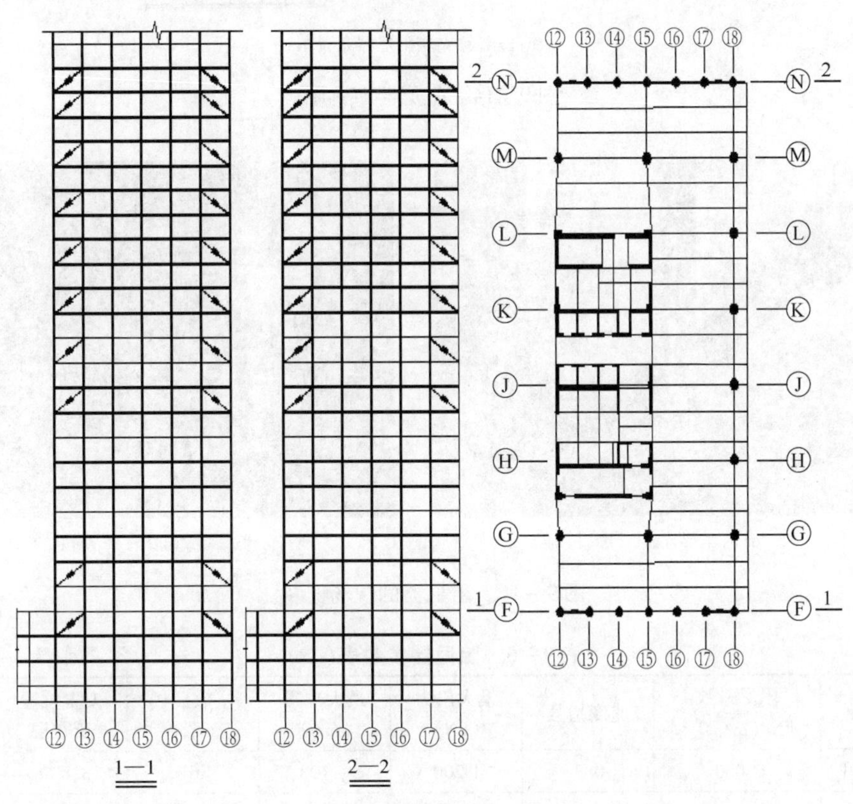

图　9－14

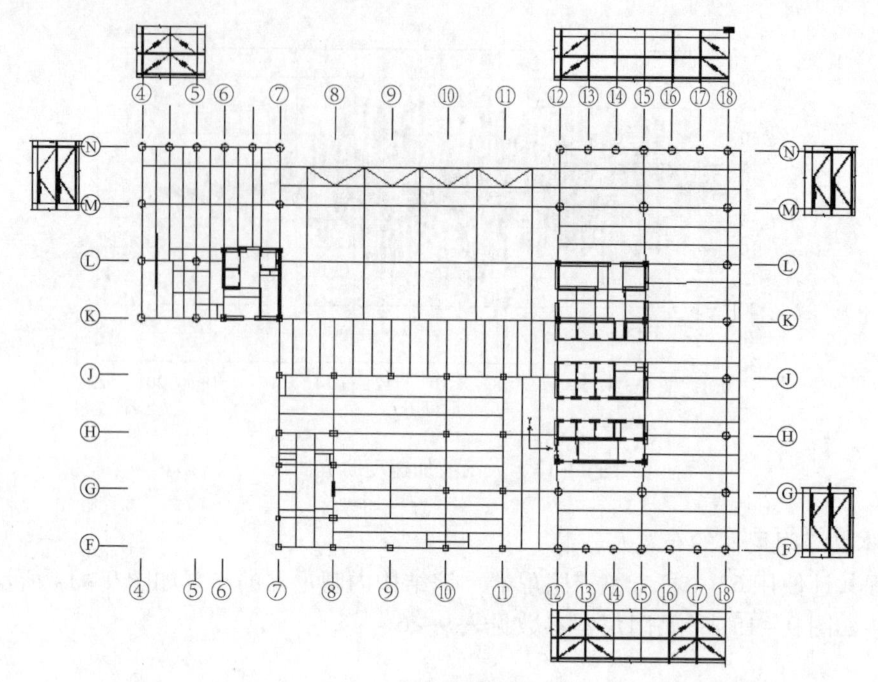

(b) 8层及8夹层阻尼器布置图

图 9－14 阻尼器布置图

(a) 对角形连接

(b) 人字形连接

图 9－15 阻尼器的现场安装

表 9－6 阻尼器参数表(二)

型　　号	阻尼系数 [kN/(m/s)$^{0.3}$]	速度指数	最大出力 (kN)	最大冲程 (mm)	数量 (个)	安置位置所在层	安装方式
67DP-18900-01	2 000	0.3	1 200	±100	6	8,8 夹	人字形
67DP-18901-01	2 000	0.3	1 200	±75	20	37,39,41,43,44	对角形
67DP-18902-01	2 000	0.3	1 000	±75	36	8,8 夹,22,24,31,33	对角形

9.2.3　减震效果

下面列出了结构在加设阻尼器前后各项地震反应指标的变化情况，以对比的方式来反映液体黏滞阻尼器对结构的控制。

1. 层间位移角

小震 X 方向层间位移角对比如图 9－16 所示。由图可知，原结构满足《抗规》的限制（多遇地震 <1/800），但阻尼器的应用很大程度上提高了结构性能，减小了结构的层间变形。

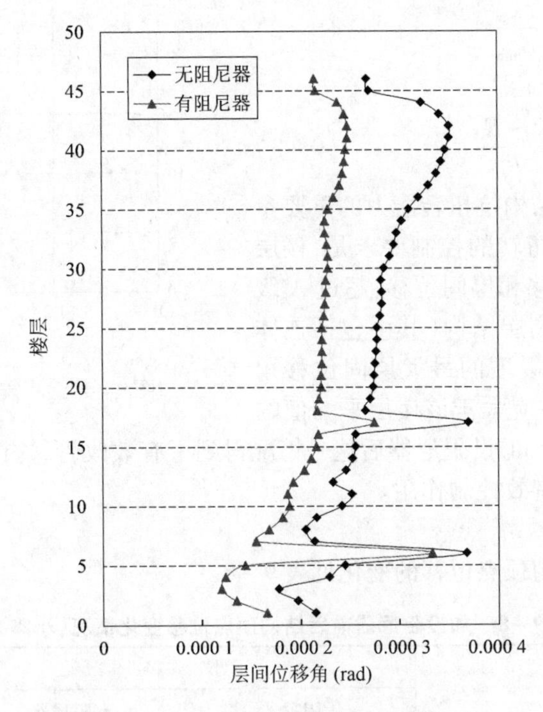

图 9－16　小震 X 方向层间位移角对比

2. 结构基底剪力、基底弯矩

基底剪力和弯矩是衡量结构整体能力的重要参数。通过表 9－7 对结构基底剪力和基底弯矩的分析对比可见，黏滞阻尼器在降低结构整体的受力方面效果显著，从而又为结构增加了一层安全保障。

表 9－7　结构基底剪力、基底弯矩比较（小震）

比较项目		小震		减震率（%）
		无阻尼器	有阻尼器	
X 方向	剪力（kN）	9 167.93	8 473.41	7.58
	弯矩（kN·m）	215 797.86	204 210.60	5.37
Y 方向	剪力（kN）	6 160.84	5 524.94	10.32
	弯矩（kN·m）	332 694.04	259 675.15	21.95

3. 扭转控制

这里提到的位移比 R_d 实质上是从几何上直接度量结构各楼层的扭转振动特性。为清晰直观起见,可用楼层平面内一条边的两端点在计算方向上的最大位移 δ_{max} 与最小位移 δ_{min} 来度量。位移比即为最大位移与平均位移之比,公式如下:

$$\delta_{avg}=\frac{\delta_{max}+\delta_{min}}{2} \tag{9-1}$$

$$R_d=\frac{\delta_{max}}{\delta_{min}} \tag{9-2}$$

变换公式如下:

$$\frac{\delta_{max}}{\delta_{min}}=\frac{2-R_d}{R_d} \tag{9-3}$$

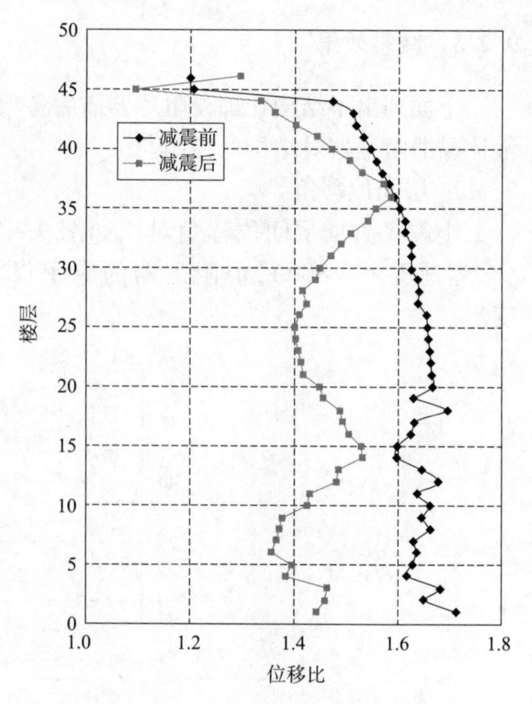

图 9-17 小震工况 X 方向位移比

楼层位移比是评定结构抗扭转能力的重要参考指标。《高规》对结构扭转的控制要求是:楼层竖向构件最大的水平位移和层间位移,超过 A 级高度的混合结构及复杂高层结构(其中包括连体结构),当楼层在多遇地震下的最大层间位移角不大于限值的 40% 时,不应大于该楼层平均值的 1.6 倍。如图 9-17 所示,加设阻尼器后这一情况得到了有效改善,这说明阻尼器在高层结构抗扭转方面同样发挥了有效控制作用。

4. 顶点位移

设置阻尼器前后结构顶点位移的变化见表 9-8。

表 9-8 加设阻尼器前后结构顶点位移变化情况(小震)

比较项目		小震		减震率(%)
		无阻尼器	有阻尼器	
X 方向	max(m)	0.025 1	0.022 2	11.55
	min(m)	−0.033 7	−0.024 6	27.00
Y 方向	max(m)	0.026 6	0.021 4	19.55
	min(m)	−0.030 1	−0.026 8	10.96

5. 非结构系统的抗震分析

小震工况下第 46 层的楼层加速度反应谱如图 9-18 所示。由图可知,阻尼器有效地减小了楼层反应谱的加速度峰值,从而降低了非结构构件的地震反应。

9.2.4 结　论

由上述对该高层结构的分析研究可见,在多遇地震工况下,黏滞阻尼器在降低超高层结构的位移和受力、提高结构整体的抗扭转性能以及降低非结构构件的地震反应等方面都发挥了有效作用,阻尼器的减震功效是全方位的。液体黏滞阻尼器以其优越的耗能减震特性已经并将继续在超高层结构的抗震减震中得到广泛应用。

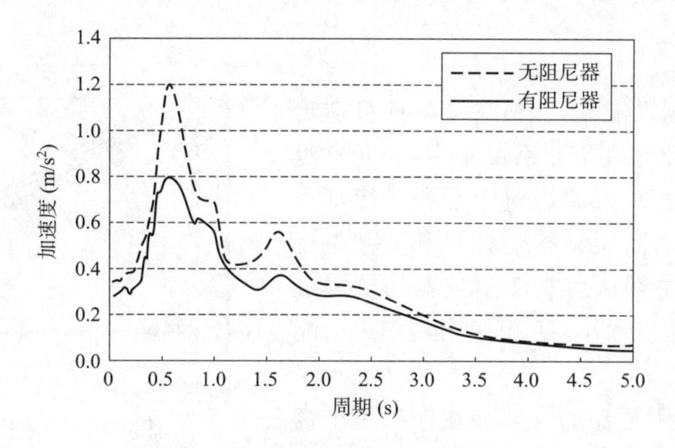

图 9 - 18　46 层的楼层加速度反应谱(小震)

9.3　新疆阿图什布拉克大厦

9.3.1　工程概况

阿图什布拉克大厦为框架剪力墙混凝土结构,高 78 m,共计 26 层(含 2 层地下室)。结构设计采用的思路是比当地设防烈度(8.5 度)降低半度(也即采用 8 度设防)进行结构主体的设计(原设计院提供),截面和配筋全部满足 8 度设防要求。然后通过阻尼器消能减震设计达到 8.5 度的设防要求,以达到降低工程成本和增加结构地震安全性的双重目标。结构的抗震构造要求按 8.5 度完成。

结构层间位移角是衡量结构在地震作用下反应的重要指标,表 9 - 9 给出了原结构采用振型分解法计算所得的最大层间位移角,可以看出,按 8.5 度衡量,原设计的最大层间位移角严重超出了《建筑抗震设计规范》(GB 50011—2010)的要求。本设计将通过阻尼器的消能减震作用减小结构的反应,以达到规范的要求。

表 9 - 9　振型分解反应谱法计算结构最大层间位移角

地震作用	影响系数最大值	最大层间位移角	层间位移角限值
X 小震	0.24	1/493	1/800
Y 小震	0.24	1/461	1/800

降度后的结构设计整体参数见表 9 - 10。

表 9 - 10　结构设计整体参数

设计参数项	参数值
结构设计基准期	50 年
结构设计使用年限	50 年
抗震设防烈度	8 度(0.3*g*)

9.3.2 消能减震方案

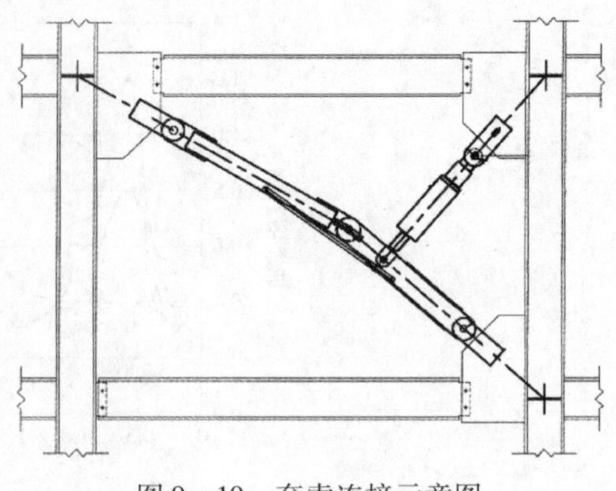
图 9－19 套索连接示意图

液体黏滞阻尼器性能稳定、概念清晰而且造价相对较低。我国已经完成了北京银泰中心、北京盘古大观、武汉保利大厦、天津国贸中心和天津富力广东大厦[7]等多个超高层结构的计算和安装。现在从设计公司到业主都认可黏滞阻尼器的抗震抗风作用及其经济效果，因此本工程使用其作为消能减震装置。

此外，在本工程阻尼器的安装方法中采用了奇太振控的专利技术（专利号：201220375511.8）——套索连接阻尼器设置形式，如图 9－19 所示。这种形式充分利用机械原理放大了阻尼器的运动，使得在同样的安装数量和阻尼器参数下得到更好的消能减震效果，非常适合于钢筋混凝土剪力墙或框架剪力墙等刚度较大的结构。

1. 阻尼器布置

阻尼器的位置是根据位移确定的。通过对原结构进行振型分解反应谱分析以及地震动时程分析，得到结构层间位移角较大的楼层集中在地上 8～23 层。根据《抗震规范》在位移较大处布置阻尼器的原则，采用在层间位移角较大处隔层布置阻尼器的方案。X 向具体为：11、13、15、21、23 层，每层布置 4 套，8 层布置 2 套；Y 向具体为：8、10、12、14、16、18、22、24 层每层布置 4 套，3 层布置 2 套。共计 56 套，具体布置如图 9－20 所示（图中黑块为阻尼器示意，所标数字为阻尼器布置楼层）。套索式布置阻尼器，可以在同样的空间尺寸内起到放大阻尼器效果的作用，因此采用这种布置方式。

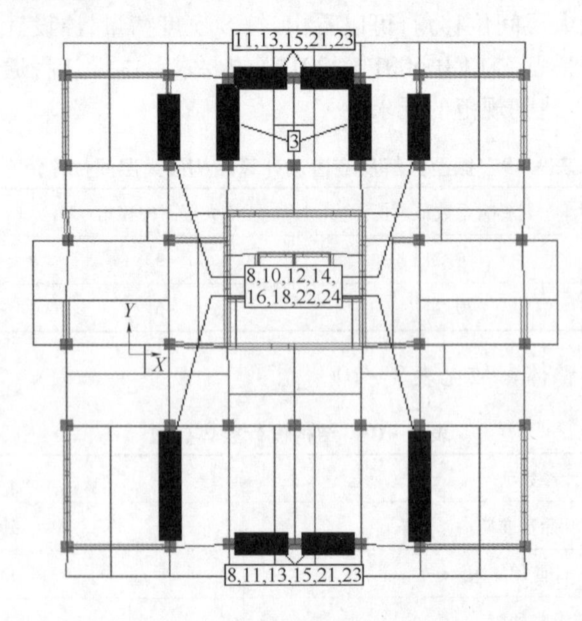

图 9－20 阻尼器布置位置示意图

2. 阻尼器参数

由于套索连接形式的连接杆的受力约为阻尼器出力的3~4倍，因此阻尼器的出力不宜过大。本工程所用阻尼器的参数为：$C=1\ 400\ \text{kN/(m/s)}^{\alpha}$，$\alpha=0.3$。

9.3.3 结构消能减震分析计算

结构三维模型如图9-21所示。

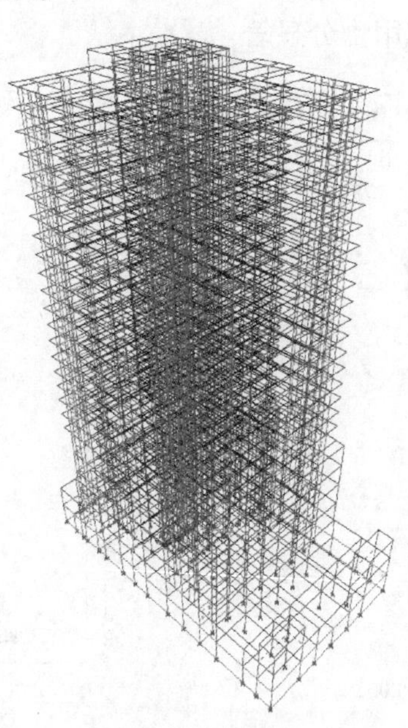

图9-21 结构三维模型图(26层)

1. 结构动力特性

结构前10阶振型见表9-11，其中前3阶振型分别为X向平动、Y向平动及扭转，结构的第一扭转周期与第一平动周期之比为0.675，结构扭转效应满足规范要求。同时，结构前10阶振型中未出现扭转与平动耦联振型。

表9-11 结构振动周期

阶 数	周期(s)	U_X(%)	U_Y(%)	$\sum U_X$(%)	$\sum U_Y$(%)	R_Z(%)
1	2.01	59.45	0.11	59.45	0.11	0.12
2	1.82	0.12	53.20	59.56	53.31	4.54
3	1.35	0.00	3.83	59.56	57.14	43.27
4	0.56	13.75	0.06	73.31	57.20	0.00
5	0.48	0.10	13.39	73.41	70.59	1.06
6	0.40	0.01	2.27	73.42	72.85	10.98
7	0.28	5.12	0.03	78.54	72.88	0.01
8	0.23	0.05	4.91	78.59	77.79	0.25
9	0.22	0.00	0.14	78.59	77.93	0.02
10	0.22	0.00	0.00	78.59	77.93	0.15

2. 地震加速度记录

地震波采用与工程所在地相同的Ⅱ类场地的2组天然波(El Centro波和兰州波1)和1组人工波(YTS1波),加速度峰值按8度(0.3g)抗震设防取值。

3. 地震时程分析结果

规范规定,对于框架-剪力墙结构,其弹性层间位移角不应超过1/800;弹塑性层间位移角不应超过1/100。结构减震效果见表9-12,限于篇幅仅列出了小震的相关曲线(图9-22、图9-23),可见阻尼器的减震作用十分显著。

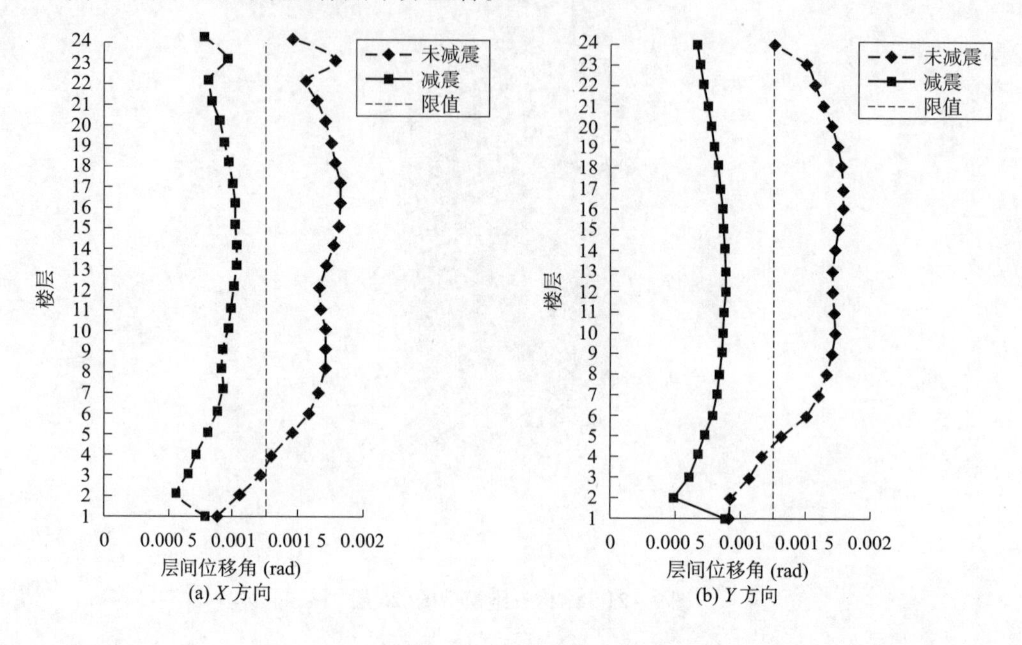

图9-22　小震作用下的层间位移角对比

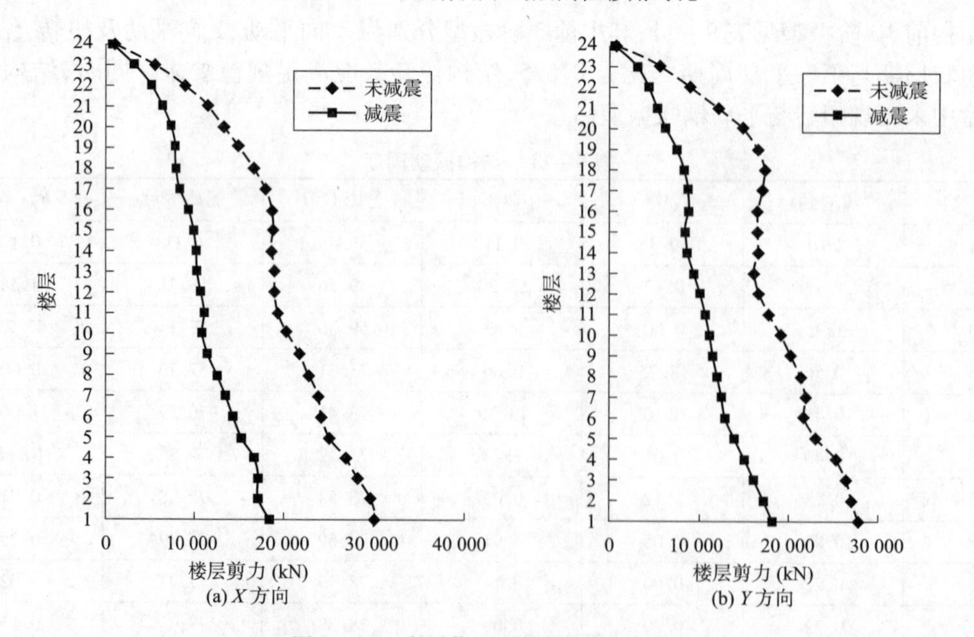

图9-23　小震作用下的楼层剪力对比

表9－12　减震结果汇总表

等　级	方　向	指　　标	减震前	减震后	减震率
小震	X向	包络最大层间位移角(rad)	1/550	1/967	43.1%
		基底剪力(kN)	30 364.07	18 347.54	39.6%
	Y向	包络最大层间位移角(rad)	1/559	1/1 130	50.5%
		基底剪力(kN)	27 714.25	18 186.88	34.4%
中震	X向	包络最大层间位移角(rad)	1/202	1/282	28.5%
		基底剪力(kN)	82 805.54	58 304.8	29.6%
	Y向	包络最大层间位移角(rad)	1/205	1/342	40.1%
		基底剪力(kN)	75 579.28	56 912.25	24.7%

4. 楼层剪力与8度设防设计下地震作用对比

原结构是按照比当地设防烈度低半度(即8度)进行的结构构件截面抗震设计,因此减震后结构不仅需要满足在8.5度地震作用下层间位移角的要求,同时需要减震结构在8.5度地震作用下的楼层剪力小于未减震结构在8度地震作用下的楼层剪力。

分析采用的地震波信息见表9－13。

表9－13　地震波信息列表(一)

波　形	X向	Y向
天然波1	El Centro(28 s)	El Centro(28 s)
	峰值341.7 mm/s^2;调整系数2.049	峰值341.7 mm/s^2;调整系数2.049
天然波2	LanZhou01(16.60 s)	LanZhou01(16.60 s)
	峰值196.2 mm/s^2;调整系数3.568	峰值196.2 mm/s^2;调整系数3.568
人工波1	YTS1(45 s)	YTS1(45 s)
	峰值73.47 mm/s^2;调整系数9.528	峰值73.47 mm/s^2;调整系数9.528

表9－14列出了小震作用下二者基底剪力的对比。各层剪力时程包络数值见表9－15。小震包络楼层剪力对比如图9－24所示。

表9－14　基底剪力对比

等　级	方　向	基底剪力	未减震结构,8度地震	减震结构,8.5度地震	误差(%)
小震	X向	时程包络值(kN)	19 327.38	18 347.54	5.07
		反应谱计算值(kN)	19 020.08	—	—
	Y向	时程包络值(kN)	17 640.72	18 186.88	－3.10
		反应谱计算值(kN)	19 237.45	—	—

表9－15　各层剪力时程包络数值

楼　层	8度未减震(kN)		8.5度减震后(kN)		误差(%)	
	X	Y	X	Y	X	Y
26	766.08	759.54	610.93	747.66	20.25	1.56
25	3 684.4	3 607.09	3 099.76	3 145.58	15.87	12.79

续上表

楼 层	8 度未减震(kN)		8.5 度减震后(kN)		误差(%)	
	X	*Y*	*X*	*Y*	*X*	*Y*
24	5 756.24	5 707.47	5 120.39	4 437.86	11.05	22.24
23	7 420.81	7 815.53	6 437.63	5 375.61	13.25	31.22
22	8 543.32	9 481.31	7 374.55	6 290.72	13.68	33.65
21	9 533.12	10 569.82	7 851.04	7 499.34	17.64	29.05
20	10 617.83	11 016.81	7 937.76	8 358.02	25.24	24.13
19	11 495.56	10 863.31	8 404.3	8 784.42	26.89	19.14
18	11 920.3	10 553.61	9 417.83	8 772.8	20.99	16.87
17	12 009.69	10 548.15	10 007.07	8 421.29	16.68	20.16
16	11 832.7	10 585.98	10 276.75	8 708.75	13.15	17.73
15	12 091.9	10 276.2	10 347.75	9 413.21	14.42	8.40
14	12 121.67	10 624.78	10 858.41	10 100.27	10.42	4.94
13	12 291.53	11 286.72	11 203.91	10 688.68	8.85	5.30
12	13 087.52	12 166.64	10 949.71	11 193.66	16.33	8.00
11	13 885.49	12 832.32	11 584.16	11 595.42	16.57	9.64
10	14 585.75	13 610.23	12 682.6	12 075.41	13.05	11.28
9	15 130.38	13 952.25	13 604.29	12 490.76	10.09	10.47
8	15 475.81	13 840.13	14 401.47	12 926.95	6.94	6.60
7	16 027.94	14 682.79	15 349.07	13 954.41	4.24	4.96
6	17 174.89	16 052.53	16 760.57	15 090.33	2.41	5.99
5	18 046.7	16 856.48	17 087.8	16 090.23	5.31	4.55
4	18 969.58	17 157.23	17 128.6	17 156.88	9.70	0.00
3	19 327.38	17 640.72	18 347.54	18 186.88	5.07	-3.10

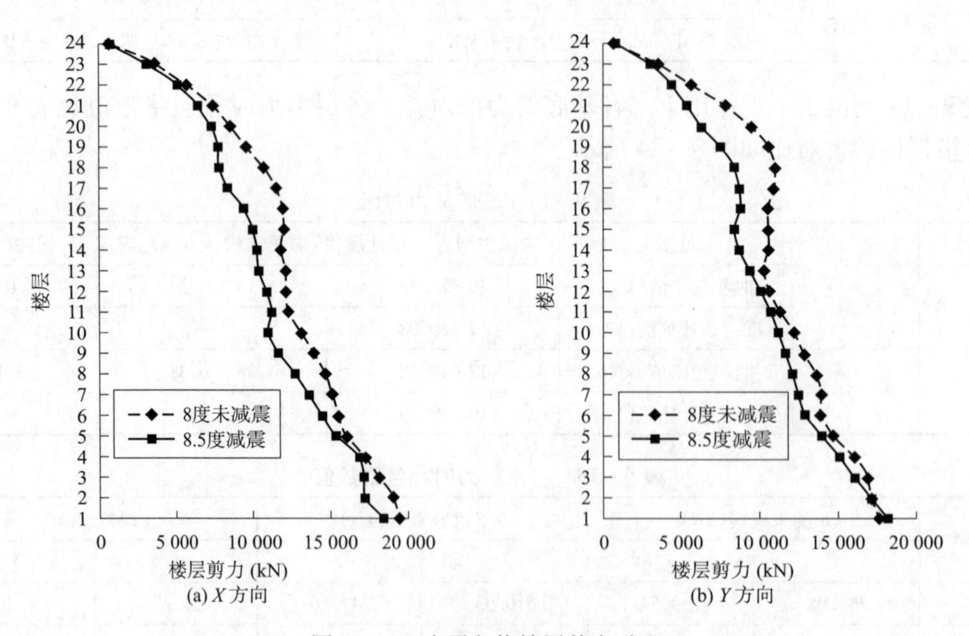

图 9-24 小震包络楼层剪力对比

由此对比可见，在小震情况下，8.5 度地震下加设阻尼器后的结构楼层剪力绝大多数楼层小于原设计结构在 8 度地震下的楼层剪力（个别点的误差在 5% 以内）。阻尼器减震后，保证了整体结构在遭遇 8.5 度的多遇地震下的结构承载的安全性，可以达到降低工程成本和增加结构地震安全性的双重目标。

5. 计算结论

通过以上计算结果可以看出，采用套索安装 56 个阻尼器后结构的层间位移角和基底剪力明显减小，小震作用下层间位移角降低 40% 左右，基底剪力降低 35% 以上，并达到了规范的要求。

9.3.4　结　　论

通过分析本工程安置的 56 个液体黏滞阻尼器的减震作用可知，所有和地震有关的结构反应都会降低。其减震效果和增加结构安全储备的作用都十分显著。

（1）在大、中、小地震中都有很好的减震作用：原设计不加阻尼器，结构变形远远超过规范要求；加设 56 个阻尼器后，结构层间位移减少且满足规范要求。

（2）大大增强了结构的整体抗震能力、抗震储备，提高了结构安全性。

（3）附属结构、玻璃幕墙和大楼的装置设备都受到很好的保护。

由此可见，对高层、超高层建筑结构，只要设计的合理，黏滞阻尼器可以起到很大的减震作用。

9.4　重庆来福士广场景观天桥

重庆来福士广场（如图 9－25 所示）是由 8 座塔楼构成的建筑群，其中最高的 T3、T4 塔楼又分为北区和南区。在 T3、T4 塔楼南区（简称 T3S 和 T4S）及 T2、T5 塔楼的顶端，架有一道横

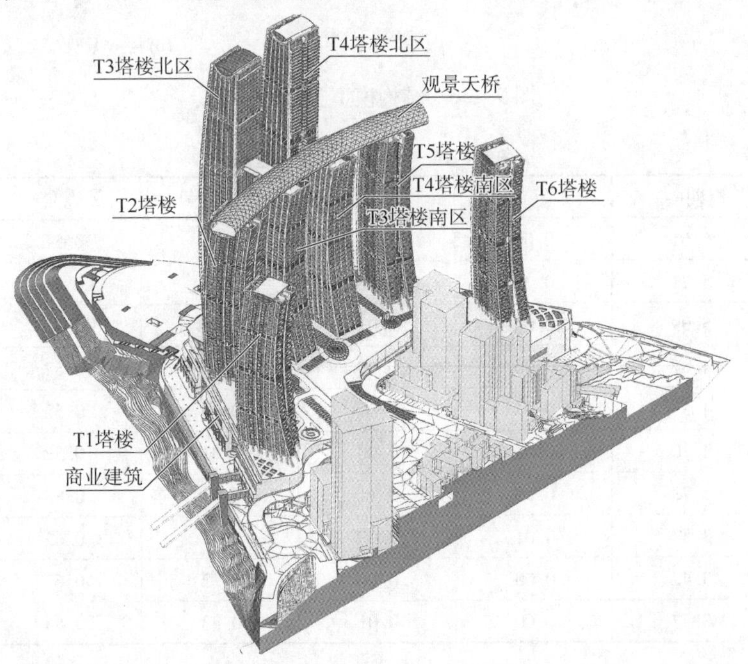

图 9－25　重庆来福士广场轴测图

跨四座塔楼的景观天桥。景观天桥由26个摩擦摆支座与楼顶相连,通过摩擦摆支座的耗能能力控制连桥的位移。但实际结果显示,在只用摩擦摆支座的情况下,支座的最大水平位移超过1 000 mm,明显偏大。因此,本工程特意在使用摩擦摆支座的基础上,额外使用了16个液体黏滞阻尼器,用于配合摩擦摆支座控制连桥的位移,起到了很好的效果。

9.4.1 工程概况

本项目由8栋高层建筑、6层商业裙房和3层地下室组成,是集大型购物中心、高端住宅、办公楼、服务公寓和酒店为一体的城市综合体项目。8栋高层建筑包括2栋约330 m高的综合商住楼(72~75层)、6栋约190~210 m高的公寓(50~51层,其中4栋在屋顶210 m高处通过一座长达300 m的空中花园连桥彼此相连)。

连桥的结构模型如图9-26所示,模型结构前10阶的振型信息见表9-16。由图9-26可见,连桥的主要运动为纵向(Y方向)飘移。

(a) 结构模型

(b) 第一振型

图9-26 结构模型及第一振型

表9-16 前10阶振型信息

阶数	周期(s)	U_X(%)	U_Y(%)	$\sum U_X$(%)	$\sum U_Y$(%)	R_Z(%)
1	6.61	0.00	0.51	0.00	0.51	0.00
2	5.21	0.25	0.00	0.25	0.51	0.20
3	5.09	0.00	0.01	0.25	0.52	0.06
4	4.87	0.00	0.00	0.25	0.52	0.00
5	4.81	0.04	0.00	0.29	0.52	0.02
6	4.70	0.01	0.00	0.31	0.52	0.02
7	3.73	0.00	0.11	0.31	0.63	0.00
8	3.57	0.01	0.00	0.32	0.63	0.01
9	3.42	0.00	0.00	0.32	0.63	0.01
10	3.27	0.00	0.01	0.33	0.65	0.06

9.4.2 减震设计方案

对结构分别加设以 X、Y 方向为主方向的地震时程荷载，使用设计单位给定的激励地震波，从而得到连桥摩擦摆支座的位移。

支座编号及阻尼器布置位置如图 9－27 所示，共计 16 个阻尼器。这些位置考虑了最新的连桥支撑桁架的形体和在塔楼外边机电室的位置，还旨在使维护更方便，减少交通拥堵，同时保持隔离功能。考虑到塔和连桥之间的空间是有限的，不能在塔上安装太多的支座。因此，阻尼器不仅可以减少结构的位移，也节省了空间。阻尼器参考图如图 9－28 所示。

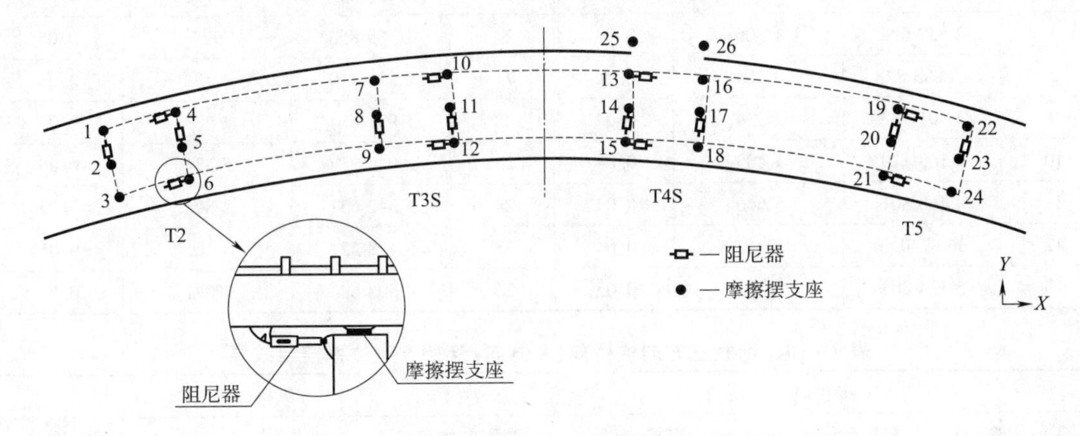

图 9－27 连桥支座和阻尼器位置示意图

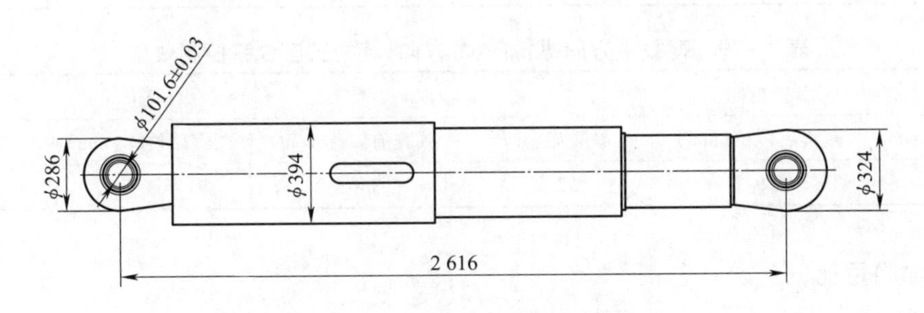

图 9－28 阻尼器参考图（单位：mm）

摩擦摆的竖向刚度根据公式 $K_v = W/x$ 确定，式中 W 为摩擦摆支座在静载下的竖向受力，x 取 0.003 m。水平线性刚度近似根据摩擦摆屈服后刚度公式 $K_1 = W/R$ 确定，式中 R 为摩擦摆曲率半径。水平非线性刚度为线性刚度的 1 000 倍。摩擦摆支座计算参数见表 9－17。

摩擦摆支座和塔楼位移之间可能存在的相位差的高度非线性特性，此外使用的连接单元也是非线性的，因此反应谱分析方法是不恰当的，使用非线性时程分析方法。

时程分析共使用 5 组天然波、2 组人工波，满足规范的相关要求。加设阻尼器以后，结构的减震效果见表 9－18 及表 9－19。表中的位移数据均为 7 组地震波的计算结果中，取 3 个最大值，再将其取平均并乘以 1.5 倍。

表 9-17 摩擦摆支座计算参数

支座编号	竖向刚度(kN/m)	水平刚度(线性)(kN/m)	摩擦系数	支座编号	竖向刚度(kN/m)	水平刚度(线性)(kN/m)	摩擦系数
1	7 699 751	5 133	0.05	14	2 176 308	1 451	0.05
2	5 931 501	3 954	0.05	15	3 349 215	2 233	0.05
3	6 046 550	4 031	0.05	16	1 596 073	1 064	0.05
4	1 943 094	1 295	0.05	17	4 300 350	2 867	0.05
5	3 822 997	2 549	0.05	18	3 466 787	2 311	0.05
6	2 268 734	1 512	0.05	19	7 157 646	4 772	0.05
7	2 859 626	1 906	0.04	20	1 385 853	924	0.05
8	13 895 823	9 264	0.04	21	6 237 410	4 158	0.05
9	3 501 133	2 334	0.04	22	1 931 614	1 288	0.05
10	2 108 129	1 405	0.04	23	8 055 818	5 371	0.05
11	8 468 301	5 646	0.04	24	4 342 657	2 895	0.05
12	360 740.3	240	0.04	25	5 498 321	3 666	0.05
13	5 134 863	3 423	0.05	26	4 606 643	3 071	0.05

表 9-18 荷载主方向横桥向(*X* 方向)连桥支座位移控制效果

横桥向			纵桥向		
减震前位移(mm)	减震后位移(mm)	减震率(%)	减震前位移(mm)	减震后位移(mm)	减震率(%)
1 076.9	494.0	54.1	1 091.3	392.1	64.1

表 9-19 荷载主方向纵桥向(*Y* 方向)连桥支座位移控制效果

横桥向			纵桥向		
减震前位移(mm)	减震后位移(mm)	减震率(%)	减震前位移(mm)	减震后位移(mm)	减震率(%)
1 399.5	599.1	57.2	940.3	464.6	50.6

9.4.3 附加阻尼比

一个线性单自由度结构在地震荷载下其应变能随时间变化曲线如图 9-29(a)所示,每个应变能峰值对应半个循环。如果知道全部“半循环”的能量耗散,则阻尼比可以通过下式得出:

$$\xi = \frac{1}{2\pi N}\left(\frac{\text{能量耗散}}{\text{平均应变能峰值}}\right) \tag{9-4}$$

式中,N 为半循环的个数(应变能峰值)。

而对于多自由度非线性结构,其应变能变化变得更为复杂,如图 9-29(b)所示。然而,可以通过下式粗略估计其有效阻尼比:

$$\xi = \frac{1}{2\pi N}\left(\frac{\text{能量耗散}}{2\times\text{平均应变能}}\right) \tag{9-5}$$

式(9-5)中,假设平均应变能峰值是平均应变能的 2 倍。

由于顶点位移量越小,阻尼器可提供的附加阻尼越大,为保守起见,下面以造成摩擦摆支

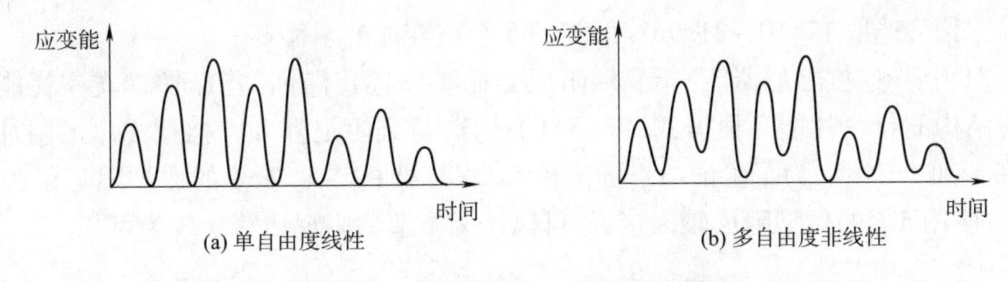

图9－29　地震荷载下应变能变化曲线

座最大摆动位移（Y方向）的地震时程荷载为例，计算黏滞阻尼器及摩擦摆支座的附加阻尼比。

首先，由于结构在荷载下的应变能变化曲线较长，且通常曲线的开始和结尾部分很难被有效使用，为了让所选取的“半循环”更具代表性，同时提高最终计算结果的准确性，美国ATC 40建议使用结构最大位移反应80%左右的位移峰值所对应的应变能曲线区段。

本工程的顶点位移时程曲线及能量时程曲线分别如图9－30和图9－31所示。在图9－30中，曲线的最大值为0.75 m，而11～23 s的平均峰值为0.61 m，接近最大值的80%。对应到

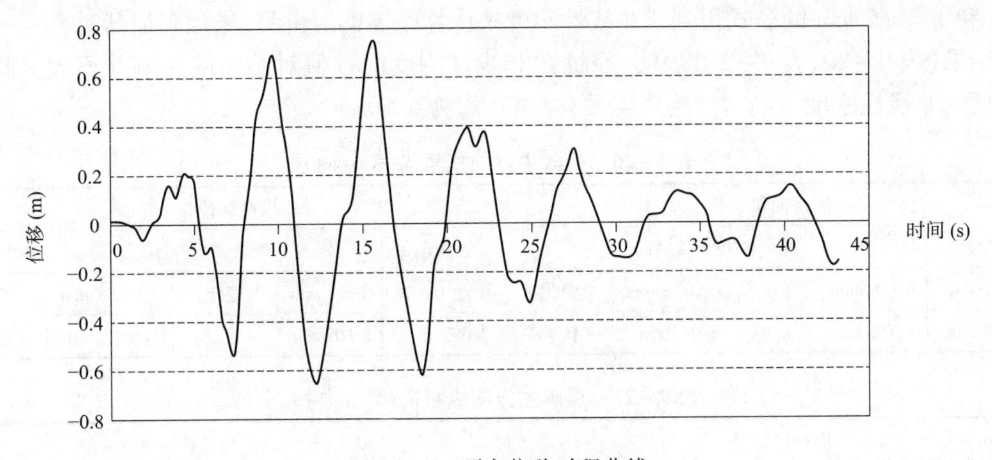

图9－30　顶点位移时程曲线

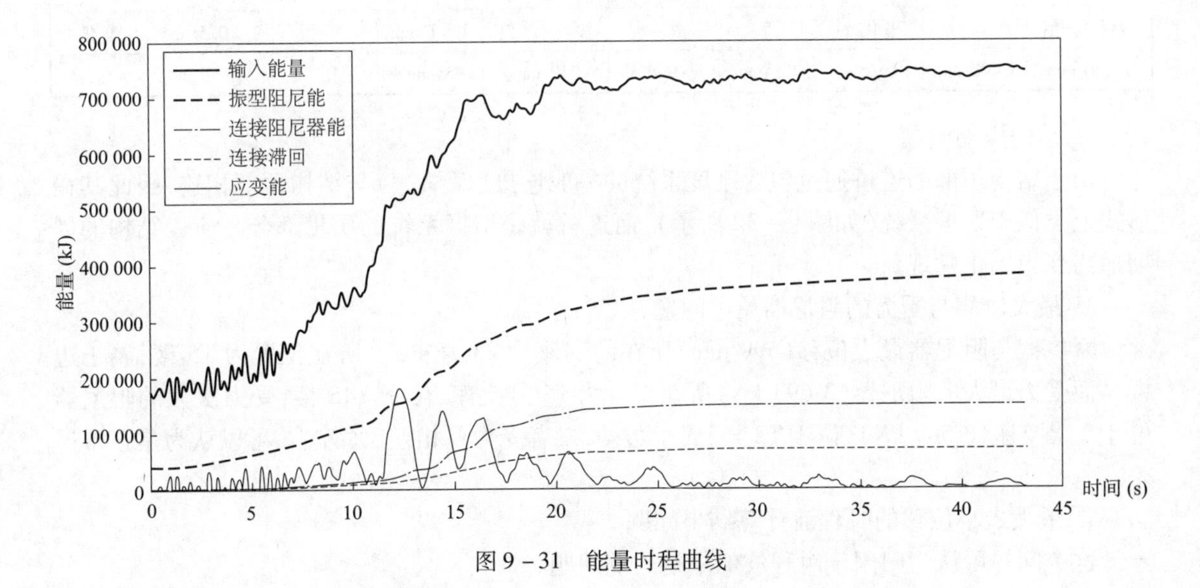

图9－31　能量时程曲线

应变能曲线图上,选取 11.10 ~ 21.96 s 区间的 5 个应变能的半循环。

图 9 - 31 中,"连接阻尼器能"指黏滞阻尼器耗能,"连接滞回"指摩擦摆支座耗能,"振型阻尼能"指结构的材料耗能。根据式(9 - 5)的计算,得到阻尼器和摩擦摆支座的附加阻尼比分别为 3.6% 和 1.5%。为了验证结果的准确性,根据式(9 - 5)验算的振型阻尼能为 5.7%,这与分析时所用 5% 的振型阻尼较为接近,可以认为本节的阻尼比算法较为可靠。

9.4.4 分析相关问题研究

1. 摩擦摆水平非线性刚度问题

SAP 中摩擦摆单元的非线性刚度为其屈服前刚度,从摩擦摆的本构关系易知,此值对摩擦摆的耗能能力影响不大,且一般为较大值。

为简便起见,摩擦摆非线性刚度可取为线性刚度的 1 000 倍,如根据公式计算,则使用 $\mu W/Y$ 得到,其中 Y 为摩擦摆屈服位移,常取 1 mm、0.5 mm 等较小值。

为验证非线性刚度参数对摩擦摆位移结果的影响,现分别按线性刚度的 1 000 倍及令 Y = 1 mm 和 Y = 0.5 mm 的公式得到此非线性刚度来计算摩擦摆的位移(未加阻尼器时)。

结果(表 9 - 20、表 9 - 21)表明,摩擦摆非线性刚度的数值对结果的影响并不大。此外,摩擦摆的非线性刚度不同对结构周期没有影响(均为 6.607 s)。

表 9 - 20 荷载主方向横桥向(X 方向)

横桥向位移					纵桥向位移				
原参数	新参数(公式结果)				原参数	新参数(公式结果)			
线性 10^3 倍	Y = 1 mm	变化	Y = 0.5 mm	变化	线性 10^3 倍	Y = 1 mm	变化	Y = 0.5 mm	变化
1 077 mm	1 072 mm	−0.4%	1 073 mm	−0.4%	1 091 mm	1 109 mm	+1.6%	1 109 mm	+1.6%

表 9 - 21 荷载主方向纵桥向(Y 方向)

横桥向位移					纵桥向位移				
原参数	新参数(公式结果)				原参数	新参数(公式结果)			
线性 10^3 倍	Y = 1 mm	变化	Y = 0.5 mm	变化	线性 10^3 倍	Y = 1 mm	变化	Y = 0.5 mm	变化
1 400 mm	1 408 mm	+0.6%	1 408 mm	+0.6%	940 mm	951 mm	+1.1%	952 mm	+1.2%

2. 结构周期问题

由于结构顶部的连桥通过包含刚度系统的一般连接(摩擦摆)与结构顶部相连,因此其在形式上类似于谐振系统(如图 9 - 32 所示),而连桥就是谐振系统的质量部分。所以结构的周期适当变大属正常现象。

3. 最大位移与受力的阻尼器位置问题

摩擦摆与阻尼器最大位移(599 mm)所在的支座为 23 号支座,所在位置为 T5 楼,属于边楼。而受力最大的阻尼器(3 693 kN)所在支座为 15 号支座,位于 T4S 楼;受力次大的阻尼器位于 2 号支座(3 569 kN),位于 T2 楼,属于边楼,二者受力仅相差 3% 左右,可以认为是正常误差。

4. 最大最小位移的时程波计算结果问题

这个问题可认为归因于时程波的卓越周期问题。

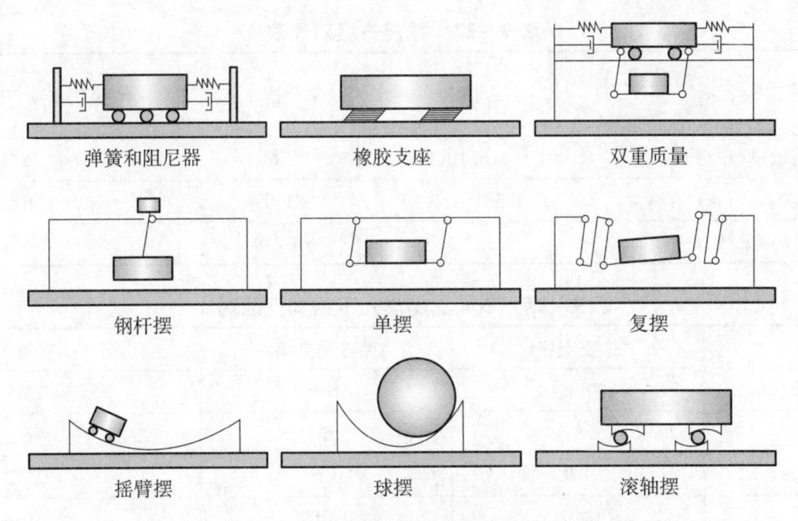

图 9－32　谐振系统的基本形式

以本计算的支座最大位移(599 mm)为例,此位移为支座横桥向的位移,而该工况横桥向的激励为各时程的“52”分量。以计算结果最大的 TH1 波为例,其“52”分量的功率谱如图 9－33 所示。查得图中峰值所在位置的频率为 0. 24 Hz,即卓越周期为 4. 1 s。而根据摩擦摆支座的周期计算公式可知,当半径为 4. 5 m 时摩擦摆支座的自振周期为 4. 26 s,与地震波的卓越周期基本一致,因此放大了连桥的位移。

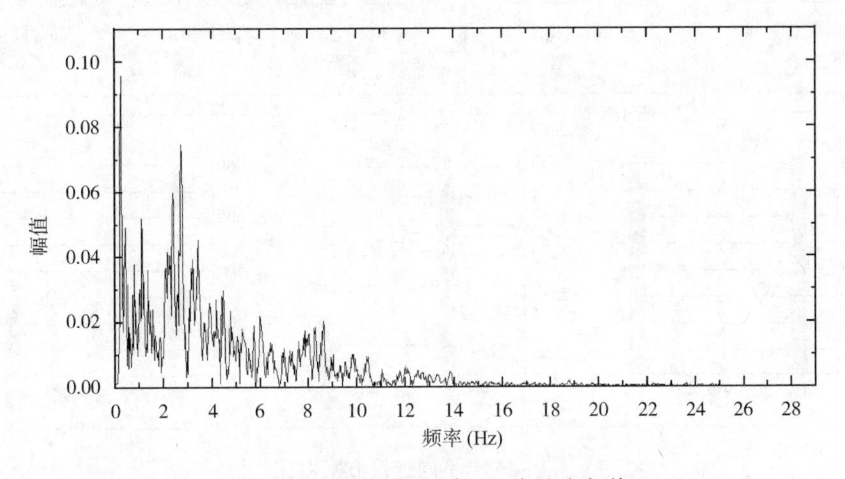

图 9－33　TH1 时程文件 52 分量功率谱

9. 4. 5　方案对比

1. 连桥三种连接方案对比

在第一阶段,这座桥固定在塔上,在罕遇地震情况下造成更大的剪切力。因此,设计团队决定使用柔性连接。分别尝试了 LRB(铅芯橡胶支座)、摩擦摆支座以及摩擦摆支座与阻尼器相结合的办法。在每个方案中也尝试过不同的尺寸和参数,见表 9－22。不同支座形式下结构性能对比见表 9－23。不同连接方案对比如图 9－34 所示。

表 9-22 减震方案对比表

对比项目 \ 连接方式	LRB	摩擦摆支座	摩擦摆支座与阻尼器联合
支座数量(单塔)	6/8/10/12	6	6/2
支座直径(m)	1.3/1.4/1.55	1.99	1.55
摩擦系数		6%~10%	5%

表 9-23 不同支座形式下结构性能对比

项目	橡胶支座	摩擦摆支座	摩擦摆支座+阻尼器
支座直径要求(m)	1.6	1.3	0.45
支座数量	8	6	6
支座位移(m)	0.9	0.6	0.22
桥梁剪力(kN)	0.02	0.015	0.014
加速度	0.92	0.90	0.72

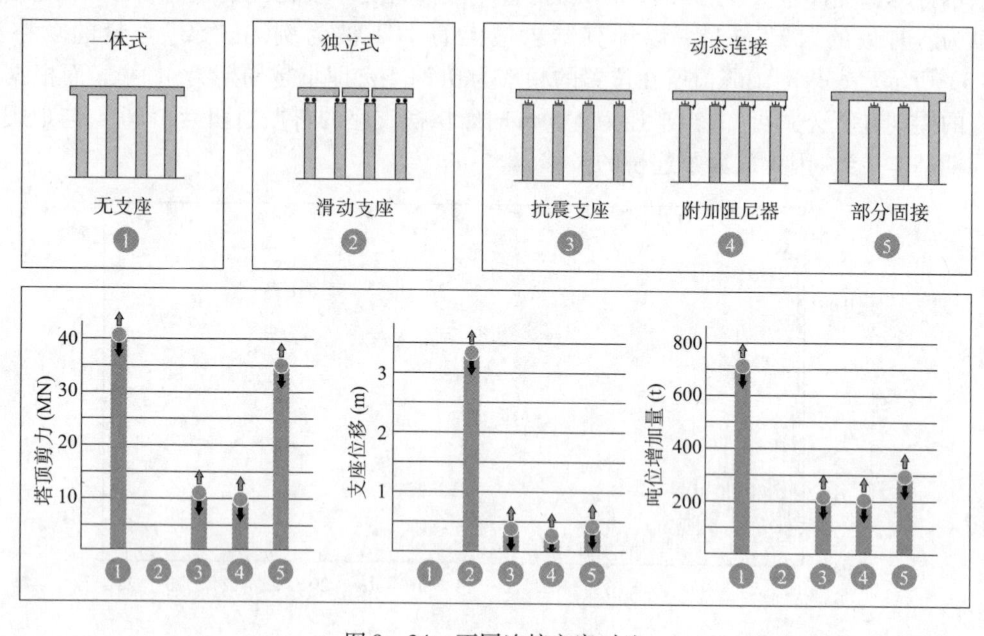

图 9-34 不同连接方案对比

对于纯 LRB 方案,需要大量的支座而且尺寸也都很大。但与固定模型相比较,剪切力减少约 61% 。阻尼器添加到模型中后,位移与纯摩擦摆方案相比减少约 150% ,所以摩擦摆可以降低摩擦系数,这在高速情况下是更稳定的。虽然不像位移那样有效,剪力也可以减少,但对设计是有益的。

在概念阶段考虑了 LRB,但后来放弃了。与大的摩擦摆支座相比,在大的剪切位移和较低的剪切力下,降低承载力是不可行的。也评估了摩擦摆支座和黏滞阻尼器相结合的方案。除了增加结构的阻尼,黏滞阻尼器的主要贡献是减少连桥和塔楼连接处纵向和横向的位移。

当连桥在所有的塔上都是隔开的时，连接面上剪力合力的峰值可以降低超过200%，使材料大量节省、塔顶支撑结构设计大幅简化。与连桥是固定的方案相比，纯摩擦摆方案可以节省约400 t钢材，摩擦摆+阻尼器的方案可以节省更多。

连桥自身的钢材预测节省吨数估计是1 322 t。表9－24提供了评估的细节。

表9－24　连桥钢材节省细节汇总表

结构构件	投标阶段(t)	优化后(t)	节省量(t)	优化方法
主要桁架	2 822	2 200	622	隔震支座
次要桁架	1 425	1 325	100	刚度优化
平面支撑	1 042	692	350	刚度、板厚优化
小桥	453	453	0	—
支座组件	623	623	0	—
电梯板和楼面梁	500	250	250	主要桁架修改
总共	6 865	5 543	1 322	—

对于用于优化对比的两方案，仅用摩擦摆方案及摩擦摆与阻尼器共用的方案对比汇总见表9－25。

表9－25　连桥连接方案对比汇总表

摩擦摆	摩擦摆+阻尼器
因为重量和摩擦，对位移影响很大	因为重量，对位移的影响很小
对变形缝目前没有合适的技术方案	电梯井和桥体周围的变形缝可控
需要特殊的机械保险功能(震后需更换)	具有综合保险功能(震后较低的维修费用)
规范不推荐利用摩擦力来抵抗正常情况下的风荷载(不可预测的振动会使摩擦系数降低如动摩擦系数值)	在正常的风荷载工况下，较低的速度指数保证锁定
不同塔楼的保险失效时间不同	力分布合理
温度和风力联合作用下的疲劳载荷对保险的影响更大	疲劳荷载相对较小
难以估计恢复力	更加精确的恢复力
因为重力和温度载荷会引起预应力，要在桥梁施工后设置保险	在施工阶段能够适应热力位移和变形
最严重的情况有45 mm脱离需求，需要设置张力装备	不需要设置张力装备
较高的动摩擦系数7%	使用广泛应用的动摩擦系数5%
难以保持在稳定的状态	更通用的性能参数
具有粘度的风险-滑移效应，然后使每个桥梁产生较高的加速度	
具有返回到中心的潜在问题	容易重置

最终方案是摩擦摆和阻尼器联合应用，并应用不同的阻尼器速度指数对方案进行优化。

2. 不同速度指数方案对比

原阻尼器的设计方案，速度指数为0.05，最大速度为400 mm/s，最大阻尼力为2 500 kN，由此可以反算出阻尼系数C约为2 600 kN/(m/s)$^{\alpha}$，则可以分别绘出原方案与最终方案参数下的阻尼器本构关系，其对比如图9－35所示。

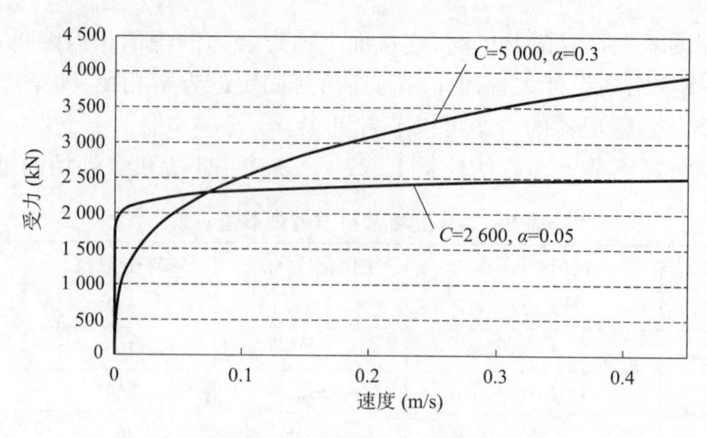

图 9 – 35　本构关系曲线对比图

从曲线的对比可以看出，尽管原方案在阻尼器低速运动时可以迅速给出较大的阻尼力，起到类似锁定装置的作用，以便更好地控制风荷载及小震下的连桥位移，但其在阻尼器高速运动时的阻尼力提升有限，不利于在大震下连桥的减震。而最终方案的阻尼器在高速运动时阻尼力持续增长，更有助于实现本项目控制连桥大震下位移的初衷。

9.4.6　固接与柔性连接对主体结构的影响

为了深入了解连桥固接与否对主体结构的影响，分别统计了 X 和 Y 方向时的基底剪力变化，见表 9 – 26。由表 9 – 26 可见，结构的基底剪力在连桥柔性连接时有明显降低。

表 9 – 26　基底剪力汇总表

项　目	X 方向			Y 方向		
	固接(kN)	柔性连接(kN)	减震率(%)	固接(kN)	柔性连接(kN)	减震率(%)
平均值	435 454	382 912	12.1	332 817	301 139	9.5
3 个最大值的平均值×1.5	737 944	643 928	12.7	623 826	540 026	13.4

此外，为了对比连桥固接与否对主体结构的影响，还分别选取边楼外侧及中楼内侧两顶点观察其在地震时程荷载下的位移，结果见表 9 – 27、表 9 – 28。选取节点位置示意图如图 9 – 36 所示。

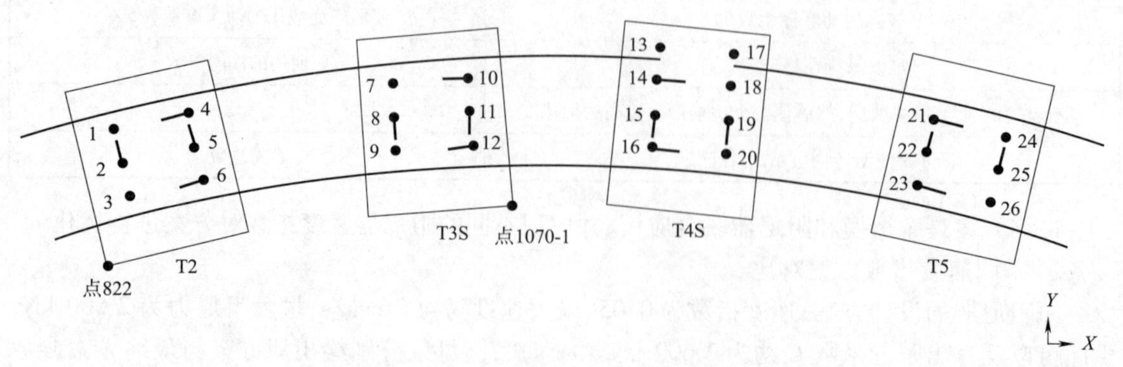

图 9 – 36　选取节点位置示意图

表 9－27 点 822 位移汇总表

项 目	X 方向			Y 方向		
	固接	柔性连接	减震率	固接	柔性连接	减震率
TH1	631	535	15. 3%	658	663	－0. 7%
TH2	412	378	8. 1%	1 040	1 044	－0. 4%
TH3	534	539	－0. 9%	586	543	7. 4%
TH4	299	336	－12. 4%	509	484	5. 0%
TH5	307	341	－11. 2%	596	652	－9. 3%
TH6	634	567	10. 6%	674	713	－5. 8%
TH7	561	561	0. 1%	585	643	－9. 9%
平均值	482	465	3. 6%	664	677	－2. 0%
3 个最大值的平均值×1. 5	913	833	8. 8%	1 186	1 210	－2. 0%

表 9－28 点 1070-1 位移汇总表

项 目	X 方向			Y 方向		
	固接	柔性连接	减震率	固接	柔性连接	减震率
TH1	586	522	11. 0%	662	694	－4. 8%
TH2	255	319	－24. 9%	1 033	1 058	－2. 4%
TH3	473	489	－3. 4%	613	614	－0. 1%
TH4	270	287	－6. 1%	519	472	9. 1%
TH5	308	330	－7. 0%	586	616	－5. 1%
TH6	586	483	17. 6%	675	730	－8. 2%
TH7	468	510	－9. 1%	631	651	－3. 2%
平均值	421	420	0. 2%	674	691	－2. 4%
3 个最大值的平均值×1. 5	823	760	7. 6%	1 185	1 241	－4. 7%

由表 9－27、表 9－28 可知，连桥从固接变为柔性连接后的结果让人联想到第 9. 4. 4 节中的地震时程的卓越周期问题，因此将几种情况的结构周期做了统计，统计结果见表 9－29。

表 9－29 不同结构周期汇总表

连接方式	连桥固接	连桥柔性连接	无连桥
周期(s)	6. 1	6. 6	5. 7

此后，对连桥固接与柔性连接的两种模型分别沿 *Y* 方向加以周期为 4. 26 s(柔性连接模型摩擦摆周期)、5. 7 s、6. 1 s、6. 6 s 的四种地面简谐荷载，统计点 822 及点 1070-1 的位移及加速度。此外，鉴于第 9. 4. 4 节的叙述，连桥在结构顶部可以起到谐振系统的作用，而之前设计单位给出的连桥摩擦摆周期为 4. 26 s(摩擦摆半径为 4. 5 m)，如果将其周期调整为无连桥时的 5. 7 s(摩擦摆半径调整为 8. 065 m)，应该能使谐振系统发挥更理想的作用。具体结果见表 9－30～表 9～33。

表 9－30　点 822 位移汇总表

激励周期(s)	固接	柔性连接(R=4.5 m)	减震率	柔性连接(R=8.065 m)	减震率
4.26	1.668	1.66	0.5%	1.647	1.3%
5.7	5.742	3.781	34.2%	3.242	43.5%
6.1	8.815	4.883	44.6%	3.856	56.3%
6.6	5.756	6.165	－7.1%	4.75	17.5%

表 9－31　点 822 加速度汇总表

激励周期(s)	固接	柔性连接(R=4.5 m)	减震率	柔性连接(R=8.065 m)	减震率
4.26	2.815	2.961	－5.2%	3.079	－9.4%
5.7	6.796	4.483	34.0%	3.889	42.8%
6.1	9.352	5.347	42.8%	4.452	52.4%
6.6	5.382	6.217	－15.5%	5.164	4.1%

表 9－32　点 1070-1 位移汇总表

激励周期(s)	固接	柔性连接(R=4.5 m)	减震率	柔性连接(R=8.065 m)	减震率
4.26	1.685	1.753	－4.0%	1.765	－4.7%
5.7	5.796	4.046	30.2%	3.43	40.8%
6.1	8.89	5.785	34.9%	3.911	56.0%
6.6	5.801	7.378	－27.2%	4.829	16.8%

表 9－33　点 1070-1 加速度汇总表

激励周期(s)	固接	柔性连接(R=4.5 m)	减震率	柔性连接(R=8.065 m)	减震率
4.26	2.851	3.081	－8.1%	3.346	－17.4%
5.7	6.861	5.918	13.7%	4.25	38.1%
6.1	9.432	7.901	16.2%	4.726	49.9%
6.6	5.424	9.241	－70.4%	5.949	－9.7%

由上述数据可见，在结构共振时连桥的确起到了谐振系统的作用，即在共振时明显降低了结构的位移和加速度，这对于结构的抗风问题是非常有利的。

9.4.7　结　　论

本节介绍并对比了不同减震连接方案下连桥的位移、对主体结构反应的影响以及各方案的经济效果。结果表明，液体黏滞阻尼器的使用有效控制了连桥的位移，弥补了单独使用摩擦摆支座的不足。

同时本节还研究解释了计算分析过程中遇到的关键问题，例如：结构周期的变化，不同位置阻尼器受力和位移的误差和连桥位移被放大的原因等。经过数据的对比，证明了最终优化方案的优势。

9.5　北京少年宫

9.5.1　地震波选取

本结构采用时程分析法进行阻尼器抗震设计计算。根据《抗震规范》要求，采用时程分析法时，应按建筑场地类别和设计地震分组选用实际强震记录和人工模拟的加速度时程曲线，其中实际强震记录的数量不小于总数的2/3。

地震波采用3组天然波和1组人工波，加速度峰值：按8度0.2g抗震设防取值，多遇、常遇、罕遇地震的峰值加速度分别为70 cm/s^2、200 cm/s^{2}和400 cm/s^2；持续时间：输入地震波持时取值均大于5倍结构基本周期，即大于0.52×5=2.6 s；本设计取20 s，满足要求（人工波峰值出现位置在20 s以后，取为40 s）。

输入方式：每组时程况均按单方向输入；小震调整峰值为70g；中震调整峰值为200g；大震调整峰值为400g。

表9－34给出所有波形的基本信息，其中调整系数分别对应的顺序为：小震/中震/大震；调整后的加速度单位为mm/s^2。

表9－34　地震波信息列表（二）

波　　形	X向	Y向
天然波1	Taft（54.4 s）	Taft（54.4 s）
	峰值1 759 mm/s^2 调整系数0.398/1.137/2.274	峰值1 759 mm/s^2 调整系数0.398/1.137/2.274
天然波2	Lanzhou（16.6 s）	Lanzhou（16.6 s）
	峰值211.9g 调整系数3.303/9.438/18.877	峰值211.9g 调整系数3.303/9.438/18.877
天然波3	Tar（60 s）	Tar（60 s）
	峰值－970.735g 调整系数－0.721/－2.06/－4.12	峰值－970.735g 调整系数－0.721/－2.06/－4.12
人工波	YTS4（45 s）	YTS4（45 s）
	峰值73.47g 调整系数9.528/27.22/54.44	峰值73.47g 调整系数9.528/27.22/54.44

根据《抗震规范》要求，多组时程曲线的平均地震影响系数曲线应与振型分解反应谱法所采用的地震影响系数曲线在统计意义上相符。弹性时程分析时，每条时程曲线计算所得结构底部剪力不应小于振型分解反应谱法计算结果的65%，多条时程曲线计算所得结构底部剪力的平均值不应小于振型分解反应谱法计算结果的80%。未安装阻尼器时采用振型分解反应谱法和选取表9－34所列地震波进行时程分析计算所得底部剪力的比较情况见表9－35。

由表9－35可知，X向平均基底剪力（10 280＋7 852＋9 091＋9 909）/4/10 680＝0.87，Y向平均基底剪力（13 110＋8 126＋14 360＋14 380）/4/11 610＝1.10，均符合规范对平均基底剪力的要求。

《抗规》规定：多组时程波的平均地震影响系数曲线与振型分解反应谱法所用的地震影响

系数曲线相比,在对应于结构主要振型的周期点上相差不大于 20% 。

表 9-35 小震地震波基底剪力列表

地震影响系数最大值	0.16		
主方向地震动峰值	70 cm/s^2		
工 况	方 向	基底剪力(kN)	V(时程)/V(反应谱)
反应谱法	*X*	10 680	
	Y	11 610	
天然波 1 Taft	*X*	10 280	0.96
	Y	13 110	1.23
天然波 2 Lanzhou	*X*	7 852	0.74
	Y	8 126	0.70
天然波 3 Tar	*X*	9 091	0.85
	Y	14 360	1.34
人工波 YTS4	*X*	9 909	0.93
	Y	14 380	1.14

时程反应谱与规范反应谱曲线比较如图 9-37 所示。由图 9-37 可知,各时程平均反应谱与规范反应谱较接近。

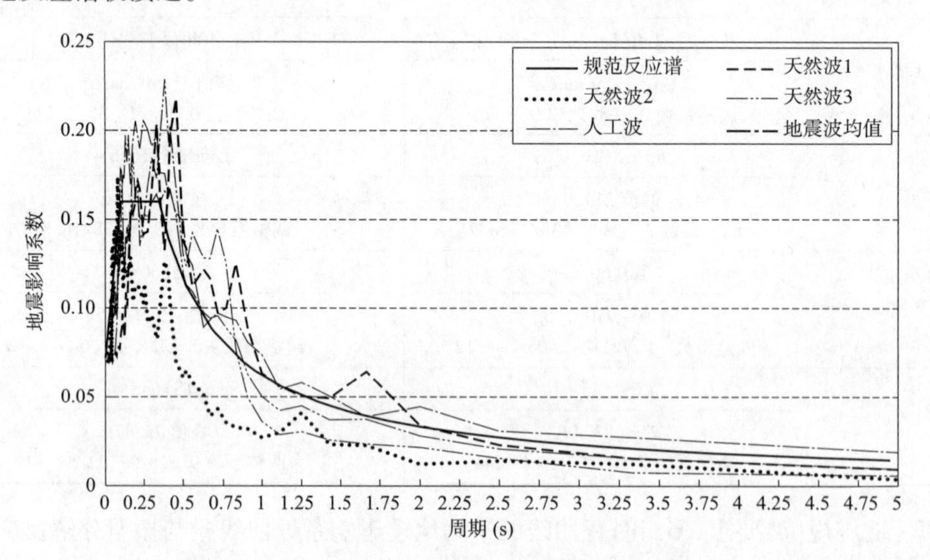

图 9-37 时程反应谱与规范反应谱曲线比较

时程反应谱与规范反应谱影响系数比较见表 9-36。由表 9-36 可以看出,满足规范要求。

表 9-36 时程反应谱与规范反应谱影响系数比较

振 型	周期(s)	规范反应谱影响系数	时程平均影响系数	差 值
1	0.518 8	0.112 27	0.113 08	2%
2	0.408 5	0.139 22	0.152 36	9%
3	0.338 2	0.16	0.162 6	1%

以上为线弹性分析时的选波情况，此次进行大震弹塑性分析，选择了其中使结构地震反应相对较大的 Taft 波。由于该天然波在前 10 s 内达到峰值，结构的最大地震反应峰值也出现在前 10 s 内，结合计算需要的时间，截取了前地震动的前 12 s，进行结构的大震动力弹塑性分析，并对比线弹性分析和弹塑性分析，得出结构非线性发展程度的情况。

9.5.2 分析程序 ETABS 2015 及结构非线性和非线性阻尼器的定义

本次大震弹塑性分析计算选用了 ETABS 2015 软件，ETABS 2015 版本在原有版本的基础上，增加了剪力墙的非线性分层壳单元，不仅可以用 FEMA 铰或纤维铰模拟梁、柱、剪力墙的非线性铰行为，也能用非线性分层壳来模拟整片剪力墙的非线性行为。由于剪力墙部分较框架部分刚度大得多，预测非线性主要发生在连梁及剪力墙部分。

首先将连梁定义为截面尺寸相同的框架梁，按照《高规》第 7.2.24 条，按照配筋率 0.25% 分别配顶筋和底筋，在梁端指定 M3 铰（图 9－38）。铰的非线性特性，软件根据截面尺寸和配筋自动生成。

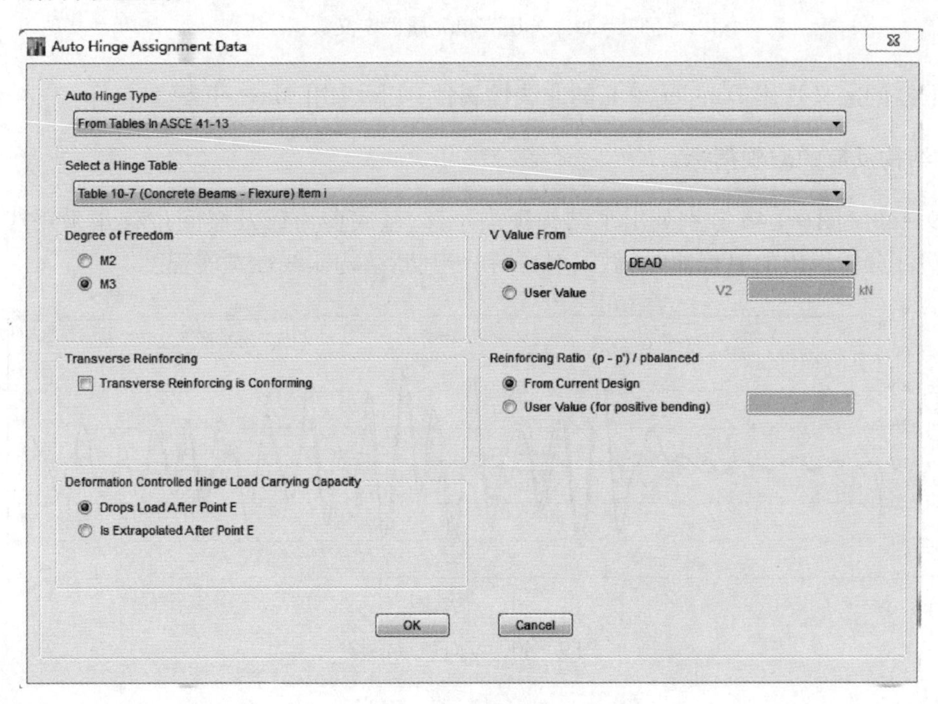

图 9－38 自动铰的指定数据

本结构地上部分墙体厚度主要有 240 mm、250 mm、300 mm 三种，分别将三种厚度的墙体指定非线性分层壳单元，剪力墙由混凝土层膜单元（只考虑平面内受力，竖向进入非线性）、混凝土层板单元（只考虑平面外受力，采用线性力学性质）以及钢筋层膜单元（只考虑平面内受力，允许沿钢筋轴向进入非线性）三部分复合而成。其中混凝土膜单元层厚度取剪力墙实际厚度，考虑到可能开裂的情况，混凝土板单元层厚度取 90% 剪力墙实际厚度，钢筋层厚度按照分布钢筋配筋率 0.4% 计算。考虑到预计非线性发展程度和计算时间，选取首层所有剪力墙以及其他层墙长超过 8 m 的剪力墙，指定其为非线性分层壳单元。分层壳单元属性定义数据如图 9－39 所示。

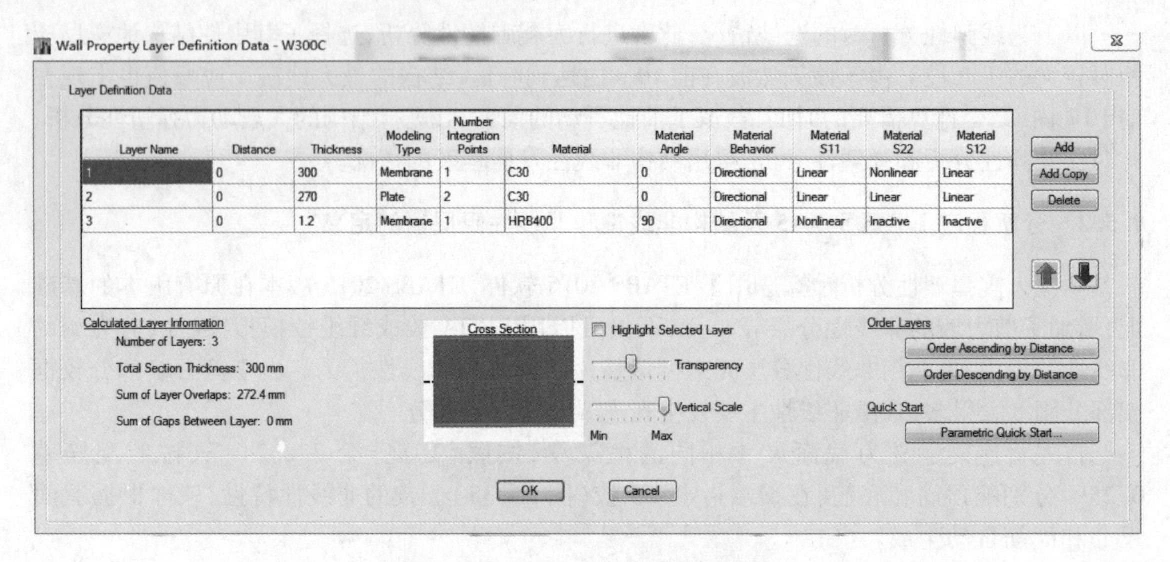

图 9－39　分层壳单元属性定义数据

阻尼器的定义选用 Damper 单元的非线性属性，实际采用 Maxwell 模型。

9.5.3　结构反应的宏观指标

图 9－40～图 9－45 分别列出了结构顶点位移、基底剪力以及层间位移角采用线弹性分析和弹塑性分析得出的时程曲线，做一对比，初步判断结构非线性发展程度。

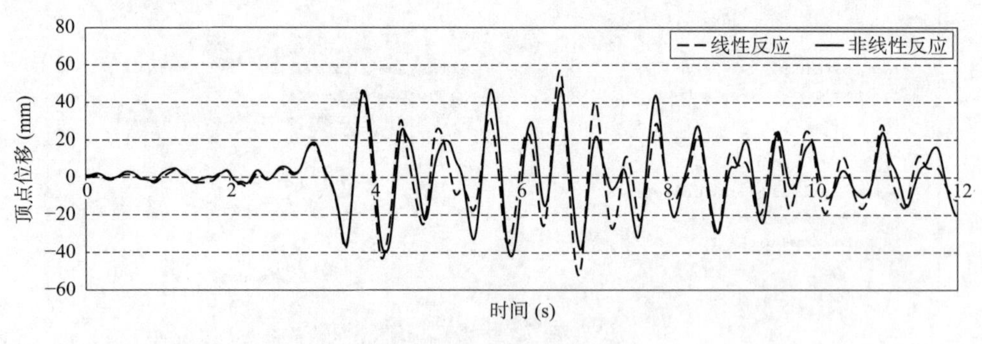

图 9－40　X 向顶点位移

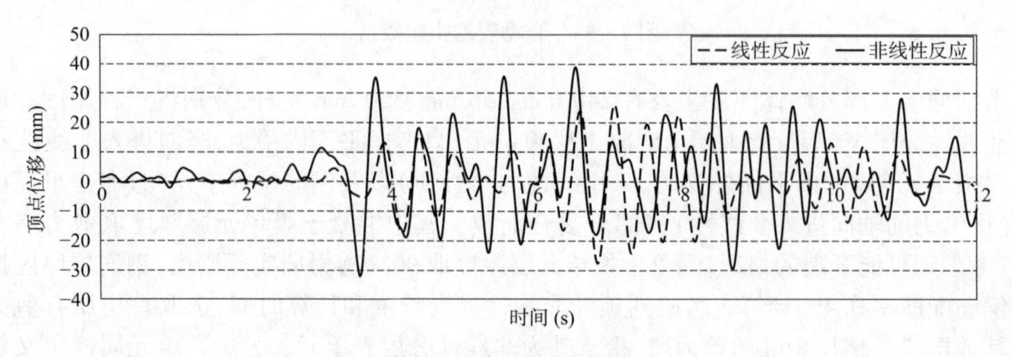

图 9－41　Y 向顶点位移

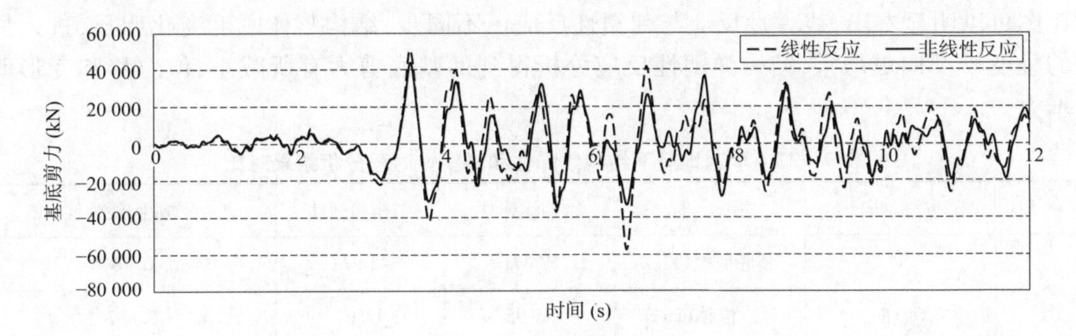

图9-42 X向基底剪力

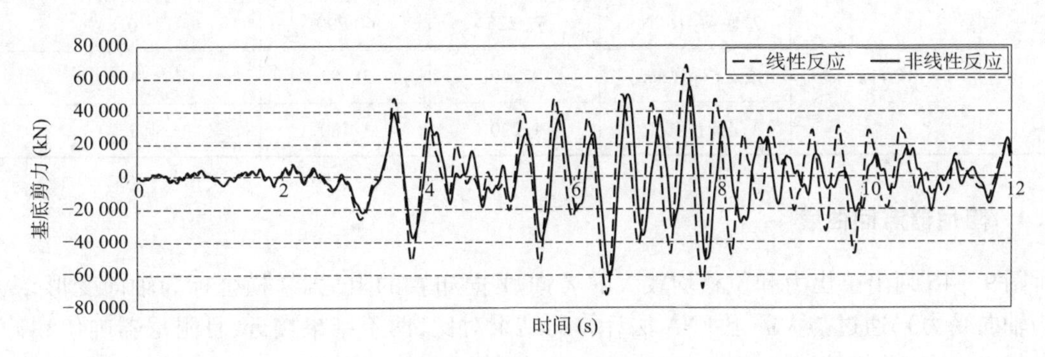

图9-43 Y向基底剪力

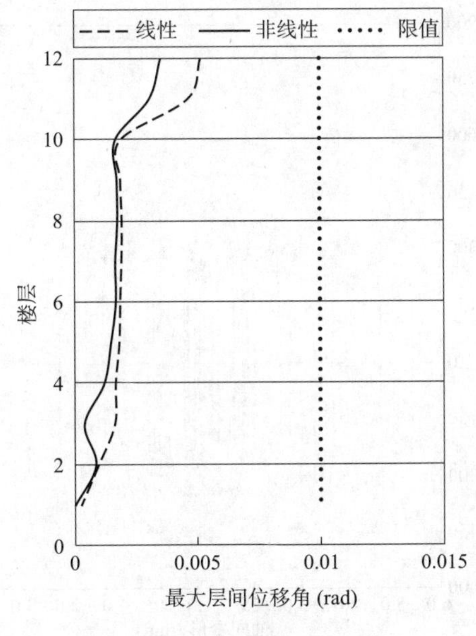

图9-44 X向最大层间位移角

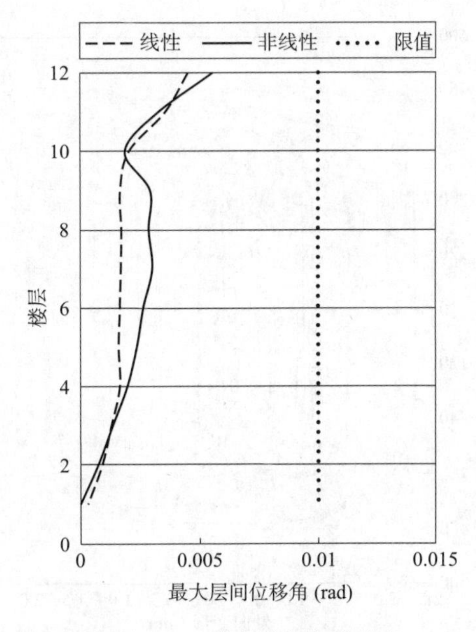

图9-45 Y向最大层间位移角

由结果(表9-37)可以看出:X向及Y向的抗侧力构件均不同程度地进入了屈服。其中对于X向,由结构反应的时程曲线可以看出,结构周期及整体刚度未发生明显变化,但无论基底剪力还是结构变形,较线弹性计算结果都较小;对于Y向,由顶点位移及基底剪力时程对比图可以明显看出,线弹性反应与弹塑性反应已不同步,结构整体刚度变化明显,进入屈服的程度较 X 向更严重,结构弹塑性反应分析得到的基底剪力有所减小,但位移和变形明显增大。

表 9-37　罕遇地震下结构线弹性和弹塑性时程分析结果对比

等　级	方　向	指　标	结构线弹性	结构弹塑性	弹塑性/线弹性
大震	X 方向	基底剪力(kN)	57 471	43 977	0.76
		顶点位移(mm)	56.95	47.67	0.837
		层间位移角	1/193	1/283	0.68
	Y 方向	基底剪力(kN)	72 225	60 790	0.84
		顶点位移(mm)	27.69	38.82	1.40
		层间位移角	1/220	1/180	1.23

9.5.4　阻尼器滞回曲线

图 9-46 列出了出力和位移均较大的 X 向、Y 向布置的阻尼器(横坐标为轴向变形,纵坐标为轴向受力),通过与大震下 FNA 法计算的结果对比,两者结果接近,且阻尼器吨位和冲程都未超出本次选用阻尼器的限值。

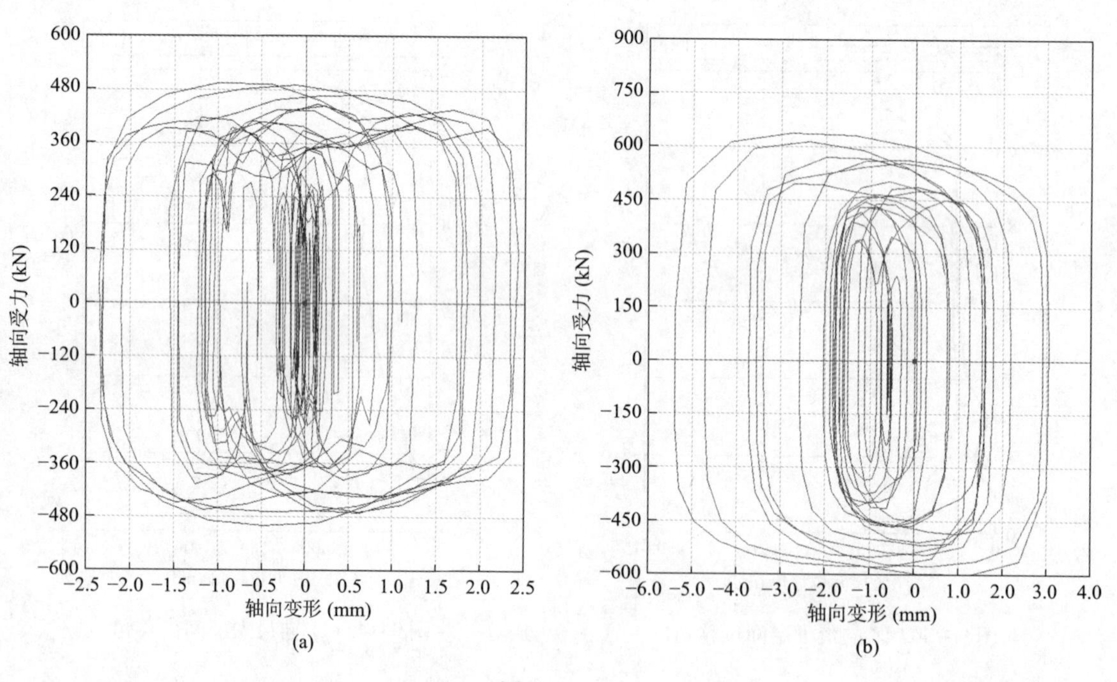

图　9-46

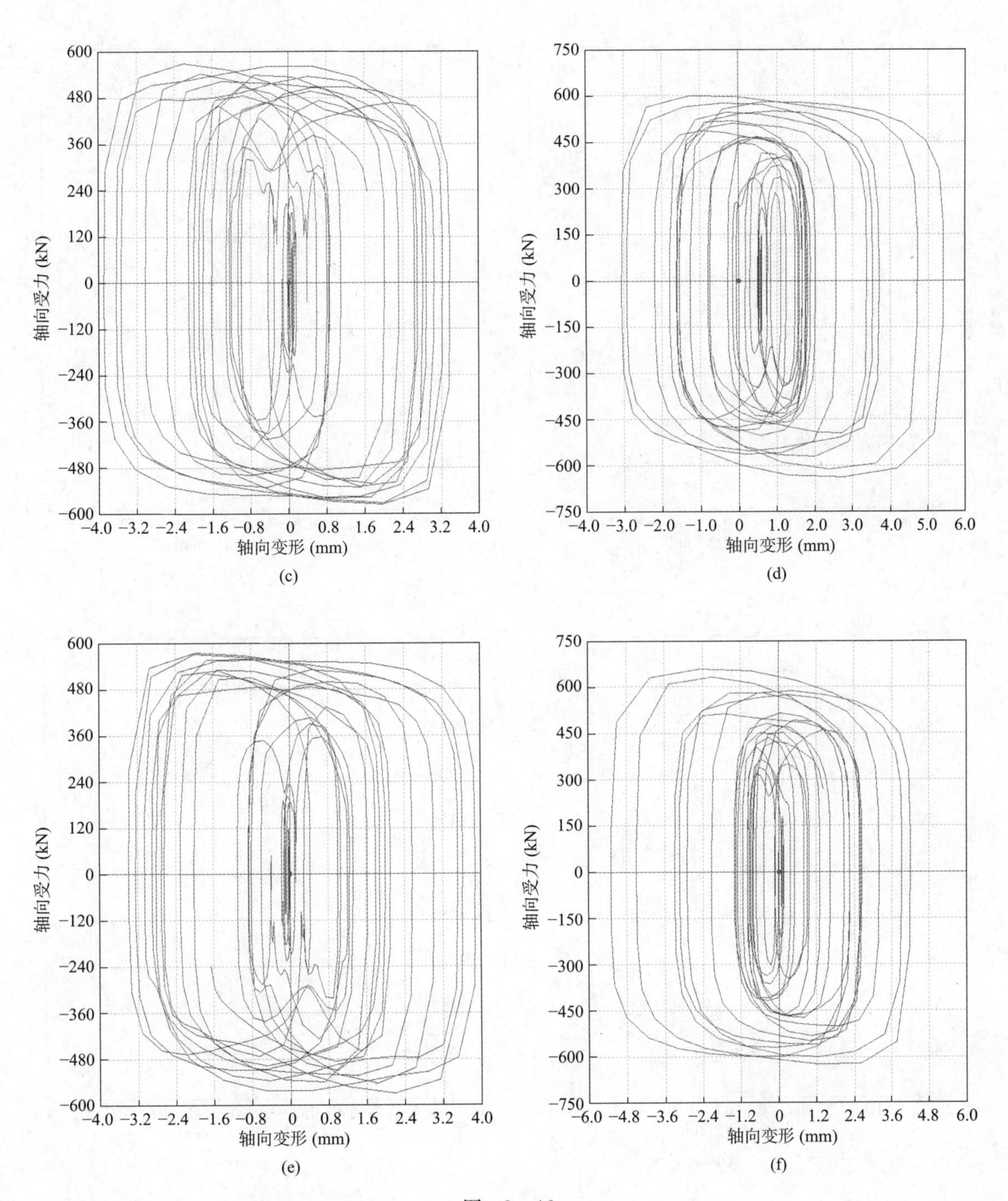
轴向受力 (kN)
轴向变形 (mm)
(c)
轴向受力 (kN)
轴向变形 (mm)
(d)
轴向受力 (kN)
轴向变形 (mm)
(e)
轴向受力 (kN)
轴向变形 (mm)
(f)

图　9－46

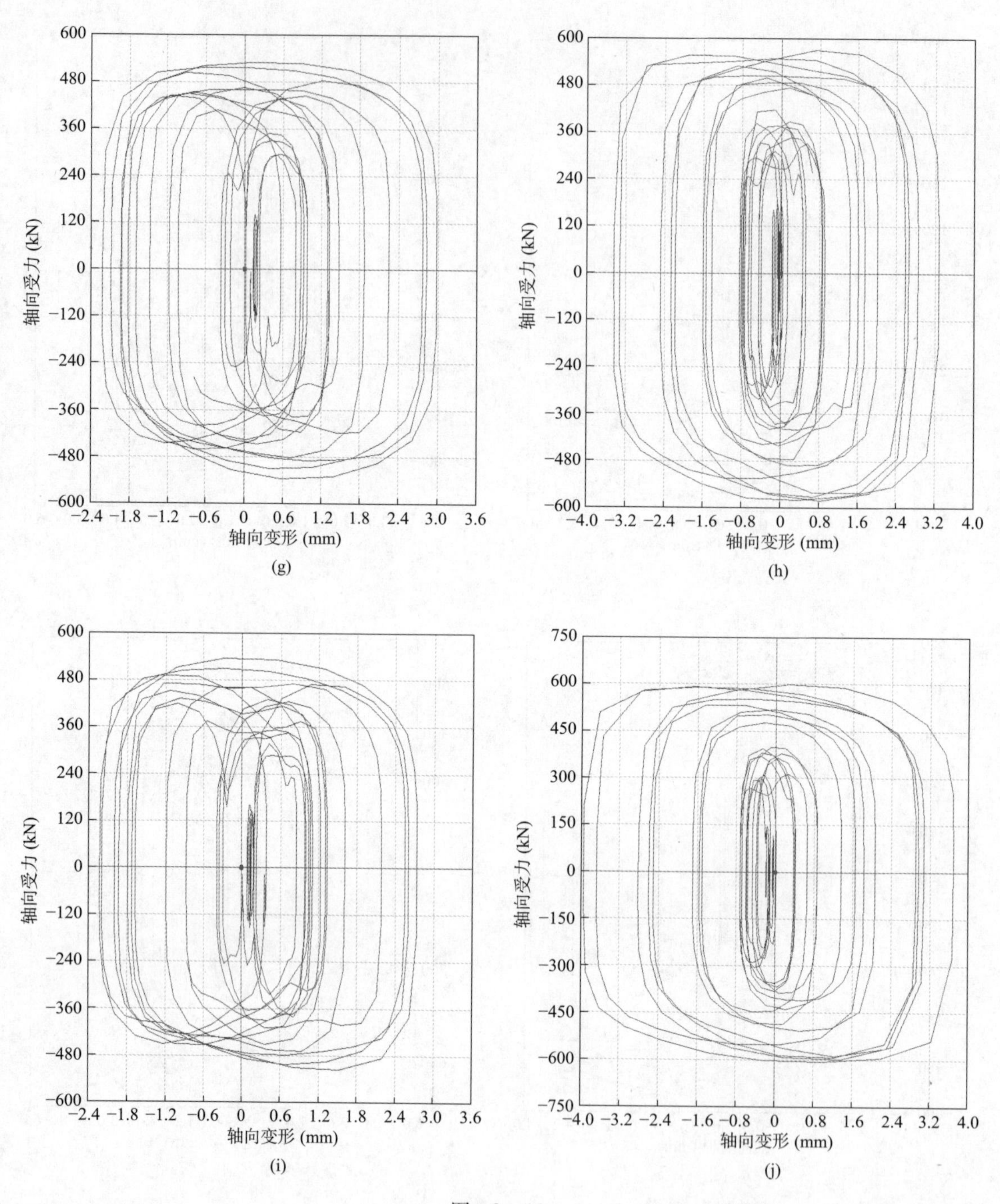

图 9-46

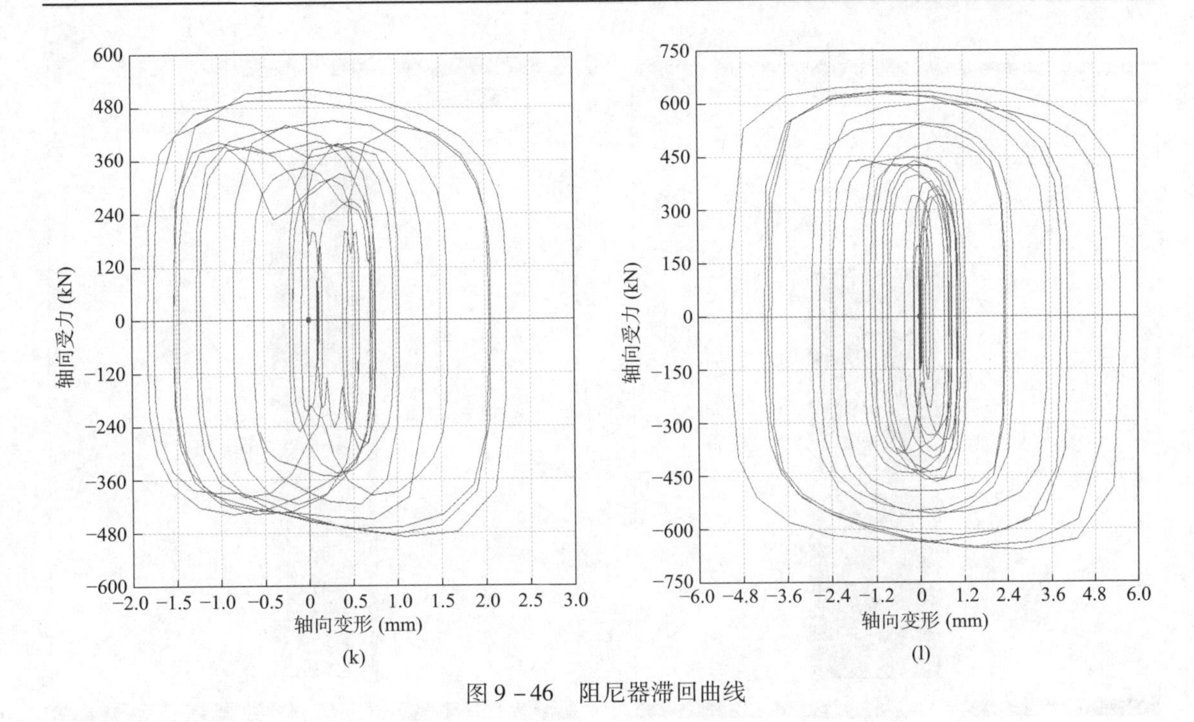

(k)　　　　　　　　(l)

图 9－46　阻尼器滞回曲线

9.5.5　结构损伤程度

该结构为板柱剪力墙结构，剪力墙承担了大部分的水平地震力，因此在本部分中主要考察剪力墙的应力分布情况以及损伤程度；此外，楼板也承担了传递水平地震力的作用，因此也考察了楼板的应力分布情况，结果如图 9－47 ~ 图 9－57 所示。

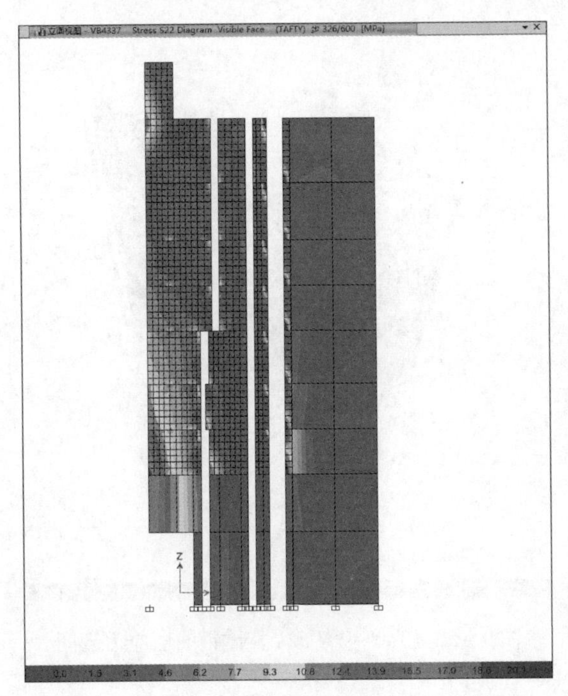

图 9－47　Taft－Y6.52sY 向墙肢 1 应力云图

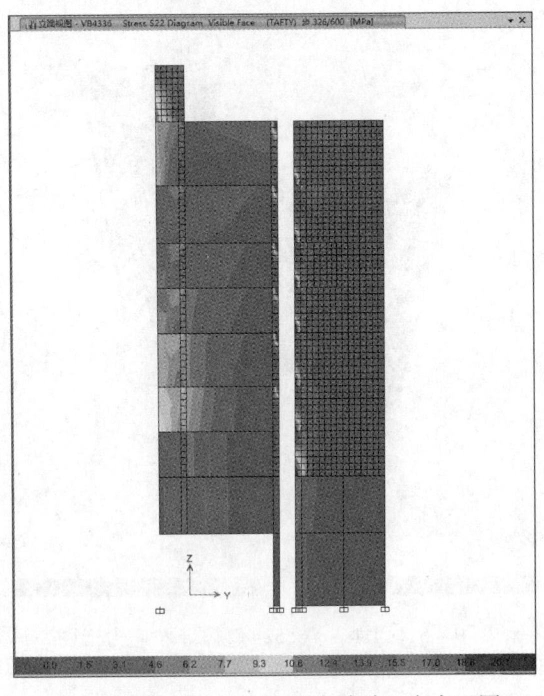

图 9－48　Taft－Y6.52sY 向墙肢 2 应力云图

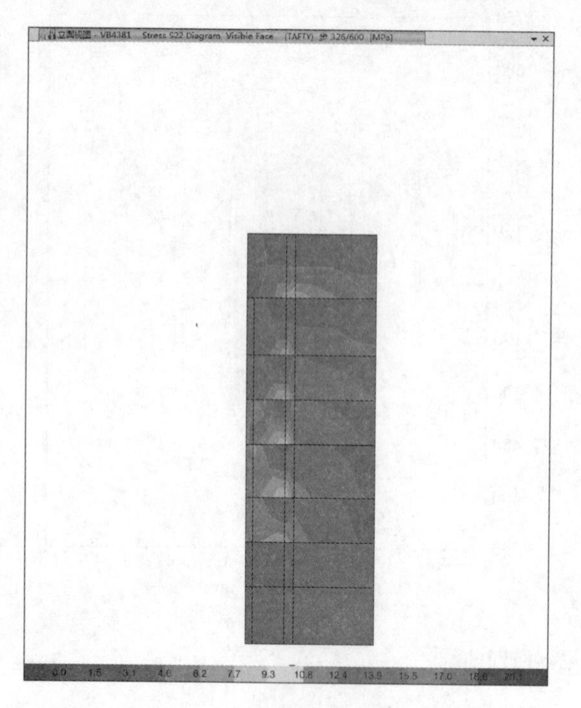

图 9－49　Taft－Y6. 52sY 向墙肢 3 应力云图

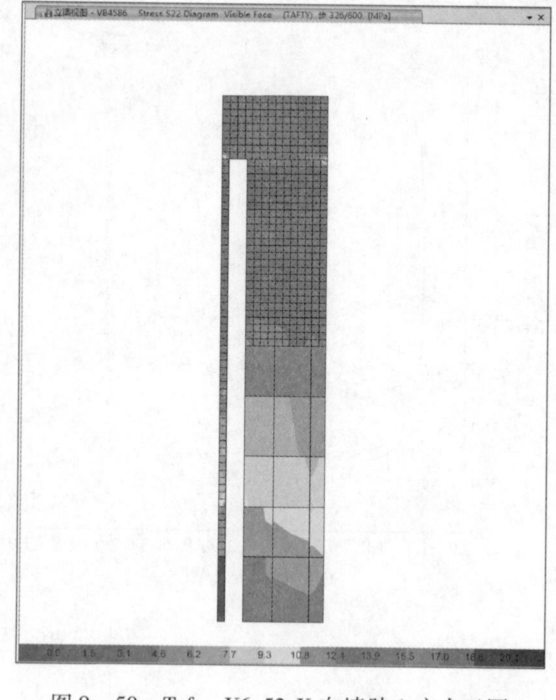

图 9－50　Taft－Y6. 52sX 向墙肢 1 应力云图

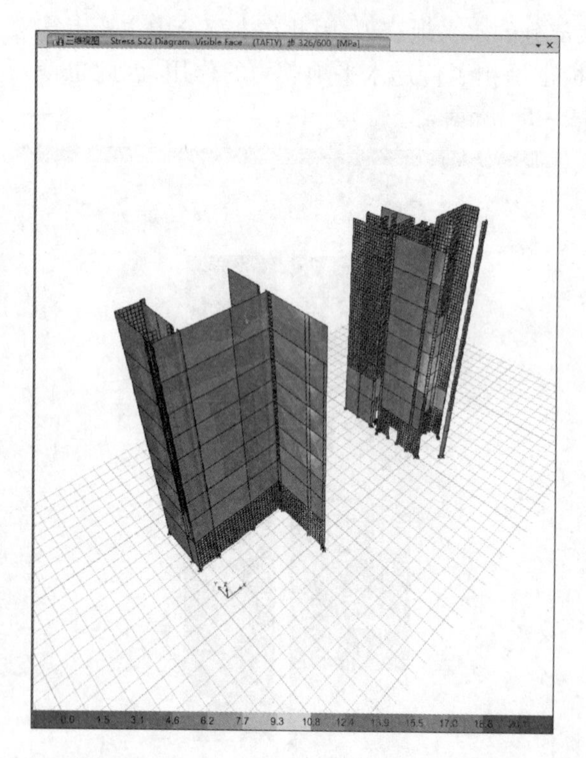

图 9－51　Taft－Y6. 52s 整体墙肢应力云图

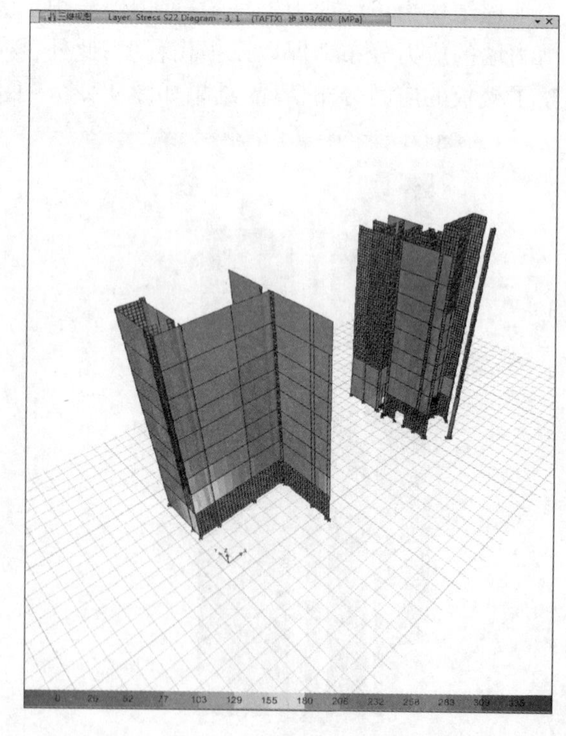

图 9－52　Taft－Y6. 52s 整体钢筋层应力云图

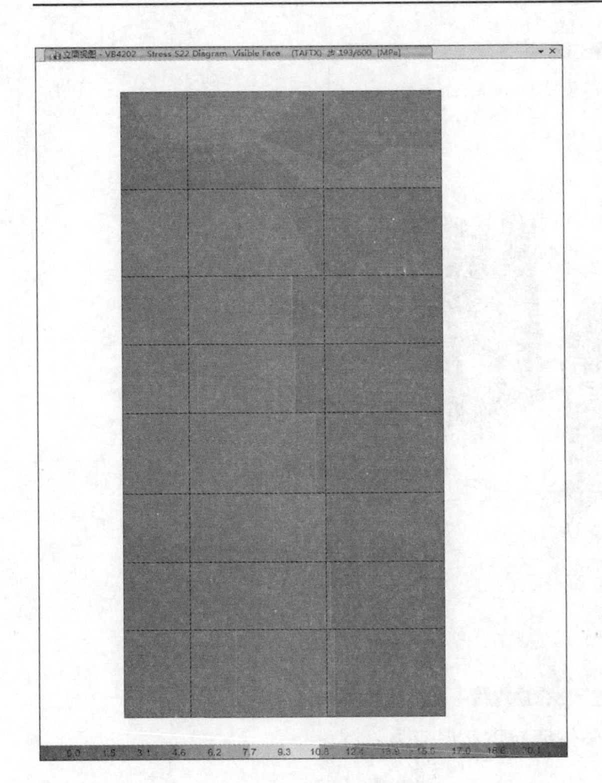

图 9－53 Taft－X3. 86sX 向墙肢 1 应力云图

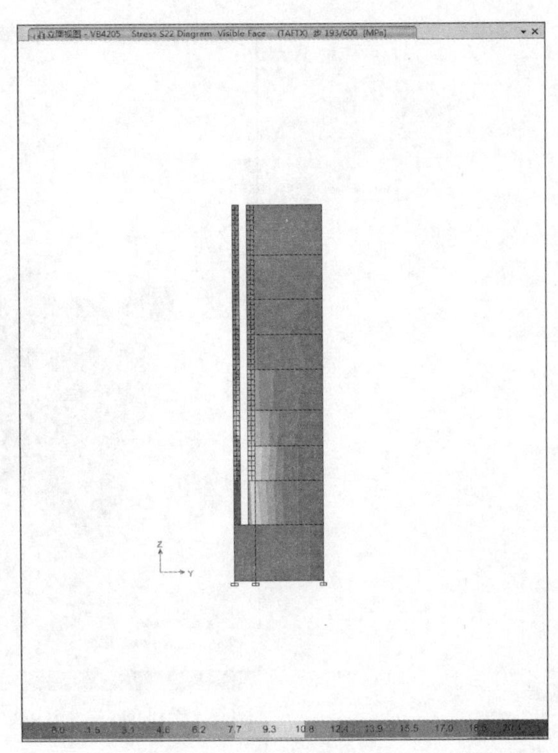

图 9－54 Taft－X3. 86sY 向墙肢 1 应力云图

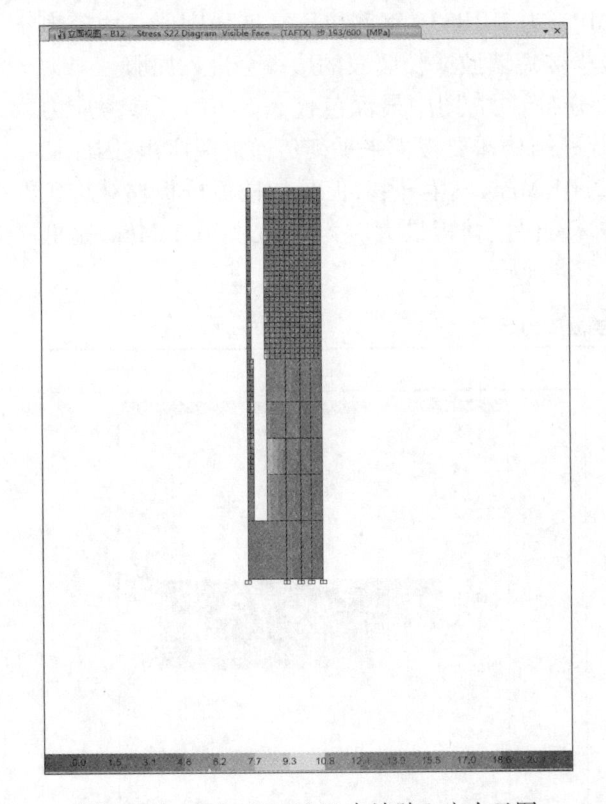

图 9－55 Taft－X3. 86sX 向墙肢 2 应力云图

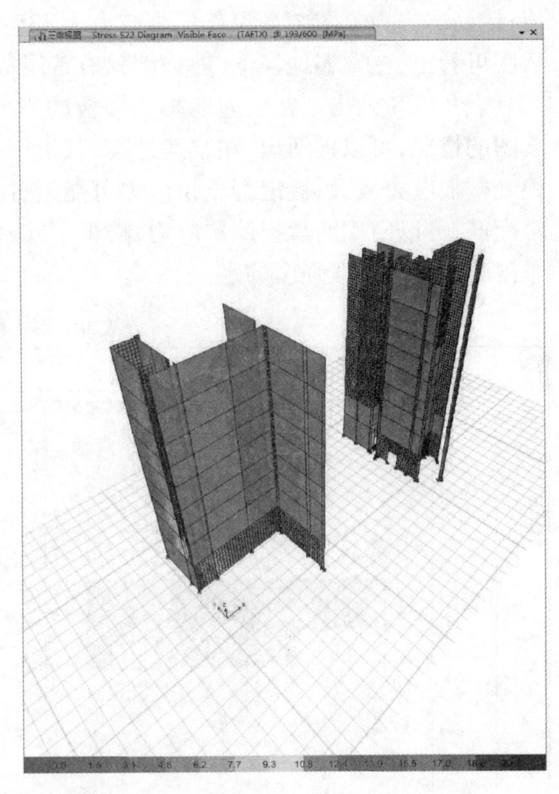

图 9－56 Taft－X3. 86s 整体墙肢应力云图

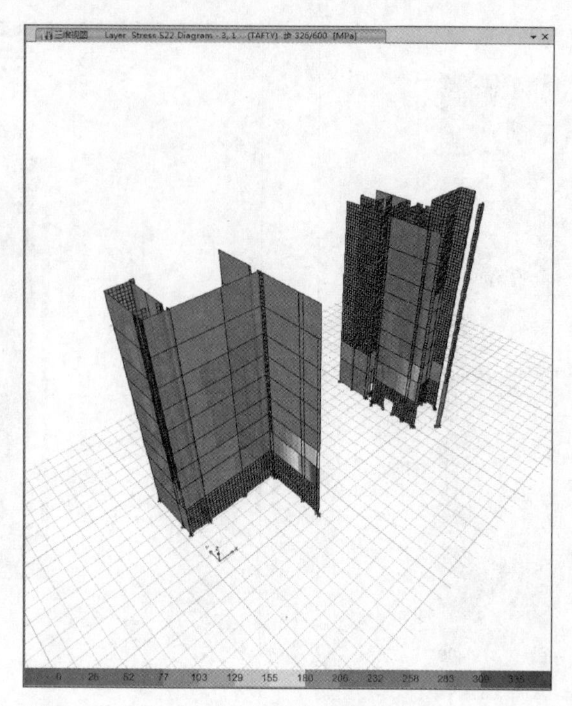

图 9－57　Taft－X3.86s 整体墙肢钢筋层应力云图

以上混凝土层应力云图中，最深色代表应力为 20.1 MPa，为 C30 混凝土的标准抗压强度值；钢筋层应力云图中最深色代表应力为 335 MPa，为 HRB335 钢筋拉压标准强度值。由应力云图可看出，在罕遇地震下，剪力墙只有首层极少数短墙肢或长墙肢的边缘会进入屈服。

表 9－38 列出了在罕遇地震下楼板的应力分布云图，图中最深色代表 5 MPa。参考应力云图的情况，可以推断出，在罕遇地震下，由于板柱结构需要楼板来平衡传递柱端弯矩，因此柱根处楼板应力较大，板混凝土拉应力可能超过 2.01 MPa，发生开裂，但是如楼板按板柱结构正常配筋，可以由钢筋承担此拉应力，楼板不致破坏；此外，楼板最大应力未超过 20.1 MPa，是低于混凝土标准抗压强度的。

表 9－38　楼板应力云图

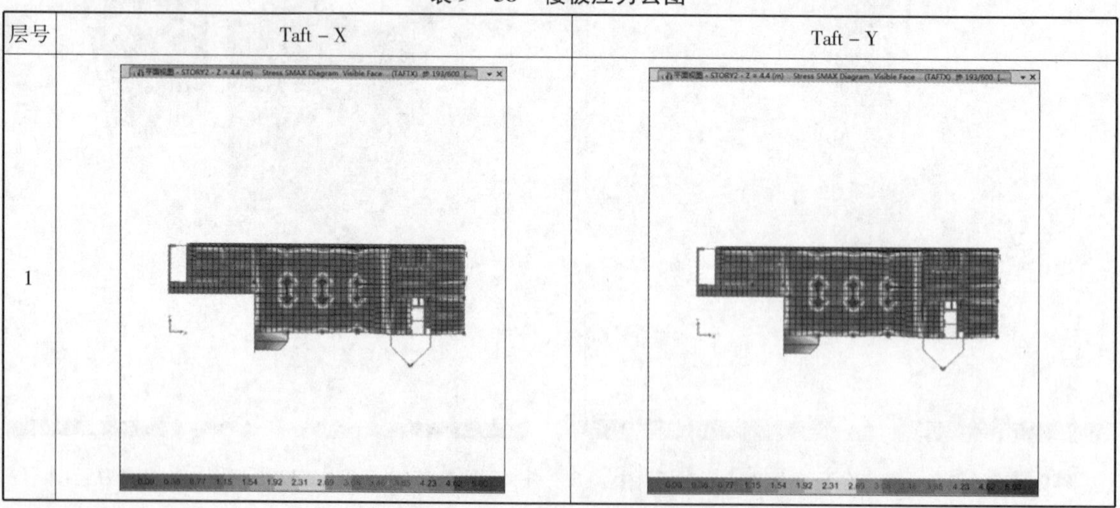

层号	Taft－X	Taft－Y
1		

续上表

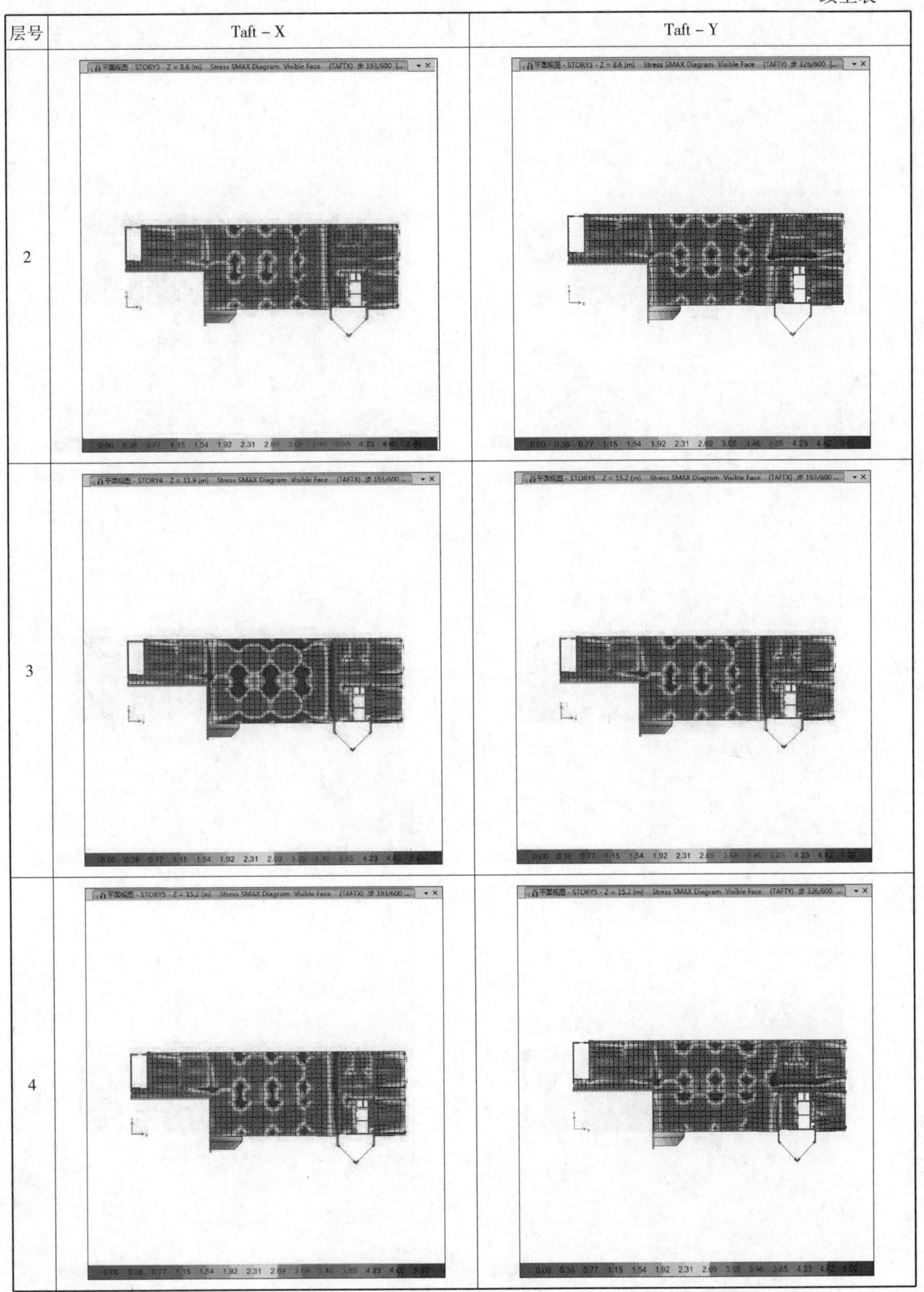

层号	Taft－X	Taft－Y
2		
3		
4		

续上表

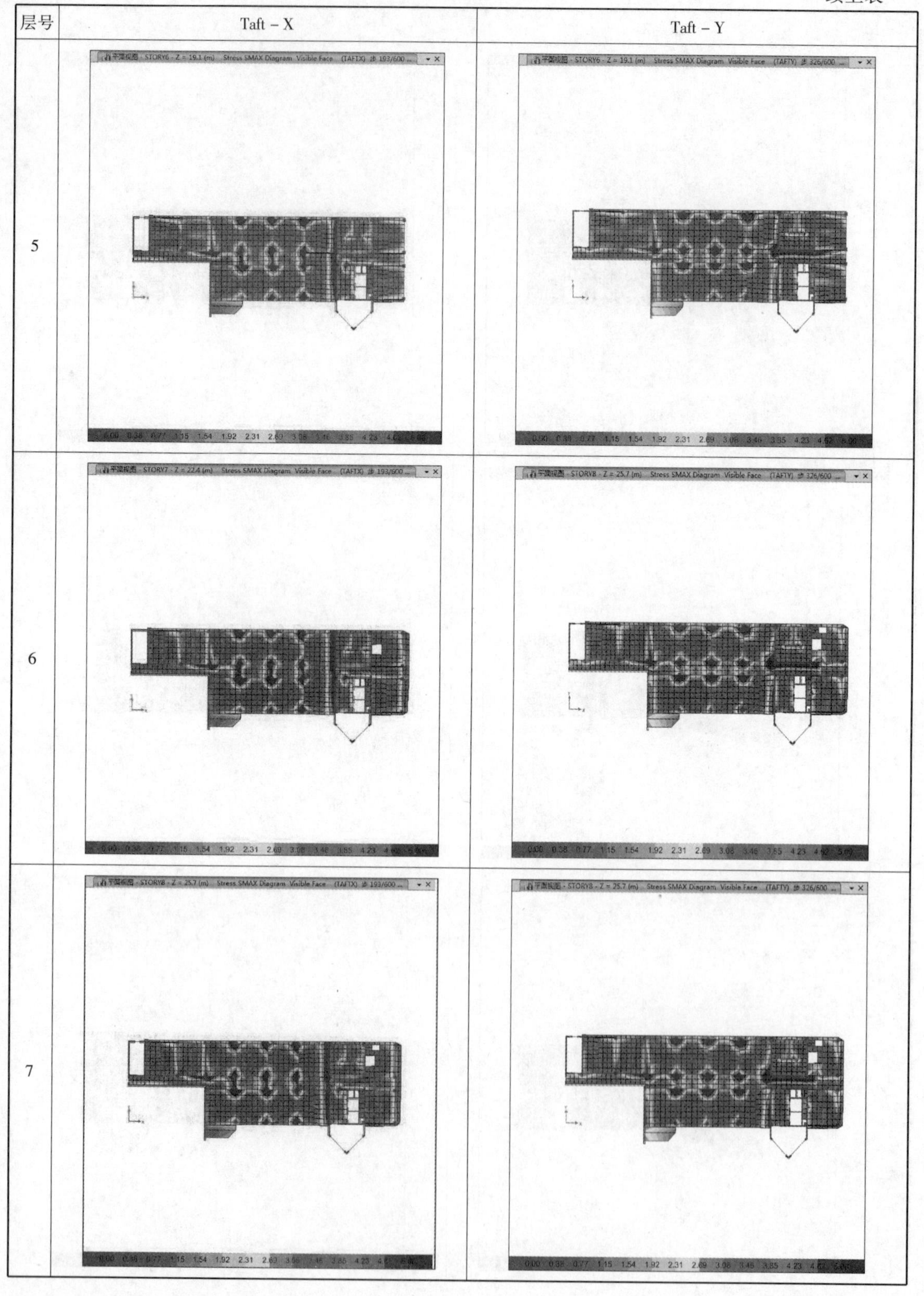

层号	Taft－X	Taft－Y
5		
6		
7		

续上表

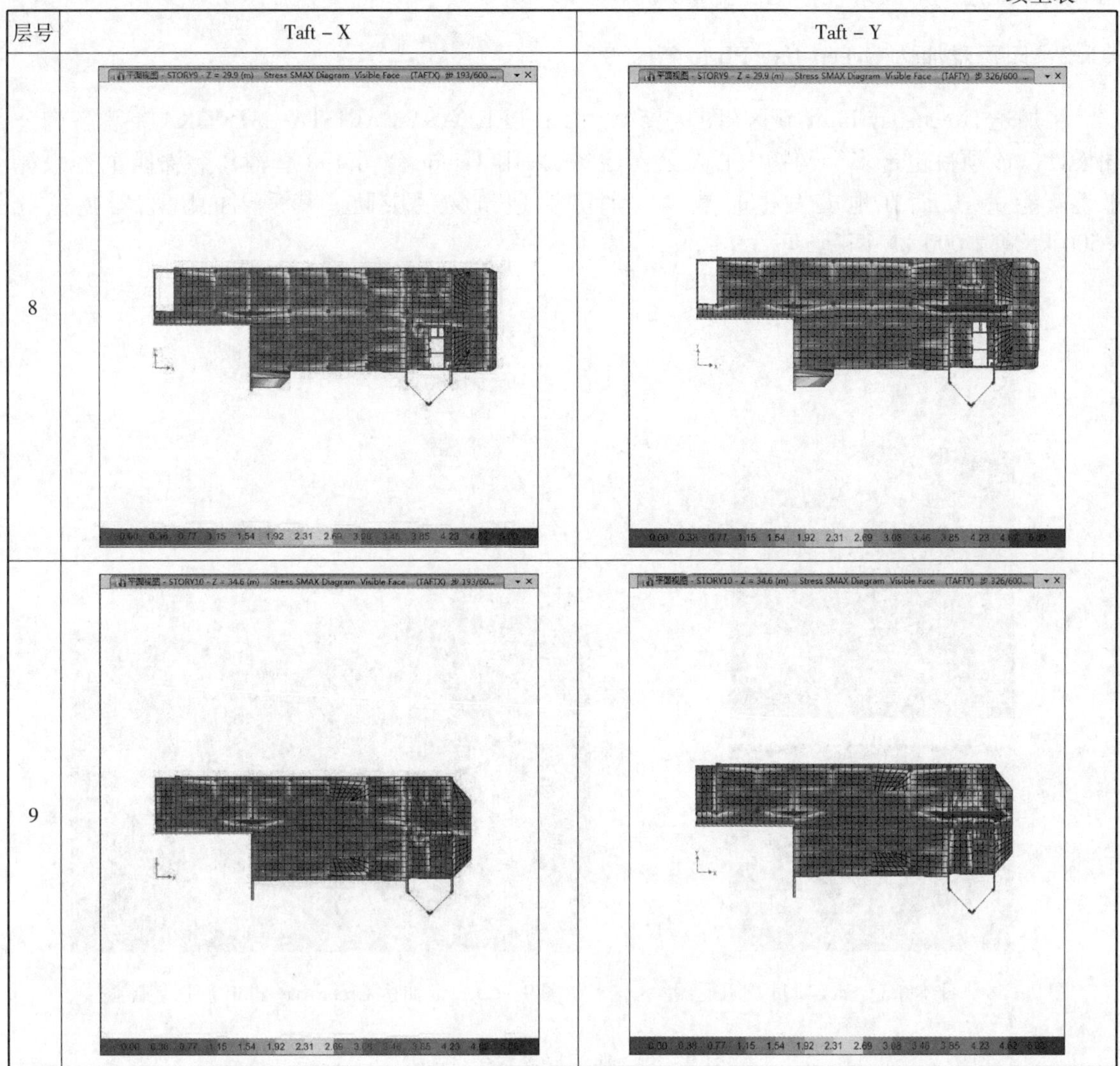

层号	Taft-X	Taft-Y
8		
9		

9.5.6　结　　论

由上述分析可以看出,在布置阻尼器之后,在罕遇地震作用下,结构主要抗侧力构件以及楼板会在一定程度下进入非线性,但程度非常低,破坏程度很小,对比未加阻尼器时的情况,可以看出,在罕遇地震中,阻尼器消能减震也起到了很大的减小结构地震反应,保证结构安全的作用。此外,通过检查各阻尼器的滞回曲线可以看出,阻尼器的最大受力小于750 kN,最大变形不超过10 mm,满足已选阻尼器的产品要求。

9.6　其他阻尼器抗震项目

9.6.1　日本东京 Kioi 项目

东京 Kioi 项目是新建的25层钢框架结构,采用了269套吨位为2 000 kN 的阻尼器,并使用对角支撑连接形式来耗散地震能量,如图 9－58 所示。

9.6.2　印尼雅加达 Green-bay Pluit 新区

雅加达 Green-bay Pluit 新区(图 9－59)由 PT. PERKASA CARISTA ESTETIKA 工程咨询公司设计。该项目包含多个购物中心及公寓建筑,采用 Taylor 公司 400 套液体黏滞阻尼器来耗散地震能量,从而在地震发生时减少或消除对建筑物的威胁。其采用的阻尼器吨位分 3 500 kN和 4 000 kN 两种,见表 9－39。

图 9－58　日本东京 Kioi 项目及阻尼器

图 9－59　雅加达 Green-bay Pluit 新区俯瞰图

表 9－39　阻尼器参数表(三)

楼　层	位　置	阻尼器数量	阻尼器出力(kN)	阻尼系数 C(kN · s/m)
22	TOWER J,K,L,M	16	4 000	15 000
21	TOWER J,K,L,M	16	4 000	15 000
20	TOWER J,K,L,M	16	3 500	15 000
19	TOWER J,K,L,M	16	3 500	15 000
18	TOWER J,K,L,M	16	3 500	15 000
17	TOWER J,K,L,M	16	3 500	15 000
16	TOWER J,K,L,M	16	3 500	15 000
15	TOWER J,K,L,M	16	4 000	15 000
14	TOWER J,K,L,M	16	4 000	15 000
13	PODIUM WING A + B + D	32	4 000	15 000
12	PODIUM WING A + B + D	16	4 000	15 000

续上表

楼　层	位　置	阻尼器数量	阻尼器出力(kN)	阻尼系数 C(kN·s/m)
11	PODIUM WING A+B+D	16	3 500	15 000
10	PODIUM WING A+B+D	16	3 500	15 000
9	PODIUM WING A+B+D	16	3 500	15 000
8	PODIUM WING A+B+D	16	3 500	15 000
7	PODIUM WING A+B+D	16	4 000	15 000
6	PODIUM WING A+B+D	16	4 000	15 000
5	PODIUM WING A+B+D	16	4 000	15 000
4	PODIUM WING A+B+D	16	4 000	15 000
3	PODIUM WING A+B+D	16	4 000	15 000
2	PODIUM WING A+B+D	16	4 000	15 000
1	PODIUM WING A+B+D	16	3 500	15 000
G	PODIUM WING A+B+D	16	3 500	15 000
LGM	PODIUM WING A+B+D	16	3 500	15 000

注:阻尼器总数为400。

第10章　建筑结构用阻尼器的抗风应用

10.1　波士顿亨廷顿大街111号

本节介绍了液体黏滞阻尼器在高层建筑中有效增加结构自身阻尼的水平从而减少不良振动的一个应用实例。结构是一个39层办公大楼,使用代码加载和变形限制的常规风工程方法设计并在加拿大的一个风洞中进行了模型测试。风洞测试表明,结构将经历不可接受的高加速度等级。风洞预测的加速度水平几乎是办公大厦的行业标准的两倍。高响应等级是由邻近的已建52层建筑产生的。

因为安装阻尼器的主要目的是降低风作用下的运动,液体黏滞阻尼器需要在非常低位移等级下提供一个较大的输出力。为最小化液体黏滞阻尼器的成本和数量,在结构的一个方向上的设计中包含了一个运动放大装置,其在预计的最低运动下有最大的刚度。

10.1.1　加速度标准

当结构变得更高、更轻或更细长时,在相对常见的风工况时,上面楼层的过度的加速度可能变得过大。住户通常对加速度及其变化敏感,而不是位移和速度。

加速度的验收标准目前没有规范,风工程界普遍接受现存的通用准则。对于商业和办公用房,国际标准化组织(ISO)建议使用取决于建筑固有周期的1年和5年重现期的风荷载。

以往的试验表明,在循环运动下,加速度被感知的临界值约为$0.005g$。当加速度达到$0.02g$,就会变得恼人。然而,被感知和干扰依赖周围的运动及活动。公寓或旅馆中的住户比办公室中的人更敏感。振动被感知的可接受性变化很大。通常,10年重现期风作用下,建议值在$0.01g \sim 0.03g$之间,公寓取$0.01g$,办公室取$0.03g$。

10.1.2　阻尼系统概念

为了减小预期的运动水平,调查并评估了调谐质量阻尼器和摆式阻尼器系统的成本及工程影响。调谐质量阻尼器和摆式阻尼器需要在建筑的顶部占用宝贵的办公空间,尽管这非常有效,但是非常昂贵。液体黏滞阻尼器被证明是最划算的,且在办公大厦布置上占用空间最少。

因为阻尼器安装的主要目的是减少风运动,液体黏滞阻尼器需要在一个非常低的位移水平(±3 mm)下提供较大的输出力。

为了确保(阻尼器)在此低运动下的可靠性且保证阻尼器的数量和成本最小,一个叫作套索支撑阻尼器系统(TBD)的运动放大装置被用在了设计中。运动放大装置用在结构的一个方向上,其在预计的最小运动下的刚度最大。

TBD系统为一个杠杆型机械装置,其在增加建筑挠度的同时降低了阻尼器安装点的作用力大小。系统组合了一个结构内在的支撑柱和一个与柱和上层楼板用销轴连接的驱动臂。连接系统中包含防止整体连接系统出平面屈曲的约束构件。TBD 系统的最终效果为,用一个简单的机械杠杆增加了阻尼器的有效冲程。

随后,为100年重现期的风荷载和中震激励(地震区2,$A_v=0.12g$)设计了液体黏滞阻尼器。

10.1.3 结构描述

该39层办公大厦包括三个横向系统,第1~7层和第34层以上为在内核的对角支撑侧向系统,其余楼层为一个沿着建筑的周边的抗弯框架。基础结构侧向系统被划分为一个抗弯框架筒体系。楼面系为带有桁架梁的复合金属板楼面。标准层面积为2 000 m²。建筑的总重约为62 t,且由直径为3.6~1.8 m、与内核的混凝土梁连接的桩基础和在周边柱的另外22个桩基础支撑。E-W方向的液体黏滞阻尼器以隔层方式对角放置在第7层和第34层之间长度为5.8 m的两个跨间,同时TBD系统分配到N-S方向同楼层的两个9.5 m长的跨间。阻尼器位置如图10-1所示。

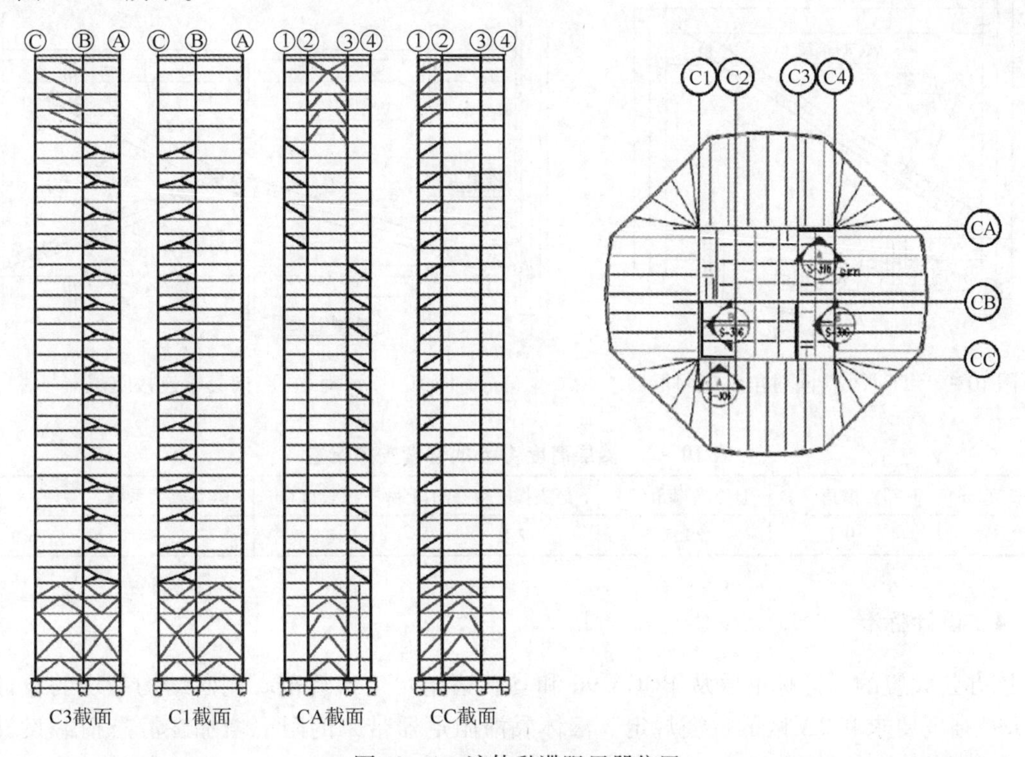

图10-1 液体黏滞阻尼器位置

静力侧向分析和设计在ETAB 6.2进行。TBD系统的动力响应和液体黏滞阻尼器设计由SAP 2000分析。楼层质量集中在质量的中心。建筑动力特性见表10-1。

表10-1 建筑前6阶模态的动力特性

阶数	1	2	3	4	5	6
周期(s)	5.26	5.00	3.65	1.92	1.82	1.71
有效质量(%)	66.1	52.6	81.2	15.3	12.8	8.5
方向	X(E-W)	Y(N-S)	转动	X(E-W)	Y(N-S)	转动

风洞试验结果表明,X方向上从第7层到第34层的平均层间位移大于Y方向。核心X方向放置的阻尼器的跨间长度(5.8 m)短于Y方向的(9.5 m)。X方向的整体建筑刚度小于Y方向的。为得到划算的设计,在Y方向应用TBD系统来放大层间位移,从第6层到第25层阻尼系统C为3.500 kN·s/m,从第26层到第55层阻尼系数C为1.750 kN·s/m。在X方向,从第6层到第25层阻尼系数C为52.500 kN·s/m,从第26层到第55层为35.000 kN·s/m。阻尼器布局如图10-2、图10-3所示。建筑上TBD装置的配置见表10-2。为了触发液体黏滞阻尼器元件,在建筑动力分析中考虑了总共361个完整模态。阻尼器输出力与速度成正比,指数常量设置为一个量,以产生理想的线性黏滞特性。

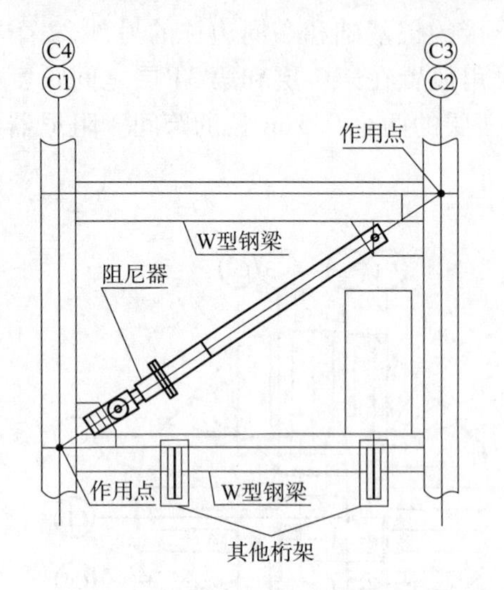

图10-2 东西(X)向对角连接阻尼器

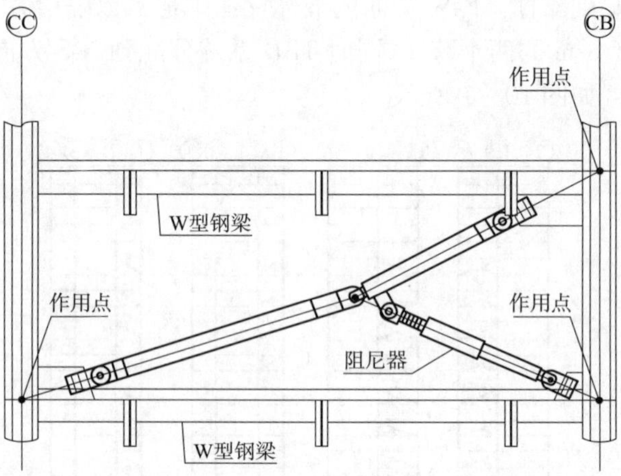

图10-3 南北(Y)向套索连接阻尼器

表10-2 楼层高度4 m的套索支撑配置

底板长度(m)	下部支撑角(°)	上部支撑角(°)	下部支撑长度(m)	上部支撑长度(m)	运动放大系数	力放大系数
9.3	19	29.5	7.2	2.8	2.9	6.1

10.1.4 设计标准

该办公大厦的设计标准服从BOCA 96和马萨诸塞州建筑规范。侧向结构系统的设计满足AISC强度要求和2A区的抗震规定。液体黏滞阻尼器带来的阻尼增加在静态荷载设计阶段没有考虑折减。BOCA 96中,等效侧向荷载的设计参数见表10-3。风设计标准为100年重现期考虑强度,10年重现期考虑舒适度。

表10-3 BOCA 96的等效侧向荷载设计参数

设计风荷载		设计地震荷载	
风速	144 km/h	地震区	2A
设计类别	B	峰值加速度 A_v	0.12g
重要性系数	3	折减系数 R	4.5
深度与宽度的宽高比	3	土地系数 S_3	1.5
深度与宽度的宽高比	1	建筑周期 T_a	3.65 s

采用 TBD 系统和液体黏滞阻尼器,可以通过增加层间位移和减小建筑顶层的加速度来提高建筑的适用性。

10.1.5　风洞测试结果

为确定结构的风荷载和风致加速度,将建筑的一个 1∶400 比例模型放置在带有全比例半径 500 m 之内所有周边建筑的一个风洞中。风洞测试由 RWDI 完成,在加拿大的 Ontario 进行。模拟一个 100 年重现期的风速,并将其缩放到相当于在开放地形的地面以上 10 m 处最高速度为 145 km/h 的大小,这与马萨诸塞州建筑规范和 ASCE 93 标准一致。执行一个高频力平衡风洞测试,直接从模型测得弯矩和剪力,并给出广义风力。随后,通过建筑质量、振型和结构阻尼等结构特性的估算来确定全比例建筑的动力特性。

图 10-4 和图 10-5 为发生在第 36 层的建筑顶部最大加速度响应。对于此办公建筑,预测到在最高居住层(第 36 层)的加速度在 10 年重现期下为 0.041g,比 0.03g 的期望标准更高。

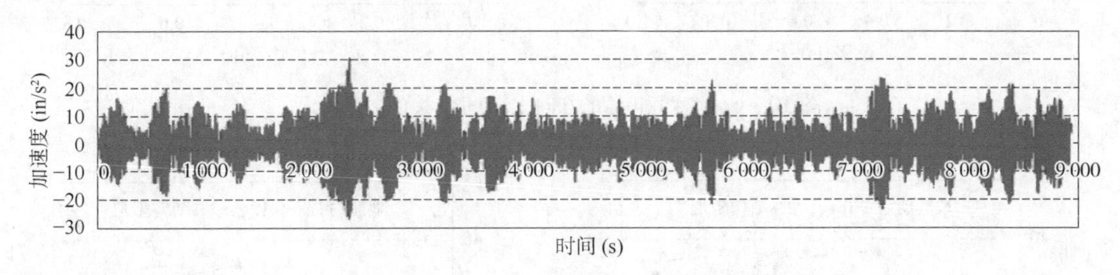

图 10-4　建筑屋顶加速度响应(东西向)

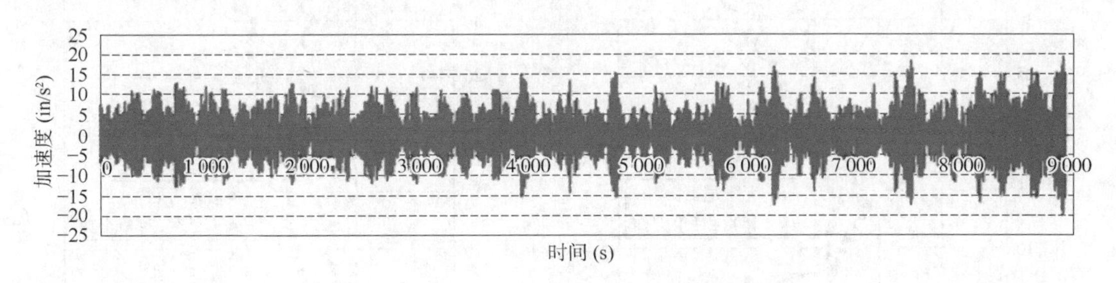

图 10-5　建筑屋顶加速度响应(南北向)

10.1.6　建筑层间位移

由于固有的弹性,高层建筑设计通常由刚度而不是构件强度控制,这在中震区尤其准确。在正常风条件下,建筑的大挠度或层间位移可能导致非结构性的隔墙和保护层、整体建筑稳定性和住户的舒适度的损害。如前所述,主建筑侧向结构系统为一个抗弯框架筒系统,其设计满足规范的强度要求。采用 6 个液体黏滞阻尼器之后,挠度和最小层间位移指数如图 10-6 和图 10-7 所示,有大幅提高。

10.1.7　结　　果

马萨诸塞州建筑规范和国家建筑规范(BOCA 96)的办公建筑的风和地震影响比较绘于

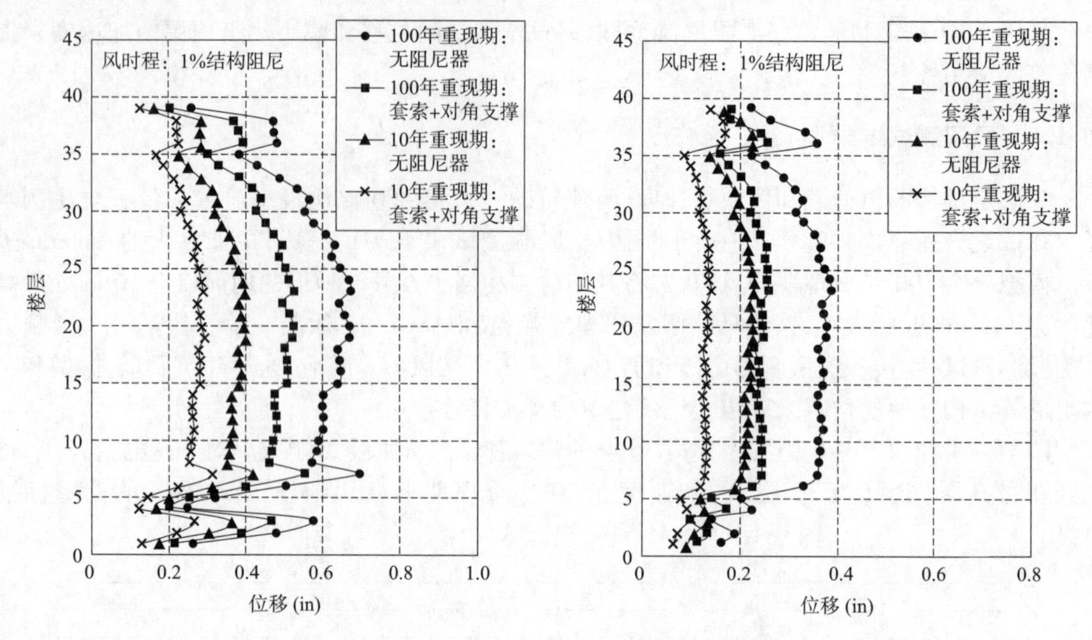

图 10－6　东西和南北方向上层间位移(风荷载)

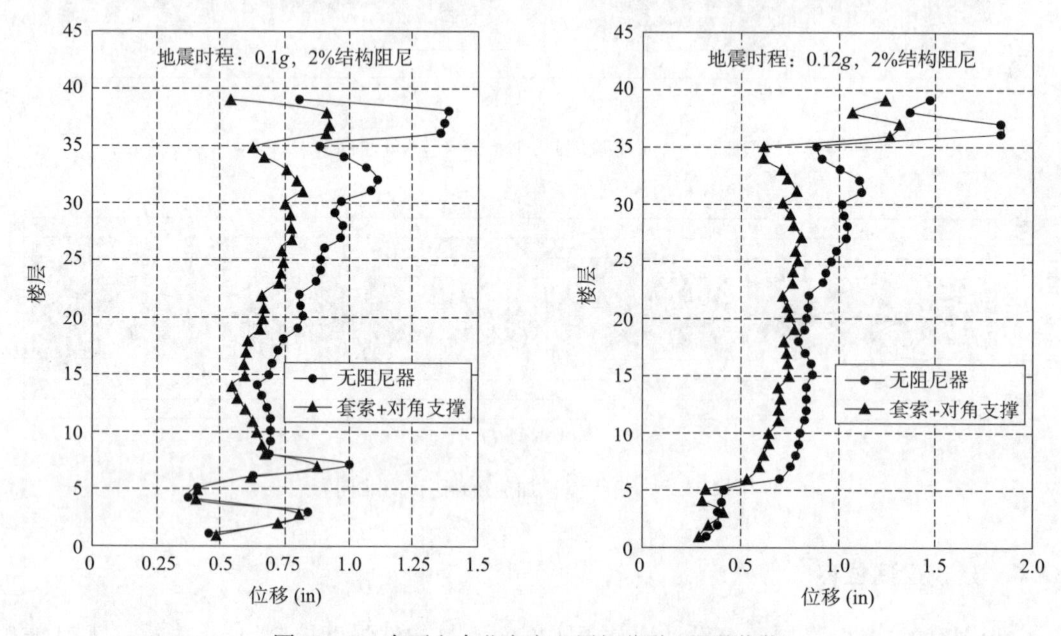

图 10－7　东西和南北方向上层间位移(地震荷载)

图 10－8 和图 10－9 中。

风洞测试显示,东西方向上风在 100 m 及以上施加更大压力,但在较低楼层迅速减少。总之,风荷载与地震条件相比,对办公建筑表现出更剧烈的影响。

在办公建筑上的液体黏滞阻尼器的有效性总结于表 10－4 中。此表显示液体黏滞阻尼器可将建筑动力特性提高 20%～30%。这些阻尼器给建筑额外的固有阻尼,约相当于整个建筑结构临界阻尼的 3%。

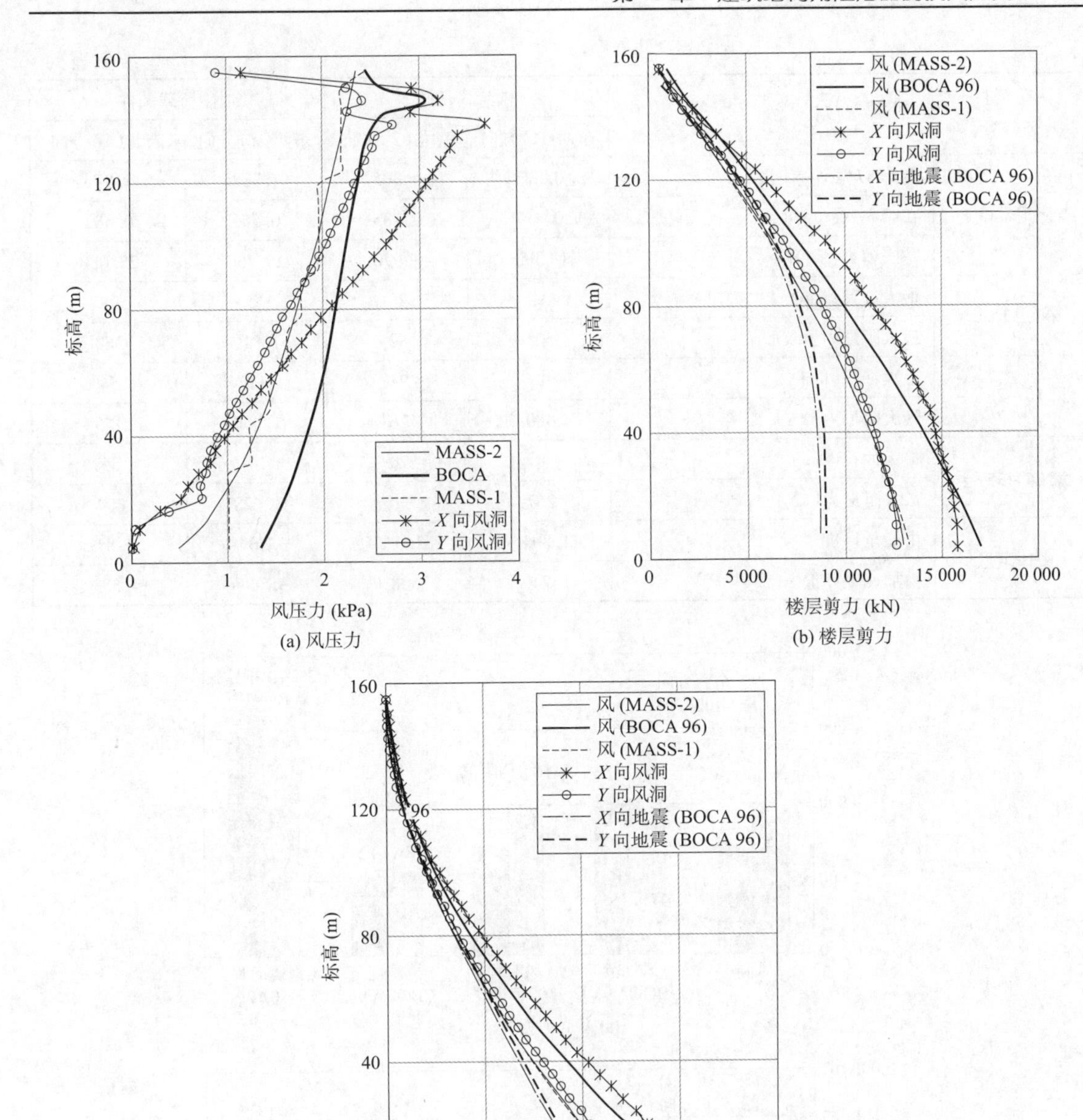

(c) 倾覆力矩

图 10－8　等效静力侧向荷载下建筑特性的比较

表 10－4　时程分析结果汇总表

项　　目		风荷载条件		地震荷载条件	
		东西(X)方向	南北(Y)方向	东西(X)方向	南北(Y)方向
无阻尼器响应	在第37层加速度(m/s^2)	0.696	0.455	2.415	2.845
	在第37层位移(m)	0.528	0.284	0.597	0.665
	基底剪力(kN)	17.190	12.773	28.102	26.650

续上表

项　目		风荷载条件		地震荷载条件	
		东西(X)方向	南北(Y)方向	东西(X)方向	南北(Y)方向
有阻尼器响应	在第37层加速度(m/s^2)	0.523	0.305	1.938	1.976
	在第37层位移(m)	0.417	0.185	0.556	0.584
	基底剪力(kN)	13.950	8.970	25.750	23.080
第6~15层	最大冲程(mm)	9	20	15	48
	最大阻尼力(kN)	503	80	1.819	360
第16~25层	最大冲程(mm)	9	21	11	54
	最大阻尼力(kN)	480	76	1.450	356
第26~35层	最大冲程(mm)	8	20	14	55
	最大阻尼力(kN)	267	36	1.628	294
整体阻尼	由能量评价	1.89%	2.0%	3.56%	3.8%
	由加速度评价	1.94%	3.08%	3.56%	4.58%

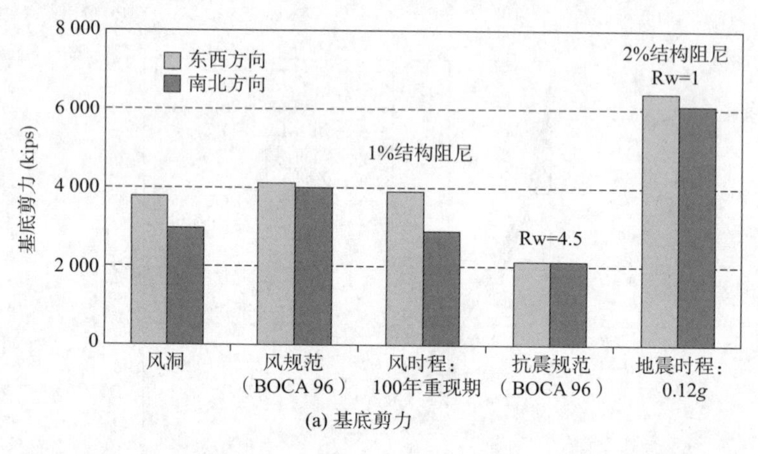

(a) 基底剪力

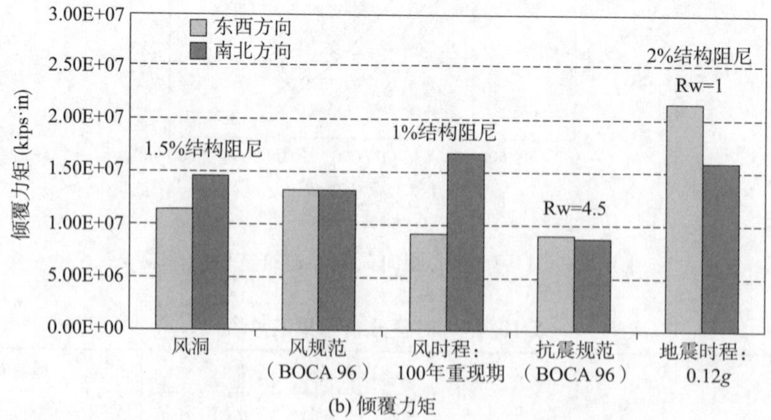

(b) 倾覆力矩

图 10－9　不同荷载条件的建筑基底剪力和倾覆力矩比较

10.1.8　结　　论

具有运动放大装置的黏滞阻尼器系统被证明是减少风运动的非常经济有效的方法。包括运动放大装置在内的安装成本不到100万美元。其他方面的结论如下：

(1)目前的模态分析方法可能会产生错误的结果，不应用于最终设计。

(2)减震器设计需要风和地震效应的非线性时程分析。

(3)适当考虑阻尼力的局部效应会对附近的梁、连接件和楼板的设计产生重大影响。

(4)阻尼器支撑系统的刚度可以大大减少阻尼器系统的力。因此，需要用大的构件刚度来确保在实际安装中可以取得分析中预测的响应减少量。

10.2　纽约西55大街250号

40层、600英尺高的豪华建筑——纽约西55大街250号，为曼哈顿中心城区带来近100万平方英尺的商用空间。它坐落在一个高度只有50英尺的建筑后方，又有无柱内部空间，因此它给予了使用者最大限度的光照和视角。塔楼的设计不仅在规划布局和中心紧凑设计方面效率最大化，而且在使用新结构技术方面也取得了最佳效果。和大多数纽约市办公大楼一样，此结构采用了钢结构框架、钢支撑核心筒和组合楼板。楼板结构基于标准的29英尺6英寸宽度大小，核心到外围的跨度从30英尺到43英尺不等，并且楼板横梁为标准的W18～W21截面。

稍有偏移的核心筒，宽度限制在45英尺以内以优化未来租户的办公室布局；为了满足刚度需求，核心柱在底部镀上了巨大的W14截面板。为了获得附加的横向刚度，在塔顶添加了"帽桁架"，这是通过在百叶窗后面支撑起外围的立柱而形成的，并且它们通过一系列伸臂桁架连接到核心区。该系统有效地将核心柱连接到外围柱，并提供额外的刚度来抵抗风荷载。

部分工程照片如图10－10～图10－12所示。

图10－10　建设中的建筑

图10－11　黏滞阻尼器正在安装

图 10－12　阻尼系统的布置图

10.2.1　动态阻尼

最初的框架设计基于 ASCE 7 的风荷载。方案设计完成后，风力工程公司 RWDI 就进行了风洞试验，初步结果（表 10－5、图 10－13）显示实际风荷载和基底力矩低于 ASCE 7 和纽约市建筑规范预测的结果；然而，加速度却略高于通常可接受的范围。其主要原因是：(1)在较低的楼层处，其他现有建筑物的影响被明显地屏蔽，大大减少了负荷；(2)在较高的楼层上，结构还受到与周围高层建筑相互作用的风的抖振作用。

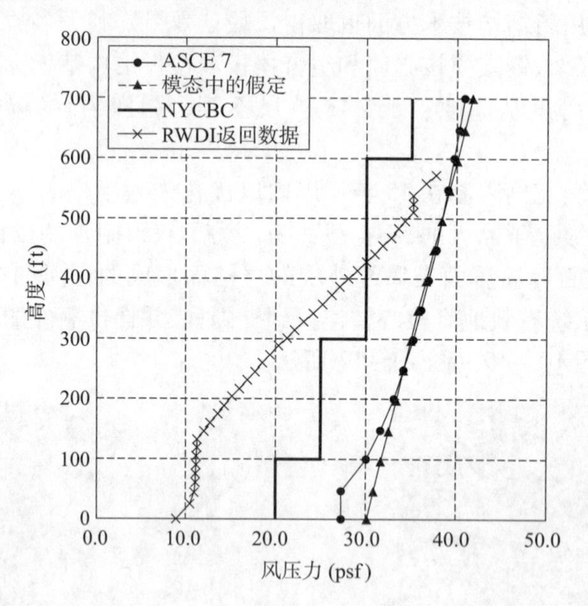

图 10－13　建筑风荷载对比

表 10－5　基础荷载的相应比较

比较项目	X 方向的风				Y 方向的风			
	剪力		弯矩		剪力		弯矩	
	k	%	k · ft	%	k	%	k · ft	%
ASCE 7	2 740	100	826 567	100	2 461	100	742 396	100
RWDI	1 733	63	609 134	74	1 376	56	504 961	68
NYC	2 092	76	647 766	78	1 879	76	581 803	78

基于这些发现,考虑了两种满足加速度限制的方案:增加约20%的刚度或增加阻尼。设计团队确定添加阻尼是更有效的选择,并考虑了多种阻尼方法,包括传统的调谐质量阻尼器(TMD)和摆动阻尼器,最终选定 Taylor 公司提供的系统,此系统实际是用黏滞阻尼器替换伸臂桁架中的一些支撑。阻尼器的规格与通常用于建筑物抗震中阻尼器的规格大不相同,因为阻尼器需要在非常小的位移下提供阻尼,而且在大风时也可以不断地工作。

尽管7个阻尼器需要较高的性能,但是它们的总成本还是显著低于传统的TMD或摆动阻尼器的。另外,因为最后的风洞测试显示实际负载低于预期,并且因为阻尼系统提供了超过需要的阻尼,在仍满足加速度标准的情况下,可以进一步优化钢材总量。该系统组合完成后,可以节省更多的成本。

将黏滞阻尼器系统设计到结构中需要设计者更多的努力,因为不能使用传统的线弹性分析,并且阻尼系统必须与整个结构一起作为整体进行分析,而不是仅作为单独的附加系统进行分析。我们使用 MSC. Nastran 软件来分析和优化阻尼系统;然而,由于大多数钢结构不受阻尼力的管控,我们可以对绝大多数钢结构部分使用传统的分析过程。

10.2.2　随时待命的策略

除了一个大型建筑项目的典型挑战之外,2008年的经济危机也成为一个因素。刚刚开始施工之后,2009年3月,在起重机计划动员的一周前,波士顿地产决定暂停施工,直到市场更有利再开始。设计和施工团队迅速采取行动制定计划,以便有秩序地遣散施工人员和更有效率地重新开始。当时基础建设和钢结构制造已在进行中(图10-14、图10-15),因此团队决定继续完成结构,以达到既稳定周边墙壁又使场地达到更易于防水和被保护的水平。制造商 Owen Steel 继续制造剩余的钢材,并制定了一个计划:允许在未知的持续时间内储存和监测钢材,并在需要时快速重启。该计划包括找到一个足以存储9 000 t钢材的场地。最终,钢材堆放占了5英亩的土地,以避免水分聚集,尽量减少腐蚀,并将钢材按照2011年秋季施工重启后可能需要的装运顺序排列好。

图10-14　建筑基础的框架系统

图10-15　建设停滞时大量工程用钢堆放在制造商 Owen Steel 的堆场

那时候,该团队担心那些已经准备好用于滑动连接的钢材表面会发生腐蚀,特别是那些经过喷砂清理达到 B 级表面的。RCSC 规范建议,相当于一年的腐蚀量是可以接受的,但没有进一步的数据可以确切地说明在一段时间内什么样的腐蚀水平仍能符合要求。

团队决定从存储件中测试有代表性的滑动连接样本,并直接验证摩擦系数。测试结果表明,储存的钢材超过了要求的摩擦系数 0.5。因此,钢材不需要进一步的喷砂清理,并且可以按照几年前计划的顺序从堆场直接运输到现场。

10.2.3 施工重启

当工程重新开工时,钢结构的安装进展顺利。这一定程度上归功于在施工停止时准备的重启计划,也要归功于用于协调使用的大量 3D 模型,因为从方案设计开始就使用了 Revit 软件。

该大楼于 2012 年 6 月封顶,2013 年 5 月取得第一个入住证,大幅度提前原来的计划时间。

10.3 旧金山 Fremont 181

位于旧金山市中心、邻近新运输中心的 Fremont 181 大厦(图 10-16),在 2017 年建成时是美国西海岸恢复性能最好的高层建筑。当时,它是旧金山第二高建筑(802 英尺)。遵循"基于弹性的设计"方法,该大厦的设计超过 CBC(加利福尼亚建筑规范)规定的新建高层建筑的地震性能目标。它的目标是建筑在经历一次 475 年重现期的地震后,能够立即重新入住并且建筑的功能性破坏有限(即一旦设备恢复,建筑功能就能恢复)。

图 10-16　181 Fremont 大厦

10.3.1 基于规范和基于性能设计的背景

旧金山和其他西海岸城市的高层建筑通常使用基于性能的设计方法(遵循太平洋地震工程研究中心(PEER)高层建筑初步指导或相关文件)来进行设计和评估,这从根本上规避了建筑规范中包含的某些特定侧向系统的高度限制。在一幢单一的高层建筑中,虽然居住或功能的损失(在较低强度振动中)具有显著的经济和社会影响,但通常采用的地震性能目标都不如现代建筑规范中概括得那么严格(即在 MCE 地震中的低倒塌概率,见 ASCE 7-10)。

在许多情况下,业主并未意识到这些潜在的后果。他们认为满足建筑规范的最低要求就能保护其投资,这是大众共有的对规范目的的错误理解。PEER(Holmes 等人,2008)通过对业主进行调查发现,其对性能的预期与规范概述的那些并不匹配。Tipler 等人(2014)发现,满足最先进的基于性能设计准则(PEER-TBI,2010)的高层钢筋混凝土核心筒建筑,若遇到 475 年重现期的地震动后,预计仍会遭受 15% 的经济损失且需要将近两年的检修期。此矛盾表明建筑规范与公众期望也不匹配。

10.3.2 基于恢复性能的设计

181 Fremont 大厦的业主期望的是一个高性能建筑，使用独有的创新性设计策略（以 LEED 的"白金"等级为目标），通过节水和节能来保证可持续性。他们认为，恢复性能是可持续性目标的自然延伸。当他们发现标准的地震性能目标与其对高性能建筑的想象不匹配之后，他们选择跟从结构工程师提出来的设计策略，即取得"超规范"的地震恢复性能目标。

要实现这样的高性能目标，就需要一个整体的"基于恢复性能的设计"方法，从而减少所有可能阻碍重新入住和功能目标的威胁。这可以通过增强结构和非结构构件的设计，以及灾前应急计划来实现。

10.3.3 结构体系描述

181 Fremont 大厦具有钢制的核心筒和外围框架，钢框架上带有混凝土复合楼板。该大厦地上有 56 层，1 ~ 37 层为办公室，其余楼层为公寓，建筑塔尖高度达到 802 英尺，是西海岸最高的多用途建筑。地下的混凝土桩插入到地表以下超过 200 英尺的基岩中，混凝土桩控制着整体结构由于软弱泥层和其他浅层软土产生的不同沉降。抗震系统由一个包括巨型框架的双重系统组成。

图 10 – 17 为结构体系，抵抗整体侧向荷载的巨柱和巨型支撑组成该结构系统。在办公楼层，钢巨型支撑从地面跨越到第 20 层且从第 20 层跨越到第 37 层。37 层和 39 层之间为住宅便利设施和机械层，公寓层到办公层的侧向力的连续性由一个倒置的人字撑框架提供。39 层以上的外围支撑由巨大的 W14 截面杆组成。总之，竖向荷载由焊接钢箱形巨柱承担。21 层以下的箱形柱内填充混凝土。基础位置的巨柱支撑了全部外围重力荷载；在第 3 层，横跨巨柱之上的转换桁架支撑起外围框架系统。由于大部分侧向力由巨柱在基础处承担，设计者应给出一个吊装方案来降低柱的拉力需求。特殊抗弯框架（主要是 W24）的一个附属系统把每一层的楼层荷载向上或向下转移至巨型节点位置（在第 3 层、第 20 层和第 37 层）。由于建筑的占用空间较小（基础约 120 英尺 × 90 英尺，向顶层逐渐减少至 95 英尺 × 80 英尺），不允许在办公层布置核心系统，所以侧向抗力系统完全位于外围。在公寓层，屈曲约束支撑（BRB）的支撑核心在 39 层和屋顶之间的巨型节点之间充当附属系统。

图 10 – 17 结构系统透视图

10.3.4 结构设计

基于恢复性能的设计的主要内容是限制结构元件的破坏使之基本保持弹性或更好。任何需要重大修复的结构破坏都将阻碍居民/租户的重新入住或商业活动的恢复。所有结构构件的设计都要在 475 年重现期地震中基本保持为弹性，并用非线性响应时程分析来验证此目标。

遵照 PEER-TBI（2010）的方法，对于超过 DBE（设计依据地震）的更高强度的地震动，即考虑的最大地震（MCE），每一组件的结构特性要指定为变形控制或力控制特性。采用变形控制特性的验收标准来限制在 MCE 下的破坏量。力控制特性通常是按在非线性响应时程分析时确定的 1.5 倍的平均 MCE 的需求设计。

10.3.5　阻尼巨型支撑

该大厦纤细且轻质，由于对公寓层有严格的风致加速度控制标准（在建筑的基本周期为 7.5 s 时，在 1 年风下峰值加速度约 $10\times10^{-3}g$ 且在 10 年风下为 $20\times10^{-3}g$），因此风致加速度（尤其靠近顶部）是潜在的问题。减轻风振的传统方法是加入一个调谐质量阻尼器（TMD），通常位于或近于高层建筑的顶部楼层。TMD 不一定是最优选择，因为它们昂贵、沉重、相对体积较大、在大多数预定位置占据宝贵的房产面积且增加了结构的重力荷载，而且它们在降低结构的抗震需求上也不可靠。

因此，开发了一个新颖的黏滞阻尼系统来匹配在建筑上凸显的巨型支撑的设计。加阻尼的巨型支撑系统产生约 8% 的临界阻尼，其在降低地震和风力上具有显著的效果，对于具有非常低的（小于 2%）固有阻尼的高层建筑，效果尤甚。这释放了最初为 TMD 预留的空间并允许业主创建一个额外的可居住阁楼。

巨型支撑系统由三个支撑组合而成，如图 10－18、图 10－19 所示，中间支撑（或称"主要支撑"）为一个钢箱形截面杆，两个外部支撑（或称"次要支撑"）由一端连接了两个黏滞阻尼器的组合板组成。在巨型支撑的每一端，连接为销接；在巨型支撑下端（图 10－20），BRB（屈曲约束支撑）被引入次要支撑的荷载路径中。由于建筑在风或地震中侧向屈曲，在非常长的主要支撑中产生大（弹性）应变。连接节点之间的主要支撑会延长或缩短近 6 英寸。由于次要支撑通过阻尼器连接到相同巨型支撑节点，这一相对运动可以触发阻尼器并耗散能量，因此该系统能够优化结构的抗风性能。同样，这一阻尼系统通过降低多个振型的抗震需求，对结构的地震响应也是有益的，这有助于结构体系在 475 年重现期的地震中保持弹性。

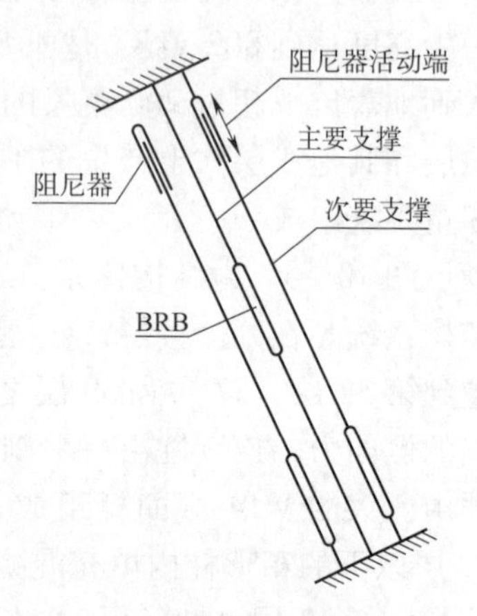

图 10－18　阻尼巨型支撑系统

图 10－19　包含在支撑系统内的阻尼器

图 10－20　巨型支撑下端

为使巨型支撑能正常工作，使用具有优良疲劳特性的低摩擦 PTFE 轴承。巨型支撑虽然穿过每一层楼板，其轴向的相对运动可保持自由滑动，但限制在所有其他自由度的屈曲，这限制了约 1 500 km 的预期行程距离的磨损。巨型支撑的荷载路径中引入屈服约束支撑(BRB)可作为 MCE 振动中的保险装置,防止主要支撑和次要支撑、巨柱和阻尼器的破坏。

10.3.6　巨柱的抬升

在 MCE 振动中,设计巨柱时将其底部稍微抬升(约 1 英寸)来显著降低基础和巨柱的拉力需求。巨柱的基础使用延伸至基础之下的锚杆来预张拉,则在风或小震工况中巨柱不出现抬升。抬升将仅出现在地面层高程以上、巨柱基础平面以下和嵌入地下室墙内的混凝土壁柱上面的钢十字以上的平面处。抗剪键(本质上是实心钢筒)的设计是为了将此平面上的剪力从巨柱传递到基础(图 10－21)。

图 10－21　建筑工人正在降低剪力键上的巨型柱基础

10.3.7　非结构设计

在 475 年重现期地震中,为了达到立即重新入住和功能恢复的目标,非结构构件的性能极其重要。遵循 REDi(美国结构地震可恢复性评价系统)的指导,181 Fremont 大厦设计中涉及的增强功能包括:

(1)在高层建筑中,电梯不仅对经营的连续性很重要,对重新入住也极其重要。为了保证在 475 年重现期地震后至少有一部电梯仍工作,升级了在每层停留的其中一部电梯的导轨和支架,以满足加州医院的要求(CBC,2010)。181 Fremont 大厦是美国利用电梯作为指定疏散路线的第一个建筑。

(2)鉴于 2010 年和 2011 年新西兰市地震中楼梯破坏的毁灭性后果,结构工程师对设计建造的楼梯进行了增强。在 MCE 级别地震下,相对于 CBC(参考 ASCE 7 第 13 章)的要求,来承担更多运动并承受更少破坏。对于依靠轴承支座的楼梯,Arup 公司根据 1.5 倍平均 MCE 下的位移指定了一个最小水平轴承支座。楼梯也需要在 MCE 地震下以最小的破坏保证其具有承担恒载和活载的能力。在楼梯井内允许用防护“沟”来减轻任何隔墙破坏并确保电梯的压力输送。

(3)设计并测试结构立面以保证在 475 年重现期地震后的气密性和风雨密性。工程师测试了一个全比例、三层同性能的实体模型,测试结果表明,181 Fremont 大厦的立面在达到 2% 的侧移极限时是不透气且不透风雨的(图 10－22),这远超过 475 年重现期地震动导致的预期位移。

(4)为非结构部件和配电系统的锚固设计,给R_p系数附加额外的限制使其在475年重现期地震动下基本保持为弹性。而且,与承包商约定一个证实非结构部件的安装符合图纸和规范要求的计划。

图10-22 幕墙系统变形达到高位移水平且证明是保持防风雨的

10.3.8 做好组织恢复性能的准备工作

基于REDi的指导,有许多推荐给业主和设计团队的建议,如下:

(1)配备一个合格的且具有相关证书的专业人员,他可以在震后进行快速响应(例如,旧金山的城乡委员会已经开发了一个建筑入住评估计划(BORP)来响应它)。快速响应帮助避免延误重新入住。

(2)由于公共设施有中断的可能性,保证"硬件"的安全备份措施(即除了准入密码之外,还要有钥匙)来确保"如果断电,承租人仍可以进出建筑"。

(3)培训并考核场地设施维护人员来重启电梯。这是因为,按照规范,电梯要包含振动驱动的关闭模式。否则,外部供应商要花费数周来重启电梯。

(4)天然气切断计划。

(5)将建议归并到"地震能力的业主指导"中,敲定建筑内容的重大或关键任务,强化分区的细节,以及食物和水的储存。

10.3.9 小　　结

虽然基于恢复性能的设计方法想要扩展超出结构工程师的一般认知(对非结构性能、应急计划措施和建筑围护结构之外的威胁的识别),但只有技能娴熟的结构工程师有资格来提供这样的专业知识给要求"超规范"性能的业主和其他利益相关人。

在未来,高震区的高层建筑要求强化重新入住和功能性目标将成为常态。同时,早期采用者已经证明,设计和建造恢复性能更好的建筑一点也不昂贵,这样的做法可以给我们带来更大的价值。

10.4 北京银泰中心

10.4.1 工程概况

北京银泰中心为北京商业中心区标志性建筑之一(2008年已竣工),该项目由一栋249.9 m高和两栋186 m高的塔楼组成,其中心主塔楼平面尺寸为40 m×40 m,地下3层,地上主体结构62层,采用纯钢结构的带伸臂桁架的框架—支撑内筒结构体系。在内外筒之间设置四道伸臂桁架形成水平加强层,以提高整体结构侧向刚度。大厦钢柱采用H型钢和矩形钢管,钢梁及钢支撑采用工字形截面,各层楼板采用压型钢板上浇混凝土的组合楼板。

对于高层建筑钢结构的结构设计而言,风荷载及地震作用产生的水平方向的效应为结构设计的主要控制因素。银泰中心主塔楼抗震设防烈度为8度,场地类别为Ⅱ类,50年设计基准期内基本风压取值为0.5 kN/m^2,地面粗糙度类别为C类。由加拿大RWDI工程顾问公司对结构进行了缩尺模型的风洞试验。试验及分析表明:在风荷载作用下结构总体上可以满足要求,但在大风作用下加速度响应较大,在脉动风作用下结构顶点加速度响应超过了规范关于舒适度的要求。因此考虑通过采用消能装置解决这一问题,并希望借此可以提高结构的抗震性能。

10.4.2 阻尼器参数选用及楼层布置

1. 液体黏滞阻尼器力学参数选用

非线性阻尼器与线性阻尼器比较而言,各有特点。线性阻尼器对高阶振型有较小的扰动,在出力时与结构本身受力之间有较小的相互作用;在低速运动中非线性阻尼器可以获得较大的出力,并耗散更多的能量,获得更大面积的滞回曲线。因此,通常在建筑结构上采用非线性阻尼器,速度指数取值在0.2~1.0之间。

2. 银泰中心液体黏滞阻尼器的技术参数

银泰中心主塔楼采用的非线性黏滞阻尼器,其技术参数见表10-6。黏滞阻尼器技术参数的确定,一方面考虑设置阻尼器后在脉动风作用下结构的楼层加速度可以满足规范要求,另一方面则考虑增加结构在地震作用下的安全储备。

表10-6 液体黏滞阻尼器技术参数

阻尼器型号	设计吨位(t)	阻尼系数 [$kN/(m/s)^{0.4}$]	速度指数	最大行程 (mm)
Damper 1	120	2 000	0.4	100
Damper 2	120	1 500	0.4	100

3. 液体黏滞阻尼器的楼层分布情况

通常黏滞阻尼器应布置于有较大层间剪切位移的楼层,在银泰中心的阻尼器布置中,考虑到阻尼器主要用于改善结构在风振作用下的舒适性,阻尼器布置应针对控制楼层进行均匀布置。

银泰中心主塔楼共用阻尼器73个,内筒从44层至57层共用59个,外筒分别布置在46层和57层,共用14个,其中X向为35个阻尼器,Y向为38个阻尼器。同时在加强层23层与48层设置了无黏结屈曲支撑(UBB)。下面仅给出内筒阻尼器布置及阻尼器内筒外筒平面布置情况,如图10-23所示。

10.4.3 结构抗风性能分析

1. 结构基本动力性能

表10-7给出了结构前10阶周期和有效质量参与系数。由表10-7可见:结构第一阶和第二阶振动周期较为接近,结构的对称性、整体性较好,为结构抗震提供了较为有利的外界条件;第三阶周期与第一阶周期比值为0.54,满足规范关于扭转第一周期与平动第一周期之比的规定;结构Y方向固有振型第一阶周期为6.33 s,周期较长,属于高柔建筑,在风荷载作用下人体舒适度如何得到保证是结构设计的主要考虑问题之一。

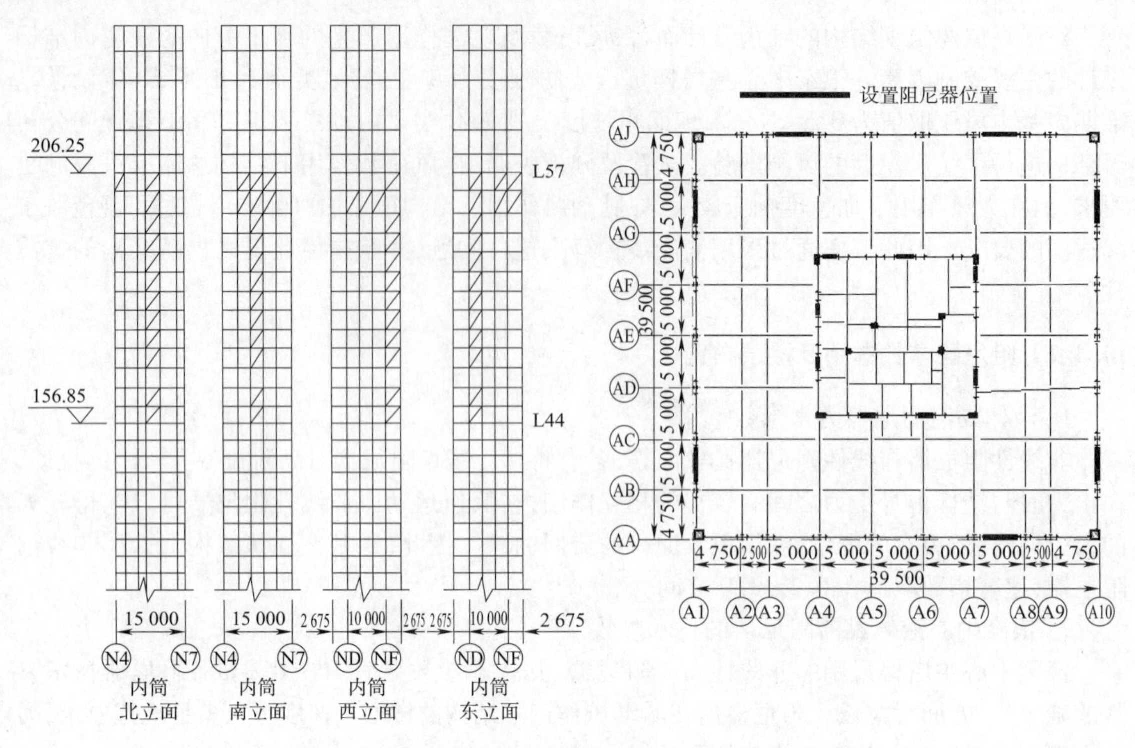

图 10－23　黏滞阻尼器平面及立面分布图(单位:mm)

表 10－7　结构振型信息

阶　数	周期(s)	X 向振型质量(%)		Y 向振型质量(%)	
		质量参与系数	累　计	质量参与系数	累　计
1	6.33	0.55	0.55	67.57	67.57
2	6.26	67.85	68.40	0.53	68.09
3	3.44	0.00	68.40	0.02	68.12
4	2.13	0.97	69.37	14.51	82.63
5	2.11	15.26	84.63	0.92	83.55
6	1.29	0.00	84.63	0.00	83.55
7	1.16	0.18	84.81	4.80	88.36
8	1.15	5.09	89.91	0.18	88.53
9	0.91	0.00	89.91	0.01	88.54
10	0.90	0.00	89.91	0.00	88.54

2. 结构在脉动风作用下舒适度验算

加拿大 RWDI 工程顾问公司通过风洞试验确定大楼的风荷载分布与响应,给出了结构设计用的沿楼高分布的等效静力荷载。试验结果表明:第 54 层在阻尼比为 1% 时预计最大风振加速度超过了作为住宅楼的加速度限值。图 10－24 给出了测试中的银泰中心结构风洞试验照片。

根据 JGJ 99—98 第 5.5.1 条要求及业主提出的银泰中心各楼层使用要求,确定减震之后

图10－24　模型缩尺风洞照片

结构第54层的横风向最大加速度 a 应小于等于0.20 m/s^2。图10－25为第54层在设置阻尼器前后 X 方向脉动风作用下加速度反应时程曲线对比，表10－8为设置阻尼器后结构第55层～51层风振加速度响应。可以看出，设置阻尼器后由于结构阻尼比增加，使结构第55层～51层加速度响应基本满足了设计要求。

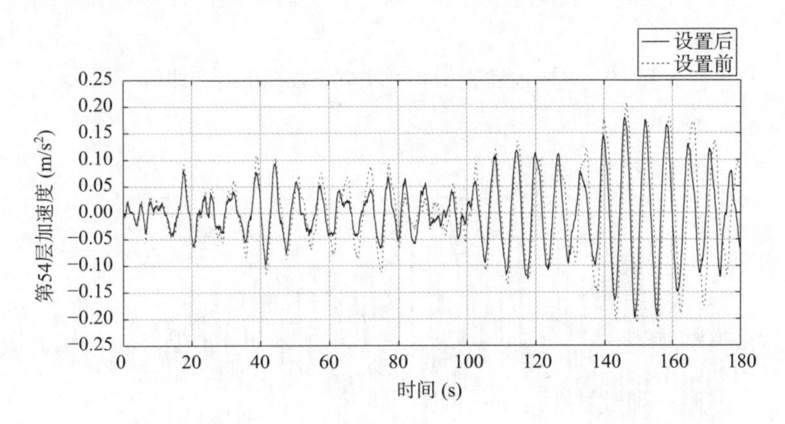

图10－25　第54层 X 方向脉动风作用下加速度反应时程曲线对比

表10－8　风振作用下部分楼层加速度比较

楼　层	X 方向楼层最大加速度(m/s^2)		Y 方向楼层最大加速度(m/s^2)	
	结构本身	减震后	结构本身	减震后
第55层	0.236	0.200	0.231	0.204
第54层	0.233	0.197	0.225	0.200
第53层	0.229	0.194	0.219	0.198
第52层	0.225	0.192	0.213	0.196
第51层	0.222	0.189	0.208	0.193

10.4.4　结构抗震性能分析

1. 计算分析方法及采用地震波确定

对于超高层结构，由于高振型对结构的作用较为明显，目前还没有相对简化的方法来计算附加非线性黏滞阻尼器后的附加阻尼比，对于设置消能装置的高层结构的抗震性能分析宜采用时程分析法进行。在进行时程分析时采用了中国建筑科学研究院抗震所提供的天然波 Yts1 及人工波 Yts4，其波形分别如图 10－26 和图 10－27 所示，两条波在多遇地震下的峰值加速度调整为 70g。

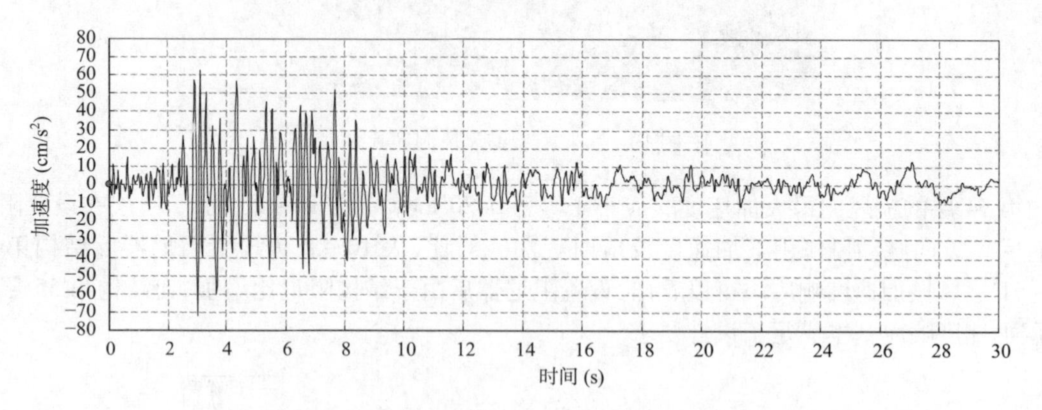

图 10－26　地震波 Yts1 在小震下加速度时程曲线

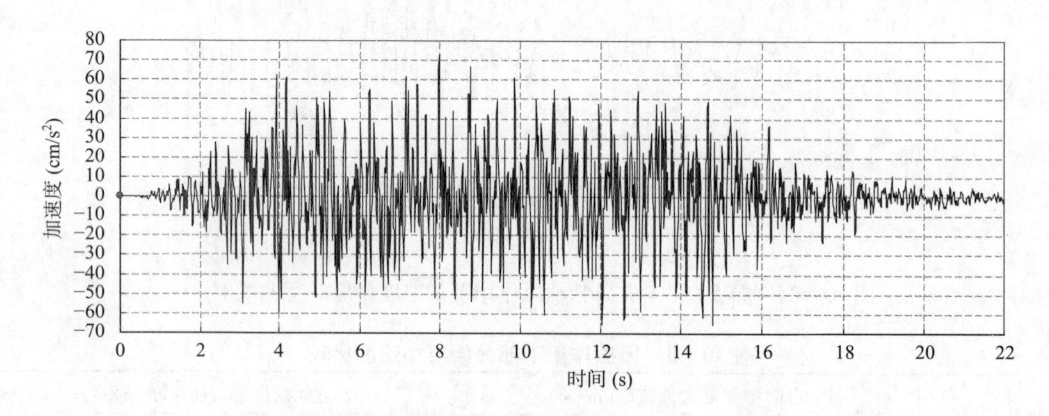

图 10－27　地震波 Yts4 在小震下加速度时程曲线

图 10－28 给出了在阻尼比为 2% 下天然波 Yts1 及人工波 Yts4 的反应谱曲线，图 10－29 为两条波阻尼比为 2% 时的速度谱对比图。Yts1 波在短周期时反应谱加速度最大，Yts4 波在长周期时反应谱加速度最大，在速度谱下 Yts1 波和 Yts4 波在长周期时有较大峰值。

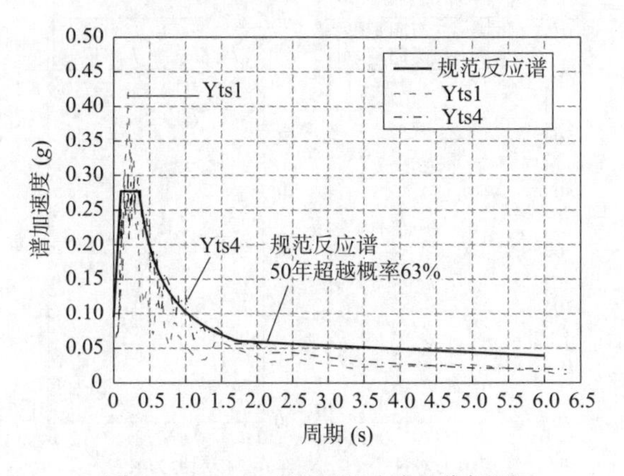

图 10－28 2% 阻尼比下时程分析用地震波加速度谱对比

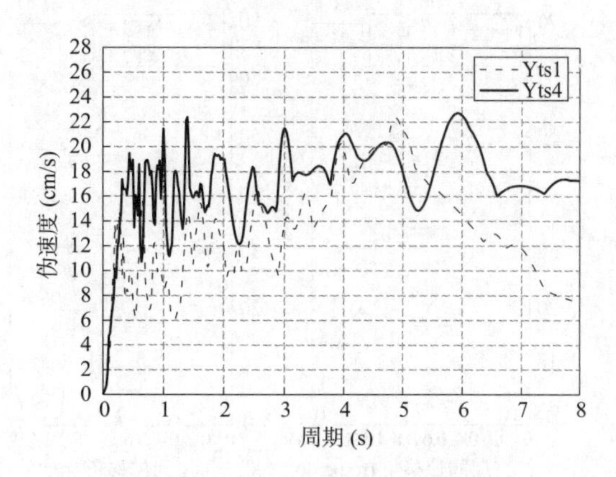

图 10－29 2% 阻尼比下时程分析用地震波速度谱对比

2. 地震作用下结构减震分析

在地震作用下 Yts1 及 Yts4 波的部分结果见表 10－9。

表 10－9 地震作用下控制前后结果对比

控制指标	计算波形	多遇地震作用(峰值70g)			
		设置阻尼器后		原结构	
		X	Y	X	Y
基底剪力(kN)	Yts1	10 879.88	10 546.79	11 943.88	11 622.01
	Yts4	12 743.91	12 194.92	14 099.83	13 675.28
层间位移角	Yts1	1/1 030	1/1 097	1/1 010	1/1 062
	Yts4	1/692	1/737	1/580	1/638
最大层间位移角（第49层）	Yts1	1/803	1/807	1/738	1/766
	Yts4	1/444	1/456	1/424	1/435
顶层最大加速度（m/s^2）	Yts1	0.570 6	0.569 9	0.589 5	0.587 7
	Yts4	0.689 8	0.694 8	0.795	0.785 7

图 10－30～图 10－33 给出了结构在消能前后层间位移角、楼层剪力、顶层的加速度时程曲线，以及加速度反应谱的比较。由图可知：(1)设置阻尼器后结构层间位移可以得到一定的削减；(2)设置阻尼器后结构水平地震剪力及顶层加速度峰值有一定的削减；(3)设置阻尼器后基底剪力在小震情况减少约 8%～10%，最大层间位移角在小震情况下减少约 4.5%～8%；顶点加速度在小震情况下减少约 3%～13%；(4)由于阻尼器的作用在于改善风振作用下的加速度响应，且结构本身的抗震性能已经满足要求，在地震作用下虽然结构反应有一定消减，但十分有限。

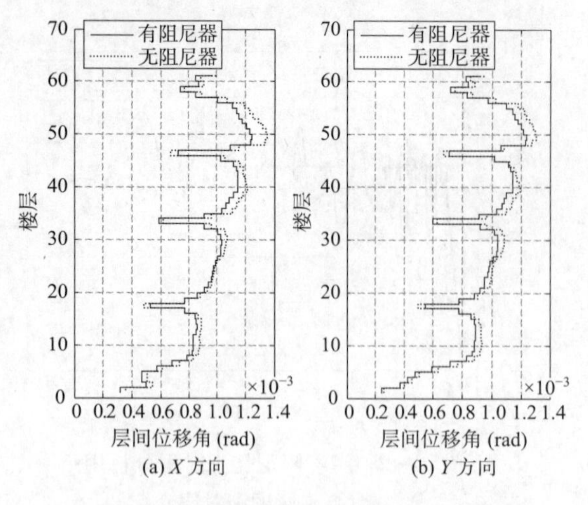

图 10－30　Yts1（峰值 70g）结构层间位移角对比

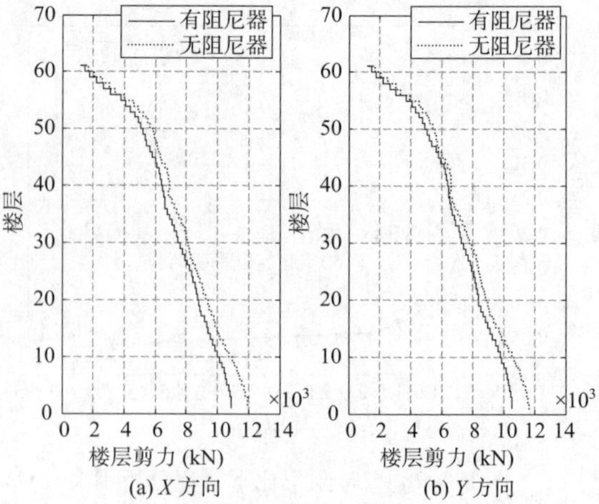

图 10－31　Yts1（峰值 70g）楼层水平剪力对比

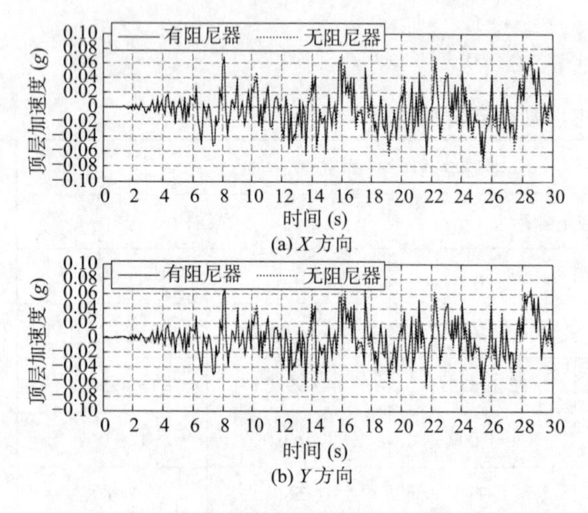

图 10－32　Yts4（峰值 70g）顶层加速度时程对比

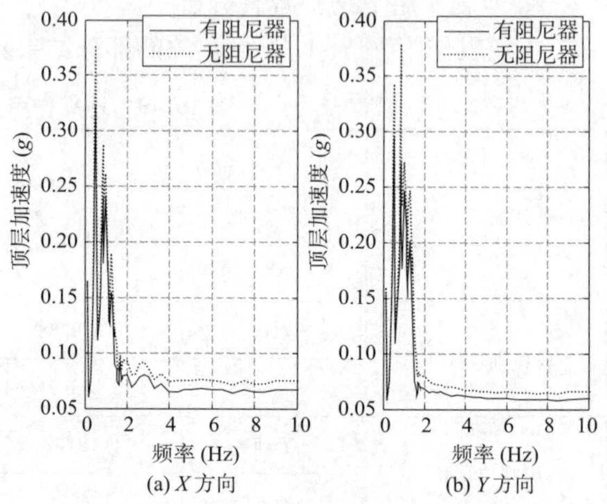

图 10－33　Yts4（峰值 70g）顶层加速度频谱对比

3. 基于能量原理对计算结果进行分析

1956 年，Housner 提出用能量分析方法进行抗震结构设计的思想，即地震输入能量等于结构产生的变形能和结构耗散能量之和，可以写成如下等式：

$$E = E_k + E_h + E_s \tag{10-1}$$

式中，E 为地震输入的能量；E_k为结构体系产生的动能；E_s为弹性应变能（可以恢复，不累积）；E_h为结构本身耗散的能量（结构塑性变形、节点摩擦消能等产生）。

而对于消能结构，有如下等式：

$$E = E_k + E_h + E_s + E_d \tag{10-2}$$

式（10－2）比式（10－1）增加一项，即由消能装置消耗的能量 E_d。对于传统结构，在地震之后真正被结构耗损的能量为 E_h，而消能结构则通过消能装置耗损的能量 E_d减小了结构本身的能量耗损。

图 10－34 为在多遇地震 Yts1 波（峰值 70g）作用下能量输入时程对照图，表 10－10 是上

述地震波分别在有阻尼器和无阻尼器情况下地震能量及各种能量的消耗情况。分析表10－10可以得出：(1)当采用阻尼器后，结构本身所耗损的能量E_h降低了60 kN·m左右，结构本身耗损的能量降低；(2)采用消能设计后，地震输入的绝对能量是有所增加的。A. A. Seleemah和M. C. Constantinou认为，当设置阻尼器后整个结构耗损振动能量的能力得到增强，但这并不能认为整个结构在地震过程中耗损了更多的能量，而是由于增加了耗能装置造成的，对于附加阻尼比很高(15%～20%)的消能结构，这种现象则更加显著。

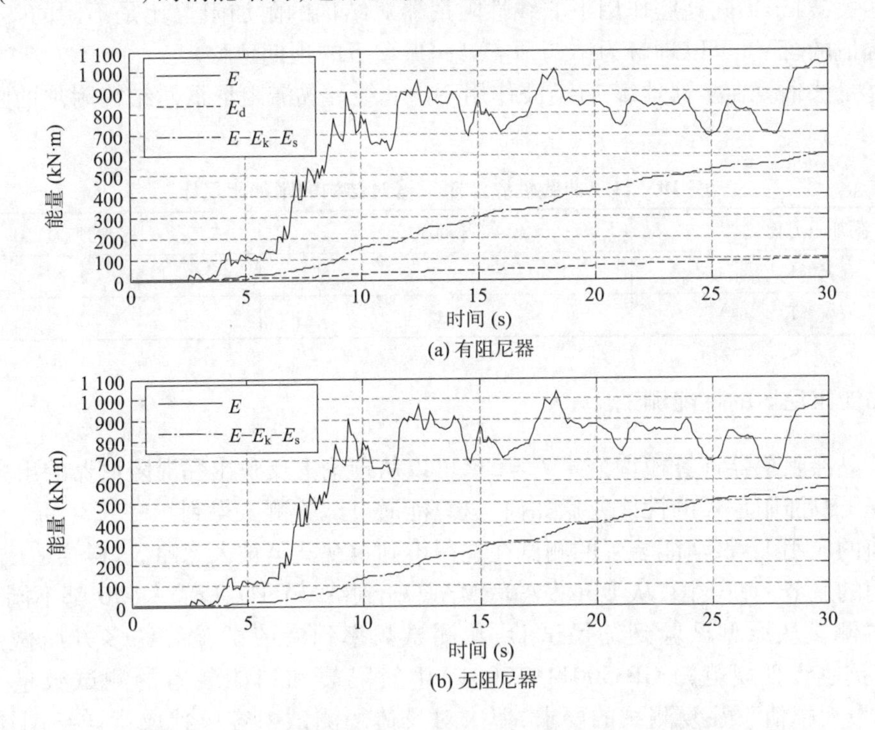

图10－34　Yts1(峰值70g)X方向作用下能量输入时程对照

表10－10　Yts1(峰值70g)作用下的瞬时能量输入(单位：kN·m)

第28 s		E	E_k	E_s	E_h	E_d
消能后	Yts1(X)	1 039	18.23	425.6	503.5	91.30
	Yts1(Y)	1 079	3.80	494.3	489.6	88.00
原结构	Yts1(X)	989	32.70	393.4	560.0	—
	Yts1(Y)	1 027.6	8.08	475.0	543.8	—

基于模态振型的耗能装置的附加阻尼比计算方法，对于设置线性阻尼器的情况可以采用式(10－3)进行估算：

$$\xi_k = \frac{\sum_j \eta_j C_{0j} \lambda \cos^2\theta_j \left(\phi_{jk} - \phi_{(j-1)k}\right)^2}{2\omega_k \sum_i m_i \phi_{ik}^2} \tag{10-3}$$

式(10－3)可由《建筑抗震设计规范》(GB 50011—2001)中对线性消能器的有关公式推导得到。式中，η_j为第j层阻尼器数；C_{0j}为第j层每个阻尼器的阻尼；θ_j为阻尼器与第j层水平方向夹角；ϕ_{jk}为 k 阶振型坐标。

对于非线性阻尼器的情况，可用下式确定（仅用于第一振型）：

$$\xi_k = \frac{\sum_j \eta_j C_{0j} \lambda \cos^{1+\alpha}\theta_j \left(\phi_{jk} - \phi_{(j-1)k}\right)^{1+\alpha}}{2\pi A^{1-\alpha}\omega_k^{2-\alpha}\sum_i m_i \phi_{ik}^2} \tag{10-4}$$

式中，A 表示结构振型幅值，其他参数含义与式（10－3）相同。此时结构的附加阻尼比与振型幅值相关，对于不同地震作用下非线性阻尼器对结构的附加阻尼比是不同的。对于 A 为结构振型幅值的含义，可以理解为结构顶点第一振型下的预期位移。

通过能量法估算在多遇地震 Yts1 波作用下由非线性黏滞阻尼器对结构附加的阻尼比，详见表 10－11。

表 10－11　非线性黏滞阻尼器对结构的附加阻尼比

附加阻尼比	脉动风	多遇地震 Yts1
ξ_1（%）	3.2	2.2
ξ_2（%）	1.0	2.0

10.4.5　黏滞阻尼器的性能测试

非线性黏滞阻尼器计算模型公式 $F=CV^{\alpha}$可以从理论上反映出黏滞阻尼器的出力性能，然而实际情况下黏滞阻尼器的性能究竟如何，这只能通过试验测试得到。

从目前的应用上看，消能装置的测试往往得不到重视甚至被人忽略，这样会造成理论计算与实际应用的脱节。在美国，从 UBC 97、FEMA 273 到 AASHTO、FEMA 450 都不同程度上对消能装置的测试从原型试验到缩尺试验、从测试频率到疲劳试验等许多方面做了明确要求。《建筑抗震设计规范》（GB 50011—2001）中对隔震和消能装置的测试数量进行了规定，并提出最大幅值下往复测试的要求，但未对具体的测试内容单独成章详细阐述。因此，在我国消能装置的推进过程中应强调产品的出厂测试，应制定消能装置的测试及验收的规范或规程。

北京银泰中心黏滞阻尼器的测试包括在美国 Taylor 公司进行的产品出厂测试，以及由业主规定的验收测试。测试内容覆盖各种要求，下面仅作简述，供拟采用耗能装置的业主、设计方及相应的规范编制者参考。

1. 产品出厂测试

Taylor 公司的产品测试包括：（1）对全部阻尼器进行静态压强测试，主要检验在过载状态下阻尼器内部所能承受的压强；（2）动态设计最大荷载测试，测试阻尼器在作动器作用下出力是否达到最大设计出力，按照美国相应规范的规定应保证力输出值在 ±15% 理论力值范围之内，输出力信号通过测压元件进行测量，同时行程和速度由传感器进行测量，整个测试结果通过计算机进行数据采集；（3）动态循环测试，对 7 个阻尼器在一定频率及幅值下进行循环测试，并应保证力输出值在 ±15% 理论力值范围之内。以上三类测试应保证无任何可见的结构损害、损坏、变形或泄漏等。图 10－35 为 Taylor 公司阻尼器测试装置示意图，部分测试结果如图 10－36、图 10－37 所示。

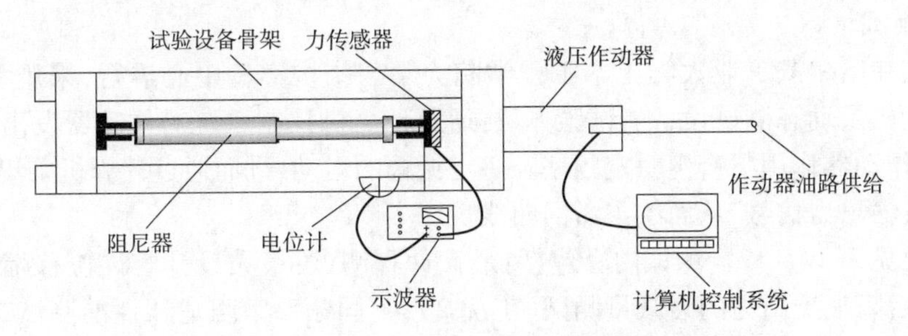

图 10－35　Taylor 阻尼器测试装置示意图

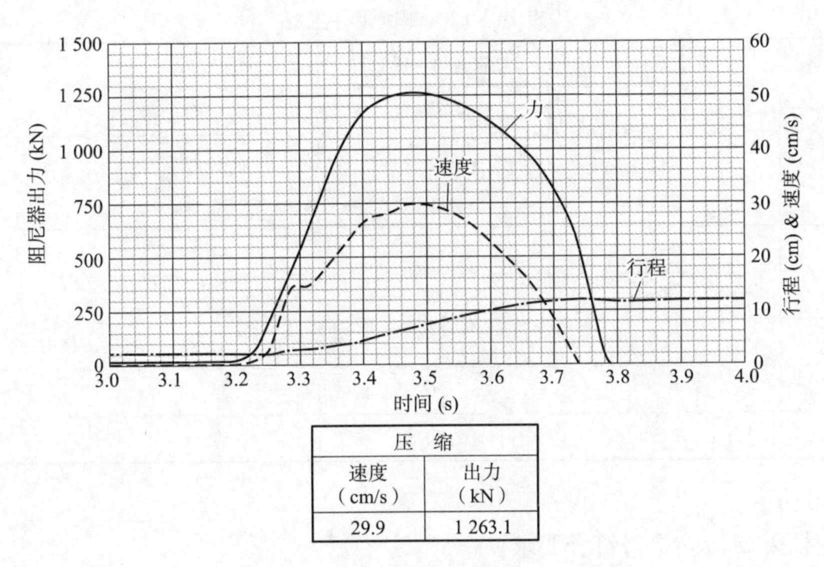

压缩	
速度（cm/s）	出力（kN）
29.9	1 263.1

图 10－36　阻尼器最大出力测试曲线图

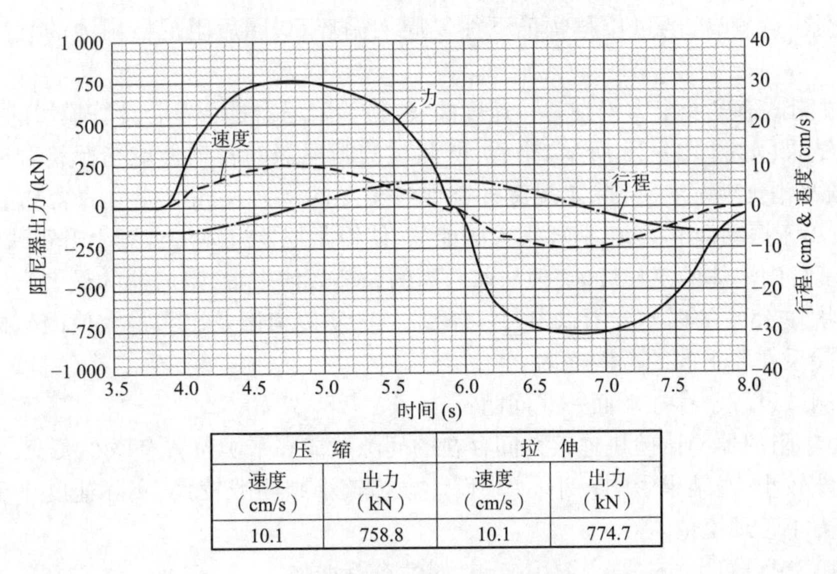

压缩		拉伸	
速度（cm/s）	出力（kN）	速度（cm/s）	出力（kN）
10.1	758.8	10.1	774.7

图 10－37　阻尼器出力、速度及位移测试时程曲线

2. 验收测试

验收测试在哈尔滨工业大学土木工程学院力学与结构实验中心进行，采用 MTS2500 kN 电液伺服试验机及动态测试设备。试验方法：通过计算机控制系统对作动器发出正弦波形信号，阻尼器在作动器作用下产生一定频率及一定振幅的运动，进而通过计算机采集位移计及作动器的位移及输出力信号，从而绘出滞回曲线。

试验工况见表 10－12。测试内容包括：最大冲程测试；最大设计容许位移幅值下往复周期循环 10 圈后阻尼器出力的衰减量测试（工况 2）；不同频率下阻尼器性能测试；多次往返测试，通过位移幅值下往复周期循环 60 圈后阻尼器出力的衰减（工况 1）。

表 10－12　测试用各工况

工况序号	频率 f(Hz)	振幅 A(mm)	最大速度(mm/s)	循环次数
1	0.15	10	9.42	60
2	0.1	100	62.83	10
3	0.3	40	75.40	5
4	0.5	15	47.12	5
5	1	15	94.25	5
6	1	10	62.83	5
7	1.2	10	75.40	5
8	1.5	10	87.96	5

测试要求如下：

（1）阻尼器外观检验是否符合要求；

（2）阻尼器实测滞回曲线是否光滑，有无明显突变；

（3）多次往返测试，通过位移幅值下往复周期循环 60 圈后阻尼器出力的衰减量是否超过 10%；

（4）通过测试速度及出力得到力—速度曲线，检验阻尼器是否符合计算模型的要求。

从测试结果（如图 10－38 所示）来看：所测试的阻尼器的各项性能指标符合产品设计标准，滞回曲线光滑无明显突变，除工况 2 外其他各工况的出力及耗能能力的衰减量均在 10% 以内，工况 2 由于振动幅值很大，消耗很大的能量，使得阻尼器缸体的温度上升很快，达70 ℃～80 ℃，降低了缸内液体的工作性能，但从前两周的循环数值来看，阻尼器的最大出力及耗能能力的衰减量均在 15% 的误差范围以内，并且阻尼器的实测速度及出力最大值的坐标点与要求曲线的位置关系在要求曲线范围之内。

同时在测试过程中存在下面一些问题：

一是，由于阻尼器与试验机连接件间存在的间隙造成在平衡位置有微小突变，如果设计振幅较大则间隙较小，对结果影响较小；如果设计振幅较小则间隙较大，实际速度小于理论值造成阻尼器出力小于理论值。

二是，在工况设置上，对实际应用情况针对性有待增强。

对于上述情况还有待改进，并可作为经验积累供规范编写者参考。

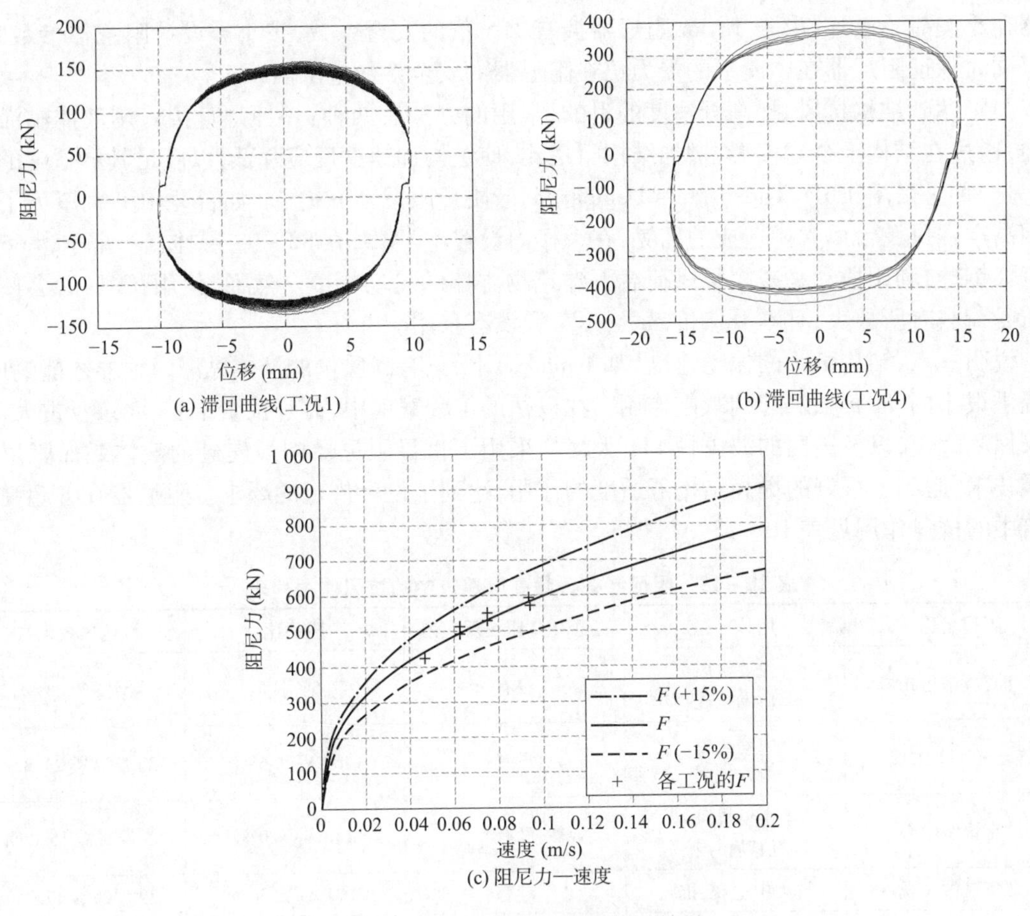

图10－38　阻尼器的部分测试结果

10.4.6　结　　论

北京银泰中心主塔楼在设置黏滞阻尼器后，有效改善了在脉动风作用下楼层加速度，满足了规范的有关规定；增强了结构的耗能能力，其动力性能有一定改善。非线性阻尼器对结构附加的阻尼比由于与结构振动幅值相关，而非定值。通过能量法近似估算了结构在地震作用下的附加阻尼比，可以认为：在结构上施加耗能元件可以为当今工程界解决高层建筑抗震抗风问题提供一个良好的手段及方法。

从北京银泰中心黏滞阻尼器的整个测试过程及部分测试结果来看，阻尼器理论与实测出力的偏差、出力的衰减情况均在控制范围之内。北京银泰中心所用阻尼器经过测试符合设计要求。

10.5　天津国际贸易中心

本工程建议使用阻尼器的直接原因是使结构满足风荷载下的舒适度。然而，根据国际上使用阻尼器抗风的惯例，还要同时考虑阻尼器在地震工况下的性能。本工程已满足规范对抗震的要求，但在风振情况下结构顶部加速度超出规范要求少许。出于经济考虑，业主仅要求阻尼器在小震时不破坏，由于 Taylor 阻尼器拥有 1.5 倍的安全系数，按小震设计阻尼器参数时，可以同时保证阻尼器在中震下的受力仍在阻尼器的安全系数范围内。

为了达到结构抗风、提高舒适度的目的，常用的办法有两种：一种是直接采用液体黏滞阻尼器，通过在结构上合理安置，增加结构阻尼比，使结构加速度反应降低，以满足其舒适度的要求；另一种是采用 TMD(Tuned Mass Damper，调谐质量阻尼器)减震。如台北 101 大厦为了减小因高空强风及台风吹拂造成的摇晃，在大楼内设置了 TMD，在 88～92 层挂置一个重达 660 t 的巨大钢球，利用摆动来减缓强风荷载下建筑物主体的晃动幅度。然而，使用 TMD 后会使结构所受荷载有所放大，且本身造价昂贵，本工程没有采用。

说明一点，结构微小的振动速度(如 1 mm/s)下，只有高质量的液体黏滞阻尼器才能响应，并提供很小的动力荷载，起到减震作用。在以往的工程案例中，北京银泰中心、北京盘古大观、武汉保利大厦，以及美国的波士顿 111 大楼均采用了世界阻尼器中最先进的液体黏滞阻尼器减震技术，起到了很好的提高结构舒适度的作用，达到了设计规范的要求。阻尼器在各超高层建筑中的抗风作用见表 10－13。

表 10－13　阻尼器在各超高层建筑中的抗风作用列表

工程名称	用　途	是否用高阻尼反应谱	阻尼比	抗风效果
菲律宾香格里拉塔	主要抗风 协助抗震	没有	7.5% 抗风	减震约 63%
波士顿 111 大厦	主要抗风 协助抗震	没有	1.89%～4.58%	37 层减震 24.8%
北京银泰中心	主要抗风 协助抗震	没有	1.0%～5.0%	55 层减震 15.25%
北京盘古大观	抗大中地震，抗风	没有	2.21%～2.36%	39 层减震 17.2%
芝加哥凯悦酒店	TMD 抗风	没有	5%	估计可减震 40%

直接安装的液体黏滞阻尼器在上述前 4 个案例中起到 15%～60% 的减震作用，在很多高层结构的计算中都起到很好的效果，这是液体黏滞阻尼器和其他减震系统的不同。

使用在结构特殊层加设套索式连接的阻尼器，代替传统逐层均布斜撑或人字撑阻尼器的方法，依据所在地风时程数据对采用液体黏滞阻尼器改进建筑结构的舒适度进行分析，并对阻尼器的参数、安装位置和数量等一系列内容进行了优化，从而实现性能与价格、效果和经济性的双赢。同时，对加设阻尼器前后结构相关柱子的所有内力进行了对比，证实了加设阻尼器对结构本身没有任何负作用。

10.5.1　工程概况

天津国贸中心(效果图如图 10－39 所示)位于天津市河西区小白楼地区，东起南京路，西至南昌路，南起合肥道，北至徐州道所围的区域内。项目由 1 幢高度约 250 m 的钢结

图 10－39　效果图

构塔楼A，2幢高度约120 m的钢筋混凝土结构塔楼B、C及高约53 m的钢筋混凝土结构裙楼和3层地库组成。地库层高分别为：负一层5.3 m，负二层3.45 m，负三层3.95 m。塔楼的地库、裙楼的地库与纯地库连为一体；结构在塔楼A与裙楼之间设缝，塔楼B、C与裙楼连为一体。A塔楼为烂尾工程，钢结构主体已施工至25层，根据需要可考虑在塔楼A设置速度型阻尼器以改善结构风致加速度舒适度指标。

1. 控制目标

根据《天津国际贸易中心项目风振响应和等效静力风荷载研究报告》的说明及设计建议：受周边建筑干扰，作用于A号楼的风力脉动较大，且由于钢结构阻尼较小，A号楼的结构动力响应峰值较大，其X、Y方向均方根峰值加速度分别达到0.22 m/s^2（290°）、0.12 m/s^2（290°），其中X方向加速度较大，超出当时《高层民用建筑钢结构技术规程》（JGJ 99—1998）对公寓建筑限值（0.20 m/s^2），在结构刚度调整范围有限的情况下，增加结构阻尼后重新计算。Y方向原设计的加速度反应已经满足舒适度的要求，无需再加阻尼器。

2. 结构设计总体参数

结构设计总体参数见表10－14。

表10－14　结构设计参数表

序号	内　容	参　数
1	结构设计使用年限	50年
2	设计基准期	50年
3	建筑抗震设防类别	丙类
4	建筑结构安全等级	二级
5	抗震设防烈度	7.5度
6	建筑场地类别	天津市Ⅲ类
7	设计基本地震加速度	0.15g
8	设计地震分组	第二组
9	设计特征周期	规范值为0.55 s；当场地类别介于Ⅲ、Ⅳ类交界处时应根据该场地的剪切波速和场地覆盖层厚度插值决定。本工程插值取值为0.63 s
10	地震影响系数最大值	多遇地震0.12；基本地震0.34
11	建筑物高度	超A级
12	结构整体性能目标	设置阻尼器后，各塔楼结构整体上应满足超限设计所既定的《建筑抗震设计规范》（GB 50011—2010）附录M.1性能4的要求，部分重要构件达到性能3的标准，具体各塔楼抗震设计性能目标按审批通过的超限报告执行

3. 结构动力特性

结构前10阶振型信息见表10－15，其中前3阶振型分别为Y向平动、X向平动及扭转振型，结构的第一扭转周期与第一平动周期之比为0.5，结构扭转效应小。

表 10－15　结构振型信息

阶数	周期(s)	振型质量参与系数(%)			累计振型质量参与系数(%)		
		X 方向	Y 方向	扭转	X 方向	Y 方向	扭转
1	6.02	0.03	63.85	0.00	0.03	63.85	0.00
2	5.74	60.89	0.03	0.00	60.92	63.88	0.00
3	2.97	0.01	0.04	79.55	60.93	63.92	79.56
4	2.05	0.02	20.31	0.06	60.95	84.23	79.62
5	1.86	20.24	0.02	0.01	81.19	84.25	79.63
6	1.19	0.00	0.32	7.89	81.19	84.57	87.52
7	1.06	0.00	6.87	0.32	81.19	91.44	87.84
8	0.97	9.25	0.00	0.02	90.44	91.45	87.85
9	0.80	0.02	0.00	4.50	90.46	91.45	92.36
10	0.65	0.00	2.98	0.05	90.46	94.43	92.41

10.5.2　抗风及消能减震方案

阻尼器减震方案如下：

(1)使用斜撑或人字撑连接方式在结构各层或隔层均布阻尼器

根据美国规范建议，耗能器在结构中布置时通常是各层均匀布置，但这种布置方式存在如下一些问题：

①使用阻尼器数量较多，且斜撑或人字撑连接的阻尼器的使用效率一般，阻尼器两端位移变化很小，造成减震效果很差。

②各层层间位移转角差别较大，阻尼器有关参数难以统一。

③对建筑使用空间影响较大。

(2)使用套索式连接方式在结构个别特殊层布置

根据以前的抗风分析经验发现，使用套索连接的阻尼器仅布置在结构加强层等特殊层同样可以起到显著的减震效果。本工程使用了此方案。经分析，使用套索安置的阻尼器是天津国贸 A 号楼最为有效、经济的抗风减震方案。

套索连接有多种形式(见表 10－16)，本次使用的套索形式为反向套索。

表 10－16　套索连接形式

简　图	名　称	放大系数 f
	上部套索 Upper Toggle	$f=\dfrac{\sin\theta_2}{\cos(\theta_1+\theta_2)}+\sin\theta_1$

续上表

简　图	名　称	放大系数f
	反向套索 Reverse Toggle	$f=\dfrac{\alpha\cos\theta_1}{\cos(\theta_1+\theta_2)}-\cos\theta_2$

10.5.3　风时程分析

为更好地评估结构的抗震抗风能力，本结构采用时程分析方法进行地震工况和动力风荷载工况计算。按结构弹性、连接单元非线性，输入数值地震波和动力风压时程曲线进行FNA分析。本工程在计算出风时程积分的结构后，按2.5倍均方根值进行评估。

1. 风荷载工况

本工程计算的主要目的为控制风荷载作用下结构上部的加速度。对于结构顶点的加速度时程，假定该时程满足平稳随机过程特点，提取对应各个时间点的加速度序列，取具有一定保证率的分位值作为其最大值，即$a_{max}=2.5\sigma_a$，其中σ_a为加速度响应的均方根值。

风时程来源10年重现期风载，持续时间2 500 s。根据风洞试验报告（表10－17、图10－40），选取风力最大的290°风向角的时程文件，结构阻尼比取0.02。

表10－17　顶层加速度及所在风向角

方　向	X方向		Y方向		R_z方向	
	风向角（°）	加速度（m/s²）	风向角（°）	加速度（m/s²）	风向角（°）	加速度（m/s²）
A号楼	290	0.220	280	0.120	170	0.001

其中X方向第60层的风时程函数如图10－41所示。

2. 风时程下结构顶点响应

根据JGJ 99—1998第5.5.1条的规定，高层建筑钢结构在风荷载作用下的顺风向和横风向顶点最大加速度，应满足下列关系式要求：

$$\text{公寓建筑}\quad a_W（\text{或 } a_{tr}）\leqslant 0.20\ \text{m/s}^2 \tag{10-5}$$

顺风向顶点最大加速度（横风向经计算已经满足规范要求，没有列出计算过程）应满足下式：

$$a_W=\xi\nu\frac{\mu_s\mu_r\omega_0 A}{m_{tot}} \tag{10-6}$$

式中，a_W为顺风向顶点最大加速度（m/s²）；μ_s为风荷载体型系数；μ_r为重现期调整系数，取重现期为10年时的系数0.83；ω_0为基本风压（kN/m²）；ξ、ν分别为脉动增大系数和脉动影响系数；A为建筑物总迎风面积（m²）；m_{tot}为建筑物总质量（t）。

经计算，结构顺风向顶点最大加速度为0.216 m/s²，超出了规定要求。当然这种算法并不是非常精确的，要想准确验证结构在风振下的加速度响应，还是要用时程分析法。

风时程工况按1～60层组合输入，而每层均为风洞试验得到的指定楼层的风时程函数。

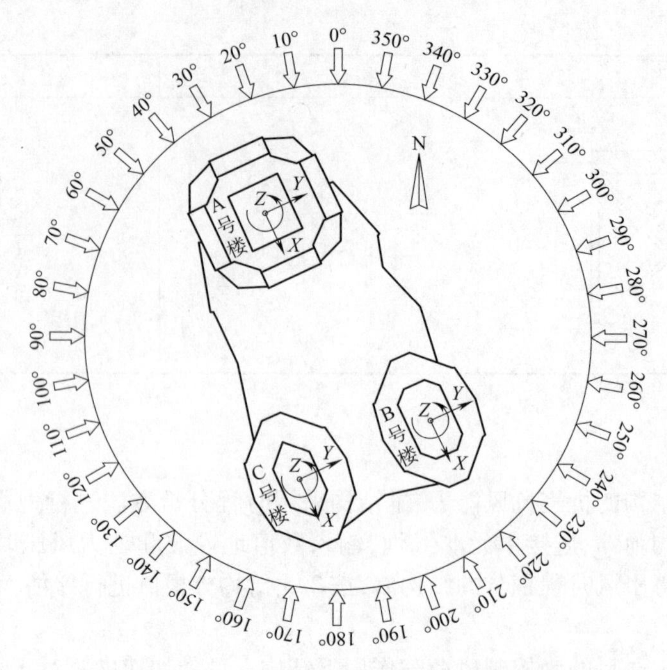

图 10－40　风洞试验风向角及坐标系示意图

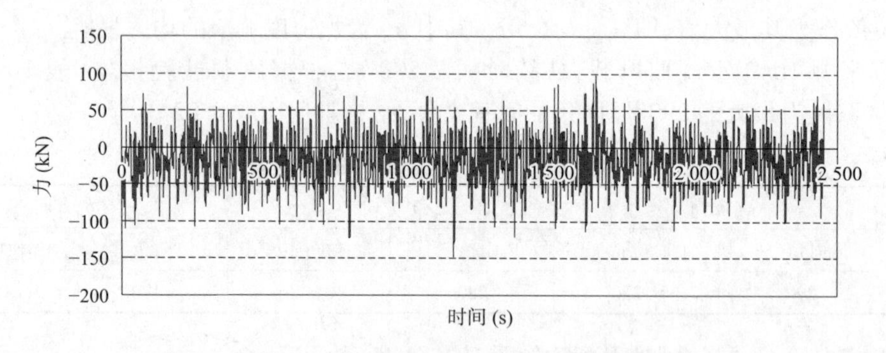

图 10－41　风时程函数（X 方向第 60 层）

时程分析结果显示，原结构在时程工况下结构顶点加速度均方根值为 0.223 7 m/s^2。

3. 阻尼器的设置

本结构在第 1～57 层内筒设有大量支撑，为钢框架核心筒结构。大量方案的对比分析结果显示，在筒内设置阻尼器时，本结构顶部和底部的阻尼器受力较大，考虑到建筑使用功能需求，不在结构底部设置阻尼器。此外，在筒外的加强层设置阻尼器时，单个阻尼器的耗能能力同样较强。

阻尼器减震效果显著的同时，阻尼器的出力、冲程和功率都会很大，使得阻尼器单价大幅提高。此外，抗风阻尼器的实际功率需严格把关，低质量阻尼器的工作功率过高会导致阻尼器漏油甚至爆炸。所以，如何寻求最大减震效果与总体减震成本以及安全性的平衡是一个关键问题。

经过反复优化，最终方案为在结构第 12 层、第 28 层和第 44 层分别安装了 4 个套索连接的阻尼器，其布置如图 10－42、图 10－43 所示。

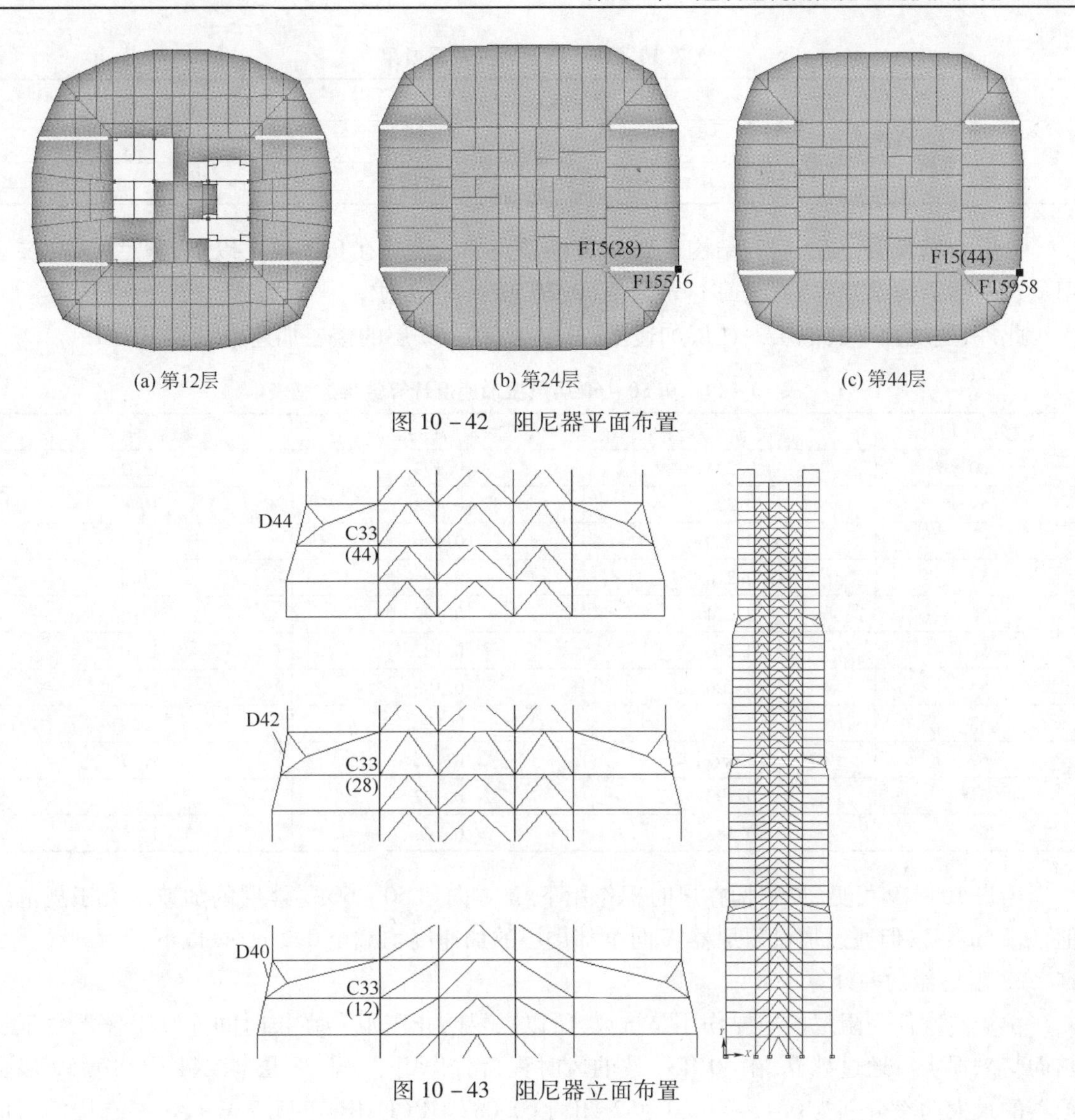

图10-42　阻尼器平面布置

图10-43　阻尼器立面布置

4. 减震效果

结构顶点(60层屋顶)加速度响应时程曲线如图10-44所示。风振减震效果见表10-18。

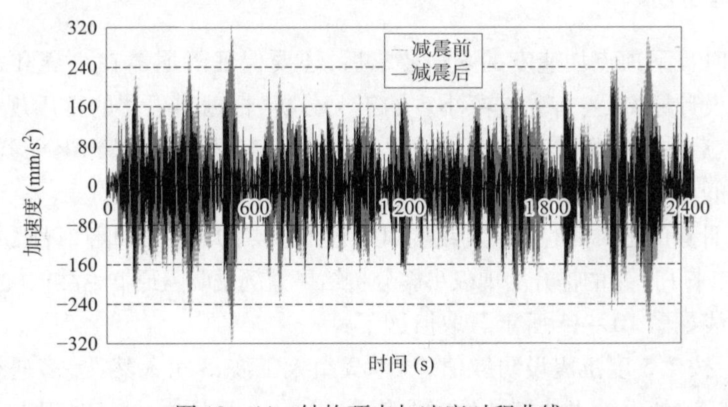

图10-44　结构顶点加速度时程曲线

表 10－18　顶点风振减震效果

工　况	加速度（m/s²）		减震率（%）
风荷载	减震前	减震后	
	0.223 7	0.199 2	11

分析结果表明，减震后的结构 X 和 Y 方向顶点加速度均在 0.2 m/s² 以下，满足了《高层民用建筑钢结构技术规程》对公寓建筑限值（0.20 m/s²）的要求。

此外，还统计了其他层的楼层加速度，其中第 50～60 层的楼层加速度见表 10－19。

表 10－19　第 50～60 层风振加速度计算结果汇总表

楼　层	减震前（m/s²）	减震后（m/s²）	减震率（%）
60	0.224	0.199	11.2
59	0.222	0.198	10.8
58	0.220	0.196	10.9
57	0.218	0.194	11.0
56	0.214	0.190	11.2
55	0.210	0.187	11.0
54	0.206	0.183	11.2
53	0.202	0.180	10.9
52	0.197	0.176	10.7
51	0.193	0.172	10.9
50	0.188	0.168	10.6

由表 10－19 可见，原结构在风时程作用下，X 方向第 50～60 层楼层的加速度大于规范限值（0.2 m/s²），但通过加设阻尼器 X 向全部楼层的加速度均减至 0.2 m/s² 以下。

5. 阻尼器功率计算

由于本次使用阻尼的主要作用是抗风，所以需要防止阻尼器在长时间连续工作下由于发热而带来损害。通过计算，在 50 年一遇的风时程荷载作用下，第 28 层、第 44 层和第 59 层阻尼器的最大功率分别为 0.474 HP、0.452 HP 和 0.087 HP（1 HP＝745.7 W），最终选用的阻尼器最大功率为 0.48 HP，满足使用要求。

10.5.4　地震时程分析

在满足了风时程下顶点加速度的限值要求后，还要保证阻尼器在小震和中震作用下不能够破坏。具体的设计原则是：首先按照小震的工况分析，根据阻尼器的常用规格确定选用阻尼器的最大出力；然后在阻尼器参数不变的情况下按中震工况分析，得到阻尼器的最大冲程，并使中震下阻尼器的出力在选用阻尼器最大出力的 1.5 倍安全系数以内。

此外，虽然本计算的主要目的是控制结构风时程下顶点的加速度，但加设阻尼器的同时，对结构的抗震性能也带来了一定的提升。现以小震分析结果为例说明阻尼器给结构抗震带来的帮助。

小震时程曲线如图 10－45 所示。取值如下：

加速度峰值：按 7.5 度抗震设防取值，7 组（2 组人工波，5 组天然波）多遇地震的峰值加速度为 55 cm/s²；持续时间：输入地震波持时取值为 50 s；输入方式：每组时程工况均按 X、Y 两个方向进行组合输入,两分量加速度峰值比例为水平主向:水平次向 = 1.00:0.85;结构阻尼比:地震分析时钢结构模型的阻尼比取为0.02。

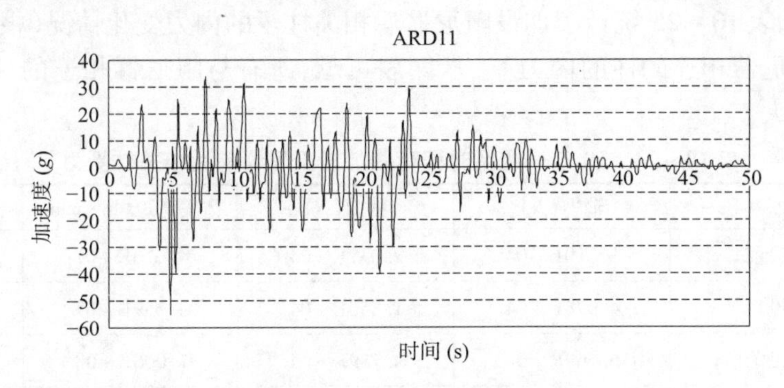

图10-45 小震时程函数

1. 层间位移转角

7条小震波的平均层间位移角统计结果见表10-20。

表10-20 X方向小震层间位移转角计算结果汇总表

工 况	层间位移转角		减震率(%)
	减震前	减震后	
X方向	0.002 649 429	0.002 533 143	4.39

2. 基底剪力

基底剪力统计结果见表10-21。

表10-21 X方向小震基底剪力计算结果表

工 况	基底剪力(kN)		减震率(%)
	减震前	减震后	
X方向	25 304.89	23 155.59	8.5

3. 支座反力

支座反力统计结果见表10-22。阻尼器实际最大出力及冲程见表10-23。

表10-22 X方向小震支座反力计算结果表

工 况	支座反力		减震率(%)
	减震前	减震后	
竖向力 F_Z(kN)	42 244.26	41 294.53	2.2
绕Y轴弯矩 M_Y(kN·m)	3 272.84	2 985.89	8.8

表10-23 阻尼器实际最大出力及冲程

工 况	出力(kN)	冲程(mm)	C(kN·s/m)	α	数量(个)
50年风	127.68	±32	1 200	0.65	12
小震	213.88	±32			
中震	540.56	±96			

10.5.5 杆件受力变化

表10－24和表10－25统计了加设阻尼器后相关柱子的内力变化情况(根据对称原则,没有列出所有与阻尼器相连的柱的内力)。从两表可见,所有与阻尼器相连的柱的各项内力均只减小而没有增大。

表10－24 10年一遇风时程荷载加设阻尼器前后相关柱受力

柱编号	阻尼器状态	轴力(N)	剪力(N)	柱底弯矩(N·mm)	柱顶弯矩(N·mm)
F20	加设前	5.310E+04	2.031E+04	4.016E+07	2.854E+07
	加设后	4.978E+04	1.850E+04	3.659E+07	2.600E+07
F21	加设前	6.569E+04	4.789E+04	1.006E+08	6.141E+07
	加设后	5.967E+04	4.362E+04	9.164E+07	5.593E+07
F22	加设前	2.712E+05	6.274E+04	1.152E+08	8.381E+07
	加设后	2.490E+05	5.760E+04	1.057E+08	7.702E+07
F15(44)	加设前	2.320E+05	2.300E+05	4.710E+08	3.251E+08
	加设后	2.223E+05	2.108E+05	4.313E+08	2.982E+08
F15958	加设前	1.484E+06	2.467E+05	4.912E+08	2.523E+08
	加设后	1.354E+06	2.255E+05	4.493E+08	2.309E+08
F15(28)	加设前	2.501E+06	2.195E+05	5.286E+08	2.408E+08
	加设后	2.229E+06	2.020E+05	4.855E+08	2.231E+08
F15516	加设前	3.175E+06	2.884E+05	5.774E+08	3.020E+08
	加设后	2.902E+06	2.646E+05	5.299E+08	2.772E+08

表10－25 小震时程荷载加设阻尼器前后相关柱受力

柱编号	阻尼器状态	轴力(N)	剪力(N)	柱底弯矩(N·mm)	柱顶弯矩(N·mm)
F20	加设前	1.135E+05	2.666E+04	5.287E+07	3.733E+07
	加设后	1.127E+05	2.606E+04	5.170E+07	3.645E+07
F21	加设前	1.005E+05	6.422E+04	1.349E+08	8.264E+07
	加设后	9.193E+04	6.274E+04	1.309E+08	8.144E+07
F22	加设前	3.283E+05	9.860E+04	1.836E+08	1.291E+08
	加设后	3.213E+05	9.005E+04	1.674E+08	1.182E+08
F15(44)	加设前	2.986E+06	1.870E+05	3.860E+08	2.739E+08
	加设后	2.654E+06	1.798E+05	3.727E+08	2.495E+08
F15958	加设前	1.874E+06	2.431E+05	5.007E+08	2.681E+08
	加设后	1.743E+06	2.393E+05	4.883E+08	2.613E+08
F15(28)	加设前	4.284E+06	1.879E+05	5.018E+08	2.387E+08
	加设后	3.836E+06	1.761E+05	4.774E+08	2.211E+08
F15516	加设前	2.654E+06	2.738E+05	5.532E+08	2.918E+08
	加设后	2.522E+06	2.653E+05	5.335E+08	2.819E+08

10.5.6　抗风方案对比

为了达到超高层钢结构抗风、改善舒适度的目的,常用的解决办法有3种:(1)调整结构自身刚度;(2)在结构上安装液体黏滞阻尼器,增加结构阻尼比,使结构加速度反应降低;(3)采用TMD(调谐质量阻尼器)减震。在天津国际贸易中心项目中,对上述三种方案进行了具体对比研究,结果见表10-26。从表中可以看到,调整结构自身刚度需要增加约15%成本,而在结构屋顶设置TMD对结构受力较为不利、占据很大空间且TMD价格很贵,因此采用安装黏滞型阻尼器直接解决风振的问题。

表10-26　三种抗风方案对比

结构方案	方案说明
调整结构自身刚度方案	通过增大截面调整结构刚度;加速度可以满足规范要求,但总用钢量比原模型提高了15%~20%
直接加设黏滞阻尼器方案	在结构适当位置安置速度型阻尼器
TMD方案	在结构顶部安置TMD,其缺点:(1)对结构构件竖向承载力和桩基础不利,导致结构用钢量增加;(2)TMD本身造价昂贵,经济性较差

10.5.7　结　　论

通过分析可以发现,仅在结构某些层加很少的高效连接的阻尼器,就可以解决舒适度不足的大问题,对替代逐层均布阻尼器布置方案和TMD方案是个好的尝试,同时不会对结构受力产生任何负面作用。可以认为,在结构上施加耗能元件是解决高层建筑抗震抗风问题的良好手段及方法。

10.6　其他阻尼器抗风项目

在国外的超高层结构中,液体黏滞阻尼器的应用比例远高于其他结构保护措施。相比而言,阻尼器产品技术更加成熟、可信度更高。

2008年,美国《Structure》杂志封面上介绍的一幅图的标题是"黏滞阻尼器日趋成熟",这是液体阻尼器发展过程的一个转折性标志,主要因为:(1)阻尼器在结构抗震、抗风中的作用显著;(2)阻尼器的测试专业、严格,使人放心;(3)相关规范的完成和完善;(4)经济投入相对较少;(5)太平洋地震研究中心(PEER)和结构/地震工程研究实验室(SEERL)做的相关研究课题的证明;(6)放置位置和连接方式的创新以及大量工程师的经验保证。

目前,已经有600多个结构工程应用了液体黏滞阻尼器,在高层建筑上的使用也十分广泛,其中在抗震应用中已经完工的国内外著名工程有北京盘古大观、墨西哥市长大楼、武汉保利文化广场、新疆阿图什布拉克大厦;抗风工程有波士顿111大楼、波士顿Millennium Place大厦、北京银泰中心、天津国贸大厦、旧金山四季酒店。

近年来,人们在了解了阻尼器抗震抗风性能的巨大优点后,又在越来越多的新建高层建筑工程上不断提高、改进、设计使用。下面简单介绍几项新建工程,介绍它们的结构特点、阻尼器改进和使用情况,并简要总结一下这些新建建筑在阻尼器的安装方式和阻尼器本身性能上的改进与提高。

10.6.1 美国圣地亚哥中央法院

圣地亚哥中央法院(图10-46)由Englekirk,Los Angeles完成结构设计。建筑占地64 503.7 m²,包含71间审判室,以及配套设备和地下停车场,地上24层,地下2层,总高118.6 m。该项目位于圣地亚哥中心区断裂带上,建筑横向抗侧力体系由双向特殊钢抗弯框架构成。

(a) 建筑外形图

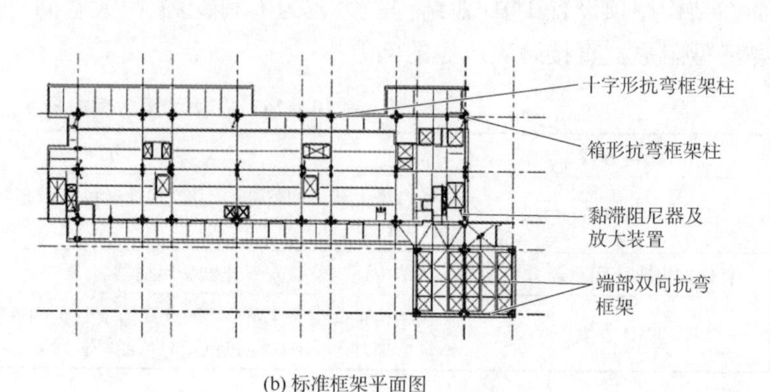

(b) 标准框架平面图

图10-46 美国圣地亚哥中央法院

该框架沿所有纵向和横向网格布置,设计中包含106套分散布置的黏滞阻尼装置。最终的建筑立面不允许黏滞阻尼装置布置在结构的纵向。因此,在结构横向上,将其布置在网格线中心和端部以有效控制结构的扭转。黏滞阻尼装置沿高度布置在6层到顶层,每层一般为6套,且每层不少于4套。项目设计之初尝试了多种不同的阻尼器布置形式的方案,在设计地震水平下,各种方案减震对比如图10-47所示。由图可知,反向套索和剪刀形连接对结构层间位移角的减震效果最好,但对于楼板加速度,对角支撑的连接形式则是最好的,这两类连接形式的减震效果差异值得进一步研究。

总之,这一特殊的钢抗弯框架-黏滞阻尼装置体系使建筑的楼层剪力、层间位移、楼板加速度以及抗弯框架梁柱节点的非弹性转动需求都得到充分减少,结构的抗震性能目标得到提高并超过了基于设计的规范(加利福尼亚建筑规范)中规定的最低目标要求。在平面和高度方向的最佳位置提供附加阻尼的黏滞阻尼装置,是特殊钢抗弯框架框架体系中最有效的一部分。黏滞阻尼装置同时为风荷载产生的结构共振提供了附加阻尼,降低了结构的风致振动。

10.6.2 波士顿纳舒厄街某住宅

继波士顿的两座已完成建筑——波士顿111大楼和Millennium大厦应用套索式阻尼器抗风之后,本项目延续应用了此种方案。

该建筑为新建的38层住宅建筑(图10-48),采用30个套索式连接的抗震又抗风的阻尼器来减少风荷载引起的振动。结构设计单位是LeMessurier Consultants。该项目于2014年开工建设,于2016年完工。

10.6.3 伦敦Pinnacle塔

Pinnacle Tower(原名Bishopsgate Tower)是位于伦敦金融区的一座摩天大楼,是Arup公司

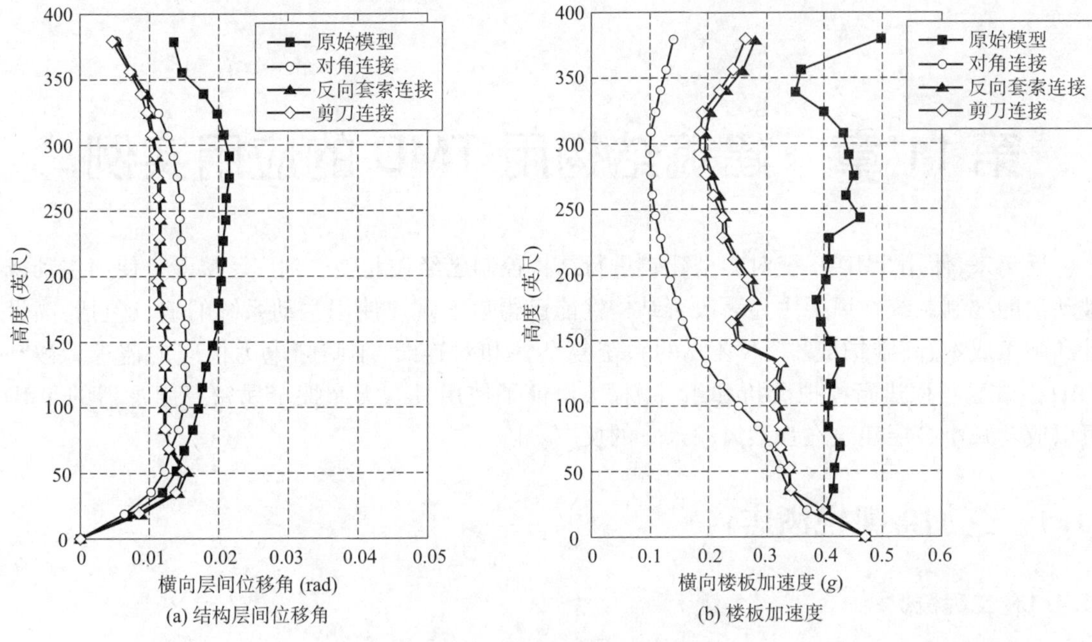

图 10-47　不同方案的减震效果

设计的又一应用阻尼伸臂桁架的工程。288 m 的设计高度,使该塔成为英国第二高建筑。

安装在该楼上的 12 个吨位为 1 800 kN 的金属密封阻尼器(图 10-49)用来减小结构在风荷载下的动力反应。与传统的结构抗风方案相比,该方案在提高舒适性的同时降低了结构成本。目前,为了降低建设成本,该结构已经进行了重新设计。

图 10-48　波士顿纳舒厄街某住宅

图 10-49　伦敦 Pinnacle 塔及其定制的阻尼器

第 11 章　建筑结构用 TMD 的应用实例

近年来,使用 TMD 系统对大型建筑进行结构控制已经在北美得到广泛接受。使用主动或被动消能控制系统在风暴中显著改善结构性能已得以实现。使用主动系统的缺点包括:高设计和施工成本、高维护成本、不必要的系统复杂性和对连续、不间断电力供应的需求。被动 TMD 系统已可以进行模拟分析和组件测试,论证了使用具有无摩擦金属密封阻尼器的 TMD 可以成功减小高层建筑在强烈风输入下的反应。

11.1　芝加哥凯悦酒店

11.1.1　工程概况

位于芝加哥北密歇根大道 800 号的 Park Tower(凯悦酒店)是一座于 2000 年竣工的摩天大楼。这一 257 m 高、70 层的建筑(实际使用 67 层)是芝加哥第 12、美国第 43、世界第 83 高的建筑。

RWDI 对 Park Tower 进行了风洞试验,以确定风致弯矩和剪力、玻璃幕墙设计压力、当地行人风场环境以及顶层的风致加速度。随着结构变得更高、更轻或更细长,相当普通的风荷载也可能造成上部楼层的过大加速度。尤其如果建筑是住宅楼,居住者将会对建筑物的颤动更为敏感。

在初步调查显示 Park Tower 的上部楼层峰值加速度超出了最高目标值之后,包括在结构顶部附近安置调谐质量阻尼器(TMD)在内的解决方案被提出。这个 TMD 由悬吊的 300 t 质量块和密封的、无摩擦的液压阻尼器组成。

TMD 系统已经在全世界很多的结构和动力系统中用来有效增加结构自身的阻尼水平,并因此减小不利振动。包括高耸和狭长结构在内的典型应用,由于其结构的主振型容易被激发,通常会产生较高的振幅响应。特别是高层结构的第一振型固有频率在 1 Hz 以下时,通常需要附加阻尼。

11.1.2　加速度标准

在北美,目前加速度的验收标准还没有被列入规范。但是,确实存在被从事风工程的组织广泛所接受的一般指南。图 11-1 为 5 年一遇的风荷载下结构峰值加速度关于结构周期的曲线。加拿大建筑规范(NBCC)为 10 年一遇风荷载"建议"的加速度范围为 $0.001g \sim 0.003g$($1\% \sim 3\%$ 的重力加速度),但规范中并未指出此"建议"是用于住宅还是商业建筑。此外,国际标准化组织(ISO)建议商业(或办公)场所根据建筑固有周期使用 1 年和 5 年一遇的风荷载。对于像 Park Tower 这样周期约为 5 s 的建筑来说,1 年一遇风荷载对应的加速度标准约为 $0.001\,2g$(1.2% 的重力加速度),5 年一遇风荷载则约为 $0.001\,8g$。根据 ISO 标准来说明和推

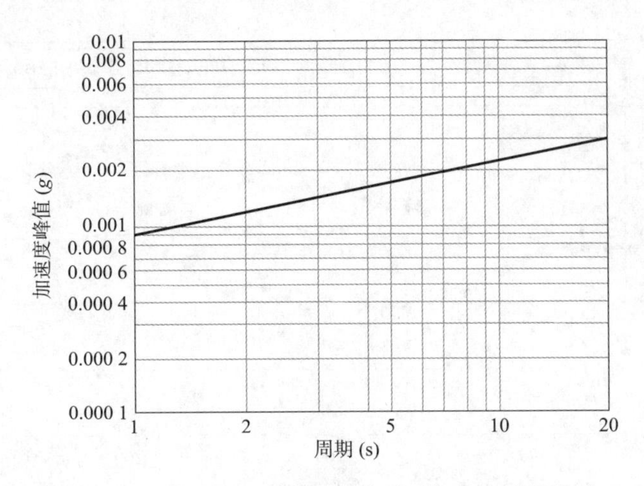

图11-1 建筑在5年一遇风荷载下加速度峰值曲线

断住宅场所5~10年一遇风荷载下的加速度标准,得到0.001 5g(1.5%的重力加速度)为普遍接受的标准。

11.1.3 风工程分析

为了确定结构风荷载和风致加速度,如图11-2所示,按比例缩小的模型被放置在风洞中并进行了36个风向角的测试。建筑周围的环境被准确地模拟,并模拟迎风面区域以形成适当的风速剖面。例如,来自密歇根湖上方的来风被模拟成ASCE中的"C"剖面,而西边的来风被模拟成ASCE中的"B"剖面。由于迎风剖面可能介于ASCE中的"B"剖面和"A"剖面之间,在风洞中可以建立额外的粗糙度。从模型上直接测量出弯矩和剪力后,用高频力平衡仪(HFFB)测试得出广义风力;然后结合结构特征如建筑质量、振型和估算的结构阻尼比来确定全尺寸建筑的动力特性。使用气动弹性风洞模型进行附加风洞试验以预测更为精确的结构加速度反应。气动弹性风洞试验允许从模型上直接测量动力响应,说明气动阻尼通常的有益影响,并更准确地描述峰值响应。

图11-2 Park Tower在RWDI的风洞试验模型

图11-3显示了Park Tower风洞试验的详细结果。通过36个风向角描绘出建筑一个主轴方向包括平均值、背景和谐振组件在内的风致弯矩。值得注意的是,在风向角大约10°~40°(北方测量)的范围内,风致弯矩比其余风向角下的要大得多。对这些风向角的进一步调查显示,迎风区的建筑对实测建筑的风致响应具有严重的影响,而这种高弯矩同时也意味着高加速度。图11-3同时也显示了气动弹性风洞试验的结果,即对于大多数风向角,表明了减小的弯矩和降低的加速度。Park Tower最终估计的加速度范围为0.002g~0.002 3g,这超出了0.001 5g的期望值。

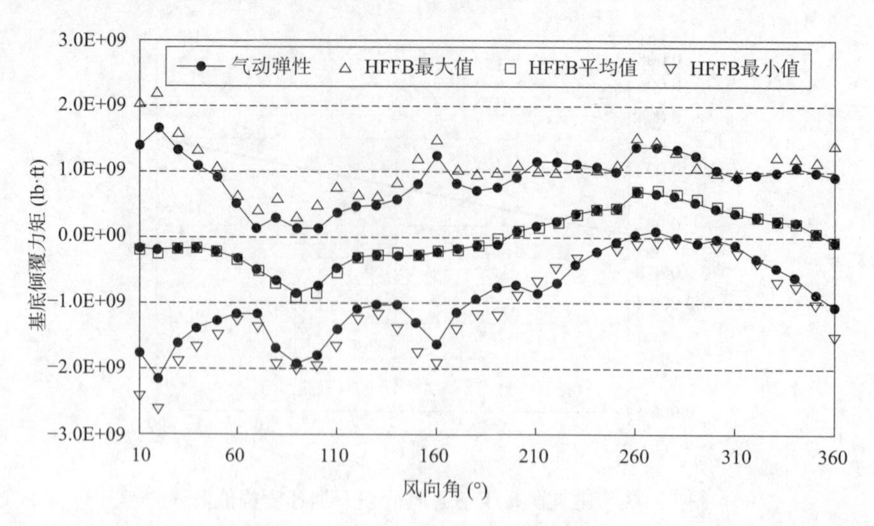

图 11 - 3　Park Tower 弯矩对比图

结构工程师研究了多种结构解决方案来试图降低风致弯矩和加速度,如加厚所有楼层的板厚来提高质量,同时加强外墙托梁来增加刚度。所有这些结构措施降低了共振反应,但是它们不足以降低加速度到可接受的水平。所有附加的结构改变将会影响 Park Tower 的建筑功能,而且进一步工作也以研究增加建筑的结构阻尼为目标。

在概念设计阶段研究过多种阻尼系统。由于 Park Tower 设备层的空间允许,选择了调谐质量阻尼器(TMD),这是一种简单的免维护装置,不需要例行检查。

Den Hartog 和其他一些人发展了 TMD 的理论背景并提出一种简单表达来估计附加了移动质量的结构的反应。运用这些简单表达,可以估计带 TMD 结构的有效阻尼。这个有效阻尼是结构本身的阻尼和 TMD 提供的阻尼之和,可以由 TMD 的大小(TMD 质量与建筑广义质量的比值)与频率或频率比组成的函数来进行估算。几种质量比的 TMD 提供的有效阻尼如图 11 - 4 所示。

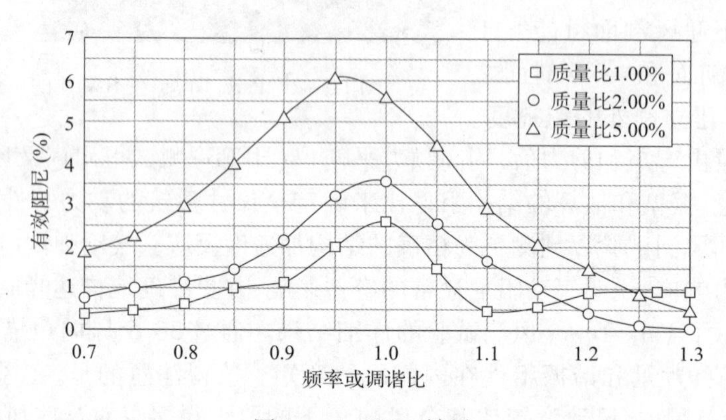

图 11 - 4　TMD 效果

必须注意的是,这些表述和关系仅针对线性系统。真实结构很少会是线性的,而且利用某些元件的非线性特性用于更强烈的风荷载下的设计是很有利的。用于 Park Tower TMD 上的黏滞阻尼装置凭借其较高的黏滞阻尼力,有效地降低了 TMD 在强烈风荷载下的最大位移。

图 11 - 5 为 RWDI 设计的 TMD 构造示意图。Park Tower 上部设备层的 TMD 建造已于近

期完工。彩色的原始图突出显示了很多部件。主悬索在矩形质量块的每个角部各有两根。质量块上方、图中靠近上方的钢结构,是可以通过升降来调节TMD频率和建筑一致的调谐框。图片前景中的“框架”是一种被称为“防偏转”的装置。这种装置保证TMD避免旋转(或偏转)。两个黏滞阻尼器也被安置在防偏转装置上作为一种在TMD运动过大时的制动装置。以斜角形式连接质量块和楼板的圆柱形装置是由RWDI指定Taylor设备公司提供的黏滞阻尼器。

图11-5 TMD系统

11.1.4 液压阻尼器设计

1. 对阻尼器的典型要求

TMD的关键部件是阻尼器本身。很多种类的阻尼器被考虑应用于TMD。但是,由于它们很多不能满足此应用中各种严格的必要要求,所以并不适用于TMD。对阻尼器的典型要求如下:

(1)阻尼器必须在适当的极端环境中遵从一定的阻尼规律(例如速度、位移或速度—位移的函数),以提供一定的附加阻尼而不改变TMD频率和结构自身固有频率的比值。应记得TMD在周期性荷载下设计需求的最优频率比为1∶1。如图11-4所示,根据质量比的不同,大型结构的典型TMD可以提高1%或2%甚至3%~6%的临界阻尼水平。

(2)应尽量减小系统摩擦以保证TMD在结构受激励时的功能。摩擦力的存在将造成TMD在较低水平的激励时不起作用,并对结构产生不可预知的、始终不一的、非线性的阻尼。此外,摩擦还会造成TMD构件磨损的增加,这将严重缩短这些构件的使用寿命。

(3)阻尼器必须具备免维护的设计,有以下几个原因:

首先,现代高层建筑具有50~100年的设计寿命。因此,TMD也必须设计较长的设计寿命。因为TMD即使是在很小的激励下工作,其阻尼器也需要始终连续运动(对于本项目而言,阻尼器需要进行超过3亿次循环的工作)。这要求对阻尼器的每个构件进行正确的抗疲劳分析,且压力水平需要保持在疲劳极限以下,以保证尽可能长的使用寿命。

其次,为了维修而让TMD停止工作很长一段时间是无法接受的。由于维修TMD一般需要几天的时间,峰值加速度在这段时间内可能会超过可接受范围。此外,这种维护的成本并非微不足道的,且(这种成本)在必要的维护时不得不产生。

(4)由于暴风对建筑的激励强度很高,阻尼器在暴风持续时必须能在一定的时间内消散相当多的能量(即功率)。所有阻尼器将输入能量转化为其他形式,典型的是热能,因此必须将阻尼器设计成能将这些能量通过热能的形式传递到周围环境中的装置。否则,阻尼器的发热将导致TMD完全不起作用。这种高水平的能量输入通常导致很高的工作温度,因此阻尼器部件必须能够抵抗这种通常的高温。

(5)阻尼器必须能够在极恶劣的环境下工作。对于极端条件,例如500年一遇的设计风力,阻尼器应该能够自我适应而不需要依靠外部驱动器,以便有效增加阻尼水平以限制TMD

在此情况下的位移。在极端位移和速度下,这些能量应被 TMD 的阻尼构件直接以附加阻尼的形式耗损。

2. 阻尼器设计

下面提出的阻尼器设计方案可以满足上述所有需求。这种阻尼器技术来自于许多年前的机密军事及航天工程领域。同时它也被批准和使用在美国太空计划的卫星部署系统及航天飞机上。具体设计如图 11 -6 所示。

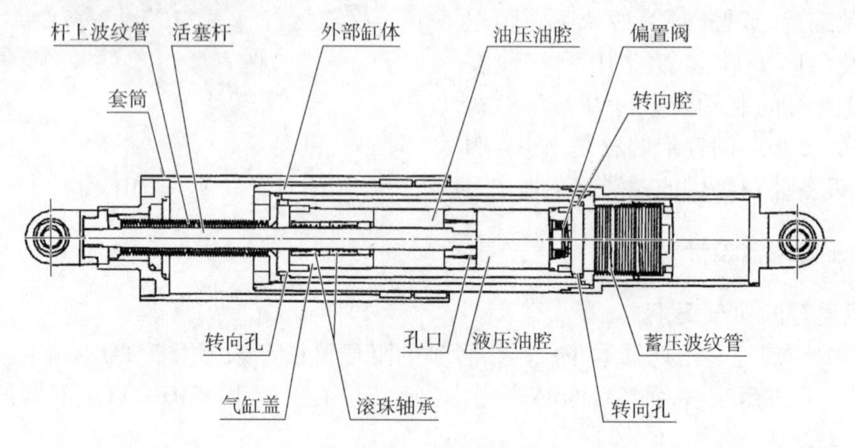

图 11 -6　免维护低摩擦液压阻尼器

阻尼器的主要部件包括:一个主压力缸或震波管、一个和压力缸同轴安装的次外层缸体、一个蓄能器、一个金属波纹管主杆密封、一个活塞杆、一个滚珠轴承装置和一个外筒。各缸体之间的空间形成一个能够使液体在金属波纹管与蓄能器之间流动的连通。此连通同时也可以使热量在外缸的外表面均匀传递。这对于在此应用中的阻尼器能否有效地散热是十分必要的。当活塞杆产生位移或由内、外部产生热量使温度变化时,(活塞一侧的油腔)容积产生变化,此时蓄能器将给液压油腔提供反力。金属波纹管主杆密封是由一系列薄垫片或盘旋结构焊接组成的形似手风琴的结构。金属波纹管形成一个完全封闭和无摩擦的密封。此外,由于盘旋结构的应力可以保持在材料的疲劳极限以下,此密封保证了结构的使用寿命。

11.1.5　液压阻尼器构件水平测试

为了保证整个 TMD 的恰当性能,进行阻尼器本身的组件水平测试是十分必要的。在 TMD 安装到结构上之后,质量块的频率和阻尼器各自的输出功能都要经过调整。而且,组件水平测试还会测得一些重要的阻尼器参数,例如标称输出功能、偏移能力(冲程)、摩擦力、能量耗散能力、制动能力。

测试中的阻尼器被安装到一个带水平液压制动器的负载框架中,并受控于计算机和伺服阀系统。此布置如图 11 -7 所示。

阻尼器使用计算机控制的伺服阀系统测试的意义在于,可以模拟真实的输入条件,且可以记录阻尼器在多种结构激励下的性能。这对于测试阻尼器的功率来说是十分重要的。因为暴风并非产生程度连续不变的激励,通常很难分析推导出阻尼器工作时可能达到多少度的高温。此外,可以验证阻尼器在各种叠加的激励模式下的响应能力。不同于典型的隔振器,阻尼器的输出能力在高频时不尽如人意。

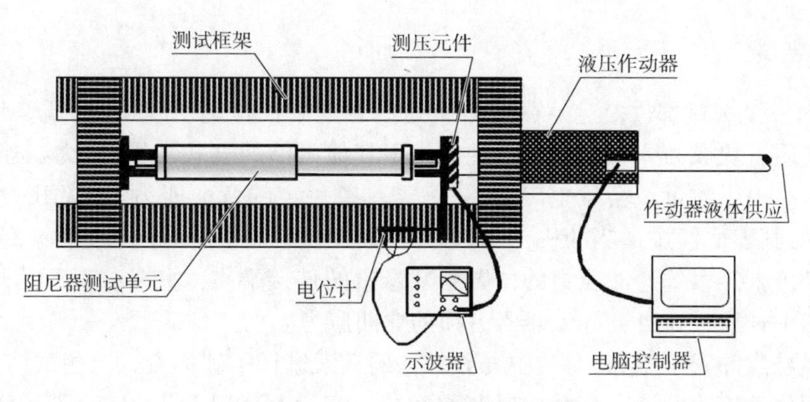

图 11 – 7　阻尼器测试布置

为了证明阻尼器的能量耗散能力，一个描述了最大预期功率水平的输入文件被编入测试设备中。在热传递稳定以后，阻尼器的温度被记录下来。在测试中，阻尼器被期望能够在没有任何外部散热手段时达到 2 HP 的耗散功率。由于设计用的阻尼器与传统阻尼器相比工作温度更高，因此阻尼器的能量输入能力被视为一项重要的能力。正如前文所述，阻尼器的设计中包括连通空间以确保热量在阻尼器的外表面上均匀分布。在功率验证试验中，阻尼器表现出其温度可以沿阻尼器的全长始终如一地、均匀地上升，因此有效地将热量消散到了周围的环境中。

对于本工程，阻尼器输出力正比于速度的平方。虽然不是十分必要，但具备这一特点的阻尼器在高水平的荷载输入下更有优势。在强度罕见的风暴中，质量块会达到很高的速度，阻尼器会耗损更多的能量并因此保护质量块免于产生过大的位移。虽然线性系统相对容易模拟，但是线性系统不具备上述优点，因此在高荷载输入下可能需要其他补充计算。

图 11 – 8 为本工程中阻尼器在不同的速度下实际测量的力值以及允许的最高和最低速度的力—速度输出曲线。测量得到的输出力非常接近其速度的平方。这些数值通过一系列不同的频率测试得到，阻尼器出力表明其对频率的改变并不敏感。

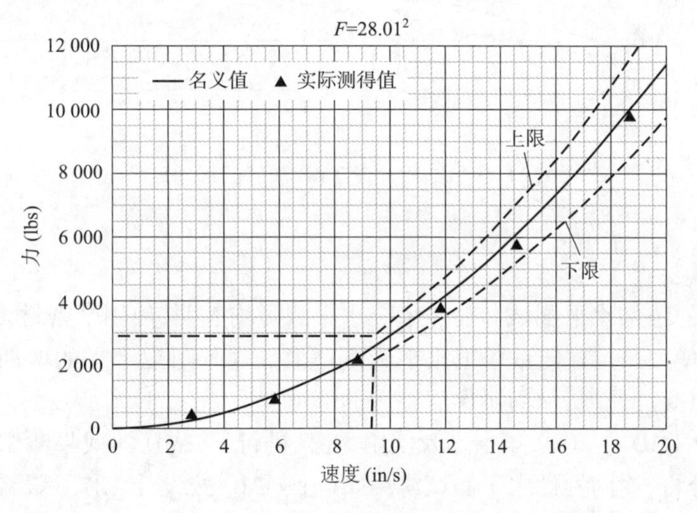

图 11 – 8　阻尼器输出曲线

11.1.6 主悬索

TMD 的另一个关键部件是这八根悬索。这些悬索不仅挂起了 300 t 的质量块,并且具有适当的长度使质量块成为一个自然摆。悬索优于其他可能的立式支撑,因为在连接处不需要使用旋转支座。由于质量块会发生旋转,悬索需具备一定的弯曲能力。RWDI 设计了一种特殊的悬索外壳,其表面经过适当的机械加工,以使其在质量块旋转时能够弯曲。这种悬索外壳同时还确保了传入悬索的弯曲应力的位置避开悬索的连接端点。此外,超柔的悬索设计还被用来减少悬索中长期存在且会导致悬索劳损的弯曲应力。

为了核实悬索的安全系数,对其中九分之一的悬索进行了破坏测试。测试结果表明,悬索的安全系数相比 3 倍的设计安全系数超出了 40%。实际上 RWDI 设计的悬索达到了近 6 倍的安全系数,理论上在质量块的每个角部只需要一根。因此如果其中一根悬索失效,另一根会起到备用作用。不过要使直径 2.5 英寸的悬索失效,需要 623 000 磅(300 t)的荷载。测试结果表明,用于悬吊 300 t 质量块的悬索表现得非常令人满意。

11.1.7 对峰值加速度的改善结果

为了量化加设 TMD 后实现的各方面改善结果,可以比较加设 TMD 前后建筑顶部公寓在各重现期风荷载下的峰值加速度。比较结果如图 11-9 所示,可见加速度的降低是十分显著的。事实上,国际标准化组织(ISO)建议的 5 年一遇风荷载下结构的加速度标准为 0.001 8g。加设 TMD 以后,结构在 10 年一遇风荷载下的加速度峰值还不到 0.001 5g。

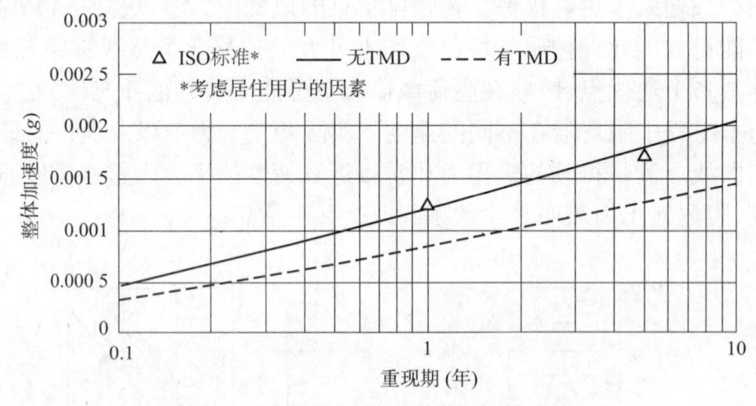

图 11-9 结构加设 TMD 前后的加速度

11.1.8 结论

分析检验结果、组件水平测试和初步系统水平测量均表明,使用带密封无摩擦液压阻尼器的 TMD 可以有效增加高层建筑的阻尼水平到期望值。这种阻尼水平的增加可以降低原本舒适性较差建筑的过高加速度,从而确保居住者的舒适度。

Park Tower 的 TMD 在 2000 年末投入使用,并且进行了 TMD 的效果测试。大量的风洞试验和后续的建模分析,连同构件水平测试将用来确保 TMD 按设计工作。设计并测试关键部件如液压阻尼器和悬索以确保 TMD 数十年的安全工作。

这里描述的项目证实了以下几点:

(1)分析模型与风洞试验结合可以对遭受风致振动的高层结构的峰值加速度进行准确预测。

(2)根据已出版的指南,可以用一个相对简化并有力的调谐质量阻尼器来降低峰值加速度以提供一个可接受的舒适度水平。

(3)不需要外部能源的被动 TMD 可以与其他系统一样有效,而且不具有需要外部能源系统的缺点,包括较高的运行成本、维护费用,系统复杂度高,需要持续不间断的能量供应。

(4)可以提供 TMD 系统为建筑所用,该系统完全免维护(日常检查除外),并且在建筑物的使用寿命内都是可靠的。该系统的设计包括超柔性缆线和密封无摩擦的液压阻尼器,阻尼器使用了美国军队、美国国家航空航天局、医疗行业以及现在的结构工程界以前使用并认可的现有技术。

11.2　迪拜梅丹赛马场

11.2.1　工程概况和 TMD 系统简介

赛马场结构主体看台由下部混凝土结构、顶部钢结构屋架组成。屋架主桁架高 3 ~ 5 m,上、下弦水平,两端高度逐渐变小,整体呈鱼腹状。桁架上、下弦设有巨型圆管支撑。上端、下端分别与主桁架上的铸钢节点、抗震球型铸钢支座铰接。整个屋架总重 1 万多吨,两侧为悬挑结构。悬挑长度达 100 m,可称之为世界最大悬挑结构之一。由于屋架内的视野开阔,可将整个赛场尽收眼底,设计者在钢结构顶部屋架层设计了豪华旋转餐厅和专供贵宾观看比赛的 VIP 包间。屋架结构模型如图 11 - 10 所示。

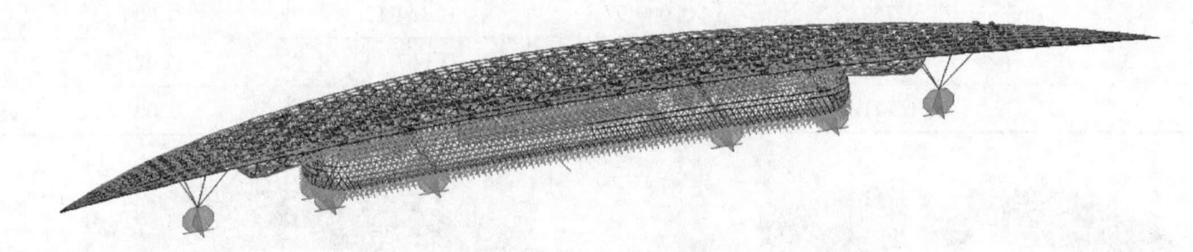

图 11 - 10　屋架结构模型

该赛马场地处迪拜城郊区沙漠一带,经常出现大风席卷沙尘暴的天气,风荷载成为看台结构水平方向的主要荷载。以迪拜当地的 100 年重现期的风荷载为限,由设计人员计算结果可知,结构顶部豪华餐厅和 VIP 包间的水平和垂直加速度均超过了美国、加拿大和中国 0.20 m/s^2 以下的舒适度要求。人们会感觉到结构的摆动,长时间感觉不舒服,会产生眩晕的感觉。因此,需要作减震处理。

如果单纯地采取传统办法增大结构构件截面提高结构侧向和水平刚度已经十分困难,也不经济。设计者采用了专业振动控制技术——TMD 减震系统。T. T. Soong 和 M. C. Constantinou 之前已经提出这种设备可以有效减少结构振动。在工程界,TMD 系统已经广泛用于减少高耸结构在风荷载作用下的水平晃动,如芝加哥凯悦酒店(Park Tower)和台北 101 大厦;用于控制其他局部振动,如马来西亚石油双塔连廊;控制楼板和行人桥的竖向振动,如美国 Cumberland 人行桥、拉斯维加斯人行桥、山东临沂之窗连廊和郑州国际会展中心舞厅等。大量工程案例已经表明,TMD 系统是一种有效的减震方法。

作为一个特殊的超大屋顶结构的减震案例,本工程将对 TMD 系统的设计、计算、制造、安装和测试过程做以下详细介绍:

(1)对结构进行模态分析。

(2)用随机振动理论合成人工风压时程波。

(3)通过 SAP 2000 时程分析程序进行悬臂钢桁架的风载时程分析,发现竖向和水平振动均超过设计规范有关舒适度的要求。

(4)在 SAP 2000 结构模型中加设 TMD 系统并优化,在同样的风时程荷载工况下,悬臂结构上的 VIP 室的竖向和水平振动均达到设计要求。

(5)加工和安装 TMD 系统。

(6)TMD 系统频率测试。

(7)结构竣工后进行频率测试及 TMD 系统频率的调节。

11.2.2 动力分析

为了找到控制点的频率,动力模态分析是必不可少的。采用 SAP 2000 有限元分析软件进行整个钢结构屋架建模,对结构进行振型分析,发现在结构的前 100 阶振型结果中前 4 阶振型对结构起主要控制作用,前 4 阶振型见表 11-1、图 11-11。

表 11-1 屋架前 4 阶振型

振型	频率(Hz)	U_X	U_Y	U_Z
1	0.716	0.001 61	0.074 92	0.002 63
2	0.759	0.000 97	0.164 12	0.000 72
3	0.865	0.000 35	0.007 73	0.021 75
4	1.041	0.000 73	0.007 06	0.005 39

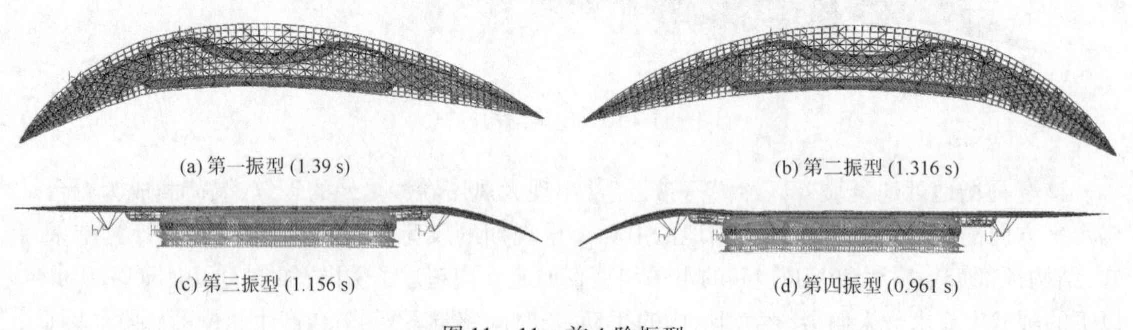

(a) 第一振型 (1.39 s)　(b) 第二振型 (1.316 s)

(c) 第三振型 (1.156 s)　(d) 第四振型 (0.961 s)

图 11-11 前 4 阶振型

11.2.3 分析和优化

采用 SAP 2000 软件对屋架模型输入人工风压时程,采用 Newark-β 方法对风时程荷载进行步步积分,记录桁架顶端和 VIP 层的加速度峰值反应。然后建立 TMD 子结构模型,质量块采用钢构件模拟,弹簧采用连接单元中 link 单元(线性弹簧)模拟,阻尼器采用连接单元中 damper(黏滞阻尼器)模拟,悬吊钢缆采用等效弹簧模拟。反复调整 TMD 系统参数(质量、弹簧和阻尼)和更换安置位置进行结构加速度反应的优化。

未加TMD系统时,屋架在三个方向上竖向加速度均超标,竖向(Z)最为敏感,横(Y)向次之,纵(X)向较弱,因此采用两种TMD:竖直TMD和水平TMD,每一种9个,共36个,合计质量约320 t。分别安置在A、B、C、D四个位置,其中轴线A、D处于钢结构悬挑部位,加速度较大,分别安置4个水平TMD和4个竖直TMD,B、C处正处于VIP包间处,安置5个水平TMD和5个竖直TMD,更好地确保了观赛贵宾的舒适度。TMD系统布置图如图11－12、图11－13所示。

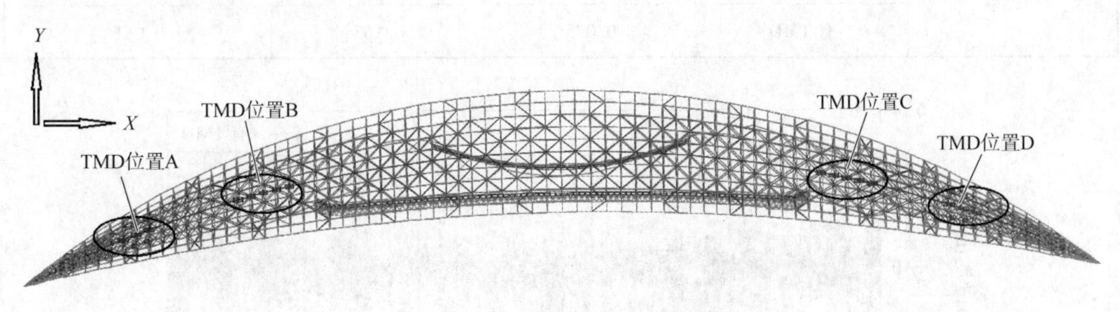

图11－12　TMD系统布置平面图

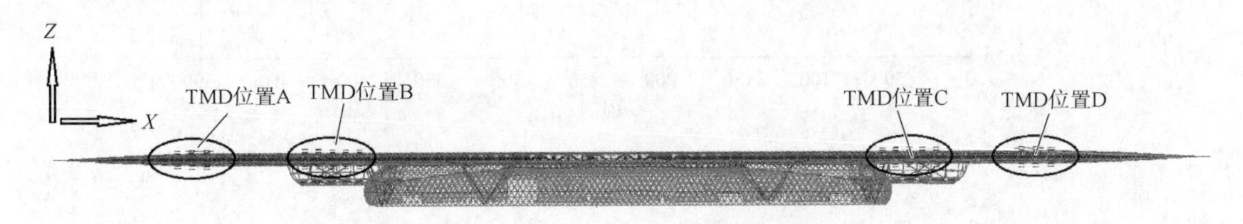

图11－13　TMD系统布置立面图

经过反复分析得出,选用的36套TMD系统可以得到控制屋架风振反应的最好结果,其参数如下:

(1)质量比约为屋架悬臂部位重量的7%,并且为了避免在屋架中施加集中荷载,将质量平均分布在36个TMD上,每个质量为8 t。

(2)TMD的调谐主要控制结构的前4阶振型。

(3)TMD自身的阻尼比约为15%。

(4)出于阻尼器自身的安全因素,必须考虑阻尼器的功率要求。

11.2.4　减震效果

优化后得出如下结果:整个屋顶在加设TMD系统前后加速度的对比中减震效果显著。竖向加速度峰值从2.33 m/s^2减少到1.217 m/s^2;水平加速度峰值从0.704 m/s^2减少到0.444 m/s^2。对于主要需要控制的VIP室、豪华餐厅,在未加TMD系统前,纵向最大加速度达到0.146 m/s^2,横向加速度0.289 m/s^2,竖向加速度0.238 m/s^2,后两项严重超标。加设TMD系统后,竖向和横向的最大加速度分别降低了66%、48%,达到0.163 m/s^2和0.081 m/s^2左右,均在0.2 m/s^2以下,满足美国、加拿大和中国相关规范对建筑舒适度的要求。加设TMD前后,屋架顶端和VIP室加速度反应峰值见表11－2。其中VIP包间Y向加速度时程如图11－14所示,Z向加速度时程如图11－15所示。

表 11－2　屋架顶端和 VIP 室加速度反应峰值（加设 TMD 前后）

项　目		X(m/s²)	Y(m/s²)	Z(m/s²)
屋架端点	无 TMD	0.290	0.704	2.33
	有 TMD	0.155	0.444	1.217
VIP 室	无 TMD	0.146	0.289	0.238
	有 TMD	0.075	0.163	0.081

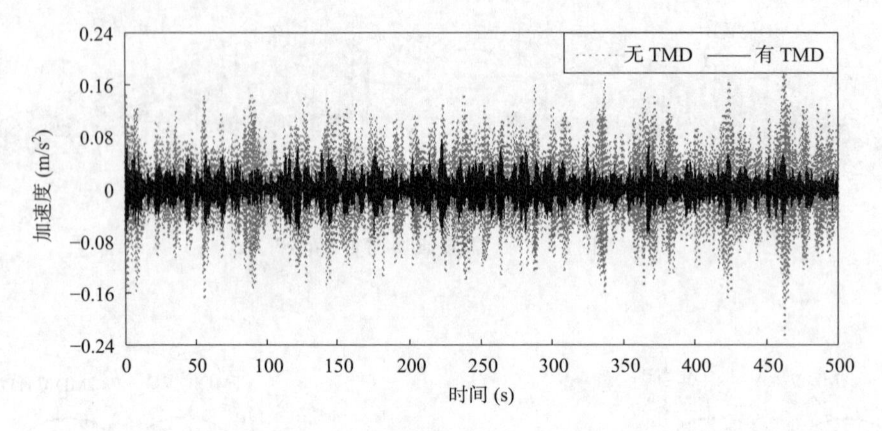

图 11－14　结构 VIP 包间 Y 向加速度时程

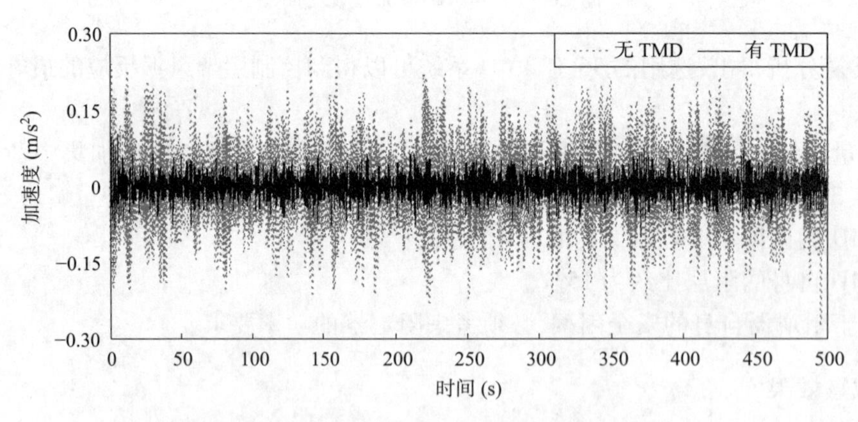

图 11－15　结构 VIP 包间 Z 向加速度时程

11.2.5　TMD 系统参数计算

两种 TMD 都在工作方向上设置液体黏滞阻尼器控制质量块的运动，每种 TMD 系统都按照单自由度系统计算 TMD 参数。特别需要注意的是，计算过程中需要考虑阻尼器的功率需求。如果仅凭经验估算或采用普通抗震阻尼器，黏滞阻尼器可能功率过小，工作中出现功率超载产生过热现象而引起阻尼器破坏。

竖向 TMD 参数计算结果（以竖向振型 Mode 3 为例）如下：

(1)TMD 质量:$m=8\ 000$ kg;

(2)基本频率:$f_u=0.865$ Hz;

(3)TMD 阻尼比:15%;

(4)TMD 中阻尼器数量:4;

(5)基本周期:$T_1=1/f_u=1.156$ s;

(6)由单自由度基本公式 $2\times\xi\omega_0=\frac{c}{m}$，$\frac{k}{m}=\omega_0^2$ 得 TMD 刚度为:$K=m\omega_0^2=235\ 996.2$ N/m;

(7)阻尼系数计算公式为 $C=2\xi\omega_0 m=2\xi\sqrt{mk}$,采用阻尼比为 15%,得阻尼系数$C=$ 13 035.2 N·s/m,每个阻尼器系数 $C=3.3$ kN·s/m;

(8)最大速度:$V=271.6$ mm/s;

(9)最大出力:$F=CV=3.54$ kN;

(10)每个阻尼器最大出力:$F_S=F/4=885$ N;

(11)最大冲程(根据时程分析结果给出):±50 mm;

(12)阻尼器最大功率:$P=4CV\times S/T=0.17$ HP。

竖向 TMD 参数优化结果见表 11-3。

同样可以计算出水平 TMD 的参数,见表 11-4。

表 11-3　竖向 TMD 参数优化结果

项　　目	TMD 3(竖向)	TMD 4(竖向)
质量(t)	8	8
频率(Hz),周期(s)	0.865,1.156	1.041,0.961
弹簧刚度(kN/m)	235 996	341 576
阻尼系数(kN·s/m)	$C_0=3.3$	$C_0=3.3$
最大速度(m/s)	0.271	0.327
最大受力(kN)	0.885	1.28
最大冲程(mm)	±50	±50
速度指数	1	1
功率(HP)	0.17	0.29
每个 TMD 阻尼器数量(个)	4	4
TMD 数量(个)	9	9
阻尼器数量总计(个)	36	36

表 11-4　水平 TMD 参数优化结果

项　　目	TMD 1	TMD 2
质量(t)	8	8
频率(Hz),周期(s)	0.716,1.396	0.759,1.316
拉锁长度(m)	0.485	0.431
阻尼系数(kN·s/m)	$C_0=5.3$	$C_0=5.7$
最大速度(m/s)	0.225	0.239

续上表

项　目	TMD 1	TMD 2
最大受力(kN)	1.21	1.37
最大冲程(mm)	±50	±50
速度指数	1	1
功率(HP)	0.19	0.22
每个 TMD 阻尼器数量(个)	2	2
TMD 数量(个)	9	9
阻尼器数量总计(个)	18	18

最终,该项目的 TMD 系统选择功率满足要求的如图 11－16 所示的低摩擦阻尼器。

11.2.6　TMD 系统的实现

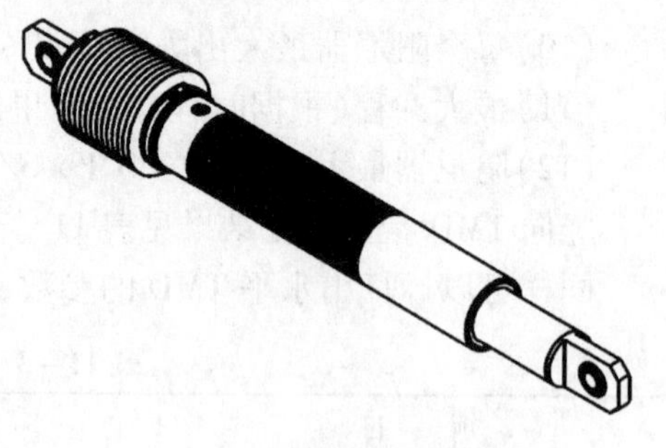

图 11－16　低摩擦阻尼器

TMD 系统的实际构成有时是比它的计算还重要的设计组成部分。竖直 TMD 由质量块、弹簧、阻尼器、导向轴组成,弹簧参数及质量块大小通过精确计算和实际测试得到,并确定了竖直 TMD 的工作频率。为了使竖向 TMD 系统正常工作,需设置保证质量块竖直运动的低摩擦导向轴承引导系统,限制质量块其他方向的运动,并确保质量块的振动路径为竖直方向。竖向 TMD 的频率调节采用增减质量的办法。

水平 TMD 由质量块、超强钢缆、阻尼器和缓冲器组成。对于水平 TMD 系统,悬吊质量块办法是最有效也是最合理的实现办法。钢缆的有效长度决定了 TMD 系统的等效刚度,由设计者通过精确计算和实际测试最终尺寸,确定了水平 TMD 的工作频率。缓冲器的作用在于限制质量块的摆动范围,预防质量块出现运动位移过大的危险情况,同时也起到保护阻尼器的作用。黏滞阻尼器的安装同水平线呈一定角度(约 29°),这样阻尼器可以同时控制质量块 Y 向和 X 向的运动。悬吊水平 TMD 频率调节采用调节钢索长度的办法。

两种 TMD 系统中控制质量块振动的阻尼器,在风荷载作用下,要考虑成是在很长的时间段(可能几个小时)内连续工作的装置。不同于仅需工作几十秒的普通抗震阻尼器,这种连续工作的阻尼器很难在连续工作中将质量块的振动能量转化成热量并释放掉。积累的热量可能会引起由有机材料制造的密封装置的破坏而引起漏油。对于 TMD 系统来说,它的选用最为重要,设计者需准确计算其功率并保证在风荷载下连续工作不破坏。

平时无风的情况下,结构几乎保持静止,两种 TMD 系统均不会产生任何振动和摆动,对原结构没有任何副作用。但在大风天气情况下,屋顶悬挑结构将会发生竖直、水平振动,与结构需控制的频率相近的 TMD 系统将与结构产生共振,两种 TMD 系统将会自动开启,像吸震器一样将结构的竖直、水平振动转移到自身,产生上下振动和前后摆动现象,从而有效减小结构的振动。根据上述计算结果,结构加设 TMD 后,VIP 包间因竖向和横向加速度过大而引起的舒适度问题迎刃而解。

迪拜梅丹赛马场屋顶 TMD 系统的设计在参考过去行人桥 TMD 系统基础上进行调整,以满足赛马场工程的具体规定。该项目的设计如图 11－17、图 11－18 所示。最终确定的阻尼器参数见表 11－5。

图 11－17　竖直 TMD

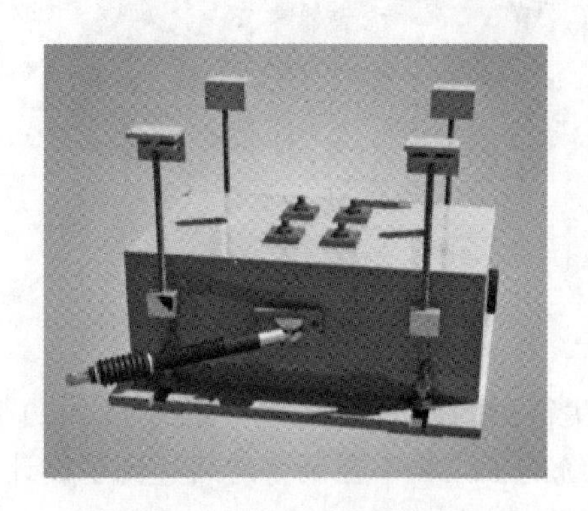

图 11－18　水平 TMD

表 11－5　最终确定的阻尼器参数

类　　型	阻尼器 1	阻尼器 2	阻尼器 3
编号	67DP18534-01-1	67DP18534-01-2	67DP18534-01-3
力 F(kN)	1 575	885	1 280
阻尼系数 C(N·s/m)	5 700	3 300	3 920
最大冲程(mm)	50	50	50
功率(HP)	0.33	0.33	0.33
数量(个)	36	36	36

由于共计 288 t 庞大的质量被增加到结构中，安全是需要考虑的重要问题。TMD 系统采用结构通过专用钢结构平台连接，平台焊接在原结构相应部位，平台间各个杆件通过高强螺栓和焊接连接。竖直 TMD 通过螺栓连接在平台上方，水平 TMD 通过高强螺栓和超强钢丝绳悬挂在平台下方，如图 11－19 所示。

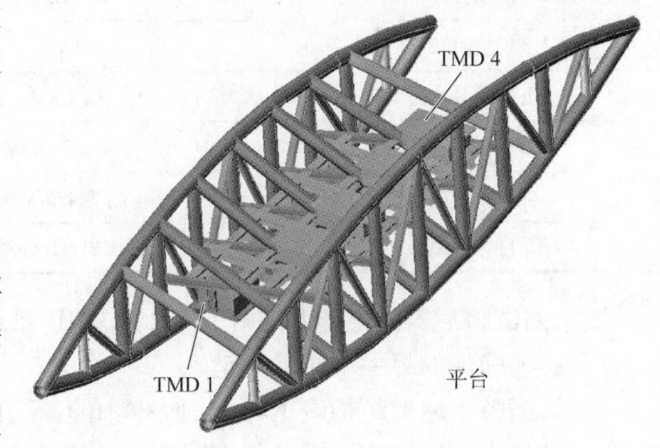

图 11－19　安装示意图

11.2.7　频率测试

TMD 系统质量控制的关键是要使其振动频率与结构要被控制的振动频率接近，并使用可靠的阻尼器。因此，生产出的 TMD 系统也就要逐个测频。采用小型可移动设备进行测频工作，如图 11－20、图 11－21 所示。

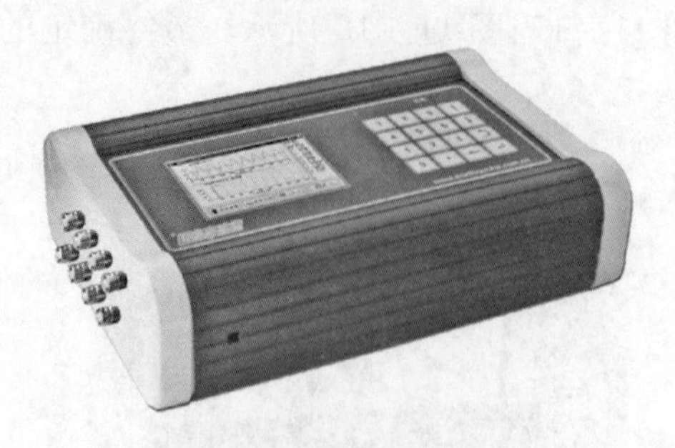

图 11－20　数据采集设备

图 11－21　位移传感器

采集得到的数据曲线之一如图 11－22 所示，该测试结果见表 11－6。测试结果证实，TMD 系统的工作频率在调整之后达到了设计要求。

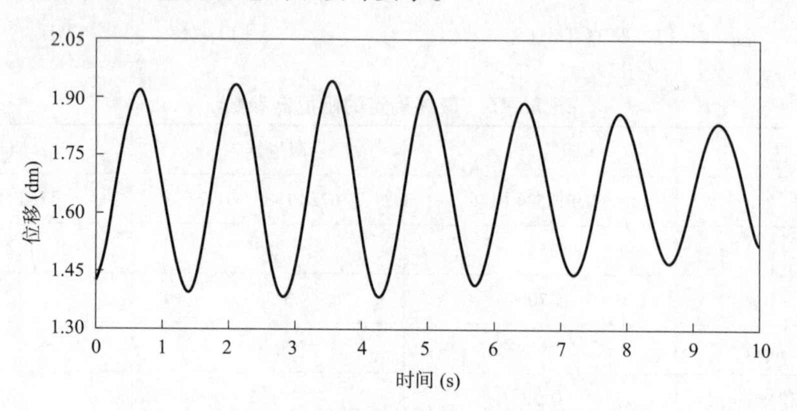

图 11－22　TMD 1 振动频率测试图

表 11－6　频率测试结果

项　　目	测试结果	说　　明
采集频率	100 Hz	满足测试精度要求
采集时长	10 s	满足测试精度要求
自由振动开始时间	第 4 s	第 4 s 后自由振动
质量块最大振幅	约为 27 mm	振幅为相对振幅
自由振动周期	约为 4. 5 s	满足测试精度要求
目标频率	0. 716 Hz	偏差 2. 6%

逐个测试阻尼器的性能和工作循环，是 TMD 系统能在振动条件下安全工作几十年的保证，也是必须确保的另一个质量关键。

最后，当整个屋架结构竣工时，专业测频单位采用重锤加载和微振采集的办法进行结构频率测试，结果表明结构实际振动频率同模型计算给出的频率偏差不大。根据实测结构频率结果(图 11－23)，对 TMD 系统频率进行了必要的重量(竖直 TMD)和钢缆长度(水平 TMD)的调整。

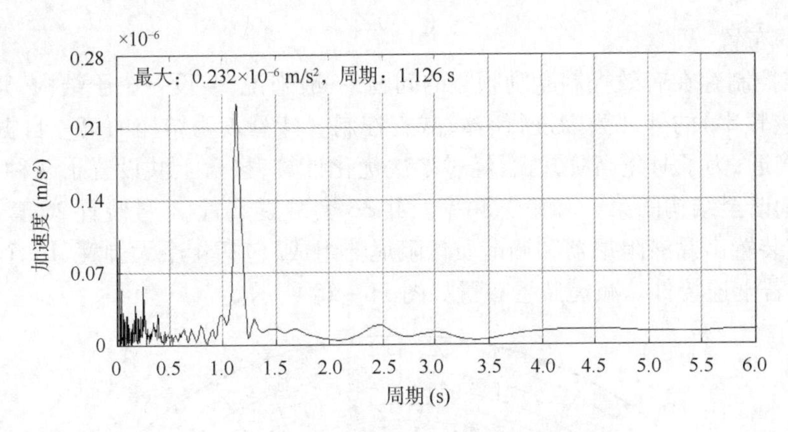

图 11－23　结构实际振动频率测试结果

11.3　郑州国际会展中心

11.3.1　工程概况

郑州国际会展中心在建筑上分为 5 层，作为研究对象的 1 200 人会议大厅位于 4 层，其平面如图 11－24 所示。由图可以看到，该会议大厅主要由半径为 68.5 m 和 67.95 m 的两个扇形以及两侧的柱列所围成，外弧长为 126.6 m，内弧长为 75.4 m，最大跨度为 42 m（沿径向）。楼盖结构的组成形式为：沿径向的每一轴线设置主承重钢桁架（高度为 4 m），支承于周边的混凝土结构，各主承重桁架之间设置次桁架，采用 100 mm 厚的混凝土楼板。计算表明楼盖结构体系设计满足强度和挠度要求，但在行人走动等正常使用条件下会产生振动所引起的不舒适感，甚至心理上的不安。为了提高结构的使用性能，有必要采取措施削弱这种振动反应。

由于主要控制的是楼盖竖向振动，故仅建立了会议大厅楼盖结构模型。经计算分析，得到楼盖的前 4 阶自振频率分别为 2.95 Hz、4.14 Hz、5.01 Hz 、6.12 Hz，前 2 阶振型在行人的作用下容易引起共振，因此为主控振型。

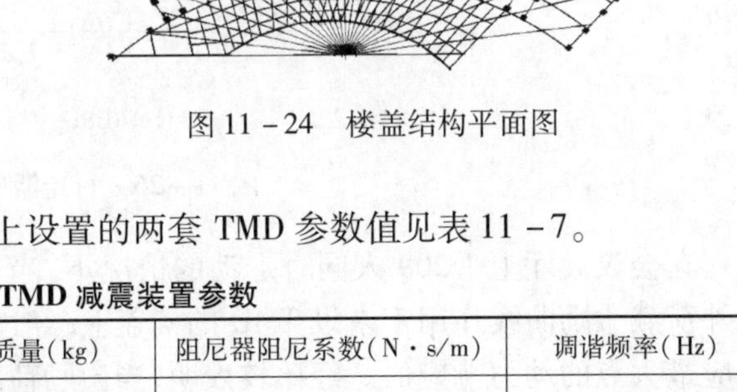

图 11－24　楼盖结构平面图

11.3.2　TMD 的参数设计和布置

1. TMD 参数设计

根据楼盖的动力特性，通过试验反复调整 TMD 参数，最后确定在会议中心楼盖上设置的两套 TMD 参数值见表 11－7。

表 11－7　TMD 减震装置参数

减震装置编号	弹簧总刚度系数（N/m）	调谐质量（kg）	阻尼器阻尼系数（N・s/m）	调谐频率（Hz）
1 号	1 083 682.5	3 050	11 498.2	3.0
2 号	1 519 712.7	2 290	11 789.6	4.1

2. TMD 的布置

TMD 减震控制存在有效控制激励频宽的问题，一般来说，装设一个子结构，只能对以某个频率为主（卓越频率）的外部激励进行有效减震控制。计算表明结构的第一自振频率和人正常行走、跳跃接近，为了避免高阶共振，经过多次优化计算，楼盖上共设置了两种 TMD 减震体系，频率分别调谐至结构的第一和第二频率。共 36 套减震装置（1 号装置 26 套，2 号装置 10 套），每套减震装置由黏滞阻尼器和调谐质量阻尼器组成，包括 4 个大弹簧、16 个小弹簧、4 个黏滞阻尼器和若干连接件。减震装置布置如图 11 – 25 所示。

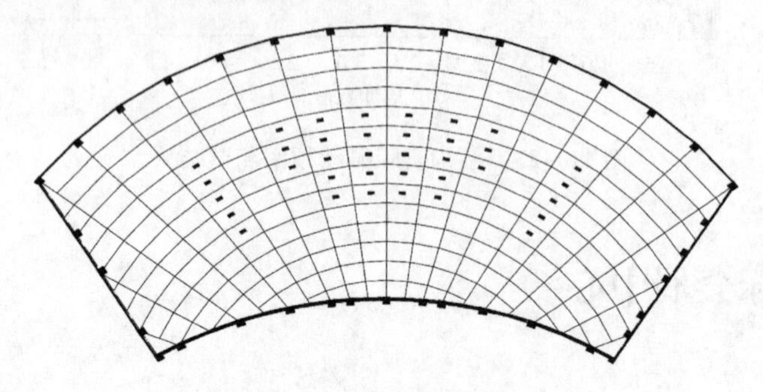

图 11 – 25　TMD 装置布置图

11.3.3　行人激励荷载的选取

由于行人行走过程的复杂性和随机性，国内外对行走激励荷载曲线还没有一个统一的标准，目前主要有三种外荷载模拟曲线：（1）正弦曲线；（2）半正弦曲线；（3）国际桥梁及结构工程协会（IABSE）中建议的步行荷载曲线，分别如图 11 – 26 所示。

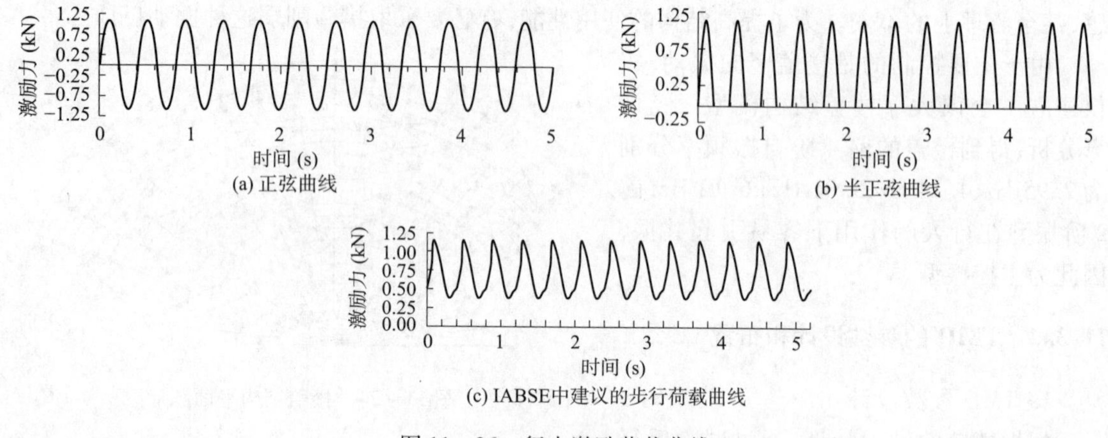

图 11 – 26　行走激励荷载曲线

在会议大厅上 1 200 人同时走动的情况下，当人的行走频率、重量相同时，分别将三种不同外荷载激励曲线作用于未设 TMD 的楼盖上，经过分析计算得到三种外力作用下楼盖上四个响应最大点的动力响应值。经比较表明，当激励荷载曲线不同时，对楼盖产生的动力响应有较大的差别，其中当正弦曲线作为步行外力荷载时，各点的位移是半正弦曲线和 IABSE 中的行人曲线响应值的 1.5 倍以上，加速度则达到 2 倍以上。日本的相关研究人员通过试验将正弦曲线、半正弦曲线以及行人曲线分别作用于楼盖上所产生的动力响应值进行了对比，发现半正弦荷载曲线作用下产生的动力响应值更接近实际情况。IABSE 建议曲线和半正弦曲线两种激励力作用在楼盖上所产生的动力响应较为接近，两者的位移和加速度相对差都不超过 10%。由于人的行走与人的身高、体重以及一些外界因素都有关系，是一个随机的过程，整个行走过程中所形成的行人荷载曲线并不像半正弦曲线那么规则。大量的试验结果表明，单步落足曲线一般有两个峰值，假定人的左右足产生的单步落足曲线相同的条件下，构造出一条行走激振力时程曲线，与 IABSE 曲线相接近。因此，本工程采用 IABSE 曲线作为行人的外荷载激励曲线。至于是否有更为合理的行人曲线，有待进一步探讨。

11.3.4　减震效果

行人外力荷载采用 IABSE 中行人的步行荷载曲线；参考 ATC 1999 的有关规定和取值，人的质量取 70 kg/人，考虑楼盖上的座位及人的阻尼作用，结构阻尼比取 0.05。通过 3 种不同工况对行人作用下的楼盖响应进行对比分析，这 3 种工况分别是：

工况 1：考虑 1 200 人以同频率、同相位在会议大厅中走动的情况；

工况 2：考虑 500 人以同频率、同相位在过道上走动的情况；

工况 3：考虑 200 人以同频率、同相位在会议大厅前台一起跳动的情况。

由于工况不同，因此人的具体活动状况和所处位置就有所差别，对应于每种工况下行走步频也不相同。

经 SAP 2000 程序计算分析，得到的楼盖中动力响应最大点的加速度和位移值见表 11－8。

表 11－8　减震前后最大响应点的挠度和加速度

项　　目	工　况	激励频率(Hz)	减震前	减震后	减震率
加速度(m/s^2)	1	2.4	0.288	0.145	49.65%
	2	2.0	0.086	0.050	41.46%
	3	2.7	0.175	0.062	64.57%
挠度(mm)	1	2.4	1.670	0.850	49.10%
	2	2.0	0.549	0.322	41.35%
	3	2.7	0.711	0.269	62.17%

从表 11－8 中可以看出，在楼盖上装设 TMD 后，各种工况下位移和加速度都有不同程度的减小。其中接近楼盖基频的工况 3 减震效果最为明显，加速度和位移减震率为 63% 左右；而远离基频的工况 2 减震效果略低于其他两种工况，位移和加速度减震率为 41% 左右。由此可以得出，当外荷载频率越接近楼盖结构频率(尤其是基频)时，TMD 的减震效果就越好。在 3 种工况下，动力响应最大的是工况 1，加速度和位移响应值分别为 0.288 m/s^2、1.67 mm，动力响应最小的是工况 2，加速度和位移响应值仅为 0.086 m/s^2、0.549 mm，工况 1 的动力响应值约为工况 2 的 3 倍以上。由此可见，作用在楼盖上的人员数量、行人的活动状况和所处位置对楼盖动力响应影响较大。

楼盖在行走激励作用下振动舒适度的评价方法体现在一些国家的振动舒适度标准中，目前比较常用的是 ATC 1999，主要控制楼盖的最大加速度响应值。按照本工程的实际情况，应要求会议大厅的最大加速度值不大于 0.015g。从表 11－8 可以看出，当楼盖上未设置 TMD 减震装置时，工况1、3最大加速度值不满足要求；而当装设TMD装置之后，得到的加速度响应值为0.145 m/s^2、0.062 m/s^2，均小于上述限值，满足了楼盖的舒适度要求。特别需要指出的是，本工程已经建成，从使用的效果来看，没有行走所带来的不舒适感，表明采用TMD达到了预期的减震效果。

11.4 临沂文化广场

11.4.1 工程概况

临沂文化广场（临沂世界之窗）位于临沂市北城新区府前巷，西邻孝圣巷，南邻算圣巷，东邻茶山巷。总建筑面积13.6万平方米，东西两栋主楼各有20层，高80 m，裙楼4层，地下1层。其外观如图11－27所示。

图11－27 临沂文化广场

11.4.2 动力分析

采用ETABS模型计算的结果在DX、DY以及DZ三个方向的振型质量累计（前60阶）参与系数分别为99%、99%以及93%。特征值分析见表11－9。

表11－9 特征值分析

阶 数	周期(s)	U_X(%)	U_Y(%)	U_Z(%)	$\sum U_X$(%)	$\sum U_Y$(%)	$\sum U_Z$(%)
1	1.539	0.005	25.255	0.000	0.005	25.255	0.000
2	1.355	13.319	0.007	0.021	13.324	25.261	0.021
3	1.317	1.135	0.000	0.003	14.458	25.262	0.024
4	1.118	1.454	11.931	0.000	15.913	37.193	0.025
5	1.090	24.833	0.678	0.016	40.746	37.871	0.041
6	0.803	0.041	0.000	0.000	40.786	37.871	0.041
7	0.733	0.024	0.000	0.976	40.810	37.871	1.017
8	0.681	0.101	0.008	0.000	40.911	37.880	1.018
9	0.634	0.123	0.081	0.000	41.034	37.961	1.018
10	0.602	0.066	0.032	0.000	41.100	37.993	1.018

11.4.3 TMD参数及控制效果

临沂之窗屋顶两侧廊道在人员走动时，将对楼面产生较大的随机激励，激励的主要方向垂直于楼面，这个激励与人的步速、体重有关。根据国内外相关研究资料统计结果表明，一般行人的步行频率为1.0～2.5 Hz。该结构竖向主控振型频率约为1.16 Hz，与行人步行频率较接近，当这一情况发生时，可能激发出连廊的第一阶模态，引起共振。

为了检验这一可能，采用简谐激励法，频率分别采用1.16 Hz（与行人步行的频率范围一致)以及1.29 Hz(对应结构第5阶振型)。在计算模型中,在整个楼面布置压力荷载,设定每1 m^2 等面积分布有1个人,每人体重假设为80 kg。根据有关资料统计,当廊面满布行人行走过程中,约有20%人的步行频率达成一致,结构阻尼比取为0.02。行人激励荷载时程曲线如图11－28所示。

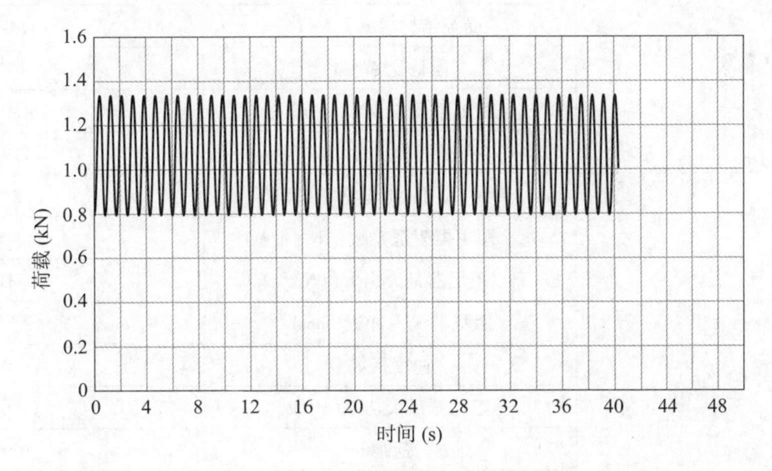

图11－28　行人激励荷载时程曲线

图11－29是在频率为1.16 Hz附近的行人激励作用下,连廊发生共振,最大共振反应跨中竖向加速度幅值达到0.257 m/s^2,已经超过ISO 2631-2:1989性能评价曲线(图11－30)中对室内天桥的控制要求,行人通过时该连廊会发生较大的振动,造成不舒适感,降低结构的使用性能。

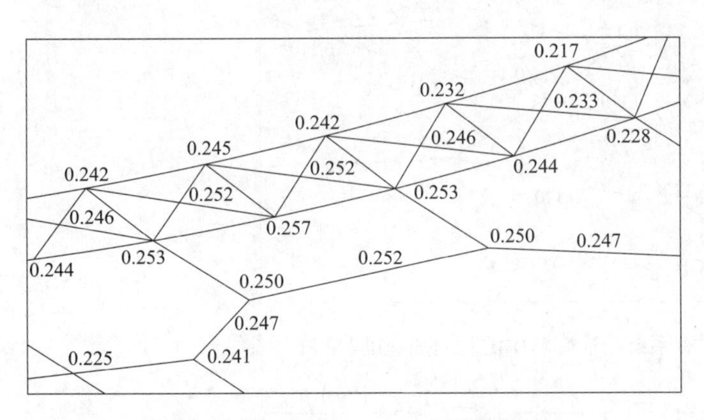

图11－29　频率1.16 Hz下连廊跨中竖向加速度(单位:m/s^2)

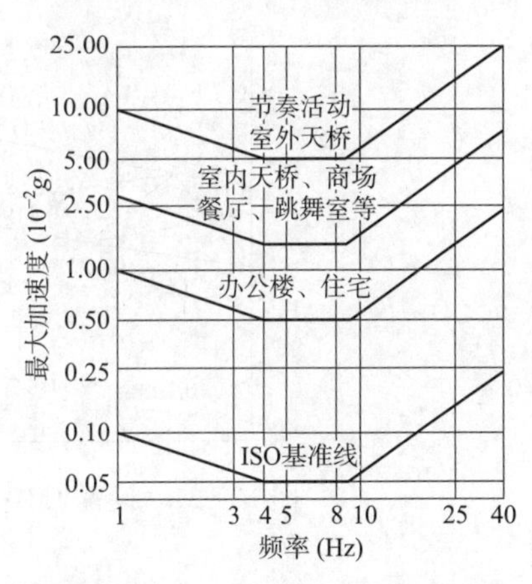

图11－30　ISO 2631-2:1989性能评价曲线及天桥结构振动性能点示意图

TMD是一种较为经济、实用的减震装置,特别是对本工程的大跨连廊具有很好的减震效果,其技术参数见表11－10。

图11－31为设置TMD减震系统后连廊跨中的竖向加速度,可以看出,加速度峰值已经有了较大降低,振动的加速度峰值已经可以达到室内天桥的控制标准。

图11－32为屋顶钢桁架中间节点15181(最不利点)的位移变化情况。

图11－33为屋顶钢桁架中间节点15181(最不利点)的加速度变化情况。

表 11－10　TMD 的技术参数

TMD 总量	TMD 总质量(kg)	44 860
	TMD 总数量(个)	20
TMD 参数	单个 TMD 质量 m(kg)	2 243
	受控结构频率 f(Hz)	1.16
	阻尼比 ξ(%)	15
	阻尼系数 C(kN · s/m)	4.9
	弹簧刚度(kN · m)	119
阻尼器参数	TMD 采用阻尼器数量(套)	2
	每个阻尼器阻尼系数(kN · s/m)	2.45
	阻尼器最大出力(kN)	0.31
	阻尼器最大冲程(mm)	±15
	速度指数	1.0
	阻尼器最大功率(HP)	0.02
	最大速度(m/s)	109
	阻尼器数量(个)	40
弹簧参数	弹簧数量(个)	80
	每个弹簧刚度(kN · m)	29.8

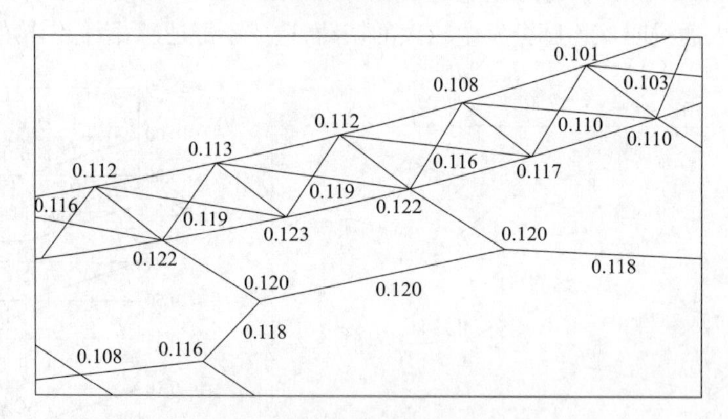

图 11－31　设置 TMD 减震系统后连廊跨中的竖向加速度(单位:m/s²)

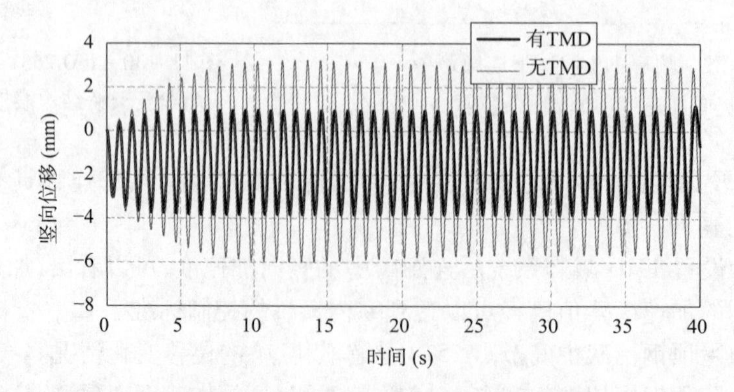

图 11－32　屋顶钢桁架中间节点 15181 的位移变化情况(1.16 Hz)

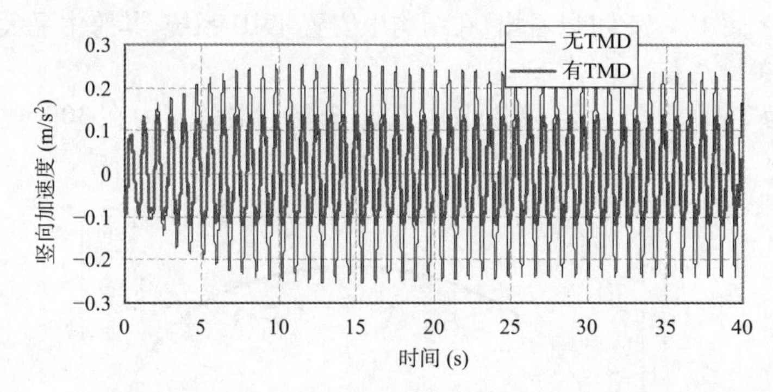

图 11 - 33　屋顶钢桁架中间节点 15181 的加速度变化情况(1. 16 Hz)

图 11 - 34 为步行频率为 1. 29 Hz 时屋顶钢桁架中间节点 15181(最不利点)的位移变化情况,在步行频率远离 TMD 控制频率后控制效果有所降低。

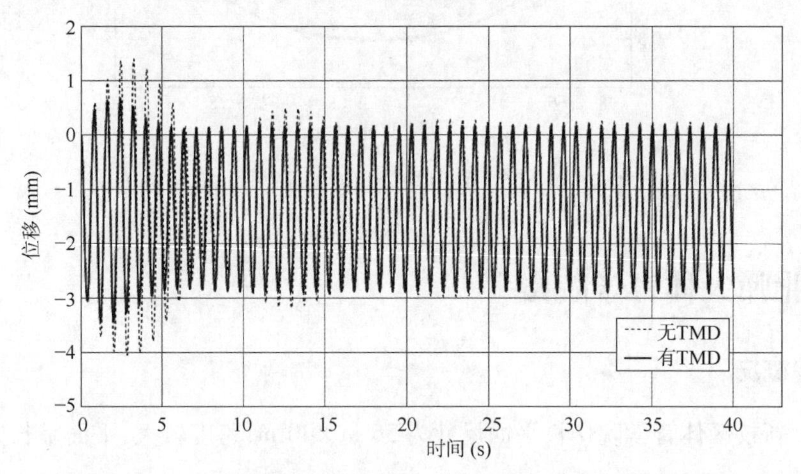

图 11 - 34　屋顶钢桁架中间节点 15181 的位移变化情况(1. 29 Hz)

图 11 - 35 为步行频率为 1. 29 Hz 时屋顶钢桁架中间节点 15181(最不利点)的加速度变化情况。

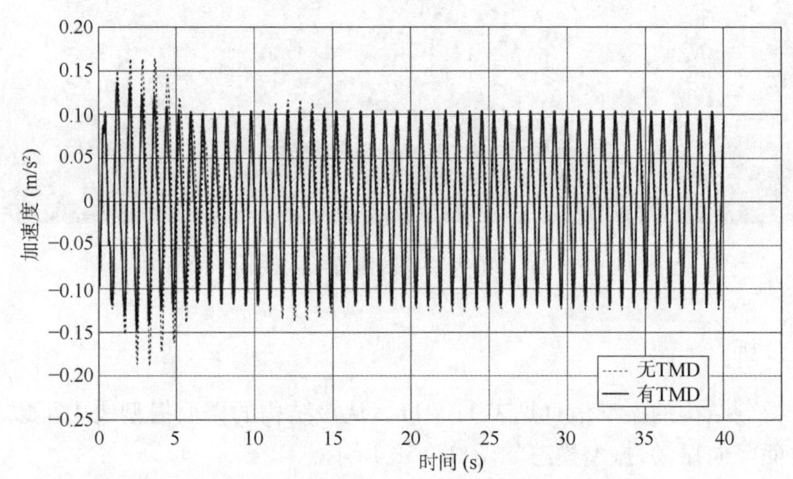

图 11 - 35　屋顶钢桁架中间节点 15181 的加速度变化情况(1. 29 Hz)

由图 11－32～图 11－35 可以看出，在结构中安置 TMD 系统，其跨中最大位移、最大加速度减震率均高达 40% 左右。

图 11－36 为 TMD 中阻尼器的滞回曲线，每个阻尼器的出力在 300 N 左右，冲程不超过 15 mm。

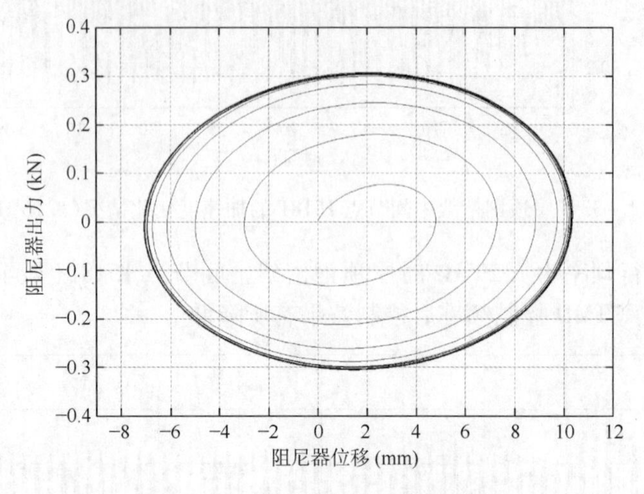

图 11－36　TMD 中阻尼器的滞回曲线

11.5　河北师大体育学院楼

11.5.1　工程概况

河北师大新校区体育学院楼板平面尺寸为 56 m×40 m，跨度较大，平面呈长方形，简图如图 11－37 所示。

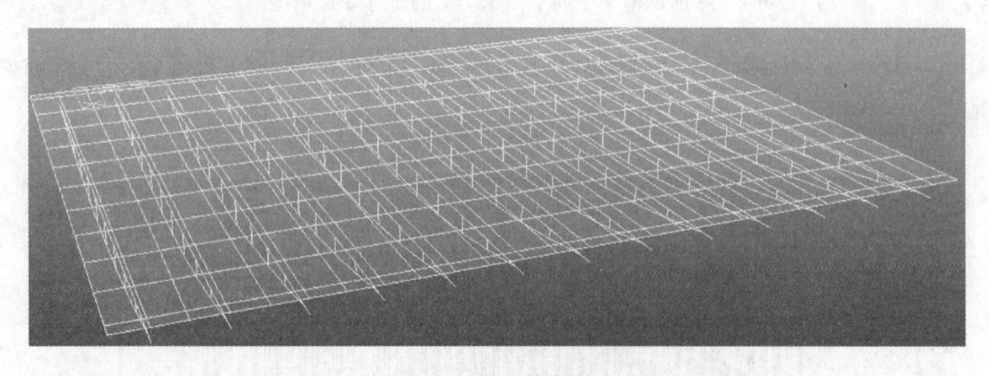

图 11－37　河北师大新校区体育学院楼板平面简图

11.5.2　动力分析

模态分析得到结构的振型信息见表 11－11。从该结构的楼面振型表中可以看出，结构第一振型即为楼面竖向振动，振型模态如图11－38 所示。

表11-11 振型信息

模态号	频率(Hz)	周期(s)	TRAN-Z	
			质量(%)	合计(%)
1	2.343 9	0.426 6	51.794 5	51.794 5
2	2.763 4	0.361 9	0	51.794 5
3	3.403 7	0.293 8	6.517 1	58.311 6
4	4.152 9	0.240 8	0	58.311 6
5	4.520 8	0.221 2	0	58.311 6
6	4.998 9	0.2	2.393 8	60.705 4
7	5.394 8	0.185 4	0	60.705 4
8	5.942 3	0.168 3	0	60.705 4
9	6.165 7	0.162 2	0	60.705 4
10	6.970 3	0.143 5	0	60.705 4

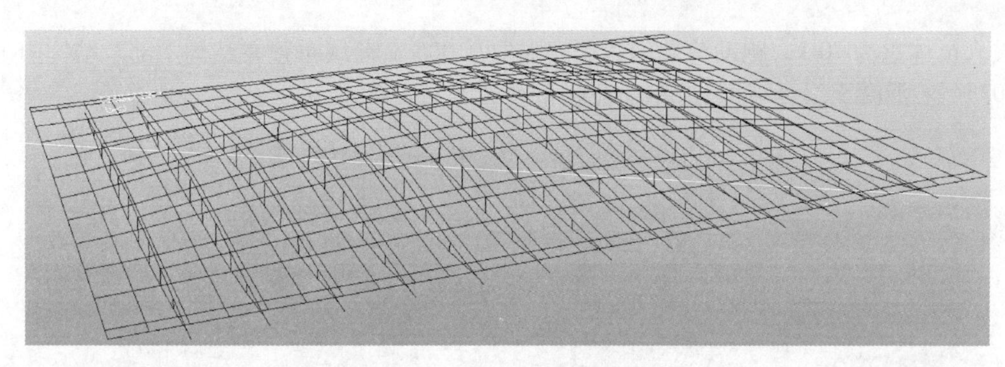

图11-38 第一振型

目前国内关于建筑的人致舒适度设计尚无资料可循,为了得到合适的人群密度以估算人行荷载的大小,使用《德国人行桥设计指南》(EN03—2007)中关于人行桥的行人交通级别和相关人流密度作为参考,见表11-12。

表11-12 行人交通级别和密度

交通级别	密度 d	描　述	特　点
TC1	一组15P,$d=15P/(BL)$	交通十分稀少	舒适而自由地行走,快步行走是可能的,单个行人能够自由选择步伐
TC2	$d=0.2P/\text{m}^2$	交通稀少	
TC3	$d=0.5P/\text{m}^2$	交通繁忙	行走依然不受限制,快步行走有时可能被限制
TC4	$d=1P/\text{m}^2$	交通十分繁忙	移动的自由受到限制,步行受阻,快步行走不再可能

注:P为行人;B为桥面板的宽度;L为桥面板的长度。

11.5.3 荷载模拟

设T为人员跑动(或跳动)的周期,t为单位周期中人与结构的接触时间,定义接触比$\alpha=t/T$,不同的接触比代表了不同的荷载类型(表11-13)。单人动荷载系数仅与接触比有关,接触比越小,动荷载系数越大。

表 11－13　不同接触比 α 对应的荷载类型

荷载类型	很高跳动	普通跳动	高冲击的健身操	低冲击的健身操
α	1/4	1/3	1/2	2/3

从测试现场拍摄的跑动视频看，人员跑动时的接触比约为 0.8～0.9，保守起见使用 $\alpha=2/3$ 作为荷载模拟时的接触比，则无量纲的跑动荷载函数如图 11－39 所示。

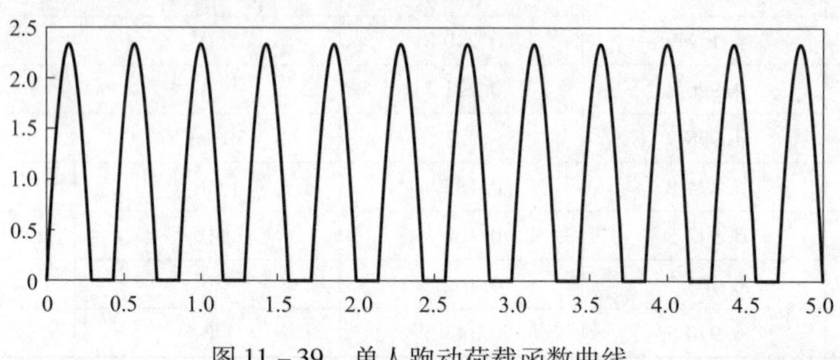

图 11－39　单人跑动荷载函数曲线

设人员体重为 70 kg，跑动荷载的数据间隔取 0.005 s，荷载布置在结构中部。结构阻尼比 $\xi=0.035$（钢-混凝土组合结构）。跑动荷载布置如图 11－40 所示。

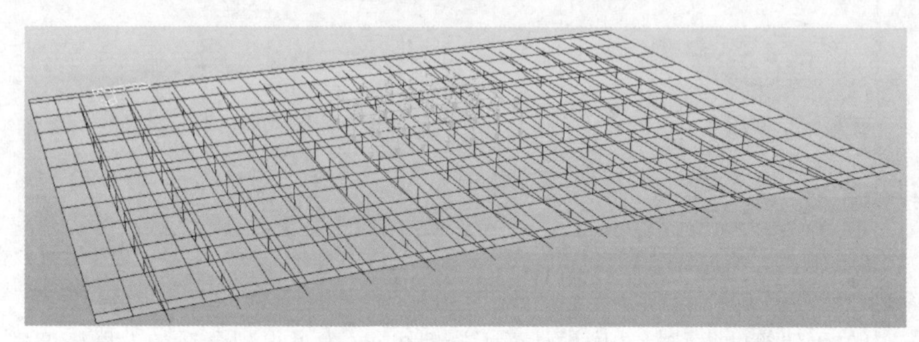

图 11－40　跑动荷载布置

由于荷载较难估计，经过试算，将最终结果进行折减，使减振前的楼板中部加速度与检测时一致。

本计算结合最新德国和法国规范的敏感频率范围评价准则。依据这一准则，竖向振动及纵向振动的敏感频率范围为 1.6～2.4 Hz（人行频率大致范围）。通常，当结构的自振频率不在上述敏感频率范围时，认为结构的人致振动问题自然满足要求。

11.5.4　减振效果

在保证 TMD 质量块质量不变的情况下，质量块形状可以任意调整（但通常为立方体），弹簧和阻尼器的布置方式也较灵活，TMD 计算位置如图 11－41 所示。

分析时间为 30 s，楼板中部在减振前后的加速度时程曲线如图 11－42 所示。

取结构振动稳定后的峰值加速度，人行工况减振前后的加速度见表 11－14。

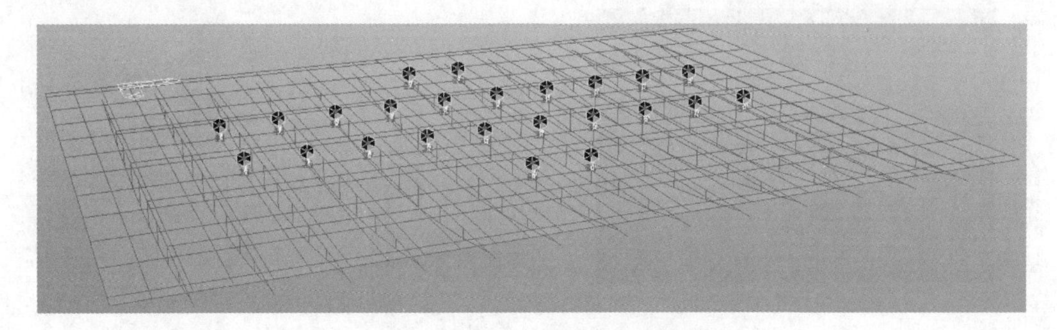

图 11－41　TMD 计算位置示意图

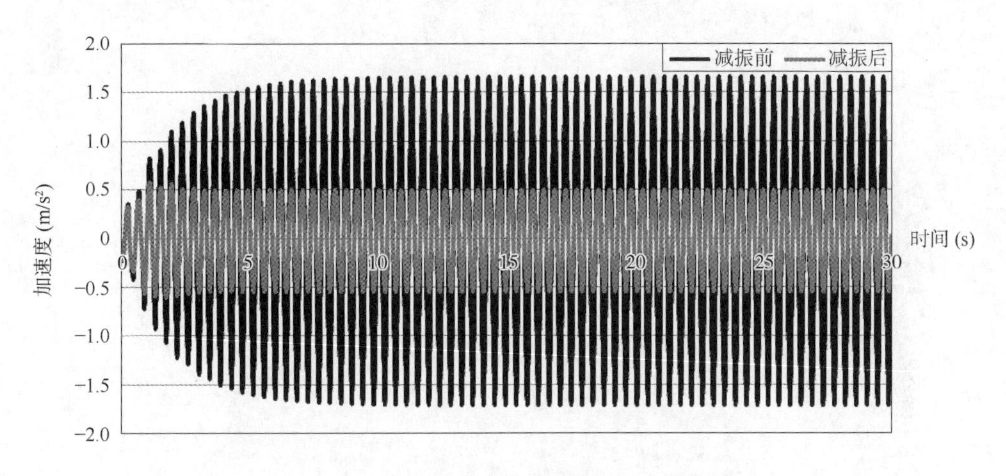

图 11－42　工况 1 楼板中部加速度时程曲线

表 11－14　减振效果汇总

减振前加速度	减振后加速度	减振率
1.71 m/s^2	0.54 m/s^2	68%

11.6　纽约公园大道 432 号

纽约公园大道 432 号超高层上使用的 TMD 减震系统采用了改进型高功率阻尼器，大大节省了建筑费用。

公园大道 432 号是一个位于纽约曼哈顿的超高住宅项目，坐落于第 56 与 57 街之间的公园大道。该项目建筑工程师团队包括 Rafael Viñoly Architects 建筑事务所和英国 WSP 集团。建筑高 427 m，共 96 层，拥有 104 套公寓，有几套公寓各自占据一整层。公寓套房内部均为开敞式空间设计，最大程度地为客户提供空间使用灵活度。其全景如图 11－43 所示。

其结构体系为框架剪力墙结构，并采用由 RWDI 设计的 11 000 kN 调谐质量阻尼器（TMD）来提高风荷载作用下的居住舒适度，使用 16 个改进型高功率阻尼器用来控制质量块的运动。

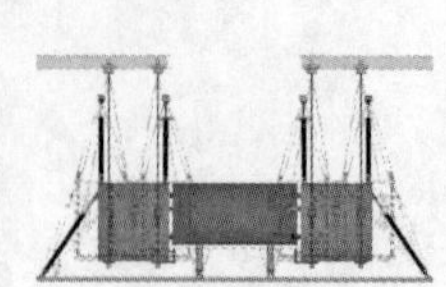

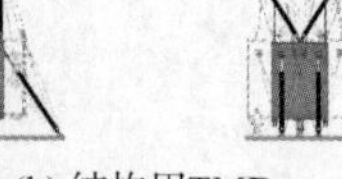

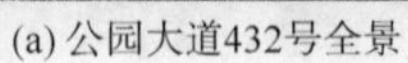

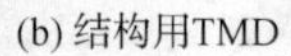

(a) 公园大道432号全景　(b) 结构用TMD

图 11－43　纽约公园大道 432 号及 TMD

第 12 章　阻尼器和 TMD 的检测

12.1　阻尼器的设计审查及检测验收要求

12.1.1　设计审查

阻尼器和基础隔震一样,都是个全新的技术,无论设计和使用都还有不熟悉的地方需要注意。互相检查和专家审查都是非常必要的。美国 ASCE 标准规定,所有阻尼器设计都要经过一个独立的专业注册设计单位的审查。这个单位一定要具备地震工程分析、耗能系统的理论和实际工程应用的丰富经验。设计审查的内容应该包括:

一是,审查特定场地的抗震设计要求,包括特定场地的反应谱和地面运动的历史以及所有其他结构的抗震设计要求。

二是,审查结构抗震的基本受力体系和阻尼器体系的主要设计。其中包括审查阻尼器装置的各项参数。

三是,审查支撑体系的的详细设计和连接节点设计。

四是,审查阻尼器系统的验收试验要求,生产厂家的资格审查、质量控制和保证、验收和维护计划。

建筑结构用阻尼器的采购往往是在招标中完成,而招标完成后的测试很难得到有效的监察。因此,对过去文件的审阅就变得十分重要。例如,北京银泰中心业主和设计院以及中交公路规划设计院为银泰中心、长江苏通大桥和江阴大桥等设计的投标技术要求中都给出了很好的技术要求。我国江阴大桥等标书中提出阻尼器生产商必须提交下列报告,作为参与竞标的基本要求:

(1)有关政府管理单位、专业协会或有关权威研究机构提供的阻尼器动力性能的测试和质量鉴定报告。报告内容包括力—变形和力—速度曲线等,并且表明温度、频率和往复振动幅值的变化不会对阻尼器产品的动力性能产生较大影响。

(2)有关研究机构提供的阻尼器产品在振动台上的试验报告,证明阻尼器在振动台结构模型上的控制效果及结果。

(3)阻尼器产品在十个以上结构工程上的安装实例,每个工程实例应包括用户提供的满意度证明。

(4)提供足够的证据说明阻尼器产品可以在正常的条件下至少使用 30 年以上不会损坏。

12.1.2　阻尼器的预检测

美国 AASHTO 等规范都明确提出了阻尼器预检测的要求。他们要求至少要按 HITEC 的所有测试要求进行预检测。在我国建筑设计规范中,目前只有简单的几条要求,特别是目前我国还没有做过类似金门大桥和 HITEC 做过的那种综合检测。随着数以百计的大型桥梁和建筑的相继建设,越来越多的建筑工程要求安置阻尼器,这一预检测工作已经成为当务之急。下面对阻尼器检测验收的重要性和美国相关规范的一些规定做详细介绍。

1. 阻尼装置的原型测试

美国 FEMA 450 和 ASCE 7 规范中提出每种类型的阻尼器要抽取两个做原型试验。如果供货商以前做过非常接近的阻尼器试验,又能提供正式的书面报告,在得到业主和设计负责人认可后,可以免去这一测试。除了出厂测试内容外,测试内容还应该包括:

(1)温度测试。每种阻尼器抽取一个样品按三种温度条件(-15 ℃,15 ℃,40 ℃)进行耐压测试和动力测试。

(2)频率相关性测试。抽取一个阻尼器样品,在不同频率下以最大动力冲程进行三次循环试验。三次循环中最大阻尼器力变动在 15% 以内,测试频率分别为 0.6 Hz、1.0 Hz 和 1.5 Hz。

(3)疲劳能力试验。经过 10 000 次以上脉动风(位移 ±5 mm,速度≥2 mm/s,频率 <1 Hz)循环试验后,观察密封系统是否漏油,用肉眼检查密封系统是否由于疲劳磨损而引起退化,装置在第 2 个和第 9 999 个周期的力—位移特征反应曲线的变化应小于 15%,阻尼器力学滞回曲线的变化应小于 15%。

2. 产品的出厂检验测试

阻尼器及支座等产品应严格符合设计图纸的各种要求;阻尼器的力学性能应符合阻尼器的技术参数要求。每个黏滞阻尼器必须进行严格的静力和动力出厂检测试验,使之满足设计要求。检验内容包括:

(1)外形测试。检查阻尼器的外形尺寸和外观,如有无漏油、油漆剥落、外壳损坏等。

(2)耐压测试。阻尼器油缸和管道在设计阻尼力的 1.5 倍安全系数下,恒定受力 1 h,不得有任何泄漏。

(3)总行程测试。阻尼器的总行程满足设计值的要求。

(4)慢速位移最大阻尼力测试。使阻尼器往复慢速运动至少三个周期,记录阻尼力和位移的关系。要求阻尼器不漏油,阻尼力不大于设计阻尼力的 10%。

(5)动力测试。在模拟动力的试验设备上,按设计要求做一个完整的滞回过程,给出以下参数和曲线:①阻尼力、行程和速度的时程曲线;②行程和阻尼力的滞回曲线;③不同冲程下的阻尼力和理论曲线的对比(要求在 ±15% 的误差范围内);④在受拉和受压情况下的最大阻尼力和最大行程。

注意:所有试验要求都是针对性很强的,要求如下:

第一,对于循环次数,抗震用的低周试验应为最大位移下 3~10 倍循环,而抗风荷载的高周疲劳试验,位移和受力都应符合风荷载的实际要求,都应很小。

第二,所有的试验要求都要符合基本公式:$F=CV^{\alpha}$。试验时的速度值要符合受力小于最大阻尼力的要求。

12.2 TMD 的结果测试和规范要求

为保证 TMD 的正常工作和工作年限,需要对 TMD 的各个元件和系统进行测试检验。

(1)质量块的检验要求。对工程中拟采用的每块质量块进行检测,检测的内容主要是质量块的质量、可调性、外形尺寸,合格率应为100%。

(2)弹簧的检验要求。对工程中拟采用的每个弹簧的刚度进行检测,合格率应为100%。弹簧性能检测要求:①基本特性,包括弹簧最大弹簧力、弹簧刚度、刚度指数、极限位移、自由高度、有效圈数;②耐久性等。

(3)阻尼器的检测。TMD系统中所采用的每个黏滞阻尼器,除进行一般的阻尼器要求的测试外,还必须进行下列检测试验:

①耐压测试:阻尼器油缸和管道在设计阻尼力的2倍安全系数下,恒定3 min,不得有任何泄漏。

②摩擦力测试:阻尼器在慢速运动(速度低于1 mm/s)时,阻尼力不应超过额定阻尼力的5%。

③疲劳测试:至少要抽样检测,在满负荷下至少按2 000次满负荷循环后,观察密封系统是否漏油,用肉眼检查密封系统是否由于疲劳磨损而引起退化,阻尼器内压是否有改变。

④功率测试:抗风阻尼器的功率要进行严格把关,应抽样检测阻尼器在指定功率下的表现,观察是否有漏油、破坏等情况。

(4)TMD频率检测。质量块的质量应严格称重,弹簧也须经过刚度检测,以保证装配后的TMD系统频率符合设计要求。考虑到TMD频率的重要性和可能的误差,对每个装配后的TMD系统都要严格地再用便携式测频仪测试频率,测试结果与设计误差不得大于2%。

(5)实际结构频率检测及TMD频率调整。

(6)减震效果检测。检测安置TMD系统前后的减震效果,测试方案如下:安装前后的风动试验;在自然大风天气检测;电脑模拟测试。

第 4 篇 问题探讨

第13章　阻尼器应用的问题探讨及未来发展

13.1　油阻尼器与黏滞阻尼器的性能差异探讨

目前,关于阻尼器的相关介绍仅限于小孔型液体黏滞阻尼器的性能特点。随着越来越多的国内外不同品牌、不同类型的阻尼器应用到结构工程中,一些新的生产厂家需要面对的情况是一边研制一边生产,并将新生产出的阻尼器成品用到我国很多重要的生命线工程上,这就需要做进一步的产品讨论。

近十几年来,我国建筑和桥梁市场上出现过的大型结构上采用的、能通过简单测试的“阻尼器”大体有以下三类:(1)在2008年破产的法国Jarret为代表的公司,其生产出内置硅胶的产品来代替液压阻尼器,并在我国多个重要的建筑、桥梁上得到应用。到2005年,该公司自知硅胶的产品性能不好,不能通过阻尼器的相关检测,自动放弃。(2)日本和欧洲的几个公司采用了在阻尼器中加设阀门,控制油压的技术生产被称之为“油阻尼器”的产品。其速度指数多数在0.05~0.2之间。美国Taylor公司30多年前也采用过这种技术,如果能采用高质量的阀门,其性能虽然很局限,却相对稳定。(3)美国Taylor公司20世纪80年代研究生产的小孔射流型阻尼器,是得到世界公认的先进产品。

当然,采用油腔内置活塞——流体型阻尼器作为抵抗冲击和振动吸能的装置,还有另一类不提供流体回路,构造较为简单,活塞杆位置变化会影响装置输出的装置,可称为缓冲器(Buffer)或液体弹簧(Liquid Spring)。下面将讨论具有回路的产品,也就是土木工程领域称为”阻尼器”(Damper)、“耗能器”的装置。但第一种“阻尼器”无法通过最简单的阻尼器测试,其生产厂已经破产,本书不再多做讨论。

13.1.1　内设阀门的油阻尼器

总体来说,能通过简单测试、用于工程减震的液压阻尼器主要有以下两种构造形式:一种是通过设置阀门产生阻尼力,这里的阀门是指由预压弹簧阀门阻塞的小孔所组成,通过孔隙的流量借助阀门和预压弹簧来计量控制,可同时采用多个弹簧预压阀芯;另一种是通过不同形状和位置的孔道实现阻尼,即射流型阻尼器,射流型控制小孔没有可动的部件,而是采用一系列特殊形状的通道通过流体速度来改变流体特性。对第二种构造形式的产品,Taylor公司拥有自主专利技术,装置出力可随流体速度和幂指数变化。

日本隔震结构协会指出,由于流体流动时的运动分成主要由黏滞力引起和主要由惯性力引起的两大类。利用黏滞力的称为黏滞阻尼器,利用惯性力的称为油阻尼器。二者均属于速度相关型阻尼器。普通的油阻尼器内部设置流量控制阀门,其阻尼出力与速度呈线性关系,设置溢流阀后阻尼器动力表现为双线性特性。

关于油阻尼器的讨论,公开发表的资料较少,以下关于油阻尼器的计算公式和特性讨论大都是从《被动减震结构设计·施工手册》里摘录的。

1. 油阻尼器的设计与特性

(1)普通圆孔的流体特性

小孔用于控制通过活塞头的流体压力。小孔可由经过机械加工的复杂通道制成;也可采用钻孔,由弹簧压力球、提升阀或卷筒制成。如需制作速度指数小于2的阻尼出力,则需要相对复杂的设计。阻尼力按下式计算:

$$F_{\mathrm{d}}=\left[8\cdot\pi\cdot\upsilon\cdot L+\frac{A\cdot\dot{u}_{\mathrm{d}}}{2\cdot C_{\mathrm{D}}^{2}}\right]\cdot\left(\frac{A^{2}\cdot\rho}{A_{0}^{2}}\cdot\dot{u}_{\mathrm{d}}\right) \tag{13-1}$$

式中,F_{d} 为阻尼力(N);A 为节流孔面积(m^2),$A=\frac{\pi}{4}D^2$;υ 为流体动黏度系数(m^2/s);ρ 为流体密度;L 为节流孔长度(m);C_{D} 为流量系数;$\dot{u}_{\mathrm{d}}$ 为活塞速度(m/s)。

式(13-1)中,中括号内的第一部分表示由黏滞引起的流动阻抗,第二部分表示由涡流引起的阻抗。对于普通油阻尼器,介质采用低黏度油,在较小的节流孔长度 L 下,第一部分黏滞阻抗可忽略不计,则只考虑由于流体惯性力引起的阻尼,如式(13-2):

$$F_{\mathrm{d}}=\frac{A^{3}\cdot\rho}{2\cdot C_{\mathrm{D}}^{2}\cdot A_{0}^{2}}\cdot\dot{u}_{\mathrm{d}}^{2} \tag{13-2}$$

式(13-2)符合伯努利(Bernoulli)方程的圆孔形式,阻尼器出力只与速度平方成比例。这种形式在高速情况下表现为阻尼过大,而在低速下则出力过小,因此在大多数情况下并不适合土木工程。

(2)油压阻尼器的工作原理

油阻尼器通过流体的惯性力实现阻尼功效,单位时间内通过的流体流量是改变阻尼器出力的关键要素。通过机械手段实现流体流量改变的方式是设置阀门,即在油路中设置控制阻尼力特性的阀,称之为流量控制阀(Flow Control Valve 或 Pressure Control Valve),流量控制阀根据作用在阀上的压力与阀弹簧力的平衡关系改变流体通过的面积。图13-1为设置预压阀门的油阻尼器构造图,其中的调压阀为流量控制阀或低压阀。

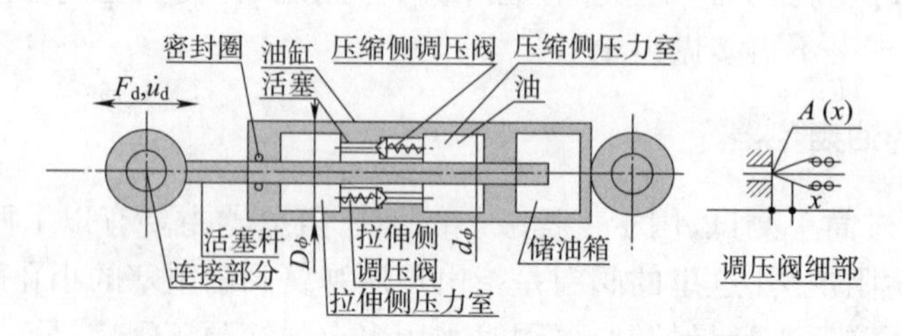

图13-1 设置预压阀门的油阻尼器详细构造

设流体通过的面积 $A(x)$ 与阀的升程 x 的平方根成正比,并设形状系数为 λ,即

$$A(x)=\lambda\cdot\sqrt{x} \tag{13-3}$$

设阀孔的受压面积为 A_{v}、阀弹簧系数为 K_{g},则作用在阀上的压力与阀弹簧力的平衡关系为

$$P\cdot A_{\mathrm{v}}=K_{\mathrm{g}}\cdot x \tag{13-4}$$

同时设活塞受压面积为 A,则作用在活塞上的阻尼力 F_{d} 与压力 P 的关系为

$$P=\frac{F_{\mathrm{d}}}{A} \tag{13-5}$$

综合式(13-2)~式(13-5),可得

$$F_d = \sqrt{\frac{\rho \cdot K_g \cdot A^4}{2 \cdot A_v \cdot \lambda^2 \cdot C_D^2}} \cdot \dot{u}_d \tag{13-6}$$

假设

$$C_d = \sqrt{\frac{\rho \cdot K_g \cdot A^4}{2 \cdot A_v \cdot \lambda^2 \cdot C_D^2}} \tag{13-7}$$

则式(13-6)可表示为线性油阻尼器表达式:

$$F_d = C_d \cdot \dot{u}_d \tag{13-8}$$

上述过程即为采用流量控制阀的油阻尼器阻尼特性的基本设计公式,其动力特性如图13-2所示。

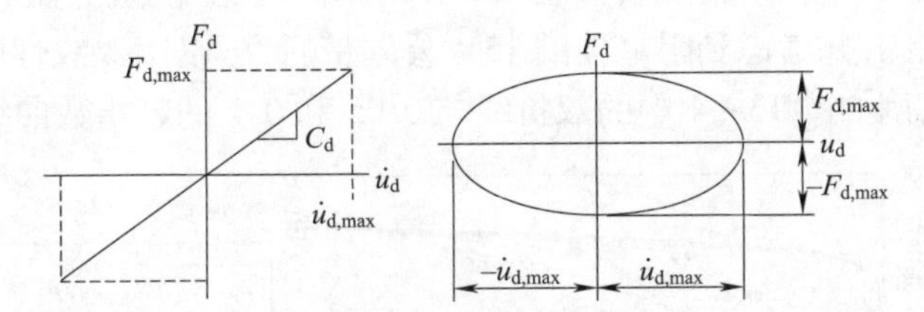

图13-2 具有流量控制阀的线性油阻尼器动力特性

由于需要根据流量控制阀的开启量达到压力与流体流量的特定关系,流量控制阀要经过精确设计加工较为困难,其后期的耐久性也备受关注。正因如此,多数生产厂均不生产这种线性阻尼器。

(3)双线性溢流阀油阻尼器

为了获得不同的功效,则需要更多的利用阀门的机械原理。通常的做法是安装前文中提到的低速调压阀以及高速调压阀两种装置,从而使油阻尼器呈现双线性特性。这种高速调压阀门被称为溢流阀(Pressure Relief Valve)。

这种阻尼器的特点是低速启动的调压阀在达到溢流速度 $\dot{u}_{dy}$ 前表现为线性阻尼特性,而在速度超过溢流速度后溢流阀工作,阻尼器阻尼力的上升速度明显下降,表现出不同的速度和阻尼力线性关系,如图13-3所示。

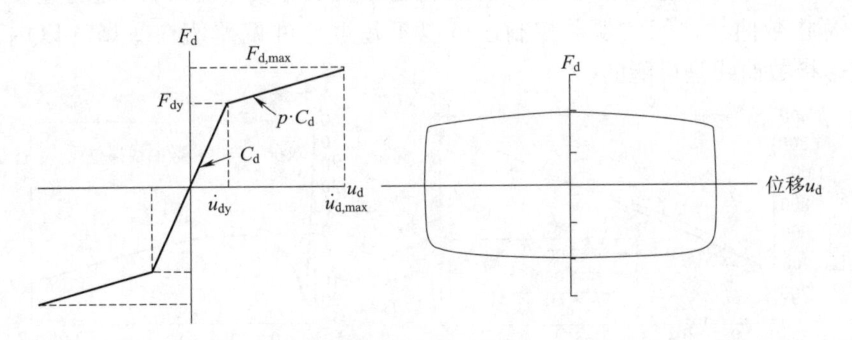

图13-3 具有溢流阀的双线性油阻尼器动力特性

溢流阀油阻尼器可采用如下的阶段函数表示阻尼特性:

$$F_d = C_d \cdot \dot{u}_d \qquad F_d < F_{dy} \tag{13-9}$$

$$F_d = C_d \cdot \dot{u}_{dy} + p \cdot C_d \cdot (\dot{u}_d - \dot{u}_{dy}) \qquad F_d > F_{dy} \tag{13-10}$$

在实际应用中，为了降低阀门失效所带来的不利影响，一些阻尼器生产厂实际的做法是采用两个平行的流体孔道，其中一个仅为小孔，另外一个设置溢流阀。在低速时，虽然流体通过小孔阻尼器出力按照平方关系，但由于平方值在低速运动时与线性关系非常接近，这种方式很容易满足其误差控制要求。而当速度达到设定值后，其压力达到溢流阀设定值，过多的流量通过开启阀门流走而使阻尼器泄压。于是，虽然运动速度增大，而阻尼器的出力增长却很少，由此构成了双线性的第二个阶段。这类阻尼器的速度指数通常很小，如 0.05 或 0.1。

2. 双线性曲线和幂指数曲线的近似表述

通常，大多数阻尼器是非线性的，即阻尼力和速度的本构关系构成一个幂指数函数。当速度指数较小，如 α 为 0.05、0.1、0.2 时，这些曲线具有明显的类似于带拐点的双线性油阻尼器曲线的特点。只要参数合适，二者非常相近，如图 13－4 所示。可见，油阻尼器通过调整压力阀门、控制溢流速度、调整溢流阀，并考虑到阻尼器的 15% 公差带后，可以用双线性的分段直线近似地模拟出幂指数曲线形式，例如图 13－4 中的双折线与 0.05 和 0.1 的幂指数曲线已经十分接近了。

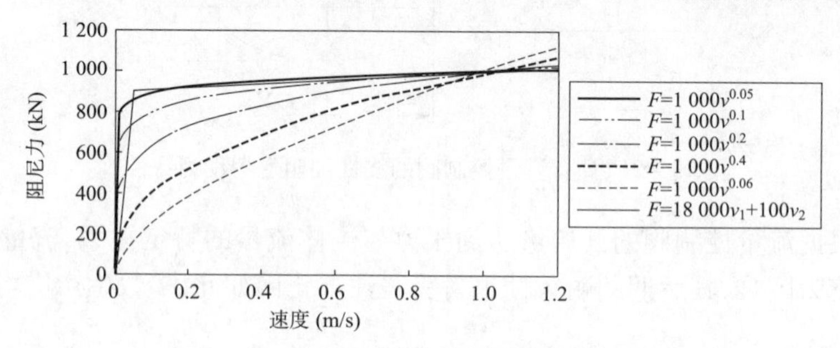

图 13－4　幂指数和双线性曲线的对比(一)

因为计算结果的收敛问题，一些有限元计算软件，如 SAP 2000、ETABS 或 MIDAS 均指出，其非线性单元(或边界条件)并不适用于计算速度指数在 0.2 及以下的阻尼器产品。为此，一些生产厂家都试图研发生产速度指数在 0.3 及以上的阻尼器。

通过比较发现，用双线性模型可以模拟出 0.3 以上速度指数的曲线。图 13－5 为双线性折线模拟幂指数为 0.4 幂指数曲线的对比曲线，相对于小指数情况，采用双折线模拟的误差从图形上看有所加大。但通过仔细对比发现，虽然速度较小时误差较大，但随着速度增大，一般双折线以及幂指数曲线之间的误差控制还可以不超过允许偏差值在 ±15% 以内，采用双线性曲线模拟幂指数曲线是可能的。

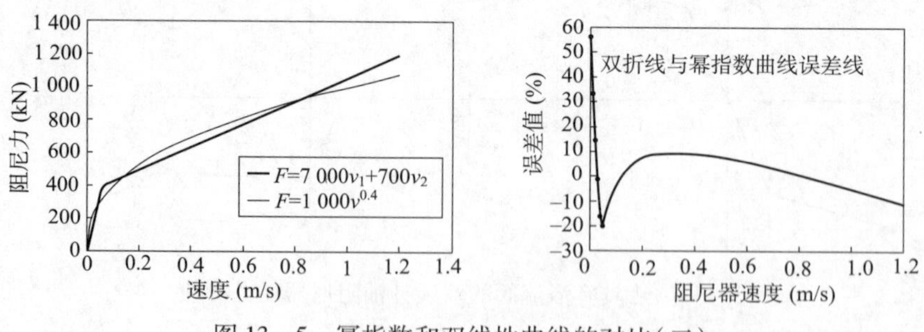

图 13－5　幂指数和双线性曲线的对比(二)

应注意，虽然从理论上这种拟合是可以实现的，在实际研发和生产中，即使可以实现，经过反复测试、改进生产的样品也可以通过简单的测试，但也不能代表其长期使用的表现。

3. 工程用油压阻尼器

根据资料显示，目前只有日本将采用阀门的油压阻尼器进行单独归类，在实际工程中多采用具有溢流阀的双线性油阻尼器，其设计参数见表13-1。图13-6为日本某公司生产的双线性油阻尼器内部基本构造，其主要部件包括：①圆筒管，②活塞杆A，③活塞杆B，④活塞，⑤、⑥阻尼阀门，⑦作动油，其中②、③、④连接为一整体，作动油被密封在圆筒管内。油压阻尼器通过安装点振动引起的变位差形成伸缩来进行工作。

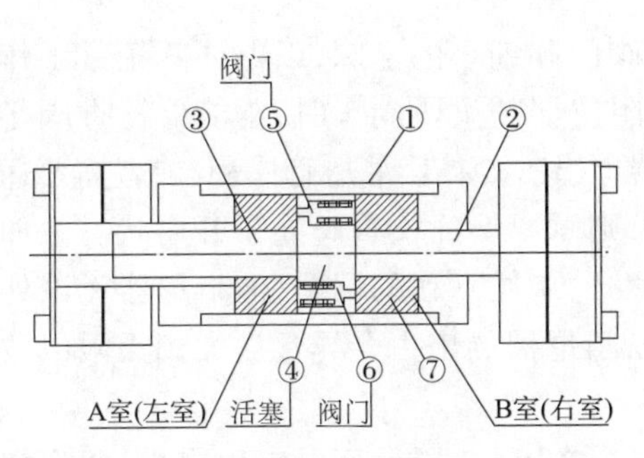

图13-6 具有调压阀溢流阀的双线性油阻尼器内部基本构造

表13-1 具有溢流阀的双线性油阻尼器设计参数

阻尼特性	双线性 Bilinear System	
作用方向	受拉、受压双向	
主要参数	数值	单位
阻尼器行程	160±80	mm
阻尼系数 C_1	250.0	kN/(cm/s)
阻尼系数 C_2	16.9	kN/(cm/s)
溢流速度 V_r	3.2	cm/s
最大速度 V_{max}	15	cm/s
溢流阻尼力 F_r	800	kN
最大阻尼力 F_{max}	1 000	kN

4. 蓄能器功能讨论

(1)蓄能器介绍

蓄能器是油压阻尼器的重要部件，在阻尼器受到冲击时，内部的换向阀突然换向、执行元件运动的突然停止都会在液压系统中产生压力冲击，使系统压力在短时间内快速升高，造成设备内部元件和密封装置的损坏。外置蓄能器的阻尼器如图13-7所示。

油阻尼器所采用的液压油是不可压缩液体，利用液压油无法蓄积压力能，必须依靠其他介质来转换、蓄积压力能。蓄能器中的压力可以用压缩气体、重锤或弹簧来产生，相应地蓄能器分为气体式、重锤式和弹簧式，具体形式如图13-8所示。

图13-7 外置蓄能器的阻尼器

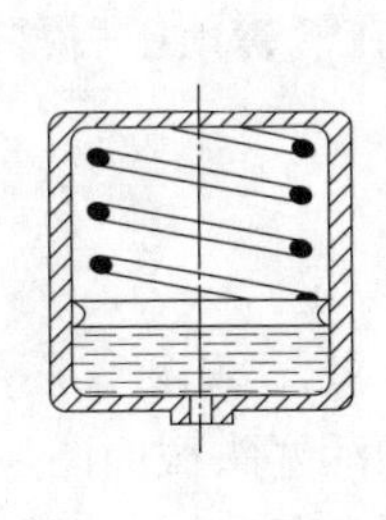

(a)弹簧式

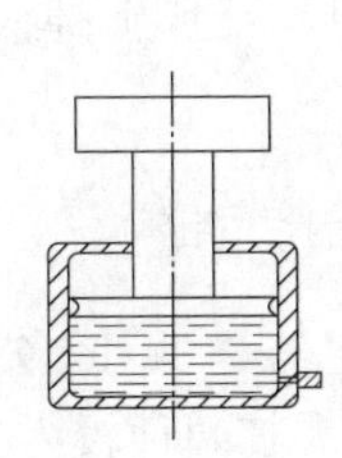

(b)重锤式

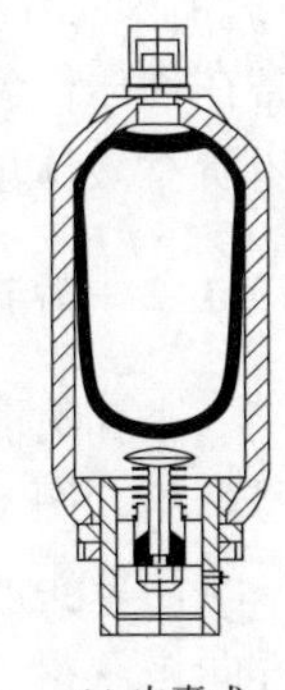

(c)皮囊式

图13-8 蓄能器形式和构造

重力式及弹簧式蓄能器在应用上都有局限性,现在已很少使用,目前大量使用的是气体加载式蓄能器。气体加载式蓄能器的工作原理建立在波义耳定律的基础上。使用时首先向蓄能器充入预定压力的空气或氮气,当外部系统的压力超过蓄能器的压力时,油液压缩气体充入蓄能器,当外部系统的压力低于蓄能器的压力时,蓄能器中的油在压缩气体的作用下流向外部系统。气体加载式蓄能器又分为非隔离式、气囊式、隔膜式、活塞式等几种。

(2)蓄能器讨论

设置蓄能器的阻尼器需要定期进行维护,而且需要保证这种外挂装置不会因为意外而损坏。

蓄能器用在阻尼器上一般作为温度补偿、油介质的泄漏补偿以及对活塞杆在往复运动时的体积变化起到调节的功能。

蓄能器需要采用一系列包括检查阀在内的各种阀门和细小的空隙,以保证其正常工作不会在往复循环中损坏。在地震发生或者列车在设置阻尼器的梁段刹车时,蓄能器检查阀必须关闭,只有有限流量的油液通过细小空隙流入蓄能器。当需要补偿液压管体积,或者需要通过蓄能器将泄露油液或者温度补偿油液注入阻尼器时,则需要保证检查阀处于开启状态。如果阻尼器没有定期循环,阀门没有工作,最终阀门都会发生卡住不动的情况,油阻尼器无论处于何种状态(零阻尼出力或者最大力)都将变得不安全,阻尼器的出力会异常放大到无限以致发生爆炸。

如果连接蓄能器的管路及配件出现损坏,阻尼器会在 1 ~2 周循环后丧失出力,并将完全失效。一旦蓄能器自身增至其极限,在阻尼器内会形成气泡,导致功能丧失。

如果蓄能器采用充氮气密封的构造,由于气体会缓慢通过密封氮气的 O 形橡胶密封圈泄露,因此这类蓄能器需要定期进行充气。如果蓄能器仅采用简单的螺旋弹簧平衡活塞上的压力,这种设计方式通常会引起活塞锈蚀,阻尼器一旦循环会引起灾难性破坏。采用气囊式的蓄能器(图 13 -9)每 5 年更换气囊,这作为地震阻尼器而言并非不常见。

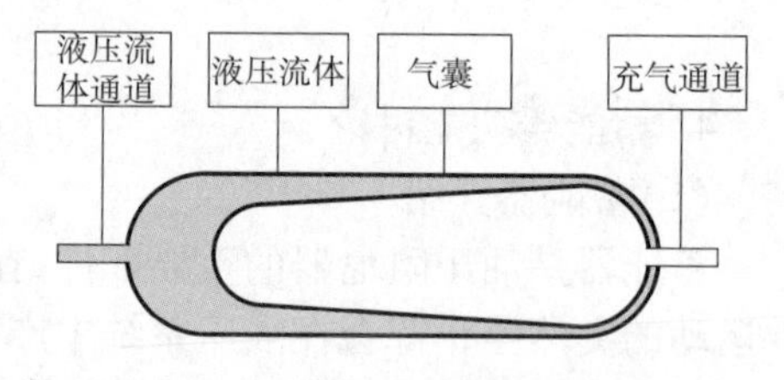

图 13 -9　气囊式蓄能器的内部构造

对用于泄露补偿的蓄能器来说,阻尼器需要定期进行油液以及气体的补充和更换。这要求阻尼器处于中位时采用非常准确量值的液体保证蓄能器活塞处于其中心位置。在泵送液体时,需要一个特殊的尖杆插入蓄能器缸内,而后重新充气。如果蓄能器采用气囊而非活塞,就需在预压气囊时打开泄压阀泄掉液体。在气囊预压后蓄能器变空,这需要泵入一定量液体关闭所有液体填充塞。

13.1.2　射流型黏滞阻尼器

小孔射流型阻尼器是 Taylor 公司 20 世纪 80 年代逐步研究出的具有独立知识产权的阻尼器产品。图 13 -10 为其两种较为典型的活塞头截面图。

活塞头所设置的小孔采用前文提到的射流孔的形式,这种纯粹通过改变油液流动速度和方向来获得不同速度指数的活塞头构造形式十分巧妙,这种构造已经完全摆脱了阻尼器内的易损零件——阀门,不但延长了阻尼器的寿命,也大大降低了阻尼器的造价,更大的区别是,它的本构曲线变成了光滑平整的曲线。

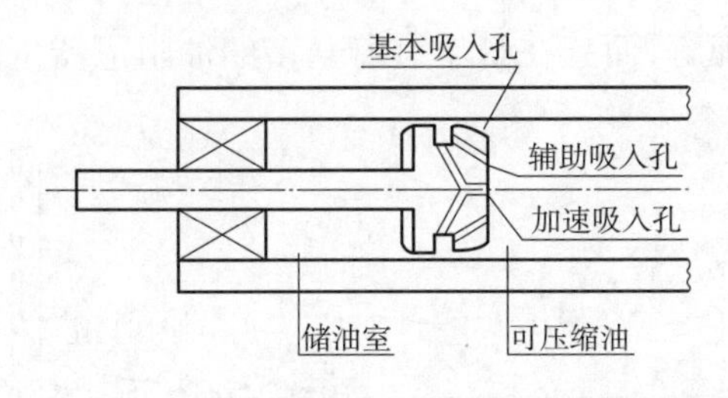

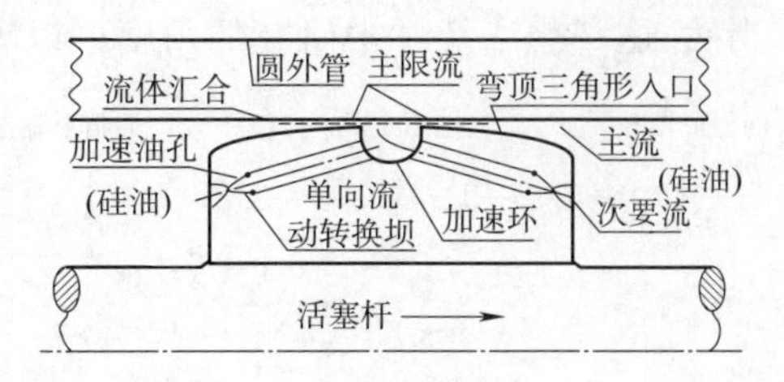

图 13－10　单出杆和双出杆小孔射流阻尼器活塞头的构成

式(13－11)即为结构工程普遍公认的有幂指数关系的液体黏滞阻尼器的本构关系，Taylor公司给出的幂指数 α 应用范围为0.2～2.0，而如果需要获得精确的速度指数更小的($\alpha<0.3$)阻尼出力形式，只能采用压力阀型的小孔结构。其阻尼力和速度关系如图13－11所示。

$$F_d = C_d \cdot \dot{u}_d^{\alpha} \quad 0.2<\alpha<2.0 \tag{13-11}$$

射流型阻尼器是Taylor公司在30多年前就开始使用的先进技术，已经得到世界的公认，并在400多个桥梁和建筑上得到了广泛应用。到目前为止，还没有足够的证据证明已有使用这一技术的其他类似的阻尼器产品。

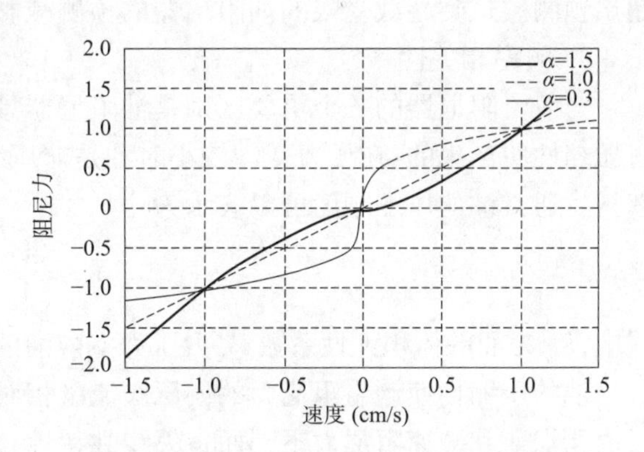

图 13－11　不同速度指数下的阻尼力与速度关系曲线

13.1.3　油阻尼器性能讨论

大量的油阻尼器在我国及日本和欧洲等的结构工程抗震中采用，下面将探讨这类产品的使用情况，并从工程角度对其性能进行讨论。

1. 过载的副作用

油阻尼器的极限状态包括极限变形、极限速度或极限阻尼力以及环境温度和耐久性等几个方面。极限变形由最大反应变形量、连接部分的误差以及富余值所组成。关于极限阻尼力，规定最大阻尼力约为构件承载力的1.5倍，相应的最大阻尼力的速度为极限速度。

通过调整阀门的压力，可以近似地将双线性油阻尼器表示成幂指数黏滞阻尼器，特别是对于小指数情况，如0.05和0.1。油阻尼器会给出其适用的最大速度，这是由溢流阀的设计原理所决定的，如果速度过快，阀门工作超出范围，导致由于没有阀门的控制，阻尼器回到流体速度的平方关系，阻尼力和内部压力急剧放大，阻尼器变为刚性支撑，带来的后果可想而知，这也是这类油阻尼器几乎没有进行150%速度过载测试的原因。

通过另外一个佐证可以进一步说明这一问题。2009年3月东京工业大学Kasai等多位教授采用地震模拟振动台对一5层的全尺寸结构进行了地震模拟试验，在试验中分别设置了金属阻尼器、黏滞阻尼器、油阻尼器以及黏弹性阻尼器，试验的目的是检验这些耗能装置的实际功效。图13－12为实测得到的附加阻尼器后结构的周期和阻尼比变化情况，其中油阻尼器的附加阻尼显著高于其他类型的阻尼装置，在不同地震水准下得到的平均附加阻尼比达到17%。Kasai对这一结果给出的解释为：考虑到油阻尼器过载后的趋势，相对于其他阻尼器，人为将油阻尼器尺寸和参数放大来避免这种现象。这里使用的油阻尼器比起其他阻尼器尺寸要大得多，当然，这一想法从学术研究的角度可以理解，而且在日本有着众多的油阻尼器生产商。

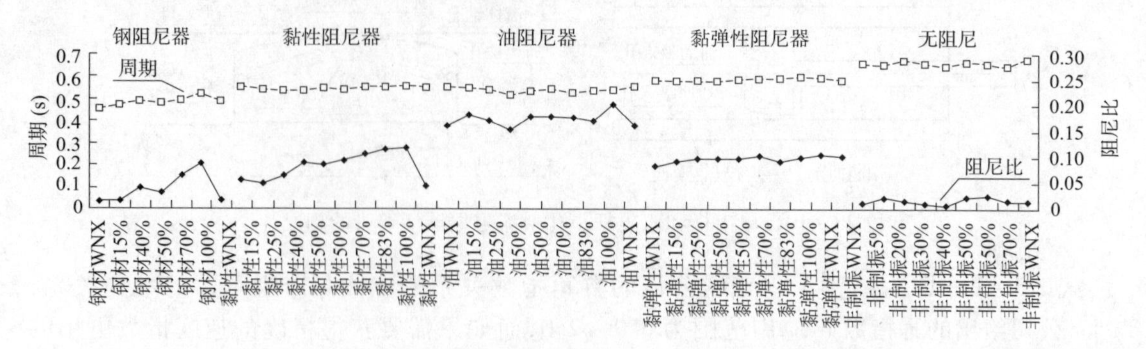

图 13－12　Kasai 实测得到的附加阻尼器后结构的周期和阻尼比

2008 年发生在我国汶川的地震和 2011 年日本的 311 东日本大地震中，地震级别都完全超出预测。这类超载受限的油阻尼器的预测减震效果和震害都难以想象。

2. 频率相关性

与射流阻尼器的一个重要区别是油阻尼器具有频率相关性，这种相关性是由内部介质的可压缩性所产生的：在压力变动较小时油是非压缩性的，而在振动荷载作用下油的压缩性不能忽视。通常油的压缩刚度可以表示为

$$K_{\mathrm{d}}=\frac{A^{2}}{V}\cdot K_{\mathrm{v}} \tag{13-12}$$

式中，K_{v} 为油的体积弹性系数；V 为压力室内油的体积；A 为活塞受压面积。

油的压缩性使产生阻尼力的调压阀流量相对于活塞运动产生相位滞后，表现为在线性阶段由于加速和减速阻尼力不同而丧失线性特性；从图 13－13 中可见，双线性阶段的第二阶段受到影响较小。图 13－14 所示为实测得到的在不同频率下的阻尼抵抗力，不同频率速度相同阻尼抵抗力有很大区别，测得的数据离散性较大，但总体上高频下阻尼力的变化斜率要大于低频下的变化斜率。

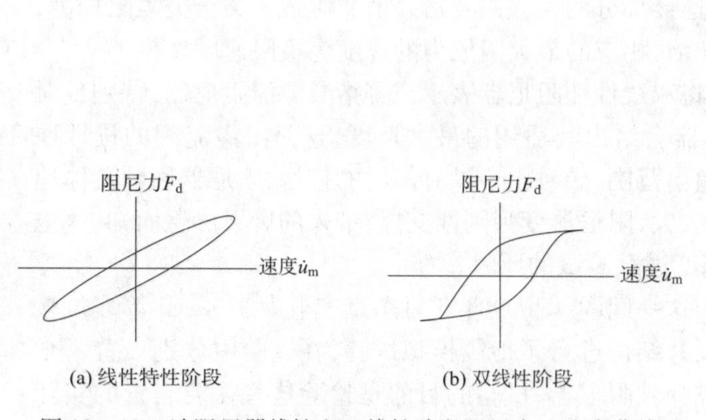

图 13－13　油阻尼器线性和双线性阶段阻尼力—速度曲线

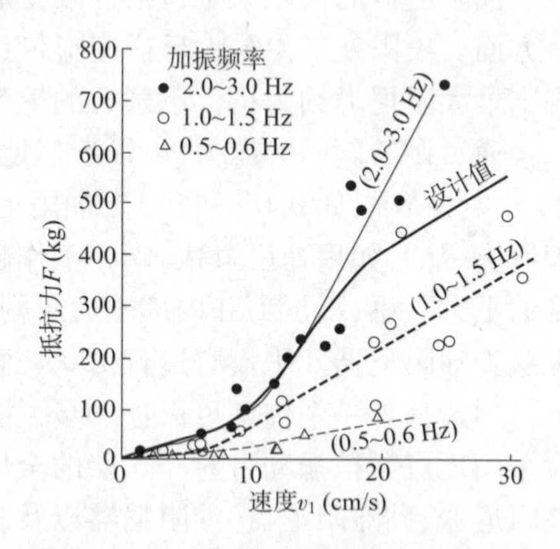

图 13－14　实测的油阻尼力与速度数据

频率相关性是油阻尼器的基本特征，日本隔震结构协会给出了频率相关公式，根据串联的麦克斯韦尔模型，油阻尼器等效阻尼系数 C_{m} 及等效刚度 K_{m} 可表示为

$$C_m = \frac{1}{1+(C_d\omega/K_d)^2} \cdot C_d \tag{13-13}$$

$$K_m = \frac{(C_d\omega/K_d)^2}{1+(C_d\omega/K_d)^2} \cdot K_d \tag{13-14}$$

式中,ω 为振动圆频率;C_d 为线性部分的阻尼系数。

改写后可得到阻尼系数降低率 C_m/C_d 为

$$\frac{C_m}{C_d} = \frac{1}{4\pi^2 (C_d/K_d)^2 f^2 + 1} \tag{13-15}$$

基于油阻尼器由于内部刚度引起的频率相关性,在计算分析中必须考虑并模拟阻尼器的刚度,并综合支撑刚度带入麦克斯韦尔模型中。可见,这一特征与射流型黏滞阻尼器显著不同。

从图 13－14 可以看出,在不同频率的工作环境下,所得到的阻尼力的误差显然大于美国规范所规定的 15% 的误差,这已经超出了允许的误差范围。

3. 缩尺试验的局限性

在阻尼器进入工程领域之前,相关的测试和工程研究必不可少,而任何压力感应阀型孔类阻尼器的应用都不得不面临全尺寸试验的要求,这些试验往往要测试能预期到的在实际应用过程中阻尼器所能达到的最大速度及频率,而有时设计吨位过大导致试验设备往往不能满足要求。

采用缩尺模型或仅进行一般性的试验是不能作为性能验证试验的。这是因为液压阀是不能进行比例缩尺的:缩尺后孔隙流通过阀门和阀门弹簧的力仍会以与其相关的一些参数按照平方的关系变化,而同时小球的重量、提升阀和滑阀会按照相关参数的三次幂指数变化。因此,当小孔较大时,由于一侧阀门的关闭而使其相对于其他阀门来说变得沉重,这样阻尼器在脉冲输入下的性能以及其频率反应范围将退化。为了维持阻尼器特定的性能,每个阻尼器的阀门不得不单独设计,而不能根据其他尺寸进行缩尺。

4. 耐久性问题

这里讨论的长期工作下耐久性分为两个部分,即长期耐久性和循环耐久性。

在长期的工程环境中,特别是混凝土结构其阻尼器的位移量极低,基本处于不动状态,由于阀门需要依赖螺旋弹簧等可动部分才能工作,在被安置到结构中后,螺旋弹簧由于长期处于负载状态后一般均会产生少量变形难以恢复,这导致弹簧的性能与安置之初有很大不同,而在地震发生时,这将使阻尼器的性能根本无法预测。

此外,阀门在长时间未被触发而处于静止状态时,在阀门打开或者关闭时会出现卡死或者粘连现象。这带来的问题是如果阀门打开时出现粘连,阻尼力很低,其耗能作用大大降低而达不到减震作用;当阀门在关闭时出现卡死,阻尼器表现出极大的刚性,阻尼出力极大,这也会引起结构的不安全,甚至阻尼器发生爆炸。

对于循环耐久性,通常指阻尼器用于抗风和其他振动的环境时,这些阻尼器的好坏则完全依赖于阀门等这些移动部件的连接可靠程度。由于阻尼器存在的功能和目的,这些不可靠因素是不可忽视的。

5. 其他因素影响

众所周知,液体阻尼器为速度相关型产品,与位移无关。由于连接节点的间隙或油中混入气泡,油阻尼器在微小速度、微小位移下,上述线性关系式变的不再适用。这些间隙可能来自连接节点,在考虑一定的气泡混入量后,油阻尼器对于 0.25～0.50 mm 的微小振动存在盲区。

如何发挥油阻尼器在微幅状态下的运动仍是进一步需要研究的课题。

在极限的温度状态下密封圈的功能降低，而且内部阀门的动作容易失常，内部油质的黏度和比重会发生变化，这些温度因素所导致的阻尼器功能下降，一般均需要采用调整系数考虑公式的修正。

最大油阻尼器速度的工作范围仅为6～250 mm，这远小于常见地震10～2 000 mm的阻尼器工作范围，也是难以满足抗震要求的因素。

13.1.4　难以分辨的不同产品

几个世界出名的阻尼器或锁定装置生产厂家因技术原因已经破产或停止生产，如在2008年法国Jarret公司发生了两起惊人的因阻尼器阀门引起的事故，并最终导致该公司破产。究其原因，一是其为美国加州政府大厦提供了256个“油阻尼器”，其中30个因阀门出故障而未能通过检验；同期，Jarret公司还为台湾“台北信义计划区克缇国际公司总部”工程生产了200多个阻尼器，在验收测试中很多未能通过并漏油。这些最终导致该公司破产的严重事故，震动了阻尼器行业，也导致在我国留下了大批无人保养的重要建筑和桥梁阻尼器工程，由此带来了很坏的影响。在20世纪美国土木工程学会和高速公路创新科技评价中心HITEC为世界阻尼器和隔震支座组织的预检验的测试中，美国某一公司的产品在两倍速度加荷测试中严重破坏，目前这家公司已经停止生产这种用于土木工程中的阻尼器产品。

以上情况，无论生产厂家还是业主单位都希望避免。然而仅靠简单的测试，按照我国目前对阻尼器的认知和测试能力，想必很难分辨某个装置是使用阀门的油阻尼器还是靠小孔截流的黏滞阻尼器，如使用阀门形成的双线性模拟小孔制成的$\alpha=0.4$阻尼器。

根据初步总结，并结合美国HITEC联合预检测的内容，对这两种不同的阻尼器应不难区别。以下几个方面及测试手段可用于分辨这两者的不同之处：

(1)几何尺寸。采用阀门的油阻尼器一般在几何尺寸上比射流型黏滞阻尼器要大得多。这是因为黏滞阻尼器的所有尺寸都是由阻尼器的最大受力所决定的(如油缸、活塞)，而使用阀门的油阻尼器必须考虑其薄弱环节——阀门，特别是更容易破坏的溢流阀。

(2)从上述0.4的幂指数对比误差图(图13－5)中可以看出，当速度很低时其误差较大，在低速下(如1～10 mm/s)对比速度指数就很容易看出区别。实际上，由于油阻尼器连接节点的间隙或油中混入气泡，在微小速度、微小位移下，油阻尼器上述关系式变的不再适用。在考虑一定的气泡混入量后，油阻尼器对于0.25～0.50 mm的微小振动存在盲区。

(3)超载测试。美国有关阻尼器的要求中，都要求阻尼器有1.5倍的安全系数，这也是分辨油阻尼器最重要的测试。对油阻尼器，阀门是阻尼器中最薄弱环节，在考虑安全系数后，速度超出设计值后，阀门很容易因超载而破坏，成为没有阀门的黏滞阻尼器，虽然荷载加大它仍可继续工作，直到缸体不能承受为止，但阻尼器的参数早已改变。通常，当阻尼器的运动速度大于250 mm/s就已经超出了油阻尼器的工作范围。

(4)频率测试。油阻尼器是频率敏感的阻尼器，在不同工作频率下其误差将大于15%的规范标准。

(5)测试曲线的光滑性。阀门的启动和关闭常会给阻尼器带来测试曲线上的突变。注意这一点，也就能区分阻尼器的区别了。

当然，更为简单实用的办法是询问生产厂家阻尼器中是否使用阀门以及阀门的功能特点。

如果可行就不难得到答案。

精心挑选、反复测试调整的个别的双线性模型阻尼器不难凑到近似于目标的幂指数，批量模拟就会遇到困难。大量地逐个测试就容易发现使用阀门阻尼器的问题。

13.1.5 结　论

在长期工程经验积累后，Taylor公司认识到作为向结构提供更高等级耐久性的阻尼器产品，其自身的耐久性和稳定性是至关重要的。20世纪80年代随着射流孔阻尼器的出现，它们用于土木工程领域的产品均采用了这种更为可靠的结构。

随着液体阻尼器在工程中的不断应用，关于阻尼器的性能差异的讨论很多。究竟何种阻尼器更加适宜用于土木工程领域，一方面需要通过测试的手段加以区分，此外则是需要真正的工程检验才能验证。

13.2 黏滞阻尼器应用的问题及产品发展

13.2.1 阻尼器内压问题

1. 预载内压对阻尼器的重要性

阻尼器在制造中的一项关键技术是对阻尼器腔内施加预载内压，油腔内压的存在减少了对各种阀门的需求，也避免了阻尼器对蓄能器的使用，这些不必要、多余零件的减少使得阻尼器更为可靠。阻尼器在工作中由于内部高压，实现通过独有的小孔激流调整速度指数的技术，避免采用其他构造的阻尼器通过各种复杂的控制阀或其他技术来达到特定的速度指数。

施加内压的主要作用体现在以下三个方面：

(1)抗震要求，协调阻尼器参数使其能快速启动，在很短的时间内就要使阻尼器能开始工作并达到设计值，避免对抗震不利的阻尼器产生时间滞后现象。特别是考虑到结构中高阶振型的高频反应不应被忽略时。而对于无论是否采用阀门或设有内压的阻尼器，都无法保证解决这一快速反应问题。

(2)阻尼器的内压是其能很好工作的基本保证，从而提高阻尼器的温度稳定性。没有合适的内压，就不能实现阻尼器正确全面的本构关系。如果真实做出阻尼器在极限温度和多频率下的本构关系测试，应不难看出，内压为零的阻尼器是不能满足所有本构关系要求的，特别是提高阻尼器在小振幅情况下的工作性能关系。

(3)提高阻尼器的工作效率，设内压的阻尼器是阻尼器材料使用效率紧凑的保证。

2. 内压测试检验是否漏油

通过测试内部压强，也便于后期检测阻尼器是否漏油。阻尼器在出厂测试时必须进行的一项测试，即为内压测试，用于验证产品在长期工作后内部压力是否达到要求。另一方面，要想判断阻尼器是否有泄漏，可以通过测试阻尼器的内压变化来实现。当然，对于第一代和第二代内置阀门的阻尼器产品，则完全没有这一概念，更谈不上测量的问题。图13－15为在Taylor公司进行的阻尼器三倍静压(15 000 psi)测试，在达到测试内压后一般需要保持3 min或1 h，以验证阻尼器的密封情况。

在规范《桥梁用黏滞流体阻尼器》(JT/T 926—2014)中，我国首次提出了要做内压测试，

图 13－15　阻尼器静压测试

这是个了不起的进步。然而至今为止，还没听说任何一个国内生产的阻尼器出厂前做过内压测试。

目前生产的阻尼器大多数根本没有注油孔，也都无法观测其内压。这就说明这种阻尼器的基本本构关系根本无法保证。随着我国对阻尼器进一步深化测试的实现，就越来越能看出施加内压的重要性。国际上规范对内压测试都有明确的要求，对于出厂测试，要求对试件在 3 min 内施加相当于 1.5 倍阻尼器极限载荷的内部压强，并且要求逐个检查。

阻尼器真正有效的在线监测就应该是测试其内压，例如对杭州湾东大桥、北京二环线阻尼器的内压检测是阻尼器正常工作的很好检测。

江苏某核电站阻尼器生产厂曾试图模仿从 Taylor 公司进口的阻尼器，但最终没有组装成功，其中原因应是不了解阻尼器必须存在的内压。

13.2.2　关于 0.3 以下速度指数的讨论

在实际工程中我们经常喜欢使用非线性阻尼器。阻尼器的速度指数越小，一般耗能越大，但并不是可以极端地认为可以采用速度指数极小的阻尼器。

1. 黏滞阻尼力的相位差优势

黏滞阻尼出力和变形的相位差是其他装置所不具备的优势。对于一个纯线性阻尼器，其运动与结构的弹性恢复力存在 90°的相位差。而随着阻尼器速度指数的减小（小于 0.3），阻尼器附加给结构的力与结构自身的恢复力同步增大，恢复力模型趋近于摩擦阻尼器，而失去了阻尼器相位差别的优势。

2. 产品构造决定速度指数

阻尼器的速度指数并不是真正来自学术优化，而是来自阻尼器的构造和阻尼器生产厂的区别。

（1）小速度指数是第二代产品的典型特征

日本和欧洲的几家公司采用在阻尼器中加设阀门和油库（蓄油器）来控制油压的技术生产被称之为“油阻尼器”的产品，第二代阻尼器采用的办法是利用弹簧压力球、提升阀等机械手段实现速度指数的调整，但能够调整的空间有限，其速度指数多数在 0.015～0.20 之间变化。第二代产品由于采用了额外的机械部件，而抗震阻尼器有可能长期处于待震状态，内部的这些机械零件在多年以后如果受到冲击，没有人能够保证其是否能表现出出厂时在实验室检测时的状态。如果这些阀门不能正常运转，若阻尼器受到冲击其内部的换向阀突然换向、执行元件由于多年处于静止状态，灵敏度下降，运动的突然停止、打壳都会在液压系统中产生压力冲击，使系统压力在短时间内快速升高，容易造成设备内部元件和密封装置损坏。

从国际经验来看，不用阀门是不能实现超小速度指数的。如果有的厂家不用阀门就实现了应认真检测，看他们是否可以满足所有的本构关系。

(2)更为稳定的第三代阻尼器

第三代阻尼器采用的调节速度指数的办法，则是将小孔制成复杂并经过机械加工的通道，通过流液控制，采用一系列获得专利技术准确定型的通道控制，依据这些通道的形状及面积可使速度指数在0.2～2.0范围内变动，而不需要在小孔内设置任何活动的部件。这类阻尼器成孔属于第二类非伯努利型小孔，采用射流型方法，射流型控制小孔没有可动的部件，装置出力可随流体速度的非平方幂指数变化。取消内部的机械连接零件，从而使第三代阻尼器的稳定性获得极大的提高。这种新技术使阻尼器得到世界工程师的广泛认同，并能安全稳定地工作几十年，因此也就带来了今天阻尼器的大发展。

3. 速度指数过小容易激发结构高阶振型

安装小速度指数阻尼器和普通阻尼器的结构可采用汽车的行驶状态来进行比较说明。一般情况下，悬挂系统采用0.3～0.4的速度指数阻尼，装置输出力非常平缓；而当采用速度指数0.1的悬挂阻尼时，则通常在长途行驶中提供很高的出力，在阀门未卸载前，指数0.1的装置在所有的冲击中看起来如同刚度很大的弹簧，车辆以及车里的乘客需要承受很强的颤动以及颠簸，长此以往，车辆的耐久性降低，乘客的感觉也极不舒适，甚至不利健康。对于桥梁也同样如此，桥体采用许多块混凝土组合而成，这些构件在0.1的指数下会被激起共振，长期运行后，桥体的连接节点会出现松动。

应当指出，阻尼器优化的目标应该是整个结构的反应，而不是单个阻尼器的简单耗能曲线。很多阻尼器的优化结果都表明，综合各项指标，其结构反应的最好状态并不是阻尼器的速度指数最小。

4. 观点和建议

(1)采用何种速度指数是结构优化设计技术的结果。

(2)过小的速度指数在计算中可能使计算结果不能收敛。

(3)最为关键的原因是采用小速度指数阻尼器也就意味着适用带有阀门的阻尼器，这些带有阀门的阻尼器厂家纷纷破产表明其技术有先天不足。

(4)在阻尼器的慢速测试中，小速度指数阻尼器慢速测试出力有可能超过10%，不能达到规范规定的测试要求。

13.2.3　抗风阻尼器的功率

在我们遇到的工程环境中，越来越多的阻尼器要求计算功率，如风控制的建筑、TMD系统、晃动很大的行人桥等等。一定的功率是保证阻尼器在连续或接近连续工作下不破坏的必要条件。它是个定量的阻尼器耗能能力，不是简单的抗疲劳能力。它也是阻尼器漏油的关键技术。鉴于很多生产厂家还不清楚阻尼器的功率，本节就介绍一下。

使用阻尼器抗震和抗风在设计上的最大区别在于，地震荷载持续时间短，虽然荷载峰值可能很高，但输入的总能量远不及动辄持续数小时的风荷载。

众所周知，高温是对阻尼器最不利的因素，质量较差的阻尼器会在内部高温的情况下由于密封装置软化而导致漏油甚至爆炸。所以，为了防止阻尼器在长时间连续工作下由于发热带来的损害，对于主要设计用于抗风的阻尼器，需要对阻尼器工作时的功率进行严格控制。按照阻尼器的设计使用规定，需要对阻尼器在50年一遇风时程工况下的功率进行验算。

阻尼器功率(单位:W)为 $P_D = W_D \cdot f$,其中 f 一般为阻尼器安置方向结构的一阶频率。

在伦敦的 Pinnacle Marina Tower 项目中,设计者对阻尼器提出了有关功率的测试要求。具体内容为:所有阻尼器要接受 180 min 的测试程序,测试幅值见表 13-2,并假设一次激励循环的周期为 10 s。阻尼器的力、速度、位移、温度以及时间数据将以每个循环 100 个数据的频率,连续不断地被记录下来。

在测试的结尾部分,阻尼器效能的降低程度应不超过 30%。阻尼器效能可被定义为在一致速度剖面下的能量耗散能力。阻尼器需要在降温至环境温度后仍保有其全部的性能。

表 13-2　连续测试幅值一览表

时间(min)	所需输出功率(kW)	时间(min)	所需输出功率(kW)
0~100	0.86	110~115	1.33
100~105	1.24	115~180	0.86
105~110	0.95	—	—

此外,应用在菲律宾的圣弗朗西斯香格里拉塔上的阻尼器曾进行了能量耗散能力(功率)测试。通过周期为 7 s(0.142 Hz)持续 180 min 的正弦激励来模拟风荷载的作用。在阻尼器外表面的中部加设了温度测量设备,经过测试的阻尼器平均温度升高了 22 ℃。经观察,没有发现明显的渗漏或泄露。

需要说明的是,有关阻尼器功率的测试在国内应用阻尼器的项目中是尚未做过的。

13.2.4　阻尼器初始力的讨论

在目前的桥梁阻尼器招标中,有设计人员提出了在传统桥梁阻尼器外加设初始力的想法,并希望装置达到如下性能:

(1)具有初始力或要求在慢速下具有一定的初始力。

(2)采用极小的速度指数(如 0.1),利用这种极小的速度指数接近于摩擦阻尼器,有较大的初始力和静摩擦。

(3)设计较大的阻尼摩阻力。

(4)直接采用在建筑上使用的塑弹性阻尼器。

这些方案是与阻尼器基本的设计理念相违背的,这一初始力并没有考虑到桥梁的温度等可能变形所产生的阻尼力,这些初始力对桥梁来说可能是十分有害的。

实际上,在普通阻尼器的基础上进行额外改造,如设置额外的熔断片、设置限位装置等,在以往工程中并不少见。这些额外的功能往往都是根据不同的工程需要提出的。建筑和桥梁所采用的五类具有特殊功能的阻尼器,根据产品设计以及构造形式的不同,大致归纳见表 13-3。

表 13-3　五类具有特殊功能的阻尼器对比

序号	阻尼器类型	说　明	备　注
1	法国 Jarret 带刚度阻尼器	用于建筑,温度变形很小	内置胶泥、性能较差
2	带风限制器的阻尼器	用于建筑,温度变形很小	另加阻尼装置
3	Taylor 液体黏弹性阻尼器	用于建筑,温度变形很小	内带弹性部分
4	Taylor 带熔断的阻尼器	用于桥梁一端,另一端放开	带金属熔断片
5	带限位力阻尼器(非初时限位)	桥梁变形可以自由释放后加力	冲程端部弹性限位

但需要注意的是,额外附加的功能必须考虑结构自身特点,并且不能对桥梁结构的变形、受力等造成负面影响。换言之,阻尼器额外功能的提升要使用得当,并能够说明它们各自合理的用处。在阻尼器中设置初始力,应该说只有通过外加机械的办法实现,如加金属熔断片、刚体部分。这种外加力在有温度变形时就会发生。如果桥梁的两端都加上这种附加力,显然会对桥梁产生一个没有必要产生的外加力,如悬索桥中采用的阻尼器,如果初始力过大,往往会加快阻尼器的磨损破坏,这种情况应引起重视。

桥梁结构特别是大跨度桥梁,本身有很大的温度变形,特别是在炎热的夏天,大跨度桥梁的温度变形高达几十厘米甚至1 m以上。对这种变形通常采用释放的办法,而不能进行约束限制,从而避免桥梁产生很大的温度应力。因此,对于绝大多数的桥梁减震设计,在选用抗震抗风阻尼器时均必须考虑这一温度受力。当然,在最为理想的状态下,温度变形过程中基本不受力的液体黏滞阻尼器是最好的选择设计。对于普通内置液体的液体黏滞阻尼器,在温度的变形速度很低时,桥体温度应力可以完全释放,阻尼器基本不受力。当然,阻尼器的内摩擦和必要的密封装置也会使阻尼器产生很小的初始应力。

可以说,如果阻尼器初始力的设置不当,不但使桥梁结构的周期改变,也使桥体承受额外的附加受力,对结构带来潜在的有害影响。

13.2.5 全面的阻尼器测试

关于阻尼器的全面测试,其是阻尼器产品鉴定和长期使用的关键。

1. 阻尼器低速(小位移)运动时的工作性能

由于风荷载相对地震荷载而言频率较低、峰值力较小,因此要求阻尼器在较低速度时也可以正常工作。

Taylor公司对一个未出厂的黏滞液体阻尼器进行了低速工作测试,速度从接近0到0.17 in/s(4.3 mm/s),阻尼器的测试布置安排如图13-16所示。

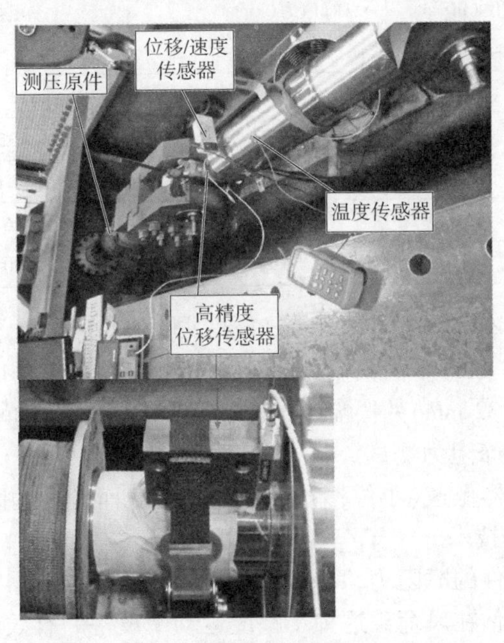

图13-16 阻尼器的测试布置安排

图 13－17 为低速测试的峰值阻尼力—峰值速度的关系曲线。数据点之间的直线为线性阻尼器当常数 $C=290$ kips/in(50 787 kN · s/m)且速度低于 0.2 in/s(5.1 mm/s)时，以及 $C=$ 234 kips/in (40 980 kN · s/m)且速度低于 0.6 in/s(15.3 mm/s)时的表现。图中所示数据是在考虑设备密封件摩擦力(测试为 6.3 kips(28 kN))的情况下得出的。当把摩擦力从峰值力中减去以后，计算出的阻尼常数将比图中所示的偏低。

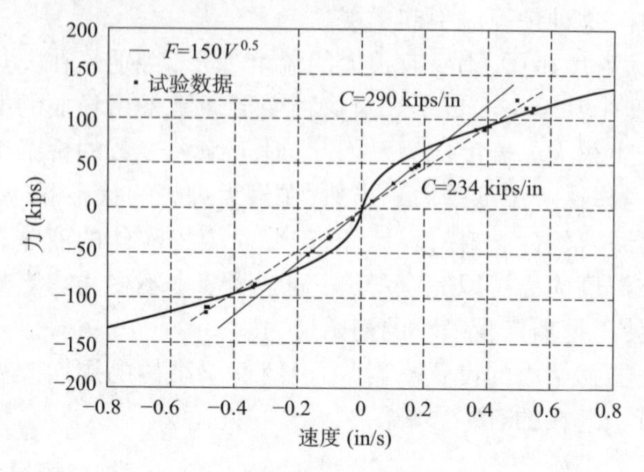

图 13－17　峰值阻尼力—峰值速度关系

表 13－4 总结了 0.2 in/s(5.1 mm/s)以下低速试验的数据，数据的 C 值除测试编号 2 外，与图 13－17 中进行摩擦力修正后的 C 值($(290\times0.2-6.3)/0.2=259$ kips/in)基本一致。由此可知，此阻尼器在速度达到 0.026 in/s (0.7 mm/s)时即可开始工作，且在速度达 0.10 in/s (2.6 mm/s)时即可以表现出其设计的性能。

表 13－4　低速试验数据

测试编号	峰值速度(in/s)	峰值力(kips)	阻尼系数 C(kips/in)
1	~0	6.3	摩擦力
2	0.026	11.0	(11－6.3)/0.026＝181
3	0.10	35.0	(35－6.3)/0.1＝287
4	0.15	42.6	(42.6－6.3)/0.15＝242
5	0.16	46.0	(46－6.3)/0.16＝248
6	0.17	50.0	(50－6.3)/0.17＝257

图 13－18、图 13－19 分别给出了编号 2 和编号 3 的测试曲线，测试冲程分别约为 11 mil (0.28 mm)和 50 mil(1.27 mm)。而根据 ASCE 7－05 第 18.9.1.2(1)款，阻尼器的风循环小位移测试需要在 ±0.17 in(4.32 mm)的振幅和 0.2 in/s(5.08 mm/s)的峰值速度下进行，本测试满足此要求。2. 阻尼器的低摩阻力测试

上一小节阐述了阻尼器低速(小位移)性能的重要性，而较小的阻尼器内摩擦正是阻尼器低速(小位移)性能的关键技术。

为了测量阻尼器密封件的摩阻力，Taylor 公司对 2 台阻尼器都以非常慢的速度进行了四次测试。测试结果用于评估在风荷载这种小幅度运动中设备的有效性。其中一次测试的滞回曲线及力与位移(冲程)的时程曲线如图 13－20、图 13－21 所示。

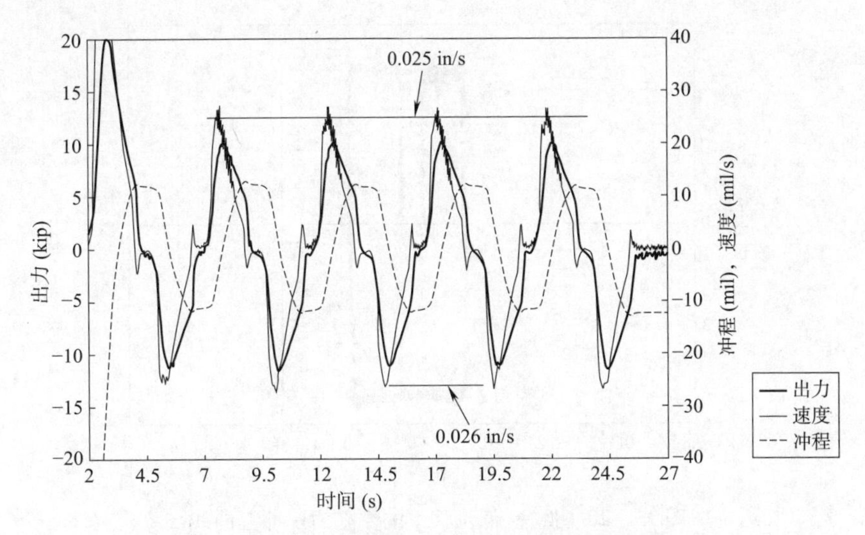

图 13－18　编号2阻尼器出力、速度及冲程的时程曲线

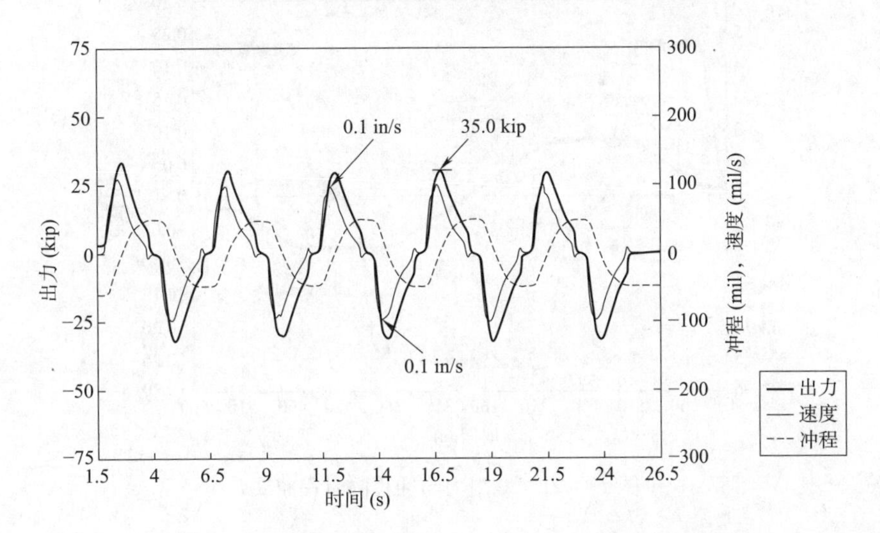

图 13－19　编号3阻尼器的出力、速度及冲程的时程曲线

如图13－21所示，摩阻力测试的速度是0.001 in/s（0.025 mm/s），振幅0.075 in（1.905 mm）。滞回曲线清楚地显示了没有任何黏性成分的摩擦行为。在测试的四个阻尼器中，每个阻尼器的密封摩阻力值见表13－5。

表13－5　摩擦测试结果

阻尼器型号	测试编号	测试起始温度	摩阻力
67DP－19330 (440 kip)	1	69.8 ℉(21.0 ℃)	6.2 kip (27.6 kN)
	2	68.4 ℉(20.2 ℃)	5.0 kip (22.2 kN)
67DP－19600 (330 kip)	1	68.2 ℉(20.1 ℃)	6.2 kip (27.6 kN)
	2	74.1 ℉(23.4 ℃)	6.6 kip (29.4k N)

本项目的风循环测试的阻尼器出力在40～56 kip（177.9～249.1 kN），速度为0.2 in/s

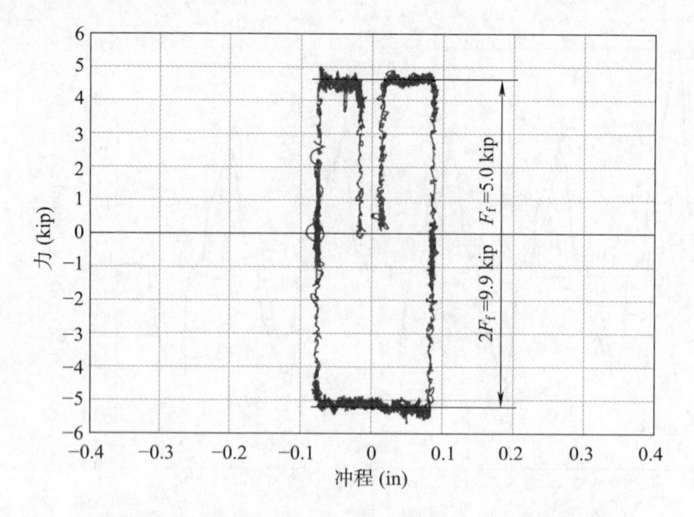

图 13－20　低速、低位移下的摩阻力—冲程曲线

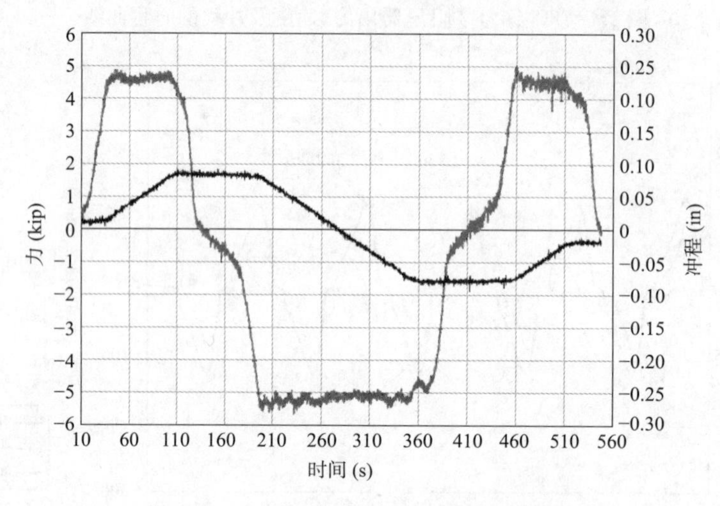

图 13－21　摩阻力与冲程的时程曲线

(5. 08 mm/s)。阻尼器摩阻力的数值约为风循环测试出力的 10% ~15%，表明这些装置在风荷载下是有效的。目前，Taylor 公司的阻尼器已可以做到摩阻力低于阻尼器设计出力的 5%。

3. 不同温度下的阻尼器性能测试

高低温测试是要求阻尼器在特别试验的温度情况下(应用大型温箱产生的环境)的测试，将阻尼器在制冷和温箱内整体加热后持续 24 h 以上或制冷测试其力学性能的变化情况，借助疲劳测试所产生的温度进行评估，显然是与此要求不符的。温度测试不是判断阻尼器在高温下是否破坏，而是看它的性能是否有改变。

高温环境下的阻尼器测试与测试中的温度升高时的测试结果完全是两个概念。常温下的测试使阻尼器温度升高，但测试的结果仍然是在普通温度下得到的。况且一般测试时间很短，阻尼器在循环后温度升高一般发生在试验结束后的 15 min 或 0. 5 h 以后，普通测试根本得不到高温条件下的测试结果。而实际在高温环境下，若长期暴露在自然环境条件下(如夏季高层建筑阳光直接照射下)，如不采取任何措施，阻尼器的性能会显著下降，有时下降幅度会很惊人。因此，包括我国在内的相关减隔震装置测试的内容均对极温测试提出了要求。在阻尼器的发展历史上，很多国际上知名的阻尼器厂家的产品的破坏导致破产，都和温度引起的问题有关，如英国的 Calebrand Device 公司和法国的 Jarrett 公司。

图 13－22 为 Taylor 公司的温度测试结果，在不同测试温度下产品的参数均能满足规范要求。

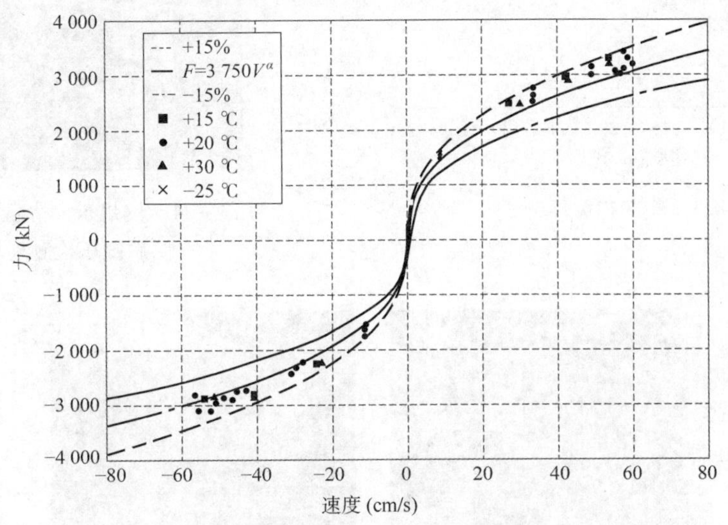

图 13－22　不同温度下的阻尼器出力与速度关系曲线

极温环境下阻尼器的动力测试是最重要的阻尼器型式检验测试，对于目前还不能通过这种温度检验的厂家来说，是不具备生产制造许可的。

4. 频率测试

速度型阻尼器应该是在一定的频率要求范围内与加载频率无关的产品，这也是衡量该类阻尼器的基本标准。根据《桥梁用黏滞流体阻尼器》（JT/T 926—2014）的要求，频率测试需要在 $0.5f_d \sim 2.0f_d$ 工作频率下进行。美国 ASCE 规范要求这个测试范围应该是 $1/T_1 \sim 2.5/T_1$。我国规范对频率测试中的频率范围已有明确界定，但一些厂家在测试时仍采用频率都极为相近的测试点，且测试频率均在低频范围区间，这基本上失去了这项测试的意义。

图 13－23 为 Taylor 阻尼器在 HITEC 测试中的结果，测试的频率从 0.05 Hz 到 2 Hz，而测试结果显示产品性能在不同频率下非常稳定。

5. 阻尼器的内压现场测试及健康监测

2013 年，Taylor 公司的质量经理采用测压设备对安装已 5 年的杭州湾东大桥阻尼器以及安装已 3 年的北京二环线阜成门桥阻尼器的内压情况进行了现场测试，监测结果显示这些安置多年的阻尼器内压仍能保持和出厂时一样的压力值，这是阻尼器安全工作的保证。杭州东大桥阻尼器工作 5 年后内压检测现场如图 13－24 所示。

此外，2015 年应业主要求，首次对福建厦漳大桥开展了大跨桥梁阻尼器的健康监测工作，目前检测的项目还有待完善，但这毕竟在我国是个开始。

6. 伦敦千禧行人桥安装 10 年后的全面检测

近期，伦敦千禧行人桥对安装 10 年后的所有 37 个阻尼器进行了全面检测和检查，并拆下 3 个测试部件（编号为 67DP-16907-01（V1-1\004）、67DP-16909-01（V3-2\001）以及 67DP-16910-01（V4\003））进行返厂检测，测试结果显示均正常工作。测试现场如图 13－25 所示。

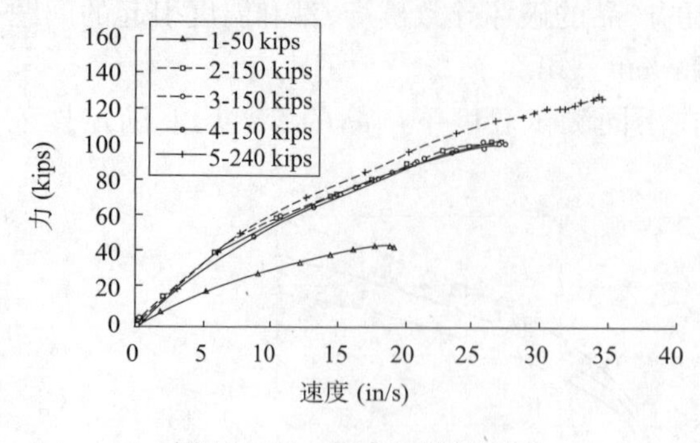

图 13 – 23　频率相关性测试

图 13 – 24　杭州东大桥阻尼器工作 5 年后内压检测现场

图 13 – 25　千禧桥阻尼器经 10 年运行后的检测现场

此次测试的意义在于，通过对经过实际工程验证的阻尼器进行测试，验证阻尼器的耐久性能。如果在国内进行此项测试，将是对我国目前正在运营的阻尼器和所有厂家的一个极大挑战。

7. 对目前国内阻尼器测试的看法

2010 年广州大学抗震实验室对昆明机场阻尼器进行了测试，这是国内首次做的阻尼器测试，自此我国开始有了基本的阻尼器测试。最近几年，国内一些阻尼器厂家安装了阻尼器测试设备，逐步把阻尼器测试技术提高了一个水平。从公开发表的文献来看，目前的测试内容、手段和最后的结论都和先进的国际水平以及我国的规范有很大差距，且至今为止，仍然没有任何一个厂家敢于全面公开其阻尼器的测试报告，特别是判断阻尼器性能的最重要的几个测试，未曾见有合格的测试报告。例如：

（1）阻尼器最重要的内压测试，合格的内压；

（2）阻尼器工作及耐久性重要的不同温度的同一性测试；

（3）阻尼器的速度小位移下的本构关系测试；

（4）阻尼器全面的性能测试；

（5）阻尼器安置 10 年以上的返厂测试。

8. 公开测试和做符合 CMA 资质测试的重要性

（1）上述涉及的这些测试其实在我国的相关阻尼器规程中均有所体现，相关测试内容可参考苏通大桥阻尼器测试中给出的所有测试项目列表，可对现在的测试内容进行对比。

（2）《液体黏滞阻尼器技术进展与关键技术探讨》、《JZN 型黏滞阻尼器技术进展与性能试验》为《建筑结构》杂志上公布的两篇测试报告，文中对世界阻尼器的规范标准做了很多调查，对我们了解世界阻尼器行业有很大帮助，这也是我国国产阻尼器敢于首次公开公布阻尼器的测试报告。毫无疑问，这些对我国阻尼器生产技术的发展会起到很大作用，这两份报告也得到了国内几个对阻尼器有所了解的著名结构专家的认可。

(3)目前很多高校都配备了阻尼器测试设备，并参与了部分阻尼器的测试，发表了测试结果，从公开发布的资料显示，这些测试单位对阻尼器的测试并不十分了解，也没有在测试后负责地讨论一些关键的技术问题，轻易就盖上了合格的公章，这极不利于我国减隔震事业的发展。

(4)我国的第三方检测实际上类似于在美国已完成的两次集中的预检测，美国完成的两次测试的所有内容和结果都采用透明的办法，将测试的结果直接发表出来让大家学习和检查。HITEC 就是其中最重要的一步，这对阻尼器的技术发展是有很大帮助的。

(5)一些企业虽然通过了 CMA 的认证测试，但仍然发生在实际工程中其产品大批量漏油现象，这一方面说明 CMA 认证资质单位仍有必要完善其检测水平，同时也指出包括疲劳测试在内的各项检测对于产品质量的监督作用仍然有限，厂家在提高产品质量方面仍然任重道远。当然，目前公开发表的 CMA 认证资质的测试仍然是我国最有效的判断阻尼器水平的手段。

13.2.6　阻尼器的最新产品发展

尽管液体黏滞阻尼器在实际结构应用中的优异性能已经为工程师所熟知，但以美国 Taylor 公司为代表的国际先进的阻尼器厂家并没有停下阻尼器新产品研发的脚步。因此，各种性价比更高、适用更特殊用途的新型阻尼器先后被研发出来。

1. 超大悬索桥用创新阻尼器

安置在超大悬索桥上的阻尼器，在长期往复运动中极易损坏。最近，经过长期研究，悬索桥用阻尼器的研发获得了突破。这种阻尼器可承受超 10 年以上大幅度的往复运动，目前这种超大悬索桥阻尼器正在试验中。

2. 使用中变性能的装置

带放血的速度锁定装置，在使用过程中根据要求变换截面以改变性能，其内部构造如图 13－26 所示。

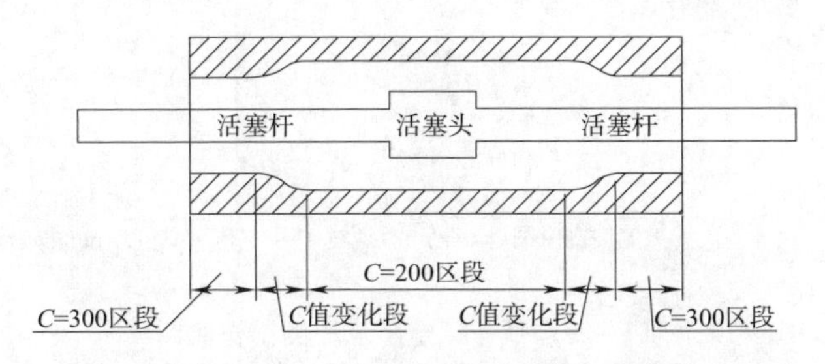

图 13－26　可变参数阻尼器的构造简图

3. 阻尼器和锁定装置联合使用

使用部分速度锁定装置(如图 13－27 所示)，对结构的防止滑落起到很好的作用。将部分阻尼器更换为锁定装置后，结构在地震激励下的位移较纯阻尼器方案大幅降低，减震率有很大提升。

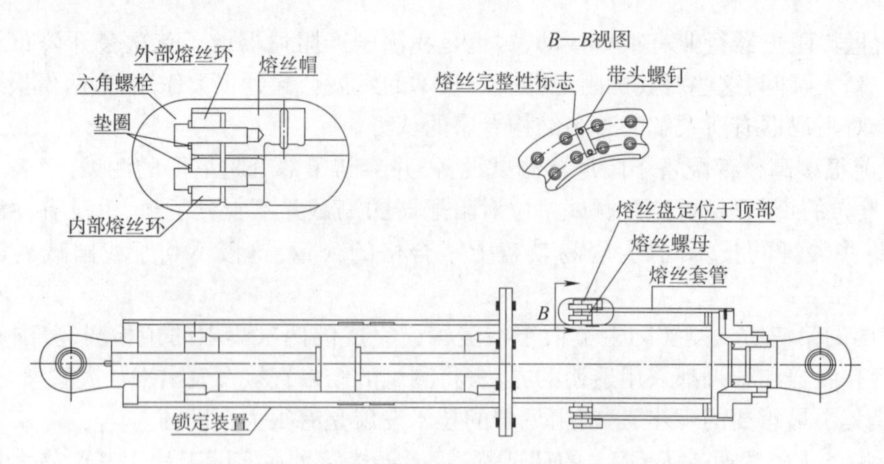

图 13－27　采用熔断设计的阻尼器与锁定的装置

4. 低速锁定功能的阻尼器

最近，就中铁大桥勘测设计院设计的某长江大桥振动问题，Taylor 公司改进了原设计，在借鉴新西兰工程案例的基础上，设计了一种新型带有特殊泄压阀的锁定装置。该装置实现了对车辆等日常作用下的小荷载以及地震作用下的大吨位荷载双重控制的目标：对日常荷载，采用控制效果最好的锁定装置的参数设计；当大地震发生时，装置将打开泄压阀而转变为普通黏滞阻尼器，装置将按阻尼器进行耗能。在地震结束后，泄压阀重新关闭，装置仍可以起到锁定装置的作用。

在设定的速度以内，装置表现为具有刚度的锁定装置；而当速度较大时，泄流阀开启，装置进入普通阻尼器工作模式。此外，需要指出的是，这种产品在温度变形等低速下仍然可以自由变形，这和普通锁定装置、普通阻尼器相同。该阻尼器设计将大大降低产品的价格，完全可以实现该桥阻尼器设计的各种目标。图 13－28 为某带阀门阻尼器出力与速度关系曲线，该曲线特点如下：

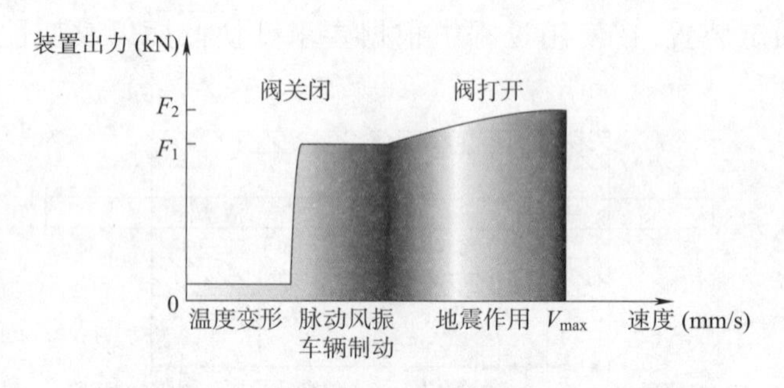

图 13－28　低速锁定阻尼器的工作曲线

(1) 阶段一：可以有效释放主梁因温度、平均风等荷载所引起的纵向缓慢移动时的位移，阻尼器不产生阻尼力，装置不会因温度变形而对主梁产生阻力。

(2) 阶段二：日常运营过程中，对于风振、车辆荷载等日常作用的小载荷装置可按照锁定装置进行工作。有效抑制这些频次较高的振动对主体结构的振动和冲击；可提供动态刚度有效补充和提高主梁的纵向刚度，达到设计所要求的性能。

(3) 阶段三：当大地震发生时，装置将打开泄压阀而转变为普通黏滞阻尼器，装置将按阻尼器进行耗能。在地震结束后,泄压阀重新关闭,装置仍可以起到锁定装置的作用。装置参数完全按照设计要求进行加工制造,保证装置在地震等动力激励作用下阻尼器具有阻尼耗能作用,有效保证桥梁主体结构安全并控制结构位移反应。

目前,这一创新的新型阻尼器正在申报专利。

13.2.7 不同减震系统的对比

根据加利福尼亚大学伯克利分校王珊珊的博士论文《通过能量耗散装置的优化设计来提升高层建筑的抗震性能》(Enhancing Seismic Performance of Tall Buildings by Optimal Design of Supplemental Energy – Dissipation Devices),其对修建于1970年的某35层高层钢结构分别采用不同方式进行了旨在提高抗震性能的加固,并进行了对比。这些方法包括:采用液体黏滞阻尼器(FVDs);采用黏滞阻尼墙(VWDs);采用防曲屈支撑(BRBs)。该论文得到如下结论:

(1)在BSE – 2E水准的地震下,通过优化布置FVDs,使得结构层间位移角减小非常显著(减小30%),尤其对于原结构5 ~ 10层,最大层间位移角由5%减至1.5%之内,使得层间位移角变得更加均匀。同时减小层加速度50%以上,这对减少非结构构件的破坏很有帮助,并且有效地减少了梁柱节点的破坏。

(2)采用VWDs方案,最大层间位移角仍然很大,最大一层超过3%,且梁柱连接处的破坏依旧非常严重。对于顶层的楼层加速度,比原结构反而增大了20%。且结构柱的受力也比之前增大很多。将梁柱连接加强之后,使用VWDs,其对层间位移角的减小可以与FVDs相当,但加速度的减小依然与FVDs差距较大。可见,该方法容易引起梁柱连接的破坏,对梁柱连接要求很高。

(3)对于BRBs方案,由于BRBs增加了结构的刚度,从而增加了地震需求,反而增大了结构部分楼层的层间位移角,梁柱连接的破坏也有所增加,同时楼层加速度也比原结构增加不少。

(4)从结构地震反应性能来看,对于高层钢结构的抗震加固,VWDs和BRBs方案均远远逊于FVDs方案。

(5)从未来的经济效应来讲,综合考虑三种加固方案的成本,以及在日后遇到的设计地震中,结构主体构件和非结构构件可能发生的破坏损失、修缮成本、时间成本,采用FVDs方案是远远优于其他两种方案的。该方案可以将结构构件在设计地震下的维修损失率低于0.08的概率升至90%,而相对应的,VWDs方案的概率为30%,BRBs方案的概率为50%。通过采用FVDs方案加固,该建筑在未来可能发生的地震中的经济损失可以降低90%以上。

由该论文的研究可以看出,采用液体黏滞阻尼器对钢结构进行加固是最有效的提高结构抗震性能的方法,同时其未来的经济效益最高。

另外,本文对超高层建筑中不同减震系统的功能进行了对比,见表13 – 6。

表13 – 6 超高层建筑中不同的减震系统的功能对比

序号	名 称	风 振	小 震	中 震	大 震	对附属结构减震	放置位置	产品情况
1	TMD	作用显著	一般不起作用	一般不起作用	有负作用的风险	基本不起作用	占很大空间	极少数可以生产

续上表

序号	名 称	风 振	小 震	中 震	大 震	对附属结构减震	放置位置	产品情况
2	材料黏弹性阻尼器	有抗风作用	能减震耗能	能减震耗能	能减震耗能	作用有限	数量多才有作用	性能不稳定，逐渐被淘汰
3	BRB	不屈服，只起刚度作用	不屈服，只起刚度作用	可屈服抗震耗能	可屈服抗震，屈服后不易恢复	减震效率差	数量较多才有作用	有成熟产品
4	摩擦阻尼器	不启动	不宜启动，不能稳定受力	滑动，抗震耗能但不准确	可以抗震，可以回位	减震效率差	数量较多才有作用	性能不稳定，逐渐被淘汰，没有成熟产品
5	阻尼墙	有抗风作用	能减震耗能	能减震耗能	能减震耗能	减震效率差	占很大空间	没有成熟产品，难以测试
6	液体黏滞阻尼器	耗能减震装置可达 2 mm/s 测试	全面减震耗能	全面减震耗能	全面减震耗能	减震效果最好	可放置加强层，可用大阻尼器产品	产品成熟，已得到公认

13.2.8 建 议

目前，我国市场上已有近 20 家阻尼器生产厂家在进行生产和工程应用，规范各生产厂商并督促提高产品质量已经迫在眉睫，据此提出如下建议：

(1)行业规范作为行业的指导和参照物，应经严格讨论，与时俱进地不断修改完善，特别是关于阻尼器测试的内容应重新统一修订。

(2)应统一对阻尼器测试的认识。所有具备测试资质的高校和研究单位都应遵守规范的相关规定，按照统一的要求和标准进行产品测试。

(3)拟用于实际工程的产品，其厂家都必须经过公开透明的 CMA 资质检测并公布。考虑到阻尼器需要在抗震工程上安全地使用几十年，一些未经权威机构认证的厂家，其所生产的产品不能用于实际工程，这应该是个起码的衡量标准。

(4)为确保工程安全，引导结构保护系统向健康的方向发展，建议我国尽快组织一次类似 HITEC 的联合预检测(这项大型联合测试有统一的要求，并最终公开所有测试结果)。这一举措的目的是把真正好的产品用在我国的抗震工程中，对将用于我们生命线工程上的建筑、桥梁等结构上安置的这一至关重要的结构保护装置作出严格的预检测，把世界上早已淘汰的落后设计参数、假冒伪劣的山寨产品阻止在工程之外。面对我国阻尼器的大量应用，笔者认为举行这一测试已经到了刻不容缓的地步。

2015 年 11 月在广州举办了第九届全国结构减震控制学术会议，在 17 日下午召开的阻尼器专题研讨会上，针对目前我国阻尼器的行业乱象，周福霖院士等人提出对安置 5 ~ 10 年以上的阻尼器应组织公开抽样测试，这将是对我国阻尼器行业、抗震事业的巨大贡献，盼望早日实现。

第 14 章　TMD 应用的问题讨论和未来发展

14.1　TMD 与直接安置阻尼器方案对比

说到高层建筑抗风,人们首先想到的是 TMD。虽然国内外实际应用于高层的工程实例很少,但其抗风效果却很好。同时 TMD 所存在的以下几个问题已被越来越多的人所认识:

(1)TMD 对频率非常敏感,只有频率非常接近结构受控振型的频率时,抗风效果才会很好。但高层建筑在使用过程中由于活载、刚度的变化,结构的频率会有一定程度的改变,这造成 TMD 实际减震效果难以预料。

(2)几百甚至上千吨的质量块附加在结构上,会使结构的动力反应增大。

(3)TMD 通常拥有用于避免质量块和结构主体发生碰撞的限位系统,但一旦限位系统在大风或强震中由于破坏而失效,后果将十分危险。

(4)由于 TMD 工作时需要长时间做大位移的摆动,其所用阻尼器是特殊的、可连续工作的大功率阻尼器,而这种阻尼器价格昂贵。

(5)TMD 的质量块通常成百甚至上千吨,再加上悬挂等系统,所占空间庞大,安装不便。

(6)整个 TMD 系统的造价十分昂贵。

而液体黏滞阻尼器性能稳定、概念清晰而且造价相对较低,在结构上设置非结构耗能元件可以提高其抗震性能已经得到工程界广泛认可。在各种消能减震装置中,黏滞阻尼器作为速度相关型耗能装置,由于其优越的性能,在国内外应用尤为广泛。截至到目前,美国 Taylor 公司已经为全世界 500 多个工程提供了这类装置,目前这项技术在土木工程领域的应用已经进入到规程规范完善以及全面推广实施阶段。阻尼器在各超高层建筑中的作用见表 14－1。

表 14－1　阻尼器在各超高层建筑中的作用

工程名称	用　途	附加阻尼比	抗风效果
菲律宾香格里拉塔	主要抗风 协助抗震	7.5% 抗风	减震约 63%
波士顿 111 大厦	主要抗风 协助抗震	1.89%~4.58%	37 层减震 24.8%
北京银泰中心	主要抗风 协助抗震	1.0%~5.0%	55 层减震 15.25%
天津国贸中心	抗风	0.5%	减震约 10%

虽然国内外很多工程一直在试图采用直接安置的阻尼器来替代 TMD 用于抗风,这样的工程如波士顿亨廷顿 111 大楼、北京银泰中心及天津国贸中心等,但上述项目多是结构本身在风振下加速度超出限值不多的项目。用直接安置阻尼器的方案是否能取代 TMD 方案并起到通常 20%~50% 的减震效果,这正是本节的主要研究目标。

14.1.1 工程概况

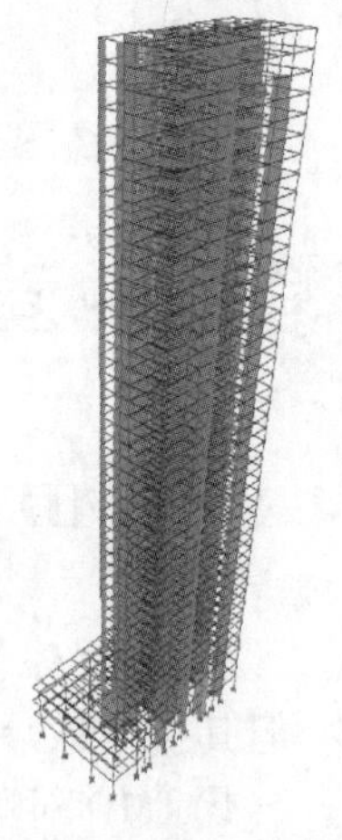

图 14－1 结构模型

某高层结构地上 46 层，标准层层高 3.15 m，建筑高度 149.50 m，结构形式为框架—剪力墙。地上总重 40 347 t。结构模型如图 14－1 所示。

本工程减震的直接目的是使结构满足风荷载下的舒适度。以前曾为该工程计算分析过设置 TMD 的方案，现对比直接加设速度型阻尼器的方案，对比其改善结构在风荷载下的加速度反应、舒适度指标。

结构前 15 阶振型见表 14－2，振型参与质量达到总质量 90%。其中前 3 阶振型分别为 Y 向平动、X 向平动及扭转振型，结构的第一扭转周期与第一平动周期之比为 0.6，小于规范规定之 0.85。

表 14－2 结构振型信息

阶 数	周期(s)	U_X(%)	U_Y(%)	$\sum U_X$(%)	$\sum U_Y$(%)	R_Z(%)
1	3.325 655	0	59.835 5	0	59.835 5	0.299 6
2	2.700 479	62.83	0.000 1	62.83	59.835 6	2.404 4
3	2.019 458	1.439 3	0.001 5	64.269 3	59.837 1	57.990 4
4	0.779 58	0.001 4	18.207 3	64.270 8	78.044 4	0.046 3
5	0.775 439	13.088 9	0.005 5	77.359 7	78.05	1.076 2
6	0.643 836	2.006 5	0.011 8	79.366 3	78.061 7	9.116 3
7	0.398 295	2.923 5	0.033 3	82.289 8	78.095	2.427 4
8	0.360 944	0.026	6.350 6	82.315 8	84.445 7	0.036 3
9	0.345 838	3.156 4	0.000 5	85.472 2	84.446 2	4.047 3
10	0.261 863	1.011 4	0.154 2	86.483 6	84.600 4	3.482 2
11	0.230 561	1.487 7	2.829 6	87.971 3	87.43	2.130 5
12	0.225 884	1.597 1	1.314 9	89.568 4	88.744 9	1.408 8
13	0.194 152	0.489 5	0.223 4	90.057 9	88.968 4	4.062
14	0.170 026	1.368 5	1.180 4	91.426 4	90.148 7	2.041 1
15	0.162 631	0.783 9	1.749 1	92.210 3	91.897 8	0.312

14.1.2 两种减震方案简介

1. TMD 方案

最常用、最有效的 TMD 系统是由弹簧或吊索、质量块、阻尼器组成的振动系统，安装在结构的特定位置上，其固有频率与主结构的某一被控频率相近，当结构受到可以看成功率谱一致的白噪声风荷载而发生振动时，其 TMD 系统通过与主结构受控振型谐振来减小主结构的振动，从而达到抑制受控结构振动的效果。

根据以往经验并通过计算，本结构设计的 TMD 系统，其 TMD 参数见表 14－3。

表 14－3　TMD 参数

TMD 质量(t)	TMD 频率(Hz)	TMD 刚度(kN/m)	最大位移(mm)	阻尼系数 C(kN·s/m)	阻尼器速度指数
100	0.300 6	356.75	±300	15.64	1

其中 TMD 质量比为 0.4%。

根据单摆周期公式 $T=2\pi\sqrt{\frac{l}{g}}$,求得 TMD 的摆长为 2.747 m。

TMD 布置在结构顶层(第 46 层)中部,具体位置如图 14－2 所示。

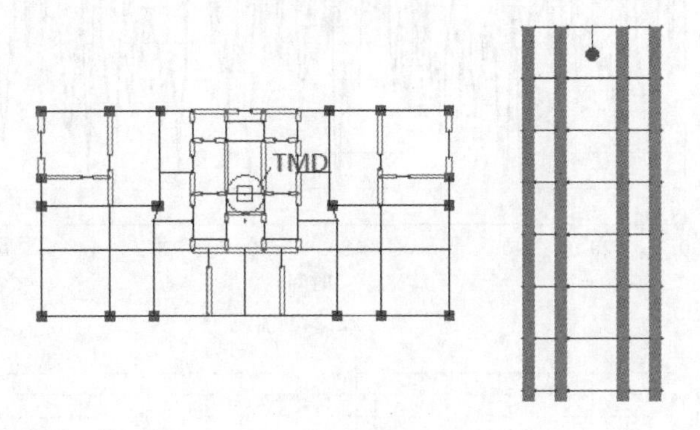

图 14－2　TMD 布置图

2. 套索连接阻尼器方案

在以往的工程案例中,菲律宾香格里拉塔、北京银泰中心以及美国的波士顿 111 大楼均采用了当时最先进的液体黏滞阻尼器减震技术,起到了很好的提高结构舒适度的作用,达到了设计规范的要求。传统连接方式安装的液体黏滞阻尼器在上述案例中起到 15%~60% 的减震作用,在很多高层结构的计算中都起到类似效果,这体现了液体黏滞阻尼器的优势。

由于结构 Y 方向刚度明显小于 X 向,阻尼器沿结构 Y 向从 45 层向下隔层布置至 33 层,每层两套。阻尼器参数:$C=800\ \mathrm{kN/(m/s)^{0.3}}$。阻尼器布置如图 14－3 所示。

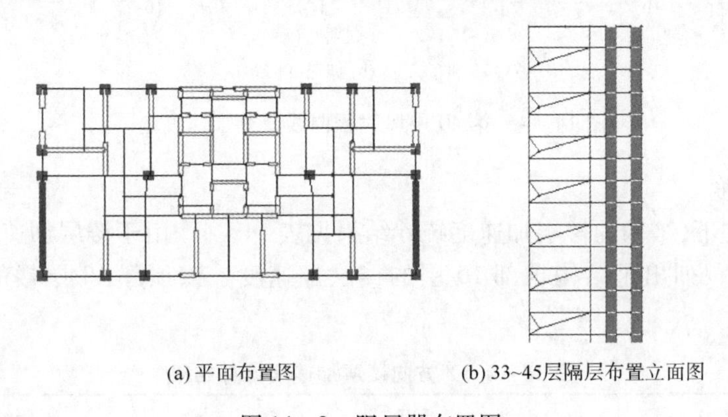

(a) 平面布置图　(b) 33~45层隔层布置立面图

图 14－3　阻尼器布置图

14.1.3　风时程分析

由于本结构没有进行风洞试验,没有现成对应的风时程函数,此处采用经调幅的北京银泰中心人工合成的风时程数据，旨在通过减震前后的数据对比评估TMD或阻尼器的减震效果。

风时程工况按1～46层沿结构Y方向组合输入，每层均为指定楼层的风时程函数。计算风时程时结构阻尼比取0.015。限于篇幅，仅列举了第40层的风时程函数曲线及其加速度谱，如图14－4所示。

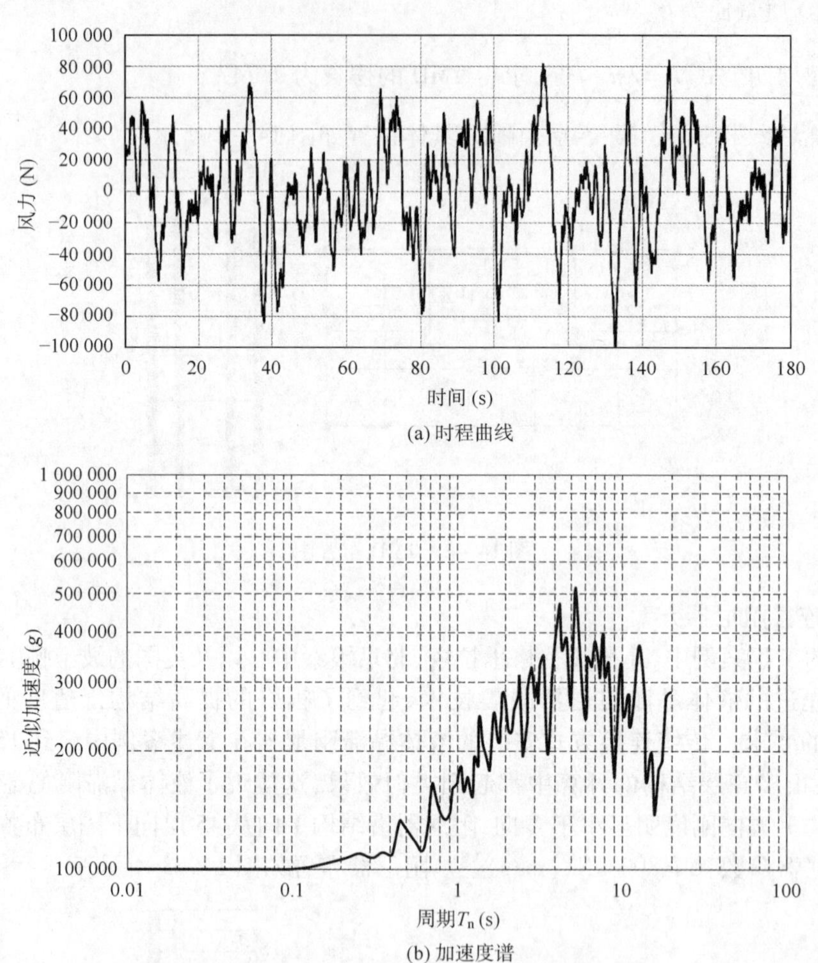

(a) 时程曲线

(b) 加速度谱

图14－4　第40层风时程曲线及其加速度谱

1. 楼层加速度

Y方向风时程下，结构的楼层加速度统计结果见表14－4。由于楼层加速度随楼层高度单调变化，限于篇幅仅列出了结构顶部10层的楼层加速度。该顶部10层楼的加速度曲线如图14－5所示。

表14－4　Y方向楼层加速度计算结果

楼　　层	减震前(m/s^2)	TMD		阻尼器	
		减震后(m/s^2)	减震率	减震后(m/s^2)	减震率
第46层	0.228 67	0.164 64	28.0%	0.161 38	29.4%
第45层	0.222 99	0.159 76	28.4%	0.156 85	29.7%
第44层	0.217 1	0.154 68	28.8%	0.152 15	29.9%

续上表

楼　层	减震前(m/s^2)	TMD		阻尼器	
		减震后(m/s^2)	减震率	减震后(m/s^2)	减震率
第43层	0.211 16	0.149 59	29.2%	0.147 41	30.2%
第42层	0.205 18	0.144 51	29.6%	0.142 64	30.5%
第41层	0.199 12	0.139 45	30.0%	0.137 82	30.8%
第40层	0.192 99	0.134 44	30.3%	0.132 94	31.1%
第39层	0.186 77	0.129 81	30.5%	0.128 01	31.5%
第38层	0.180 47	0.125 21	30.6%	0.123 02	31.8%
第37层	0.174 09	0.120 45	30.8%	0.118	32.2%

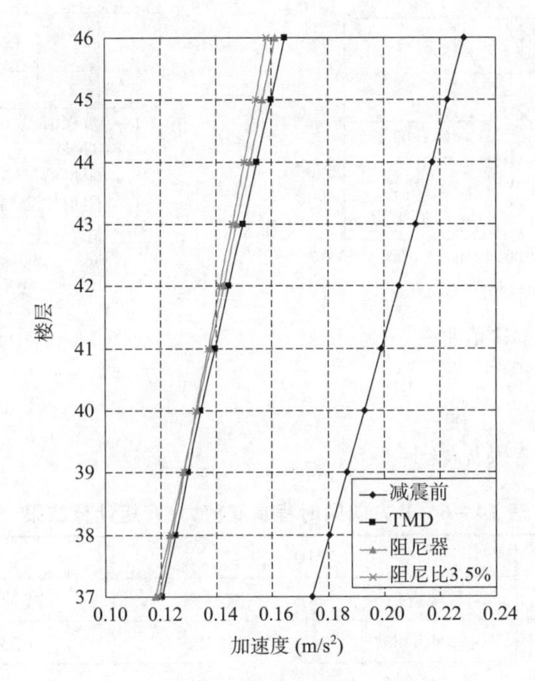

图14－5　楼层加速度曲线

由图14－5、表14－4可见，在加设TMD或阻尼器以后，楼层加速度都有明显改善，且本次试验的阻尼器方案减震效果略优于TMD方案。

除了在风时程下最关注的楼层加速度问题外，对两种方案下结构的其他反应也做了对比，具体如下。

2. 层间位移角

在风时程作用下，结构的层间位移如图14－6、表14－5所示。

表14－5　*Y*方向风时程层间位移角最大值计算结果

风时程 *Y*	TMD		阻尼器	
减震前	减震后	减震率	减震后	减震率
1/1 695	1/2 155	21.4%	1/2 283	25.8%

3. 楼层剪力

楼层剪力曲线如图 14－7 所示。

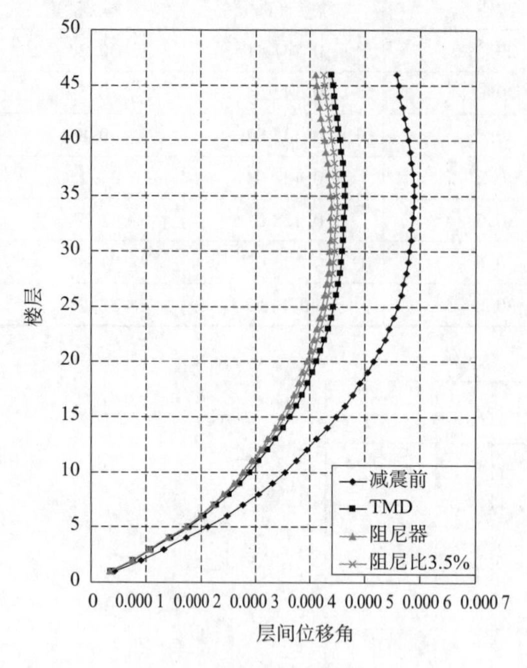

图 14－6　层间位移角曲线

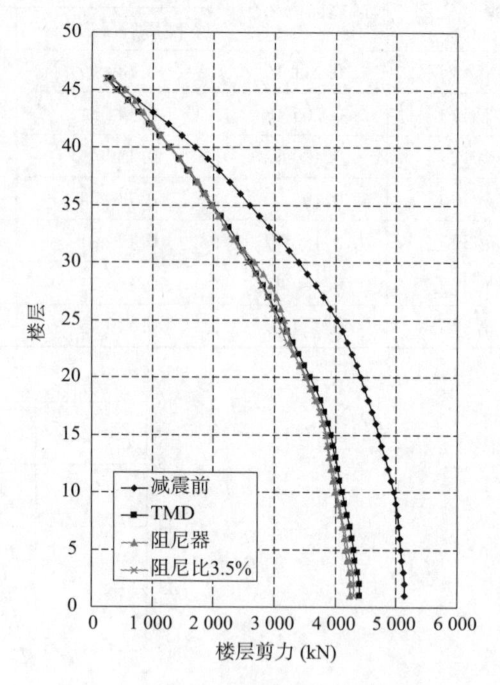

图 14－7　楼层剪力曲线

4. 基底剪力、弯矩

基底剪力、弯矩计算结果见表 14－6。

表 14－6　*Y* 方向风时程基底剪力、弯矩计算结果

风时程 *Y*	减震前	TMD		阻尼器	
		减震后	减震率	减震后	减震率
基底剪力(kN)	5 135	4 548	11.4%	4 331	15.7%
基底弯矩(kN · m)	544 300	445 900	18.1%	426 900	21.6%

5. 小结

通过以上计算结果可以看出，在风时程荷载作用下，本例中不论是结构的楼层加速度、层间位移角、楼层剪力还是基底剪力、基底弯矩，在结构上直接安置阻尼器均可以达到相同甚至优于使用 TMD 的减震效果，证明建筑结构完全可以使用直接安置阻尼器的方案来代替传统使用 TMD 抗风的方案，而且 TMD 所附加的阻尼比是不能用于抗震设计的，只有当时程荷载的卓越频率与结构受控振型频率及 TMD 频率接近时，TMD 才能发挥有效作用。

14.1.4　地震时程工况

虽然本计算的主要目的是控制结构风时程下顶部的加速度，但加设 TMD 或阻尼器的同时，对结构的抗震性能也带来了一定的改变，其中最引人关注的是加设 TMD 后对结构扭转的影响。现以小震分析结果为例说明 TMD 和阻尼器给结构扭转带来的影响。

所用时程函数为原北京银泰中心计算所用人工地震波。小震加速度峰值按7.5度抗震设防取值,多遇地震的峰值加速度为55 cm/s²,持续时间45 s,每组时程工况均按X、Y两个方向进行组合输入,两分量加速度峰值比例取:水平主向:水平次向=1.00:0.85,混凝土结构模型的阻尼比取为0.05。

小震时的时程曲线及加速度谱如图14-8所示。

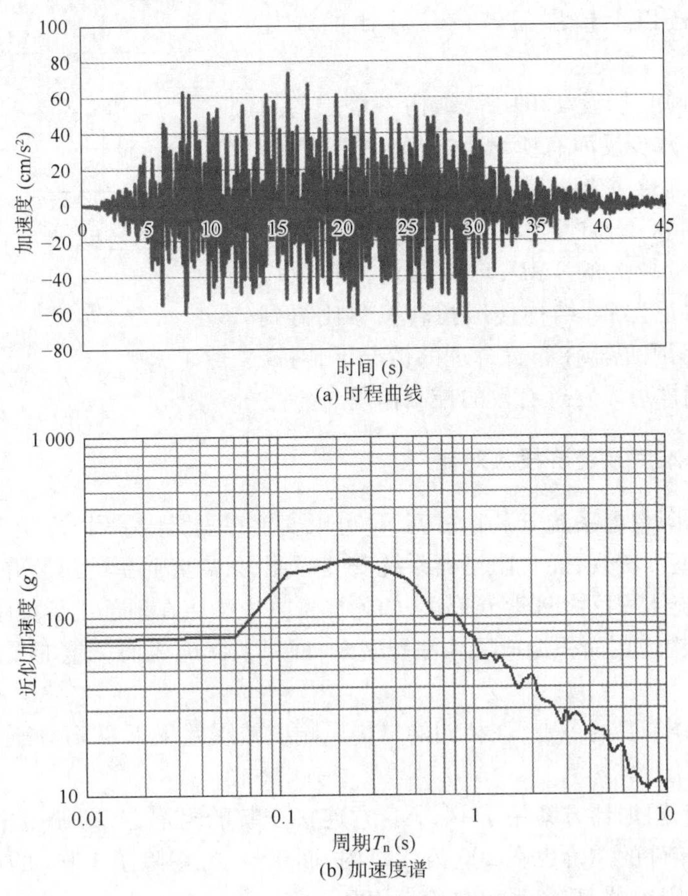

图14-8 小震时程函数及其加速度谱

1. 层间位移角、基底剪力及弯矩

小震时层间位移角、基底剪力及弯矩见表14-7。由表14-7可以发现,在风时程工况下与阻尼器方案减震效果几乎相同的TMD方案,在地震工况下的减震效果却微乎其微,与此产生鲜明对比的是阻尼器方案的减震效果却很明显。

表14-7 Y方向小震计算结果(一)

小震Y	减震前	TMD		阻尼器	
		减震后	减震率	减震后	减震率
层间位移角最大值	1/923	1/948	2.6%	1/1 155	17.2%
基底剪力(kN)	15 030	14 840	1.3%	11 660	22.4%
基底弯矩(kN·m)	779 600	752 800	3.4%	713 000	8.5%

2. 扭转位移比

由于阻尼器原则上可以布置在结构的任何位置,所以如果对称布置在结构靠外侧的部位势必会对抑制结构的扭转作用起到好的效果;而根据TMD的减震原理,TMD是无法在结构的扭转振型中发挥作用的。结构裙楼以上楼层扭转的位移比曲线如图14－9所示。

由图14－9可知,加设TMD后,结构各楼层的扭转位移比不但没有减少反而有所增加。由于扭转振型触发时,TMD不可能恰好并一直在其平衡位置保持静止,其带来的质量偏心和惯性力加剧了结构的扭转作用。不难推理,质量越大的TMD,增加结构扭转效应越严重。而加设阻尼器后,结构楼层扭转位移比得到了有效改善,这说明阻尼器在布置合理的情况下,对高层结构的抗扭转同样可以发挥有效的控制作用。

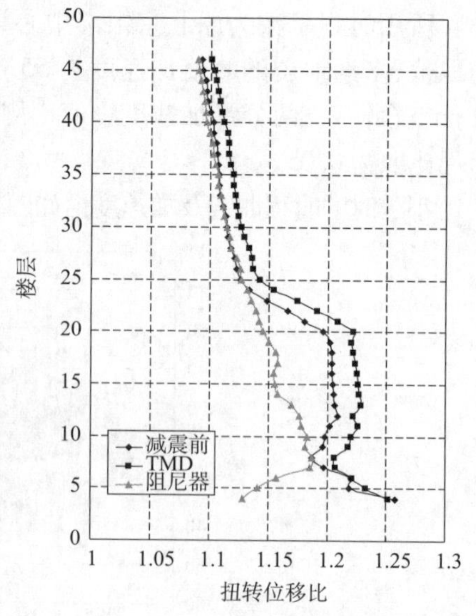

图14－9　Y方向小震楼层扭转位移比曲线

14.1.5　方案实现难度及经济投入对比

由于建筑上的阻尼器系统安装在柱间,且可以安置在隔墙内,所以理论上既不占用任何使用面积,也不影响室内美观,而且阻尼器系统安装简便,只需要简单的吊装并用销轴连接即可。

但是TMD系统体积巨大且十分笨重,如芝加哥凯悦酒店在顶部用了整整三层楼的空间来安置TMD,在对结构使用面积造成巨大浪费之余,面对如此庞大而沉重的设备,其安装的难度也是可想而知的。

此外,也是十分重要的一点,在相同的结构风响应减震效果下,TMD减震方案的成本通常要比阻尼器方案高出数倍。

以本工程为例,阻尼器方案用了14个套索连接安装的阻尼器,即使是用美国Taylor公司的阻尼器,算上连接件的总价也在200万元以内;而TMD方案除了100 t的质量块以外,还要用到特殊的大功率阻尼器,整个系统总价近500万元。

14.1.6　结　　论

综上,主要得出如下结论:

(1)采用在结构上直接安置阻尼器的方案可以代替TMD抗风。

(2)TMD对结构扭转有一定负面作用。

(3)同样效果的阻尼器方案和TMD方案,就施工难度和经济投入,前者明显优于后者。

至今,国内外都十分罕见TMD真实减震效果和可靠性的实际工程。对于既可以用TMD又可以用阻尼器减震的结构(如高层抗风、铁路桥梁横向减震),从计算的经验、价格分析和长期运行的维护管理来说,运用阻尼器减震要可靠得多,在建筑上尤以运用高效连接形式安装的阻尼器更加优越。当然,对单纯抗风的结构采用TMD系统仍然是可取的方案。

14.2　TMD用于抗震存在的问题

T. T. Soong先生曾指出:几乎所有的TMD运用都是为了减弱风致运动,然而TMD的抗震效果仍然是一个重要的问题,虽然到目前为止的研究还没有给出结论性的结果,但可以指出的是,由于以下的原因,在地震荷载作用下,TMD的效果不及风荷载作用下的效果。

第一,地震的高频部分使得建筑结构的高振型通常被激发,而结构的第一振型表现不充分,但常规的TMD调谐至结构基本频率,因此在这些情况下可能不能减小总的响应。

第二,由于TMD因结构运动被动地产生响应,因此使响应历程的第一峰值不容易降低。

R. Villaverde对TMD在地震作用下的有效性进行了理论和试验研究,他选用了两维十层剪力墙结构、三维一层框架结构、三维悬索桥结构三种不同结构,输入9种不同的地震波,数值分析与试验结果均表明:TMD的减震效果随着同一地震波、不同结构而不同,也随着同一结构、不同地震波而不同,有的效果十分明显,而有的则很小甚至没有,进一步研究发现,地震波的卓越周期与TMD所控振型的周期越接近减震效果越好,若地震周期远离所控振型的周期,则减震效果很差。

关于TMD能否用于抗震的问题,笔者支持以上二者的观点。为此,笔者对某150 m结构进行了地震工况分析。分析所用的地震波分别为1940年的El-Centro波NS成分(卓越周期0.55 s)、1952年的Taft波EW成分(卓越周期1 s),以及长周期成分比较显著的1968年日本十胜海域地震时在八户港湾观测到的Hachinohe波(卓越周期约2.7 s)。

结果表明:在风时程工况下与阻尼器方案减震效果几乎相同的TMD,在地震工况下的减震效果却不甚理想,与此产生对比的是阻尼器方案的减震效果依然明显。具体结果见表14－8。

表14－8　Y方向小震计算结果(二)

项　目	工　况	减震前	TMD		直接安置阻尼器	
			减震后	减震率	减震后	减震率
层间位移角	El-Centro	1/1 490	1/1 515	1.6%	1/1 639	9.1%
	Taft	1/1 333	1/1 355	1.6%	1/1 531	12.9%
	Hachinohe	1/828	1/847	2.3%	1/925	10.5%
基底剪力(kN)	El-Centro	12 181	12 174	0.1%	9 982	18.1%
	Taft	11 302	11 195	0.9%	10 671	5.6%
	Hachinohe	16 689	16 613	0.5%	13 053	21.8%
顶点位移(mm)	El-Centro	60.2	59.1	1.9%	56.7	5.7%
	Taft	58.0	56.7	2.3%	55.7	4.0%
	Hachinohe	121.5	108.3	10.8%	112.7	7.2%

对于这个结果,笔者总结了如下两个原因:

第一,只有当地震的卓越频率与结构受控振型频率非常接近时,TMD才能发挥效果。

风振和地震的荷载特点不同,二者相比,风荷载的特点是低峰值、低频率、长持时,而地震荷载的特点是高峰值、高频率、短持时。因此,风致振动的危害主要是长持时造成的楼层加速度给居住者带来不适的问题;而地震的危害则是高峰值造成的楼层位移给结构带来破坏的问题。二者减震的目的不同,因此减震的原理也不同。

TMD 的减震原理基于共振理论,如果振动没有通过共振放大,TMD 是不能发挥作用的。地震下的结构响应主要是由地震超高的峰值加速度带来的,而通常是没有共振产生的。对于上述模型,El-Centro 波和 Taft 波的卓越频率是结构一振型频率的数倍,TMD 也很难发挥作用。

从表 14-8 可见,TMD 方案只有 Hachinohe 波下的顶点位移减震率超过了阻尼器方案。可以看出,表中 Hachinohe 波下的各种反应均大于另两种地震波。

第二,TMD 不适合用于控制结构的基底剪力。

对于剪切型结构来说,结构的基底剪力伴随地震的加速度时程改变。而对于天然地震波,加速度的峰值往往是突然产生的,此时结构的基底剪力最大,但正如文献[27]中指出的第二点,TMD 的启动需要时间,因此无法及时减小骤至的基底剪力。

14.3 TMD 的阻尼比

阻尼比用于表达结构阻尼的大小,是结构的动力特性之一,是描述结构在振动过程中某种能量耗散的术语。阻尼就是使自由振动衰减的各种摩擦和其他阻碍作用。

但 TMD 的减震原理主要是谐振,而非阻尼。TMD 阻尼器的使用主要有两个目的:

第一,如果不加阻尼器,TMD 在激励与结构共振时,质量块的位移可以达到结构位移的 5~10 倍,这在实际工程中是无法接受的。加设阻尼器后,通过将 TMD 的动能转化为阻尼器的热能并耗散到空气中,可以有效减少 TMD 的最大位移。

第二,通常激励的频率是未知的,因此 TMD 的频率一般设计为与结构的频率一致,以在最不利的情况即激励与结构共振时减震。如果没有阻尼器,虽然在激励频率与结构频率完全一致时 TMD 的减震效果非常理想,但一旦激励的频率偏离结构频率少许,TMD 的减震效果将大幅下降。而使用阻尼器后可以有效改善这一现象。

第一点通常比较容易理解,下面主要验证一下第二点。

以图 14-10(a)为试验对象,其中 m_1 为主结构,m_2 为 TMD 质量块;k_1 和 k_2 分别为控制主结构和 TMD 的频率,c_2 为阻尼器。补充说明一点,当阻尼器的阻尼比为 0 时,即相当于没有添加阻尼器,如图 14-10(b)所示;当阻尼器的阻尼比为无穷大时,相当于两个结构固结在一起,形成质量为 m_1+m_2 的单自由度系统,如图 14-10(c)所示。

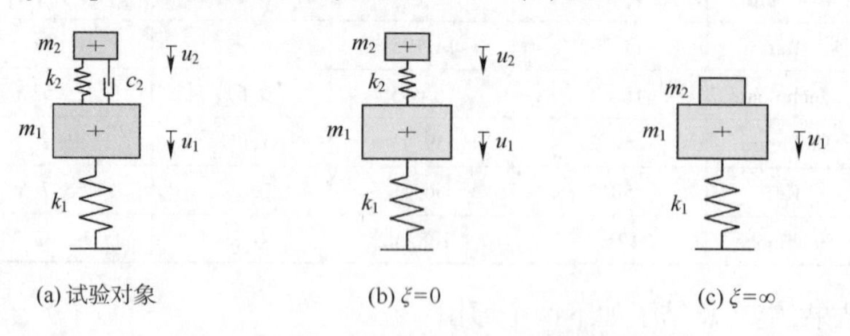

图 14-10 TMD 系统示意图

令 ω 为激励频率,β 为强迫频率比(ω/ω_s)。主结构的质量为 1 t,阻尼比为 0,TMD 的质量为 0. 05 t,质量比为 5% ;调节主结构与 TMD 的频率皆为 1 Hz,改变激励频率,即令 $\alpha=1$,改变 β。对主结构施加峰值为 10 kN 的简谐荷载,记 R 为主结构在动力荷载下位移最大值与其在静载下位移的比值,即动力放大系数,则 R 关于 β 的曲线如图 14 – 11 所示。

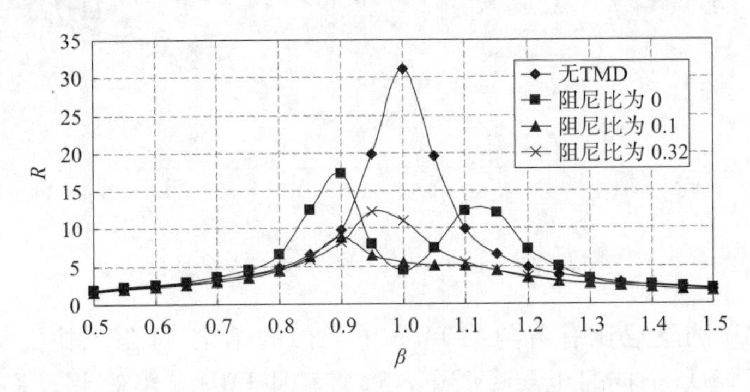

图 14 – 11　动力放大系数 R 关于 β 的曲线

由图 14 – 11 可见,当无 TMD 时,结构在 $\beta=1$ 附近共振极为明显和强烈,加设无阻尼器的“TMD”后,结构在共振时的位移得到最大幅度的降低,减震率达 86% ,但仅限于激励频率和结构频率完全一致时。二者频率偏离 5% ,“TMD”的减震效率将骤降至 60% 左右;当偏离 8% 以上时,“TMD”将可能产生负作用。

而加设阻尼器以后,当阻尼比为 0. 1 时,在 $\beta=1$ 的时候 TMD 的减震率略有降低,但可以保证在整个激励频域内 TMD 不会产生负作用;但是当阻尼比过大,例如达到 0. 32 时,虽然在激励频域内 TMD 依旧没有负作用,但是在结构共振时 TMD 的减震率已下降很多,显然没有阻尼比为 0. 1 时理想。需要注意的是,这个 0. 1 的阻尼比并非实际工程应用中的最佳值,实际工程中需要根据 TMD 的质量比、结构的阻尼比以及结构响应优化目标(如位移最小化、加速度最小化)来综合确定 TMD 的最优阻尼比。

由此可见,TMD 的所谓阻尼比仅仅是用来确定其阻尼器最佳阻尼系数用的,绝不能认为是 TMD 系统给结构带来的附加阻尼比,更不能用于结构设计。

14. 4　频率敏感的范围

关于 TMD 对荷载频率的敏感问题,即 TMD 频率与结构频率相等或相近时,荷载频率的不同对 TMD 减震效果影响的问题,在前面几节中已经进行了简述。而这里要讨论的则是 TMD 应用中更为重要的另一方面频率敏感问题,即当 TMD 由于设计误差或主结构的频率改变造成 TMD 频率与主结构频率相差较多时,TMD 的效果将如何的问题。

同样使用第 14. 3 节中的模型,令荷载频率与结构频率一致(考虑共振时的最不利情况),改变 TMD 的频率,即令 $\beta=1$,改变 α,记录主结构的位移响应,如图 14 – 12 所示。

分析图 14 – 12,可得出如下三个结论:

第一,在荷载与结构共振时,不论 TMD 频率如何,TMD 总是有效且无负作用(实际上笔者计算并统计了 $0<\alpha<2$ 时的位移响应结果)。

第二,在荷载与结构共振时,TMD 频率距离二者的频率越远其减震效果越差,且 $\alpha<1$ 比 $\alpha>1$ 时的减震效果更差。

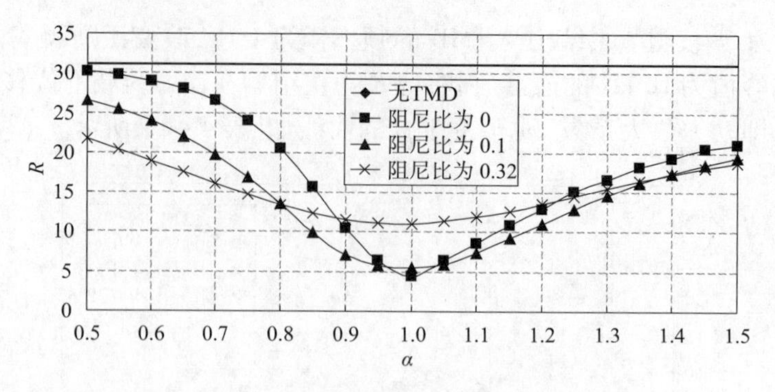

图 14-12　动力放大系数 R 关于 α 的曲线

第三,关于 TMD 的阻尼比有着与第 14.3 节类似的结论,即阻尼比的提高会使 $\alpha=1$ 时 TMD 的减震率有所降低,但同时也会降低在 α 远离 1 时 TMD 减震效果下降的速度,因此 TMD 的阻尼比应合理取值。

应注意到,在 TMD 的应用问题中实际上涉及了三个频率,即结构(受控振型)频率、激励(卓越)频率和 TMD 频率。前面章节的叙述已充分证明在这三个频率一致时,TMD 的减震效率极佳,但实际情况下荷载的频率根本无法达到"全程与结构频率一致"这一理想条件。因此,当荷载频率与结构频率不一致时,如要使用 TMD 减震,TMD 的频率应与结构频率一致还是与荷载频率一致?

为了解释这个问题,笔者在第 14.3 节模型的基础上又进行了一项试验:让 TMD 的频率随荷载频率变化,且始终和荷载频率相等,结果如图 14-13 所示。

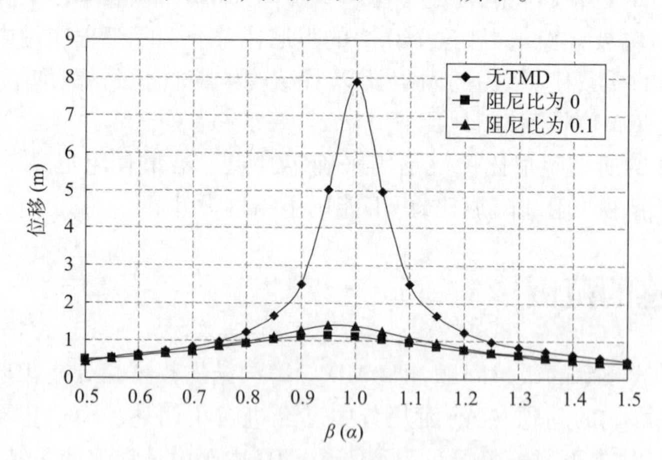

图 14-13　结构位移关于 $\beta(\alpha)$ 的曲线

由图 14-13 可见,当 TMD 的频率始终与荷载频率相等时,结构的位移响应不论荷载的频率如何,均比无 TMD 时要低。也就是说,在理想情况下,如果荷载为频率确定的简谐激励时,使 TMD 的频率和荷载频率一致可以达到最大的减震效果。

以上是对单自由度简单系统的试验结论,为了进一步验证此观点,笔者使用以下工程算例进行了补充验算。

某剧院二层看台简图如图 14-14 所示。

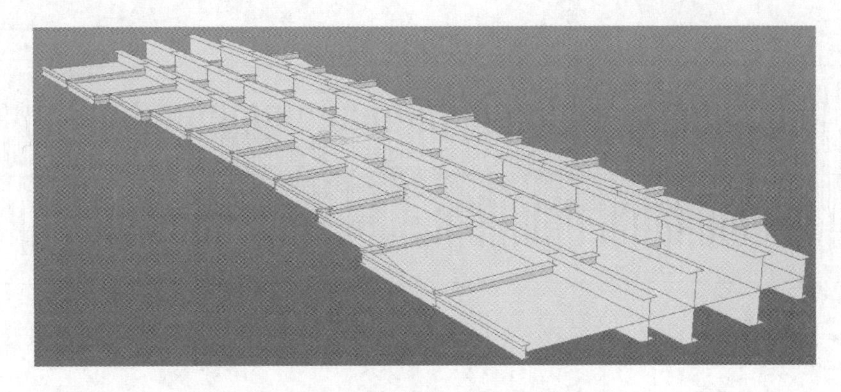

图 14－14　结构模型(剧院二层看台)

使用的 TMD 频率为 2. 05 Hz,是针对结构的一阶频率为 2. 08 Hz 设计的。而所用 4 种频率(1. 5 Hz、1. 75 Hz、2 Hz、2. 25 Hz)的人行荷载中,2 Hz 的荷载与 TMD 频率和结构频率极为接近,TMD 也达到了最佳的减震效果(加速度和位移的减震率分别达 75% 和 55%);但当人行荷载频率为 2. 25 Hz 时($\beta = 1.08$),减震效果已有大幅下降,如图 14－15、图 14－16 所示。

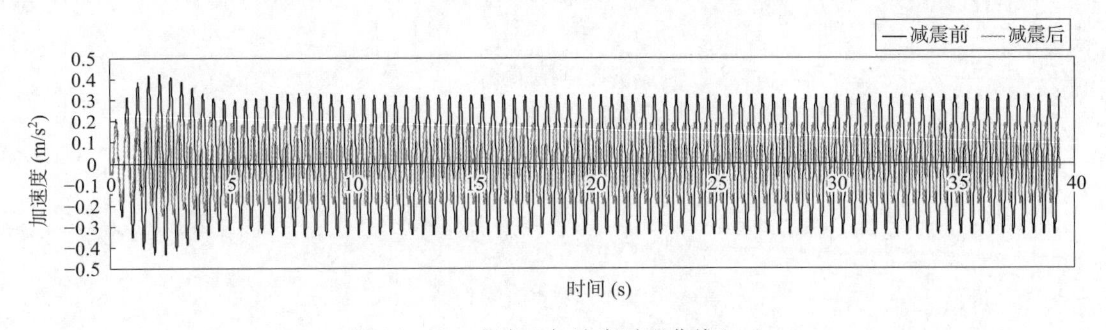

图 14－15　节点 9 加速度时程曲线(一)

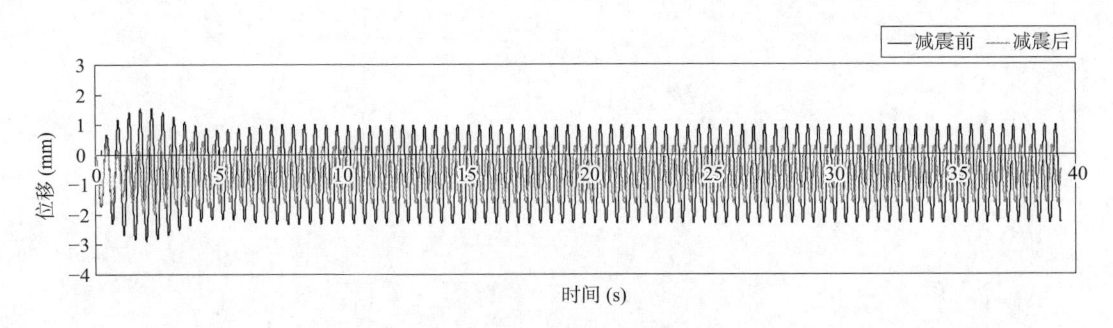

图 14－16　节点 9 位移时程曲线(一)

但是当把 TMD 的频率也设为 2. 25 Hz 时,同样在 2. 25 Hz 频率的荷载下,减震效果则大不相同,此时加速度和位移的减震效果分别如图 14－17、图 14－18 所示。

由此可见,当激励频率与结构频率不同但相差不多时,令 TMD 的频率与激励频率一致会达到更好的减震效果。但需要再次重申的是,实际情况下荷载的(卓越)频率是多样且无法确定的,因此 TMD 的频率仍然需要针对结构受控振型的频率来设计。

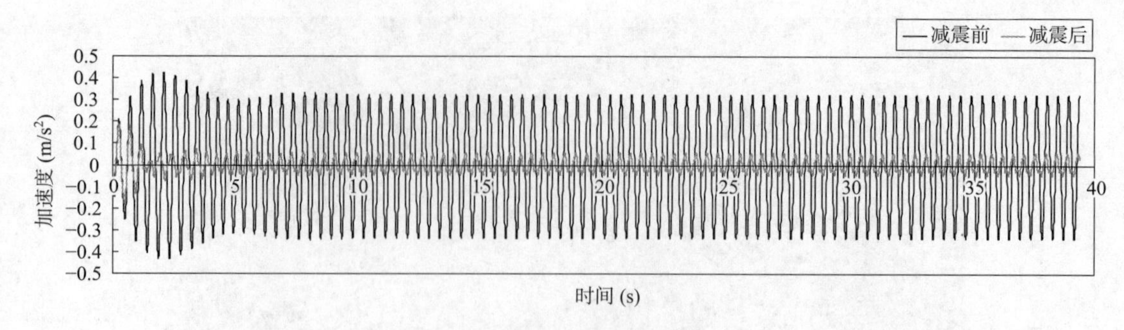

图 14－17　节点 9 加速度时程曲线(二)

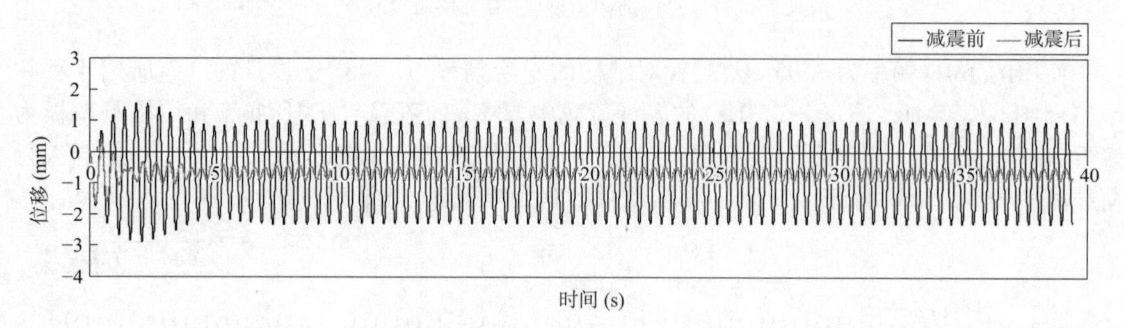

图 14－18　节点 9 位移时程曲线(二)

参考文献

[1] 北京金土木软件技术有限公司. CSI 分析参考手册[M]. 北京:中国建筑标准设计院,2009.

[2] 胡聿贤. 地震工程学[M]. 北京:地震出版社,2006.

[3] 兰海燕,唐光武. 单自由度体系地震动输入功率谱的确定[J]. 世界地震工程,2008,24(1):143-147.

[4] 江近仁,洪峰. 功率谱与反应谱的转换和人造地震波[J]. 地震工程与工程振动,1984,4(3):1-11.

[5] 孙景江,江近仁. 与规范反应谱相对应的金井清谱的谱参数[J]. 世界地震工程,1990(1):42-48.

[6] 陈永祁. 一种对应标准反应谱的过滤白噪声地震随机模型[J]. 地震工程动态,1981(4):21-25.

[7] 周佩佩,巢斯. 对应新抗震规范反应谱的功率谱模型参数研究[J]. 建筑结构,2013,43(S2):430-435.

[8] Ramirez Oscar M, Constantinou Michael C, Kircher Charles A, et al. Development and Evaluation of Simplified Procedures for Analysis and Design of Buildings with Passive Energy Dissipation Systems[R]. Technical Report MCEER-00-0010 Revision 1, November 16, 2001:35-36.

[9] GB 50011—2010,建筑抗震设计规范[S]. 北京:中国建筑工业出版社,2010.

[10] 周云. 结构风振控制的设计方法与应用[M]. 北京:科学出版社,2009.

[11] 顾明,叶丰. 高层建筑的横风向激励特性和计算模型的研究[J]. 土木工程学报,2006,39(2):1-5.

[12] GB 50009—2012 ,建筑结构荷载规范[S]. 北京:中国建筑工业出版社,2012.

[13] 梁枢果,刘胜春,张亮亮,等. 矩形高层建筑横风向动力风荷载解析模型[J]. 空气动力学学报,2002,20(1):32-39.

[14] JGJ 99—2015,高层民用建筑钢结构技术规程[S]. 北京:中国建筑工业出版社,2015.

[15] 陈永祁,高正博阳. 抗震阻尼器在墨西哥 Torre Mayor 高层建筑中的应用[J]. 钢结构,2011,26(1):50-54.

[16] Douglas P. Taylor. Seismic Damper Installation at the New Pacific Northwest Baseball Park[EB/OL]. [2010-08-25]. Http://www. taylordevices. com/ Seismic-Damper-Baseball-Park.

[17] Samuele Infanti, Jamieson Robinson, Rob Smith. Viscous Dampers for High-rise Buildings[C]//14th World Conference on Earthquake Engineering, Beijing, 2008.

[18] Nadine M. Seismic Design Damper Studded Diamonds[J]. Engineering News Record, 2003(6):34-38.

[19] Ahmad Rahimian, Enrique Martinez Romero. The Tallest Building in the American South[J]. Modern Steel Construction, 2003(4).

[20] 陈永祁,曹铁柱. 液体黏滞阻尼器在盘古大观高层建筑上的抗震应用[J]. 钢结构,2009,24(8):39-46.

[21] Hanson R. D., Soong T. T. Seismic Design with Supplemental Energy Dissipation Devices[R]. Oakland, CA. Earthquake Engineering Research Institute, 2001.

[22] Wen YK, Kang YJ. Minimum Building Life-cycle Cost Design Criteria, I: Methodology[J]. Journal of Structural Engineering, 2001, 127(3):330-337.

[23] Wen YK, Kang YJ. Minimum Building Life-cycle Cost Design Criteria, II: Applications[J]. Journal of Structural Engineering, 2001, 127(3):338-346.

[24] Das PC. Management of Highway Structures[R]. Reston, VA. American Society of Civil Engineers, 1999.

[25] 刘志刚,侯悦琪,朱立刚,等.重庆来福士广场空中连桥减隔震设计[J].建筑结构,2015(24):9-15.

[26] Soong T. T. ,Dargush G. Passive Energy Dissipation Systems in Structural Engineering[M].董平,译.北京:科学出版社,2005:173,202-203.

[27] Villaverde R . Seismic Control of Structures with Damped Resonant Appendages[J]. Proceedings of the First World Conference on Structural Control,1994,1(4):113-122.

附录 A　Taylor 公司阻尼器与其他厂家阻尼器性能对比

表 A－1　Taylor 公司阻尼器与其他厂家阻尼器性能对比

对比项目	其他厂家阻尼器	Taylor 公司阻尼器
阻尼器结构上的关键	硅胶(硅油),电镀钢杆	硅油,不锈钢杆
历史	10 年以内	50 年以上
保证期	实际最多 10 年	35 年免维护(除了油漆)
第三方鉴定测试	要求有测试报告,但没有强制为第三方	经过美国国家组织的世界先进阻尼器的联合第三方测试鉴定
振动台测试	很少见	在美、日分别进行过十几次
阻尼器测试要求	没有经过严格的质量检验和预检试验	世界最严格的权威单位检测鉴定
结构上应用	10 个左右	世界各地近 172 个结构
健康监测历史	没有要求	西雅图棒球场,有完整的地震记录,阻尼器在地震中工作完好
地震经历	没有有关报道	2003 年墨西哥 7.6 级地震,墨西哥市长大楼阻尼器完好无损
飓风经历	没有有关报道	美国新奥尔良附近的 Cochrane 大桥在“卡特里娜”飓风中毫无损坏

附录B　奇太振控完成的 Taylor 阻尼器建筑工程

表 B－1　奇太振控完成的 Taylor 阻尼器建筑工程一览表

序号	结构名称	地　点	阻尼器参数	简　介	安装时间	备　注
1	山东邹县电厂	邹城	Taylor 液体阻尼器，总数 96，$F=9$ kN，$D=\pm50$ mm		2005	阻尼器用于设备减震
2	秦山三期核电站	海盐	Taylor 液体阻尼器，总数 16，$F=445$ kN，$D=\pm127$ mm		2000	热交换器安置阻尼器用于抗震
3	北京七星摩根广场	北京	Taylor 液体阻尼器，96FVD×100 kN，±100 mm；4FVD×3 000 kN，±400 mm；4VED×1 000 kN，±100 mm	高层钢结构	2007	新建 196 m 39 层钢结构抗震、抗风
4	北京银泰中心大厦	北京	Taylor 液体阻尼器，总数 73，$F=1\ 200$ kN，$D=\pm100$ mm	高层钢结构	2006	新建 63 层钢结构大厦，在对角支撑上安置阻尼器用于抗风减震
5	郑州国际会展中心	郑州	Taylor 液体阻尼器，总数 144，D 系列的阻尼器	大跨会展中心	2005	TMD 系统用于减少由于人跳舞和走动引起的振动
6	北京火车站	北京	Taylor 液体阻尼器，总数 32，$F=1\ 300$ kN，$D=\pm44$ mm	大跨 RC 结构	1999	抗震加固时人字支撑上安置阻尼器耗地震能
7	广州大学体育场	广州	Taylor 液体阻尼器，总数 12，$F=1\ 500$ kN，$D=\pm100$ mm	钢结构大跨	2006	体育场柱顶抗震
8	上海东航机库	上海	Taylor 液体阻尼器，总数 8，$F=1\ 300$ kN，$D=\pm100$ mm	156 m 跨度钢结构机库网架屋顶	2008	抗震
9	迪拜赛马场	UEA 迪拜	Taylor 液体阻尼器，总数 108。$F=1\ 370$ N，$D=\pm50$ mm；$F=1\ 280$ N，$D=\pm50$ mm；$F=885$ N，$D=\pm50$ mm	赛马场看台建筑钢结构挑檐	2009	

续上表

序号	结构名称	地点	阻尼器参数	简介	安装时间	备注
10	武汉保利大厦	武汉	Taylor 液体阻尼器，总数 62。 $F=1\ 000$ kN，$D=\pm100$ mm； $F=1\ 200$ kN，$D=\pm75$ mm； $F=1\ 000$ kN，$D=\pm75$ mm	高层钢结构	2010	新建 221 m 高层，共计 50 层
11	临沂市文化广场	临沂	Taylor 液体阻尼器，总数 40， D 系列的阻尼器	屋顶连廊	2010	新建 20 套 TMD 系统
12	康宁玻璃厂	北京亦庄	Taylor 液体阻尼器，总数 55。 $F=735$ kN，$D=\pm25$ mm； $F=981$ kN，$D=\pm50$ mm； $F=1\ 140$ kN，$D=\pm75$ mm	5 层工业厂房	2011	新建抗震
13	三峡升船机	武汉	Taylor 液体阻尼器，总数 3， $F=1\ 800$ kN，$D=\pm100$ mm	世界第一次在 升船机上应用	2012	抗震
14	天津国贸大厦	天津	Taylor 液体阻尼器，总数 12， $F=1\ 000$ kN，$D=\pm100$ mm	高层钢结构	2012	抗风，改造 260 m 60 层首次用 Toggle 连接
15	麦加火车站	沙特阿拉伯	64 Lock-Up devices， $F=5\ 000$ kN，$D=\pm50$ mm	新建铁路抗震， 钢连续梁	2012	抗震
16	新疆阿图什高层	新疆阿图什	Taylor 液体阻尼器，总数 56， $F=750$ kN，$D=\pm75$ mm	新建钢筋混凝土 高层建筑	2013	抗震，原 8 度抗震设计经过阻尼器提高到可以抗 8.5 度地震，用 Toggle 连接
17	新疆乌恰鑫汇鑫大厦	新疆乌恰	Taylor 液体阻尼器，总数 72， $F=750$ kN，$D=\pm75$ mm	新建钢筋 混凝土建筑	2014	抗震，原 8 度抗震设计经过阻尼器提高到可以抗 9 度地震，用 Toggle 连接
18	山西太谷行人桥	晋中	Taylor 液体阻尼器，总数 6， $F=231$ kN，$D=\pm100$ mm	3 套 TMD 系统减少 行人引起的振动， TMD 质量 2.367 t	2011.1	行人荷载
19	山西太原行人桥	太原	Taylor 液体黏滞阻尼器， 总数 24，$F=310$ kN， $D=\pm100$ mm	12 套 TMD 系统减少 行人引起的振动， TMD 质量 1.25 t	2011.3	行人荷载

续上表

序号	结构名称	地　点	阻尼器参数	简　介	安装时间	备　注
20	河北师范大学体育楼	石家庄	Taylor 液体黏滞阻尼器，总数 48，$F=115.84$N，$D=\pm5.5$ mm	采用 TMD 系统减少跳舞引起的振动	2014	行人荷载
21	盘锦兰花桥	辽宁盘锦	Taylor 液体黏滞阻尼器，总数 12，$F=5$ kN，$D=\pm50$ mm	新建的行人桥，6 套 TMD 系统控制因行人产生的桥梁共振	2015	行人荷载
22	北京市东城区少年宫	北京	Taylor 液体阻尼器，总数 32，$F=750$ kN，$D=\pm75$ mm，$\alpha=0.3$，$C=1\,400$ kN/(m/s)$^{0.3}$	已有建筑的抗震加固	2017.1	抗震
23	重庆来福士广场	重庆	Taylor 液体阻尼器，总数 16。$F=3\,100$ kN，数量 15，$D=\pm350$ mm，$\alpha=0.3$，$C=4\,000$ kN/(m/s)$^{0.3}$；$F=3\,200$ kN，数量 1，$D=\pm450$ mm，$\alpha=0.3$，$C=4\,000$ kN/(m/s)$^{0.3}$	新建多塔建筑群，其中四个塔楼的顶部搭建有整体景观天桥	2018	新建抗震，采用阻尼器降低连桥大震下的位移

注：统计时期截至 2018 年 4 月。

附录C　重庆朝天门黏滞阻尼器型式检验及出厂检验报告(节选)

C.1　型式检验

C.1.1　检验设备概况

电液伺服消能构件试验系统如图 C－1 所示。

图 C－1　设备照片

C.1.2　检验样品型号及检验要求

1. 检验样品型号

检验的黏滞阻尼器型号为 67DP－19646－01、67DP－19647－01,各取 1 只。其技术参数见表 C－1。

表 C－1　黏滞阻尼器的规格

阻尼器型号	序　号	项　　目	数　值
67DP－19646－01/ 67DP－19647－01	1	阻尼系数 $C[\mathrm{kN/(m/s)^{\alpha}}]$	4 000
	2	阻尼指数 α	0.30
	3	最大阻尼力 F(kN)	±3 100/ ±3 200
	4	最大阻尼行程 s(mm)	±350/ ±450
	5	满足阻尼方程	$F=C\cdot \mathrm{Sgn}(v)\cdot \lvert v\rvert^{\alpha}$

2. 检验内容及要求

由于两个型号阻尼器参数相同,仅最大阻尼力和全行程有差别,故检验内容包括:

(1)内压检验

检测方法:两个阻尼器进行最小 3 min、104 000 + 3 500/ - 0 kPa(15 000 lb/in^2)的内压检验。此压力对应超过 150% 最大阻尼器荷载产生的压力。

判断依据:不允许可见的物理学损伤、损坏、变形或液体泄漏迹象。

(2)阻尼力规律性检验

检测方法:采用不同频率、不同幅值下的正弦波加载,工况条件见表 C - 2、表 C - 3,每种工况下循环加载 3 圈,记录阻尼力 F—位移 s 曲线,并绘制阻尼力 F—速度 v 规律性曲线。

判定依据:滞回曲线饱满;试验阻尼力 F—速度 v 曲线符合理论规律性曲线,误差范围不大于 ±15%。

表 C - 2　67DP - 19646 - 01 阻尼器阻尼力规律性检验工况表

序号	加载频率(Hz)	加载位移(mm)	加载速度(mm/s)	理论值 F_0(kN)	加载圈数
1	0. 134	±127. 00	106. 87	±2 045	3
2	0. 270	±127. 00	215. 34	±2 523	3
3	0. 400	±127. 00	319. 02	±2 839	3
4	0. 540	±127. 00	430. 68	±3 100	3
5	0. 640	±127. 00	510. 44	±3 269	3

表 C - 3　67DP - 19647 - 01 阻尼器阻尼力规律性检验工况表

序号	加载频率(Hz)	加载位移(mm)	加载速度(mm/s)	理论值 F_0(kN)	加载圈数
1	0. 150	±126. 00	118. 69	±2 111	3
2	0. 300	±126. 00	237. 38	±2 598	3
3	0. 446	±126. 00	352. 91	±2 927	3
4	0. 600	±126. 00	474. 77	±3 200	3
5	0. 714	±126. 00	564. 97	±3 370	3

(3)最大阻尼力检验

检测方法:在最大设计速度下,以正弦波进行加载,对 67DP - 19646 - 01 试件在振幅 127 mm、频率 0. 540 Hz、速度达到 428 mm/s 和 67DP - 19647 - 01 试件在振幅 126 mm、频率 0. 6 Hz、速度达到 475 mm/s 条件下加载,循环加载 3 圈,记录阻尼力 F—位移 s 的滞回曲线。

判定依据:阻尼器 67DP - 19646 - 01 最大阻尼力实测值应在产品设计值 3 100 kN 的 ±15% 以内,即 2 635 ~ 3 565 kN 之间;阻尼器 67DP - 19647 - 01 最大阻尼力实测值应在产品设计值 3 200 kN 的 ±15% 以内,即 2 720 ~ 3 680 kN 之间。

(4)低速摩擦力检验

检测方法:在 1. 5 mm/s 的速度下,以三角波进行加载,对 67DP - 19646 - 01 试件和 67DP - 19647 - 01 试件各循环加载 1 圈,记录试件阻尼力 F—位移 s 的滞回曲线。

判定依据:67DP-19646-01 试件的阻尼力实测值应在 155~310 kN 之间;67DP-19647-01 试件的阻尼力实测值应在 160~320 kN 之间。同时,不允许有结构损害、屈服、损坏、永久变形或漏液迹象。

(5)全行程检验

检测方法:试件在全冲程范围下运行,且应达到底部以验证 67DP-19646-01 试件 ±350 mm 和 67DP-19647-01 试件 ±450 mm 的全位移。此检测可与第(6)项检测结合进行。

判定依据:试件不允许有结构损害、屈服、损坏、永久变形或漏液迹象。

(6)缸底过载检验

检测方法:每只试件使用任何需要的速度运行到拉伸和压缩的全行程末端,并给 67DP-19646-01 试件施加至少 4 650 kN(150% 设计力),给 67DP-19647-01 试件至少 4 800 kN(150% 设计力)的底部荷载。

判定依据:试件不允许有结构损害、屈服、损坏、永久变形或漏液迹象。

(7)频率相关性能检验

检测方法:只对 67DP-19647-01 试件采用正弦波进行加载。按照频率 0.5 Hz、1.0 Hz、1.5 Hz、2.0 Hz 进行加载,循环加载 3 圈,具体加载工况见表 C-4。记录测试力 F—位移 s 的滞回曲线。

判定依据:滞回曲线饱满;试验阻尼力 F—频率 f 曲线具有规律性。不允许有结构损害、屈服、损坏、永久变形或漏液迹象。

表 C-4　加载频率相关性检验工况表

序号	加载频率(Hz)	加载位移(mm)	加载速度(mm/s)	加载圈数
1	0.5	±151.27	475	3
2	1.0	±75.64	475	3
3	1.5	±50.42	475	3
4	2.0	±37.82	475	3

(8)温度相关性能检验

检测方法:只对 67DP-19647-01 试件采用正弦波进行加载。按照振幅 127 mm、频率 0.595 Hz,在试验温度为 -20 ℃、-0 ℃、50 ℃下分别进行加载,循环加载 3 圈。具体加载工况见表 C-5。记录测试力 F—位移 s 的滞回曲线。

判定依据:滞回曲线饱满;试验阻尼力 F—温度 T 曲线具有规律性。

表 C-5　温度相关性检验工况表

序号	加载频率(Hz)	加载位移(mm)	加载速度(mm/s)	起始温度(℃)	加载圈数
1	0.595	±127.12	475	-20	3
2	0.595	±127.12	475	0	3
3	0.595	±127.12	475	50	3

(9)风振疲劳检验

检测方法:只对 67DP－19647－01 试件采用正弦波进行加载。按照振幅 ±5 mm,且速度不小于 2 mm/s 进行 10 000 次循环,记录测试力 F—位移 s 的滞回曲线。

判定依据:滞回曲线光滑饱满;第 2 个循环对第 9 998 个循环之间的力输出的差异不大于 ±15% 。不允许有结构损害、屈服、损坏、永久变形或漏液迹象。

(10)地震疲劳检验

检测方法:对 67DP－19646－01 试件进行检测,按照振幅 ±105 mm 且速度为 649 mm/s 进行 5 次循环,分别记录测试力 F—位移 s 的滞回曲线。对 67DP－19647－01 试件进行检测,按照振幅 ±45 mm 且速度为 475 mm/s 进行 10 次循环,且按一条实际地震波输入进行检测,分别记录测试力 F—位移 s 的滞回曲线。

判定依据:对 67DP－19646－01 阻尼器的检测,在 5 次循环测试中的第 1 个循环对第 5 个循环之间的力输出的差异不大于 ±15% ,试件不允许有结构损害、屈服、损坏、永久变形或漏液迹象;对 67DP－19647－01 阻尼器的检测,在 10 次循环测试中的第 2 个循环对第 9 个循环之间的力输出的差异不大于 ±15% ,各次测试中的试件均不允许有结构损害、屈服、损坏、永久变形或漏液迹象。

C.1.3 检验结果

型式检验结果见表 C－6。

C.1.4 检验结论

1. 阻尼器 67DP－19646－01

(1)阻尼器 67DP－19646－01 在最少持续 3 min、104 000 +3 500/－0 kPa(15 000 lb/in^2)的内压检验过程中,未见结构的物理学损伤、损坏、变形和液体泄漏迹象。

(2)在不同加载速度下实测阻尼力的规律,所检阻尼器符合由设计给定的阻尼系数和阻尼指数计算得到的阻尼力 F—速度 v 规律曲线,滞回曲线饱满,满足实测阻尼力与理论力误差范围在 ±15% 以内的要求。

(3)所检阻尼器以最大速度 0.428 m/s 检验时,阻尼力为 3 151.15 kN,满足最大设计阻尼力 3 100 kN 的 85%～115% ,即 2 635～3 565 kN 范围内的要求。

(4)所检阻尼器在慢速运动时,实测阻尼力满足在设计阻尼力 3 100 kN 的 5%～10% ,即在 155～310 kN 范围内的要求。

(5)所检阻尼器的实际行程可达到 720 mm,不小于最大行程 ±350 mm 的要求。

(6)所检阻尼器缸底在不小于 150% 设计阻尼力作用下,试件未见有明显结构损害、屈服、损坏、永久变形和漏油迹象。

(7)在不同的试件温度条件下,以最大速度加载,送检阻尼器所测得的最大阻尼力略有不同;随着试件温度的升高,其实测阻尼力呈略微减少趋势。

表 C-6 黏滞阻尼器型式检验结果一览表

样品编号	检验内容	检验日期	检验条件					检验结果					外观判定
			测试频率（Hz）	水平位移（mm）	水平速度（mm/s）	圈数	环境温度（℃）	测试位移（mm）	测试速度（mm/s）	理论力（kN）	实测力（kN）	对理论值（基准值）	
黏滞阻尼器（67DP-19646-01）	内压检测	1/13/2017	—	—	—	—	20±6	未见结构的物理学损伤、损坏、变形和液体泄漏迹象					良好
	阻尼力规律性	3/21/2017	0.134	±127.00	106.87	3	20±6	±122.75	103.31	2 024.31	2 017.45	-0.34%	
		3/21/2017	0.270	±127.00	215.34	3	20±6	±125.91	213.52	2 516.98	2 464.85	-2.07%	
		3/22/2017	0.400	±127.00	319.02	3	20±6	±124.20	312.00	2 820.37	2 873.05	+1.87%	
		3/22/2017	0.540	±127.00	430.68	3	20±6	±124.00	420.51	3 084.54	3 151.15	+2.16%	
		3/22/2017	0.640	±127.00	510.44	3	20±6	±123.03	494.53	3 238.25	3 333.20	+2.93%	
	最大阻尼力	3/22/2017	0.540	±127.00	428.00	3	20±6	±124.00	420.51	3 100.00	3 151.15	+1.65%	
	低速摩擦力	3/21/2017	—	±(0~75.00)	1.50	1	20±6	实际阻尼力为230.10 kN，满足设计力的5%~10%范围内的要求					
	全行程	3/24/2017	—	±35.00	6.35	1	20±6	实际行程为720.00 mm，不小于最大行程±350.00 mm的要求					
	缸底过载	3/24/2017	—	—	—	—	20±6	试件未见有明显结构损害、屈服、损坏、永久变形和漏油迹象					
	温度相关性	1/13/2017	0.300	±226.00	428.00	3	-20.0（试件温度）	±224.00	422.02	3 087.74	3 372.85	+9.23%	
		1/13/2017	0.300	±226.00	428.00	3	0.0（试件温度）	±226.04	425.86	3 094.39	3 092.10	-0.07%	
		1/12/2017	0.300	±226.00	428.00	3	50.0（试件温度）	±225.32	424.51	3 093.31	2 965.55	-4.13%	
	地震疲劳	1/13/2017	0.649	±105.00	428.00	5	20±6	106.04（第1圈） 102.88（第5圈）	432.17（第1圈） 419.29（第5圈）	3 109.60（第1圈） 3 081.23（第5圈）	3 136.00（第1圈） 3 055.35（第5圈）	+2.64%（第1圈实测值对第5圈实测值）	

注：本次黏滞阻尼器67DP-19646-01型式检测结果仅对来样负责。

(8)地震疲劳加载检验中,阻尼器 67DP-19647-01 的阻尼力 F—位移 s 滞回曲线重合度较好,第 5 圈的最大阻尼力变化不超过设计值 85%~115% 的范围。在实际地震动输入下,结构的实测位移和速度与理论值吻合度较高。检验后,阻尼器无漏油,活塞杆及连接件未见损坏。

2. 阻尼器 67DP-19647-01

(1)阻尼器 67DP-19647-01 在最少持续 3 min、104 000+3 500/-0 kPa(15 000 lb/in^2)的内压检验过程中,未见结构的物理学损伤、损坏、变形和液体泄漏迹象。

(2)在不同加载速度下实测阻尼力的规律,所检阻尼器符合由设计给定的阻尼系数和阻尼指数计算得到的阻尼力 F—速度 v 规律曲线,滞回曲线饱满,满足实测阻尼力与理论力误差范围在 ±15% 以内的要求。

(3)所检阻尼器以最大速度 0.475 m/s 检验时,阻尼力为 3 178.5 kN,满足最大设计阻尼力 3 200 kN 的 85%~115%,即 2 720~3 680 kN 范围内的要求。

(4)所检阻尼器在慢速运动时,实测阻尼力满足在设计阻尼力 3 200 kN 的 5%~10%,即在 160~320 kN 范围内的要求。

(5)所检阻尼器的实际行程可达到 912 mm,不小于最大行程 ±450 mm 的要求。

(6)所检阻尼器缸底在不小于 150% 设计阻尼力作用下,试件未见有明显结构损害、屈服、损坏、永久变形和漏油迹象。

(7)在基本相同的速度(最大速度附近),以不同的加载频率时,送检阻尼器的最大阻尼力略有不同,变化不明显。

(8)在不同的试件温度条件下,以最大速度加载,送检阻尼器所测得的最大阻尼力略有不同;随着试件温度的升高,其实测阻尼力呈略微减少趋势。

(9)在 10 000 圈风振疲劳加载检验中,送检阻尼器的第 2 圈对第 9 998 圈的最大阻尼力变化不超过 ±15% 的范围;检验后,阻尼器无漏油,活塞杆及连接件未见损坏。

(10)地震疲劳加载检验中,送检阻尼器得到的阻尼力 F—位移 s 滞回曲线重合度较好,第 2 圈对第 9 圈的最大阻尼力变化不超过 ±15% 的范围;检验后,阻尼器无漏油,活塞杆及连接件未见损坏。

C.2 出厂检验

C.2.1 检验结果

出厂检验结果见表 C-7。

C.2.2 阻尼器规律性检验

1. 条件

(1)加载频率:0.134 Hz;(2)水平位移:±127.00 mm;(3)水平速度:107.00 mm/s;(4)循环圈数:3 圈;(5)环境温度:(20±6)℃。

2. 结果

阻尼器规律性检验结果见表 C-8、表 C-9、图 C-2~图 C-4。

表 C-7 黏滞阻尼器出厂检验结果一览表

样品编号	检验内容	检验日期	检验条件					检验结果					外观判定
			测试频率(Hz)	水平位移(mm)	水平速度(mm/s)	圈数	环境温度(℃)	测试位移(mm)	测试速度(mm/s)	理论力(kN)	实测力(kN)	对理论值(基准值)	
001#	内压检验	2017.01.13	—	—	—	—	20±6	未见结构的物理学损伤、损坏、变形和液体泄漏迹象					良好
	阻尼力规律性	2017.03.21	0.134	±127.00	107.00	3	20±6	±122.99	103.50	2 024.31	2 017.45	-0.34%	
		2017.03.21	0.270	±127.00	214.00	3	20±6	±125.91	213.50	2 516.98	2 464.85	-2.07%	
		2017.03.22	0.400	±127.00	321.00	3	20±6	±124.20	312.00	2 820.37	2 873.05	+1.87%	
		2017.03.22	0.540	±127.00	428.00	3	20±6	±124.00	420.50	3 084.54	3 151.15	+2.16%	
		2017.03.22	0.640	±127.00	514.00	3	20±6	±123.03	494.50	3 238.25	3 333.20	+2.93%	
	最大阻尼力	2017.03.22	0.540	±127.00	428.00	3	20±6	±124.00	420.50	(设计值)3 100	3 151.15	+1.65%	
	慢速摩擦力	2017.03.21	—	±(0~75.00)	1.50	1	20±6	实际阻尼力为230.10 kN,满足设计力的5%~10%范围内的要求					
	极限位移	2017.03.24	—	±350.00	6.35	1	20±6	实际行程为±360.00 mm,不小于最大行程±350.00 mm的要求					
	缸底过载	2017.03.24	—	—	—	1	20±6	试件未见有明显结构损害、屈服、损坏、永久变形和漏油迹象					

表 C-8 阻尼器规律性检验结果(一)

测试位移(mm)	测试速度(mm/s)	阻尼力(kN)		
		理论值	实测值(第2圈)	对理论值
122.99	103.50	2 024.31	2 017.45	-0.34%

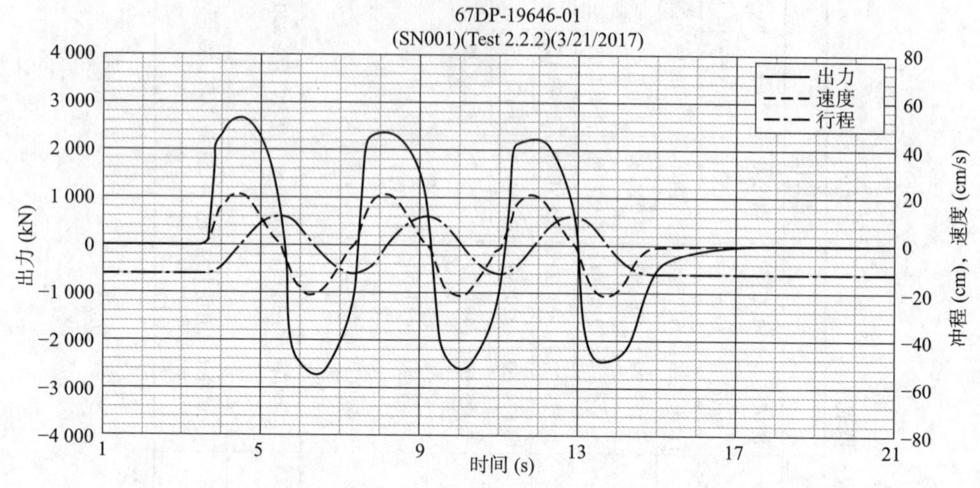

图 C-2 阻尼器出力、速度及冲程的时程曲线测试结果

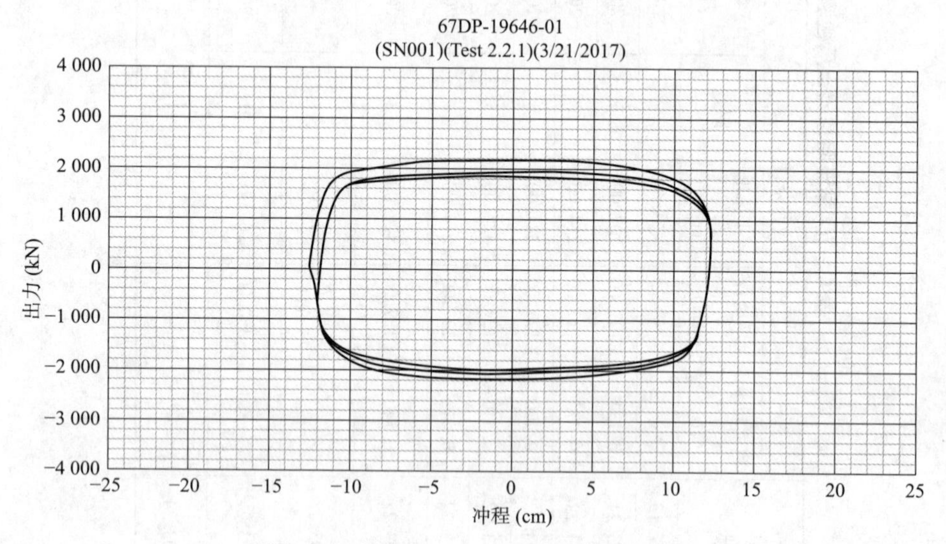

图 C-3 阻尼器出力—冲程曲线测试结果

表 C-9 阻尼器规律性检验结果(二)

阻尼系数 $C[kN/(m/s)^{\alpha}]$	指数 α	测试频率(Hz)	测试位移(m)	测试速度(m/s)	理论力(kN)	测试力(kN)	对理论力偏差
4 000	0.30	0.134	±0.123	0.103	2 024.31	2 017.45	-0.34%
4 000	0.30	0.270	±0.126	0.214	2 516.98	2 464.85	-2.07%
4 000	0.30	0.400	±0.124	0.312	2 820.37	2 873.05	+1.87%
4 000	0.30	0.540	±0.124	0.421	3 084.54	3 151.15	+2.16%
4 000	0.30	0.640	±0.123	0.495	3 238.25	3 333.20	+2.93%

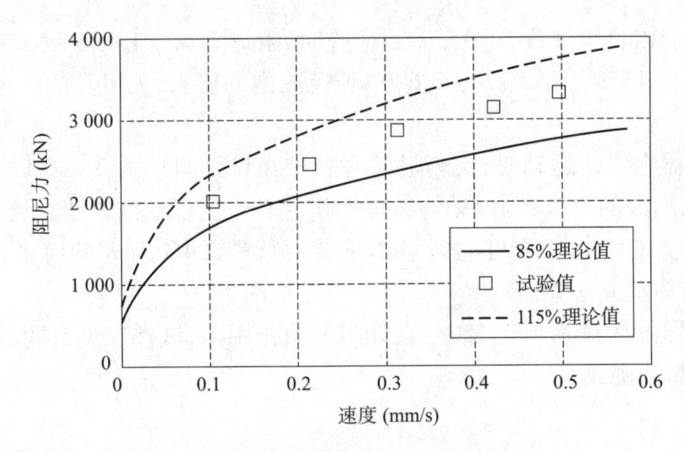

图 C-4 阻尼器的出力—速度曲线

001#阻尼器在不同加载速度下实测阻尼力的规律,符合由设计给定的阻尼系数和阻尼指数计算得到的阻尼力 F—速度 v 规律曲线;实测阻尼力满足在理论阻尼力 ±15% 范围内的要求。试件未见有明显结构损害、屈服、损坏、永久变形和漏油迹象。

C.2.3 检验结论

1. 67DP-19646 型阻尼器(001#、002#、003#、004#、005#、006#、007#、008#、009#、010#、011#、012#、013#、014#、015#)

(1)送检阻尼器在最少持续 3 min、104 000 +3 500/ -0 kPa(15 000 lb/in^2)的内压检验过程中,未见结构的物理学损伤、损坏、变形和液体泄漏迹象。

(2)在不同加载速度下实测阻尼力的规律,所检阻尼器符合由设计给定的阻尼系数和阻尼指数计算得到的阻尼力 F—速度 v 规律曲线,滞回曲线饱满,满足实测阻尼力与理论力误差范围在 ±15% 以内的要求;无可见的物理损伤、损坏、变形或液体泄漏迹象。

(3)所检阻尼器以最大速度 0.428 m/s 检验时,阻尼力为 3 151.15 kN,满足最大设计阻尼力 3 100 kN 的 85% ~ 115%,即 2 635 ~ 3 565 kN 范围内的要求;无可见的物理损伤、损坏、变形或液体泄漏迹象。

(4)所检阻尼器在慢速运动时,实测阻尼力满足在设计阻尼力 3 100 kN 的 5% ~ 10%,即在 155 ~ 310 kN 范围内的要求;无可见的物理损伤、损坏、变形或液体泄漏迹象。

(5)所检阻尼器的实际行程可达到不小于最大行程 ±350 mm 的要求;无可见的物理损伤、损坏、变形或液体泄漏迹象。

(6)所检阻尼器缸底在不小于 150% 设计阻尼力作用下,试件未见有明显结构损害、屈服、损坏、永久变形和漏油迹象。

2. 67DP-19647 型阻尼器(016#)

(1)送检阻尼器阻尼器在最少持续 3 min、104 000 +3 500/ -0 kPa(15 000 lb/in^2)的内压检验过程中,未见结构的物理学损伤、损坏、变形和液体泄漏迹象。

(2)在不同加载速度下实测阻尼力的规律,所检阻尼器符合由设计给定的阻尼系数和阻尼指数计算得到的阻尼力 F—速度 v 规律曲线,滞回曲线饱满,满足实测阻尼力与理论力误差范围在 ±15% 以内的要求;无可见的物理损伤、损坏、变形或液体泄漏迹象。

(3)所检阻尼器以最大速度0.475 m/s检验时,阻尼力为3 178.5 kN,满足最大设计阻尼力3 200 kN的85%~115%,即2 720~3 680 kN范围内的要求;无可见的物理损伤、损坏、变形或液体泄漏迹象。

(4)所检阻尼器在慢速运动时,实测阻尼力满足在设计阻尼力3 200 kN的5%~10%,即在160~320 kN范围内的要求;无可见的物理损伤、损坏、变形或液体泄漏迹象。

(5)所检阻尼器的实际行程可达到不小于最大行程±450 mm的要求;无可见的物理损伤、损坏、变形或液体泄漏迹象。

(6)所检阻尼器缸底在不小于150%设计阻尼力作用下,试件未见有明显结构损害、屈服、损坏、永久变形和漏油迹象。